T0224895

# Ingenieurmathematik für Studienanfänger

Gerald Hofmann

# Ingenieurmathematik für Studienanfänger

Formeln - Aufgaben - Lösungen

3., überarbeitete und erweiterte Auflage

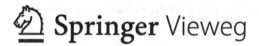 Springer Vieweg

Gerald Hofmann
Leipzig, Deutschland

ISBN 978-3-658-00572-6          ISBN 978-3-658-00573-3 (eBook)
DOI 10.1007/978-3-658-00573-3

Die Deutsche Nationalbibliothek verzeichnet diese Publikation in der Deutschen Nationalbibliografie; detaillierte bibliografische Daten sind im Internet über http://dnb.d-nb.de abrufbar.

Springer Vieweg
© Springer FachmedienWiesbaden 2003, 2011, 2013
Dieses Werk einschließlich aller seiner Teile ist urheberrechtlich geschützt. Jede Verwertung, die nicht ausdrücklich vom Urheberrechtsgesetz zugelassen ist, bedarf der vorherigen Zustimmung des Verlags. Das gilt insbesondere für Vervielfältigungen, Bearbeitungen, Übersetzungen, Mikroverfilmungen und die Einspeicherung und Verarbeitung in elektronischen Systemen.

Die Wiedergabe von Gebrauchsnamen, Handelsnamen, Warenbezeichnungen usw. in diesem Werk berechtigt auch ohne besondere Kennzeichnung nicht zu der Annahme, dass solche Namen im Sinne der Warenzeichen- und Markenschutz-Gesetzgebung als frei zu betrachten wären und daher von jedermann benutzt werden dürften.

Gedruckt auf säurefreiem und chlorfrei gebleichtem Papier.

Springer Vieweg ist eine Marke von Springer DE. Springer DE ist Teil der Fachverlagsgruppe Springer Science+Business Media
www.springer-vieweg.de

# Vorwort

Als eines der wichtigsten Hilfsmittel im Ingenieurstudium gehört die Mathematik zu den Grundlagenfächern in der Ausbildung an Fachhochschulen, Berufsakademien und Universitäten. Bekanntlich bereitet die Mathematik aber vielen Studienanfängern erhebliche Schwierigkeiten. Das beruht besonders darauf, dass Kenntnisse aus der Schulzeit verloren gegangen sind oder dass einzelne Inhalte in der Schule nicht ausreichend geübt wurden und deshalb jetzt nicht mit der nötigen Sicherheit beherrscht werden.

Dieses Teubner-Lehrbuch erleichtert den Übergang von der Schulmathematik zur anwendungsbezogenen Ingenieurmathematik und schlägt eine Brücke zwischen Gymnasium (bzw. anderen studienvorbereitenden Schulen) und Hochschule.

Vom Studienanfänger werden neben gesichertem und stets anwendungsbereitem Grundlagenwissen vor allem Rechenfertigkeiten verlangt und erwartet. Deshalb werden in jedem Abschnitt dieses Buches zu Beginn die wichtigsten mathematischen Grundlagen übersichtlich bereitgestellt. Stets schließen sich daran typische und erprobte Aufgaben an. Die meisten dieser Aufgaben habe ich in den letzten Jahren in Vorbereitungskursen oder in Übungen und Klausuren im ersten Semester gestellt. Außerdem enthält das Buch sämtliche Lösungen der mehr als 180 Aufgaben. In den meisten Fällen sind die Lösungen sogar komplett ausformuliert, und es wird dabei großer Wert auf Lösungsschemata und Lösungsalgorithmen gelegt.

Da mathematische Sachverhalte nur durch intensive Beschäftigung mit ihnen und insbesondere durch ihre Anwendung beim Lösen von Aufgaben zu verstehen und zu beherrschen sind, wird dem Leser empfohlen, die gestellten Aufgaben selbständig zu lösen. Erst dann sollte die erhaltene Lösung mit der im zugehörigen Lösungsabschnitt eines jeden Kapitels verglichen werden.

Nach zentralen Themen aus der Elementarmathematik (von der Bruchrechnung bis zum Lösen transzendenter Gleichungen) werden jene Inhalte der höheren Mathematik dargestellt, welche im Mittelpunkt des ersten Semesters der Mathematikausbildung für Ingenieure stehen. Behandelt werden: Rechnen mit reellen Zahlen, Lösen von Bestimmungsgleichungen, Mengenlehre und mathematische Logik, Ungleichungen und Gleichungssysteme, Vektorrechnung, analytische Geometrie, Matrizen und Determinanten.

Der Band ist sowohl für die Vorbereitung auf ein Studium als auch als studienbegleitende Literatur für das Selbststudium und für die Klausurvorbereitung am Ende des ersten Mathematiksemesters geeignet.

Mein besonderer Dank gilt Herrn Dr. K. Luig für das sorgfältige Lesen des Manuskriptes und für viele wertvolle Hinweise und Anregungen. Schließlich möchte ich mich beim Teubner-Verlag und insbesondere bei Herrn J. Weiß für die entgegenkommende und konstruktive Zusammenarbeit bedanken.

Leipzig, im September 2003                                          G. Hofmann

## Vorwort zur 3. Auflage

In dieser dritten, überarbeiteten und erweiterten Auflage wurden inhaltliche Ergänzungen und Druckfehlerberichtigungen vorgenommen. Insbesondere wurden die Abschnitte 8.7 und 8.8 zur Anwendung der Matrizenrechnung neu aufgenommen.

Leipzig, im Februar 2013                                          G. Hofmann
                                          ghofmann@imn.htwk-leipzig.de

# Inhaltsverzeichnis

# Kapitel 1

# Rechnen mit reellen Zahlen

In diesem Abschnitt werden die Grundrechenoperationen mit konkret gegebenen Zahlen (z.B. 2 oder 3,7) und auch das Rechnen mit allgemeinen Zahlsymbolen („Buchstabenrechnung", z.B. mit den Buchstaben $a$, $x$) wiederholt und geübt. Die Grundrechenoperationen werden in die folgenden Stufen (Klassen) eingeteilt:

| | |
|---|---|
| 1. Stufe | Addition, Subtraktion |
| 2. Stufe | Multiplikation, Division |
| 3. Stufe | Potenz-, Wurzel- und Logarithmenrechnung |

## 1.1 Die Zahlbereiche

In der Schule haben wir ausgehend von den

> *natürlichen Zahlen :* 1, 2, 3, ... (Bezeichnung: $\mathbb{N}$)

die Zahlbereiche schrittweise erweitert, um die einzelnen Grundrechenarten frei ausführen zu können, d.h., ohne den entsprechenden Zahlbereich zu verlassen. So ist das Ergebnis der Addition zweier natürlicher Zahlen wieder eine natürliche Zahl. Wenn aber eine natürliche Zahl von einer anderen natürlichen Zahl subtrahiert wird, so kann das Ergebnis negativ werden (z.B. $5 - 7 = -2$). Wenn wir zu den natürlichen Zahlen die 0 (Null) und die negativen Zahlen $-1, -2, -3, \ldots$ hinzufügen, so erhalten wir den Zahlbereich der

> *ganzen Zahlen :* ... $- 2, -1, 0, 1, 2, 3, \ldots$ , (Bezeichnung: $\mathbb{Z}$),

in dem nun die Subtraktion ohne einschränkende Voraussetzungen an die zu

subtrahierenden Zahlen ausführbar ist.
Die Gesamtheit aller

> *rationalen Zahlen*, das sind alle möglichen Brüche $\frac{p}{q}$ mit den ganzen
> Zahlen $p$, $q$ als Zähler und Nenner, wobei der Nenner $q = 0$ ausge-
> schlossen wird (Bezeichnung: $\mathbb{Q}$),

bildet den Zahlbereich der rationalen Zahlen, in welchem die Division ohne
Einschränkungen, außer **Division durch Null** (ist verboten), ausführbar ist.

Jede rationale Zahl lässt sich in eine *Dezimalzahl* umwandeln, indem die
Division Zähler durch Nenner ausgeführt wird. Die hierbei entstehenden Dezimalzahlen sind *abbrechende* oder *nichtabbrechende periodische Dezimalzahlen*
(z.B. $\frac{7}{4} = 1,75$ oder $\frac{1}{3} = 0,\overline{3} = 0,333\ldots$).

Um umgekehrt die periodische Dezimalzahl $Z = 0,\overline{z_1 z_2 \ldots z_p}$ mit den Zif-
fern $z_1, z_2, \ldots, z_p$ und der *Periodenlänge* $p$ in einen Bruch umzuwandeln, betrachten wir die Gleichung

$$10^p Z - Z = z_1 z_2 \ldots z_p, \overline{z_1 z_2 \ldots z_p} - 0,\overline{z_1 z_2 \ldots z_p} = z_1 z_2 \ldots z_p, \qquad (1.1)$$

lösen diese nach $Z$ auf und erhalten: $Z = \dfrac{z_1 z_2 \ldots z_p}{10^p - 1}$.

(Beim Auflösen der Gleichung (1.1) nach $Z$ haben wir die linke Seite dieser
Gleichung umgeformt in $10^p Z - Z = (10^p - 1)Z$ und dann die Gleichung durch
$10^p - 1$ dividiert.)

Es ist nun aber bekannt, dass die bei der Kreisberechnung $U = \pi \cdot d$ (Kreis-
umfang ist gleich $\pi$ mal Kreisdurchmesser) verwendete Zahl $\pi = 3,14159\ldots$
eine nichtabbrechende, nichtperiodische Dezimalzahl ist. Somit ist $\pi$ keine rationale Zahl.

> Die nichtabbrechenden und nichtperiodischen Dezimalzahlen werden
> als *irrationale Zahlen* bezeichnet.

In Aufgabe 3.29 a), b) werden wir beweisen, dass $\sqrt{2}$ und $\lg 3$ ebenfalls irra-
tionale Zahlen sind.

> Die rationalen und irrationalen Zahlen zusammengenommen bilden
> den Bereich der *reellen Zahlen* (Bezeichnung: $\mathbb{R}$).

Eine anschauliche Vorstellung von den reellen Zahlen können wir durch die *Zahlengerade* gewinnen. Die Zahlengerade ist eine Gerade, auf der der Nullpunkt 0 und die Zahl 1
festgelegt sind.

Es gilt nun, dass jedem Punkt auf der Zahlengeraden eine reelle Zahl entspricht und umgekehrt wird jeder reellen Zahl ein Punkt auf der Zahlengeraden zugeordnet.

**Aufg. 1.1** Wandeln Sie in Dezimalzahlen um:
a) $\frac{5}{7}$,  b) $\frac{1}{5}$,  c) $\frac{1}{8}$,  d) $\frac{2}{13}$,  e) $\frac{13}{7}$.

**Aufg. 1.2** Warum kann die Periodenlänge der rationalen Zahl $r = \frac{p}{q}$ niemals länger als $q - 1$ sein?

**Aufg. 1.3** Wandeln Sie die periodischen Dezimalzahlen in Brüche um:
a) $0, \overline{13}$,  b) $2, \overline{171}$,  c) $0, \overline{1}$.

Wir wollen noch anmerken, dass der Zahlbereich der reellen Zahlen $\mathbb{R}$ zum Zahlbereich der *komplexen Zahlen* $\mathbb{C}$ erweitert werden kann, was im vorliegenden Buch aber nicht behandelt wird.

## 1.2   Die vier Grundrechenarten von 1. und 2. Stufe

Es ist zu beachten, dass zuerst die Grundrechenarten von 2. Stufe und dann die von 1. Stufe ausgeführt werden, d.h. als Merkregel:

> Punktrechnung $(\cdot, :)$ geht vor Strichrechnung $(+, -)$.

(So gilt z.B.: $2 \cdot 3, 4 + 3 \cdot 2, 3 = 6, 8 + 6, 9 = 13, 7$.)

Die Grundlage für das Rechnen bilden die folgenden Gesetze, wobei $a, b, c, d$ im weiteren reelle Zahlen bezeichnen:

|                  | Addition                | Multiplikation          |
| ---------------- | ----------------------- | ----------------------- |
| Kommutativgesetze | $a + b = b + a$         | $a \cdot b = b \cdot a$ |
| Assoziativgesetze | $a + (b + c) = (a + b) + c$ | $a \cdot (b \cdot c) = (a \cdot b) \cdot c$ |
| Distributivgesetz | $a \cdot (b + c) = a \cdot b + a \cdot c$ ||

### Das Rechnen mit Klammerausdrücken

Aus den obigen Gesetzen ergeben sich die folgenden Regeln für das Rechnen mit Klammerausdrücken, wobei das Multiplikationszeichen „$\cdot$" im Folgenden oft weggelassen wird:

| $a - (b + c) = a - b - c$ | $a - (b - c) = a - b + c$ |
|---|---|
| $a(b + c) = ab + ac$ | |
| $(a + b)(c + d) = ac + ad + bc + bd$ | $(a + b)(c - d) = ac - ad + bc - bd$ |
| $(a - b)(c + d) = ac + ad - bc - bd$ | $(a - b)(c - d) = ac - ad - bc + bd$ |

Wichtige Spezialfälle der obigen Rechenregeln sind die drei *binomischen Formeln*:

| |
|---|
| 1. binomische Formel:    $(a + b)^2 = (a + b)(a + b) = a^2 + 2ab + b^2$ |
| 2. binomische Formel:    $(a - b)^2 = (a - b)(a - b) = a^2 - 2ab + b^2$ |
| 3. binomische Formel:              $(a + b)(a - b) = a^2 - b^2$ |

**Aufg. 1.4** Berechnen Sie $[(7 + 2, 1) \cdot 3 - 2 \cdot (2 + 6)] \cdot 10$.

**Aufg. 1.5** Berechnen Sie: a) $(3x - 4)^2$, b) $(4x + y)^2$, c) $(2x - y)^2$.

**Aufg. 1.6** Lösen Sie die Klammern auf (d.h., beseitigen Sie alle Klammern):
a)    $(5a - 7b) \cdot 4a - (3a - 8b) \cdot 5b - (7b - 2a) \cdot 6a + (5a - b) \cdot 3b$
b)    $3x [5y - (7x - 4y)] - 8y [3x - (7y - 5x) + (6x - 11y)(2x + y)]$

**Aufg. 1.7** Zerlegen Sie folgende Ausdrücke in Faktoren: a) $x^2 - \dfrac{1}{z^6}$,
b) $2ax + ay - 2bx - by$  c) $1 - x + x^2 - x^3 + x^4 - x^5$.

## Bruchrechnung

Für das *Rechnen mit Brüchen* gelten die folgenden Regeln, wobei $k, \ell, m, n$ ganze Zahlen mit der Voraussetzung $\ell, n \neq 0$ bezeichnen:

| Addition | $\dfrac{k}{\ell} + \dfrac{m}{n} = \dfrac{kn + \ell m}{\ell n}$ | Subtraktion | $\dfrac{k}{\ell} - \dfrac{m}{n} = \dfrac{kn - \ell m}{\ell n}$ |
|---|---|---|---|
| Multiplikation | $\dfrac{k}{\ell} \cdot \dfrac{m}{n} = \dfrac{km}{\ell n}$ | Division | $\dfrac{\frac{k}{\ell}}{\frac{n}{m}} = \dfrac{k}{\ell} : \dfrac{n}{m} = \dfrac{km}{\ell n}$ |

## Betrag einer reellen Zahl

Als *Betrag* $|r|$ einer reellen Zahl $r$ wird der Abstand dieser Zahl $r$ vom Nullpunkt 0 erklärt und durch:

$$|r| = \begin{cases} r & \text{für } r \geq 0 \quad (\text{d.h., } r \text{ ist positiv oder gleich 0}) \\ -r & \text{für } r < 0 \quad (\text{d.h., } r \text{ ist negativ}) \end{cases}$$

gegeben. (So gilt z.B. $|2| = 2$, denn 2 ist positiv und damit muss die obere Zeile der obigen Definition verwendet werden. Andererseits gilt $|-2| = -(-2) = 2$ nach der unteren Zeile der obigen Definition, denn $-2$ ist negativ.) Das Rechnen mit Beträgen werden wir im Abschn. 4.2 üben.

### Das Rechnen mit reellen Zahlen und allgemeinen Zahlsymbolen

Das Rechnen mit Klammern, Doppel- und Kettenbrüchen und die vier Grundrechenarten in der Bruchrechnung werden in den folgenden Aufgaben geübt. *Bemerkung:* Wenn in einem Bruch mehrere Bruchstriche auftreten,so muss durch unterschiedliche Längen der Bruchstriche festgelegt werden, wie diese Brüche zu berechnen sind. Das einfache

**Beispiel:** $\dfrac{\frac{3}{4}}{2} = \frac{3}{4} : 2 = \frac{3}{8}$, und $\dfrac{3}{\frac{4}{2}} = 3 : \frac{4}{2} = \frac{3}{2}$

zeigt, dass bei unterschiedlichen Längen der Bruchstriche wir i.a. verschiedene Ergebnisse erhalten.

**Aufg. 1.8** Berechnen Sie ohne Taschenrechner:    a) $2,1 + \dfrac{7}{12} - \dfrac{3}{8}$,

b) $\dfrac{\dfrac{34}{3} - \dfrac{91}{12}}{\left(\dfrac{7}{16} - \dfrac{17}{48}\right) \cdot 15}$,    c)    den *Kettenbruch:* $\dfrac{1}{1 + \dfrac{1}{2 + \dfrac{1}{3 + \dfrac{1}{4}}}}$.

**Aufg. 1.9** Vereinfachen Sie die folgenden Ausdrücke:

a) $\dfrac{\dfrac{xy^2}{3z}}{x^2}$,    b) $\dfrac{xy^2}{\dfrac{3z}{x^2}}$,    c) $\dfrac{8a^2 + 8b^2 + 16ab}{\dfrac{a+b}{a-b}}$,    d) $\dfrac{\dfrac{a}{b} - \dfrac{b}{a}}{\dfrac{a}{b} + \dfrac{b}{a}}$.

**Aufg. 1.10** Es ist zu addieren bzw. zu subtrahieren:    a) $\dfrac{1}{m+n} + \dfrac{1}{m-n}$,

b) $\dfrac{3m + 5n}{2m + 3n} - \dfrac{2m - 3n}{3m - 5n}$,    c) $\dfrac{8x - 9y}{3x - 5y} - \dfrac{2x - 9y}{x + 5y}$,

d) $\dfrac{3x^2 - 3xy}{x + y} - \dfrac{6y^2 + 6xy}{x - y}$.

**Aufg. 1.11** Es ist zu addieren bzw. zu subtrahieren:

a) $\dfrac{1-c}{3ab} + \dfrac{2c-5b}{6ab-10b^2} - \dfrac{5\,(2c-3a)}{18a^2-30ab}$,  b) $\dfrac{2x}{x^2-6x+9} - \dfrac{2x+6}{x^2-9}$,

c) $\dfrac{-b}{9a^2-b^2} + \dfrac{7a+2b}{6ab-2b^2} - \dfrac{6a^2-4b^2}{27a^3-3ab^2} - \dfrac{8b^2}{54a^3-6ab^2}$.

**Aufg. 1.12** Es ist zu vereinfachen:  $\dfrac{6-10x}{4x + \dfrac{15}{5 + \dfrac{30x}{2-6x}}}$.

**Aufg. 1.13** Vereinfachen Sie und geben Sie die Existenzbedingungen für die auftretenden Terme an:

a) $\dfrac{a+1}{a^2-a} - \dfrac{a-1}{a^2+a} + \dfrac{1}{a} - \dfrac{4}{a^2-1}$,  b) $\dfrac{\dfrac{a+1}{a-1} - 1}{1 + \dfrac{a+1}{a-1}}$,

c) $\left[\left(\dfrac{3}{x-y} + \dfrac{3x}{x^3-y^3} \cdot \dfrac{x^2+xy+y^2}{x+y}\right) : \dfrac{2x+y}{x^2+2xy+y^2}\right] \cdot \dfrac{3}{x+y}$,

d) $\dfrac{a^3+b^3}{a^2-ab+b^2}$,  e) $\dfrac{1}{a - \dfrac{a}{1 + \dfrac{a}{x-a}}}$,  f) $\dfrac{a+(1-ax)^{-1}}{1+(1-ax)^{-1}}$ mit $x = \dfrac{1}{a-1}$,

g) $\dfrac{\dfrac{3}{xy} - \dfrac{5}{y}}{\dfrac{3}{y} - \dfrac{5}{x}}$,  h) $\dfrac{1}{x+1} + \dfrac{1}{x-1} - \dfrac{2x}{1+x^2}$,  i) $\dfrac{2u+v}{u-v} \cdot \dfrac{u^2-v^2}{4u+2v}$,

j) $\dfrac{a}{a^2-2ab+b^2} - \dfrac{a}{a^2-b^2} + \dfrac{1}{a+b}$.

## Die Partialdivision

Wenn mehrgliedrige Ausdrücke zu dividieren sind, so wenden wir das Verfahren der *Partialdivision* an, welches uns bereits von der schriftlichen Division natürlicher Zahlen (z.B. 3741 : 271) bekannt ist. Die Partialdivision wird in den folgenden zwei Schritten ausgeführt.
*1. Schritt:* Ordnen von Dividend und Divisor.
Es werden die einzelnen Glieder von Dividend und Divisor nach gleichen Gesichtspunkten geordnet. Wir vereinbaren, die einzelnen Glieder zuerst in alphabetischer Reihenfolge und dann nach fallenden Potenzen zu ordnen.

*2. Schritt:* Ausführen der Partialdivision.

Es wird der erste Summand des Dividenden durch den ersten Summanden des Divisors dividiert. Der entstehende Quotient wird rechts vom Gleichheitszeichen notiert. Dann wird er mit dem ganzen Divisor multipliziert und das entstehende Produkt wird vom Dividenden subtrahiert. Hier kann es sich erforderlich machen, dass der durch diese Subtraktion entstehende Ausdruck erneut nach den im 1. Schritt verwendeten Gesichtspunkten zu ordnen ist. Mit dem dabei entstehenden Rest wird in derselben Weise weiter gerechnet bis entweder die Division aufgeht (d.h., wir erhalten den Rest 0) oder aber ein nicht mehr teilbarer Rest übrig bleibt. Es ist wichtig zu beachten, dass wir *immer* durch ein und dasselbe Glied (meist das erste Glied) des Divisors dividieren.

**Beispiel:** Führen Sie die Partialdivision für $(y^3 + x^2y + x^3 - 3xy^2) : (x - y)$ aus.

*1. Schritt:* Wir ordnen den Dividenden: $x^3 + x^2y - 3xy^2 + y^3$

*2. Schritt:*

$$
\begin{array}{llll}
(x^3 & +x^2y & -3xy^2 & +y^3) \quad : (x-y) = \quad \underline{\underline{x^2 + 2xy - y^2}} \\
-\ (x^3 & -x^2y) \\
\hline
& 2x^2y & -3xy^2 \\
- & (2x^2y & -2xy^2) \\
\hline
& & -xy^2 & +y^3 \\
& & -(-xy^2 & +y^3) \\
\hline
& & & 0
\end{array}
$$

*Erläuterung:* Wir dividieren den ersten Term des Dividenden $x^3$ durch den ersten Term des Divisors $x$ und notieren das Ergebnis $x^2$ rechts vom Gleichheitszeichen. Es wird nun $x^2$ mit dem ganzen Divisor $(x - y)$ multipliziert, das Ergebnis $(x^3 - x^2y)$ unter den Dividenden geschrieben und von ihm subtrahiert. Wir erhalten $2x^2y$, was abermals durch den ersten Term des Divisors $x$ dividiert wird. Das Ergebnis $2xy$ wird rechts vom Gleichheitszeichen notiert. Nun wird $2xy$ mit dem gesamten Divisor $(x - y)$ multipliziert, das Ergebnis $(2x^2y - 2xy^2)$ unter den neu berechneten Dividenden geschrieben und dann von ihm subtrahiert. Nach nochmaliger Anwendung des obigen Verfahrens erhalten wir den Rest 0.

*Probe:* $(x^2 + 2xy - y^2)(x - y) = x^3 + x^2y - 3xy^2 + y^3$.

Wenn die zu dividierenden Ausdrücke Polynome sind (d.h., es tritt in Dividend und Divisor nur ein und derselbe Buchstabe auf), dann erhalten wir als Spezialfall der Partialdivision die *Polynomdivision*.

**Aufg. 1.14** Führen Sie die Polynomdivision aus:

a) $(x^3 - 6x^2 + 9x - 4) : (x - 1)$, b) $(24x^4 - 26x^3 - 76x^2 - 32x) : (4x^2 - 7x - 8)$,

c) $(28x^3 - 49x^2 + 77x) : (4x^2 - 7x + 11)$,  d) $(x^3 + x + 1) : (x + 1)$.

**Aufg. 1.15** Dividieren Sie:   a) $\dfrac{ac + ad + bc + bd}{a + b}$,   b) $\dfrac{x^3 - y^3}{x - y}$,

c) $\left(\frac{6}{13}ux + \frac{8}{13}vx - \frac{9}{13}wx\right) : \left(\frac{1}{2}u + \frac{2}{3}v - \frac{3}{4}w\right)$,  d) $\dfrac{49a^2 - 25x^2 - 9b^2 - 30bx}{5x + 7a + 3b}$.

**Aufg. 1.16** Vereinfachen Sie:   $\left(\dfrac{a^2}{16b^2} - \dfrac{b^2}{a^2}\right) : \left(\dfrac{1}{4b} - \dfrac{1}{2a}\right)$.

## Auflösen einfacher (linearer) Gleichungen

Das Auflösen bzw. Umformen von Gleichungen, in welchen nur die Grundrechenarten von 1. und 2. Stufe auftreten, basiert auf folgenden Regeln:

|  | Eine Gleichung bleibt erhalten, wenn: |
|---|---|
| 1. | Auf beiden Seiten der Gleichung die gleiche Zahl bzw. das gleiche Symbol addiert oder subtrahiert wird. |
| 2. | Beide Seiten der Gleichung mit der gleichen Zahl, die aber *verschieden von* 0 sein muss, bzw. dem gleichen Symbol $b$, für welches aber $b \neq 0$ vorauszusetzen ist, multipliziert werden. |
| 3. | Beide Seiten der Gleichung durch die gleiche Zahl, die aber *verschieden von 0* sein muss, bzw. durch das gleiche Symbol $a$, für welches aber $a \neq 0$ vorauszusetzen ist, dividiert werden. Es gilt auch hier: **Division durch Null ist verboten!** |

**Aufg. 1.17** Lösen Sie nach $x$ auf:   a)   $(x + 3)^2 = (x + 9)(x + 1)$,

b) $\dfrac{a - b}{a + x} + \dfrac{a + b}{a - x} = 0$,  c)  $3(a + x) = 7(bx + 3)$.

**Aufg. 1.18** a) Lösen Sie die Gleichung $\dfrac{1}{R} = \dfrac{1}{R_1} + \dfrac{1}{R_2}$ nach $R$ auf. b) Lösen

Sie das Ohmsche Gesetz $R = \dfrac{U}{I}$ sowohl nach $U$ als auch nach $I$ auf.

**Aufg. 1.19** Der Zähler eines Bruches ist um 3 kleiner als der Nenner. Wenn wir zum Zähler und Nenner die Zahl 5 addieren, so erhalten wir $\frac{3}{4}$. Wie lautet der ursprüngliche Bruch?

## Direkte und indirekte Proportionalität

Gegeben seien zwei veränderliche Größen $x$ und $y$, die in einem festen Verhältnis $\mu$

$$\frac{y}{x} = \mu \quad (\text{bzw. } y = \mu x)$$

zueinander stehen. Es wird dann gesagt, dass $y$ *direkt proportional* zu $x$ ist. Das Verhältnis $\mu$ der beiden Größen $x$ und $y$ wird als *Proportionalitätsfaktor* bezeichnet.

**Aufg. 1.20** a) Berechnen Sie die Höhe eines Telefonmastes, der einen Schatten von $4,50$ m wirft, wenn gleichzeitig ein 90 cm langer, senkrecht stehender Wanderstock einen Schatten von 135 cm hat.

b) Ein Sparbetrag von 350 € bringt in einem Jahr 10 € Zinsen. Wie viel Zinsen erbringen dann 100 €.

**Aufg. 1.21** Beweisen Sie, dass aus $\frac{y_1}{x_1} = \frac{y_2}{x_2}$ die Gleichung $\frac{y_1 + y_2}{x_1 + x_2} = \frac{y_1}{x_1}$ folgt.

Wenn zwei veränderliche Größen $x$ und $y$ in der Beziehung

$$y = \frac{c}{x} \quad (\text{bzw. } x \cdot y = c)$$

stehen, wobei $c$ eine Konstante ist, so sagen wir, dass $y$ umgekehrt oder *indirekt proportional* zu $x$ ist.

**Aufg. 1.22** a) Wie viele Arbeiter müssen eingestellt werden, wenn ein Kabel, dessen Verlegung durch 9 Arbeiter in 40 Tagen geplant ist, schon in 25 Tagen betriebsbereit sein soll?

b) Ein Fahrzeug benötigt bei einer Durchschnittsgeschwindigkeit von 70 km/h für eine bestimmte Strecke 2 Stunden. In welcher Zeit wird diese Strecke bei einer Durchschnittsgeschwindigkeit von 90 km/h geschafft.

c) Die Umfänge zweier ineinander fassender Zahnräder betragen 60 cm und 75 cm. Wie viele Umdrehungen des kleinen Rades kommen auf 1000 Umdrehungen des großen Rades? Wie viele Umdrehungen des großen Rades entsprechen 1000 Umdrehungen des kleinen Rades?

**Prozentrechnung**

Um anschauliche Vergleiche zwischen gegebenen Größen zu geben, wird eine Bezugszahl, die als *Grundwert K* bezeichnet wird, ausgezeichnet und gleich 100 gesetzt. Die zu vergleichende Größe wird Prozentwert Z genannt. Es gilt dann

$$\frac{p}{100} = \frac{Z}{K}$$

wobei $p$ den *Prozentsatz* (auch *Prozentfuß* genannt) bezeichnet.

**Aufg. 1.23** a) Wie viel kg Titan sind in 280 kg einer Stahllegierung enthalten, wenn der Titangehalt 5% beträgt?
b) Die durchschnittliche Milchleistung von 2800 kg je Kuh wird im Laufe eines Jahres um 8% gesteigert. Wie groß ist jetzt die durchschnittliche Milchleistung?
c) Es stehen zwei Behälter mit einem Fassungsvermögen von 5 m$^3$ bzw. 10 m$^3$ zur Verfügung. Im kleineren Behälter sind 3 m$^3$ und im größeren 5 m$^3$ Flüssigkeit enthalten. Gesucht ist die prozentuale Auslastung beider Behälter.

**Aufg. 1.24** Aus einer rechteckigen Metallplatte von 3,70 m Länge und 2,50 m Breite sollen kreisförmige Platten von 20 cm Durchmesser ausgestanzt werden, wobei der Abstand zwischen zwei Ausstanzungen 2 mm betragen soll. Wie viel Prozent der Metallplatte werden ausgenutzt?

**Aufg. 1.25** Von den im Jahre 2004 in Deutschland zugelassenen Kfz waren 70% PKW, 25% LKW und 5% sonstige Kfz. Außerdem stieg der Bestand gegenüber 2003 bei PKW um 10%, bei LKW um 6% und bei den sonstigen Kfz um 3%. a) Um wie viel % stieg der gesamte Fahrzeugbestand 2004 gegenüber 2003? b) Wie war die prozentuale Zusammensetzung des Kfz-Bestandes im Jahre 2003?

# 1.3   Potenz- und Wurzelrechnung

In diesem Abschnitt werden die Potenzrechnung und ihre erste Umkehrung, die Wurzelrechnung, geübt. Die zweite Umkehrung, das Logarithmieren, wird im Abschn. 1.4 betrachtet. Bei den folgenden formal ähnlich aussehenden Rechengesetzen müssen wir sehr genau auf die Voraussetzungen, die den Anwendungsbereich dieser Gesetze festlegen, achten.

### Potenzen mit ganzzahligen Exponenten

Es sollen zunächst *Potenzen mit ganzzahligen Exponenten* erklärt werden. Um den Begriff der Potenz einer reellen Zahl zu erklären, wollen wir uns zunächst an Folgendes erinnern. Für die Summe von gleichen Summanden wurde das Produkt eingeführt (z.B. gilt $2,3+2,3+2,3 = 3 \cdot 2,3$). Wenn nun das Produkt mit gleichen Faktoren zu bilden ist, so wurde dafür das Potenzieren eingeführt (z.B. gilt $2,3 \cdot 2,3 \cdot 2,3 = 2,3^3$). Allgemein erklären wir:

| | |
|---|---|
| $a^n = \underbrace{a \cdot a \cdot \ldots \cdot a}_{n \text{ Faktoren } a}$ | wobei $a$ eine reelle Zahl und $n$ eine natürliche Zahl bezeichnet |
| $b^0 = 1$ | für reelle Zahlen $b \neq 0$ |
| $b^{-n} = \dfrac{1}{b^n}$ | für reelle Zahlen $b \neq 0$ und natürliche Zahlen $n$ |

Bei $a^n$ (gelesen $a$ hoch $n$) wird $a$ als *Basis* und $n$ als *Exponent* bezeichnet.

Aus den obigen Erklärungen ergeben sich sofort die folgenden grundlegenden *Potenzgesetze* für ganzzahlige Exponenten:

| *Voraussetzungen:* | $x, y$ seien reelle Zahlen mit $x \neq 0, y \neq 0$ und $k, \ell$ ganze Zahlen | |
|---|---|---|
| gleicher Exponent | $x^k \cdot y^k = (xy)^k$ | $x^k : y^k = \dfrac{x^k}{y^k} = \left(\dfrac{x}{y}\right)^k$ |
| gleiche Basis | $x^k \cdot x^\ell = x^{k+\ell}$ | $x^k : x^\ell = \dfrac{x^k}{x^\ell} = x^{k-\ell}$ |
| | $\left(x^k\right)^\ell = x^{k\ell}$ | |

**Aufg. 1.26** Vereinfachen Sie:

a) $\dfrac{\left(12^2\right)^4 \cdot \left(8^4\right)^3}{\left(4^4\right)^6}$

b) $\left(\dfrac{4a^{-2}x}{3a^5x^{-3}}\right)^2 : \dfrac{\left(3a^4x^2\right)^{-3}}{\left(2ax^{-3}\right)^{-2}}$

c) $\dfrac{3-a}{a^{m-4}} + \dfrac{a^6 - a^5 + 2a^3 - 1}{a^{m+1}} - \dfrac{2a^2 + 1}{a^{m-2}}$

für reelle Zahlen $a, x \neq 0$ und $m$ ganzzahlig.

### Die wissenschaftliche Notation

Betragsmäßig sehr große oder auch sehr kleine reelle Zahlen $Z$ lassen sich anschaulich in der Schreibweise mit abgetrennten Zehnerpotenzen, die auch als *wissenschaftliche Notation* bezeichnet wird, darstellen. Hierbei wird die Zahl $Z$ als Produkt aus einer Dezimalzahl, welche genau eine Stelle vor dem Komma hat, und einer Zehnerpotenz $10^n$ mit einer ganzen Zahl $n \in \mathbb{Z}$ geschrieben. So gilt z.B. $301, 2 = 3, 012 \cdot 10^2$ und $0, 00023 = 2, 3 \cdot 10^{-4}$.

**Aufg. 1.27** Gegeben seien die reellen Zahlen $Z_1 = 102, 2$; $Z_2 = 0, 02$ und $Z_3 = 5003$. a) Stellen Sie $Z_j$ für $j = 1, 2, 3$ in der wissenschaftlichen Notation dar. b) Berechnen Sie das Produkt $Z_1 Z_2 Z_3$, wobei die wissenschaftliche Notation zu verwenden ist.

**Aufg. 1.28** Die Lichtgeschwindigkeit im Vakuum beträgt $3 \cdot 10^5 \, km \, s^{-1}$. Wie viel $km$ sind ein Lichtjahr, d.h., welche Entfernung legt das Licht innerhalb eines Jahres im Vakuum zurück?

### Wurzeln und Potenzen mit reellen Exponenten

Wir betrachten jetzt die erste Umkehrung des Potenzierens, d.h. das *Radizieren* oder *Wurzelziehen*. In der Gleichung

$$x^n = u \tag{1.2}$$

wird bei gegebener natürlicher Zahl $n$ und gegebener positiver reeller Zahl $u$ die zugehörige positive reelle Zahl $x$ gesucht, so dass die obige Gleichung (1.2) gilt. Wir definieren deshalb:

---

Die $n$-te *Wurzel* für $n = 2, 3, \ldots$ aus einer nichtnegativen reellen Zahl $u$ ist diejenige nichtnegative reelle Zahl $x$, für die $x^n = u$ gilt; und sie wird mit $x = \sqrt[n]{u}$ bezeichnet.

---

In der obigen Definition heißt $u$ der *Radikand*, $n$ der *Wurzelexponent* und $x$ der *Wurzelwert* oder die $n$-te Wurzel aus $u$. Für $n = 2$ schreiben wir $\sqrt{u}$.

Um die oben gegebenen Potenzgesetze auf weitere Zahlbereiche auszudehnen, setzen wir:

$$u^{\frac{1}{n}} = \sqrt[n]{u} \tag{1.3}$$

Da $(\sqrt[n]{u})^m = \sqrt[n]{u^m}$ für *positive* reelle Zahlen $u$ und natürliche Zahlen $n, m$ gilt, setzen wir

$$u^{\frac{m}{n}} = (\sqrt[n]{u})^m = \sqrt[n]{u^m}, \tag{1.4}$$

womit wir Potenzen mit rationalen Exponenten erklärt haben. Im nächsten Schritt können dann mit Hilfe von (1.4) und der Methode der Intervallschachtelung auch Potenzen mit reellen Exponenten und positiver reeller Basis erklärt werden.

Es gelten nun in Analogie zu oben die folgenden *Potenzgesetze für reelle Exponenten*, wobei jetzt aber auf die unterschiedlichen Voraussetzungen zu achten ist:

| *Voraussetzungen:* | $u, v$ seien *positive* reelle Zahlen und $r, s$ *reelle* Zahlen | |
|---|---|---|
| gleicher Exponent | $u^r \cdot v^r = (uv)^r$ | $u^r : v^r = \dfrac{u^r}{v^r} = \left(\dfrac{u}{v}\right)^r$ |
| gleiche Basis | $u^r \cdot u^s = u^{r+s}$ | $u^r : u^s = \dfrac{u^r}{u^s} = u^{r-s}$ |
| | $(u^r)^s = u^{rs}$ | |

Wenn wir in die obigen Potenzgesetze mit reellen Exponenten speziell $r = \dfrac{1}{m}$ und $s = \dfrac{1}{n}$ mit natürlichen Zahlen $n, m$ einsetzen, so folgen unter Verwendung der Beziehung (1.3) sofort die Gesetze für das *Rechnen mit Wurzeln*:

| *Voraussetzungen:* | $u, v$ seien *positive* reelle Zahlen und $m, n$ *natürliche* Zahlen | |
|---|---|---|
| gleicher Exponent | $\sqrt[m]{u} \cdot \sqrt[m]{v} = \sqrt[m]{uv}$ | $\sqrt[m]{u} : \sqrt[m]{v} = \dfrac{\sqrt[m]{u}}{\sqrt[m]{v}} = \sqrt[m]{\dfrac{u}{v}}$ |
| gleicher Radikand | $\sqrt[m]{u} \cdot \sqrt[n]{u} = \sqrt[mn]{u^{m+n}}$ | $\sqrt[m]{u} : \sqrt[n]{u} = \dfrac{\sqrt[m]{u}}{\sqrt[n]{u}} = \sqrt[mn]{u^{n-m}}$ |
| | $\sqrt[n]{\sqrt[m]{u}} = \sqrt[mn]{u}$ | |

**Aufg. 1.29** Vereinfachen Sie, wobei $x, y$ positive reelle Zahlen sind:

a) $\sqrt{\dfrac{x}{y} \cdot \sqrt{\dfrac{x}{y} \cdot \sqrt[3]{\dfrac{y^3}{x}}}}$,   b) $\sqrt[4]{x \cdot \sqrt[3]{x^2 \cdot \sqrt{x}}} : \sqrt{x \cdot \sqrt[8]{x^5 \cdot \sqrt[3]{x}}}$,

c) $\dfrac{\sqrt[6]{x^5 \cdot \sqrt[3]{x^2}}}{\sqrt[3]{x^2 \cdot \sqrt[6]{x^4}}} : \dfrac{\sqrt{x^3 \cdot \sqrt[9]{x^7}}}{\sqrt[9]{x^7 \cdot \sqrt{x}}}$.

**Ungeradzahlige Wurzeln aus negativen Zahlen und Bemerkungen zu Wurzeln mit geradzahligem Wurzelexponenten**

Ausgehend von der Gleichung (1.2) hatten wir oben die $n$-te Wurzel $\sqrt[n]{u}$ für nichtnegative reelle Radikanden $u$ erklärt und gefordert, dass der Wurzelwert ebenfalls nichtnegativ ist. Für *ungeradzahlige* Wurzelexponenten $n = 2\nu - 1$ ($\nu$ bezeichnet hier eine beliebige natürliche Zahl) können wir auch Wurzeln aus negativen reellen Zahlen $-u$ ziehen, denn es gilt

$$\sqrt[2\nu-1]{-u} = -\sqrt[2\nu-1]{u} \,, \tag{1.5}$$

wobei $u$ eine positive reelle Zahl bezeichnet. Die Gleichung (1.5) können wir uns durch folgendes Beispiel verdeutlichen: Nach (1.5) gilt $\sqrt[3]{-8} = -\sqrt[3]{8} = -2$, was wegen $(-2)^3 = -8$ und Gleichung (1.2) sinnvoll ist. Es muss aber ausdrücklich darauf hingewiesen werden, dass die obigen Potenzgesetze für diesen Fall nicht mehr gelten (siehe Aufgabe 1.32).

Für geradzahlige Wurzelexponenten $n = 2\nu$ existiert die Wurzel für negative Radikanden nicht im Zahlbereich der reellen Zahlen. Weiterhin gilt die folgende Beziehung:

$$\sqrt[2\nu]{y^{2\nu}} = |y| \,, \tag{1.6}$$

wobei $y$ eine beliebige reelle Zahl (positiv, 0 oder negativ) bezeichnet. Die Gleichung (1.6) können wir durch folgendes Beispiel veranschaulichen:

**Beispiel:** Für $y_1 = 2$ und $y_2 = -2$ gilt $\sqrt{y_1^2} = \sqrt{2^2} = 2 = \sqrt{(-2)^2} = \sqrt{y_2^2}$.

Im Zahlbereich der reellen Zahlen hat somit die Gleichung $y^{2\nu} = u$ für positives $u$ zwei Lösungen $y_1$ und $y_2 = -y_1$. Damit das Wurzelziehen auch für geradzahlige Wurzelexponenten eine eindeutig bestimmte Lösung hat, hatten wir im Zusammenhang mit der Gleichung (1.2) gefordert, dass das Ergebnis positiv oder 0 ist.

**Aufg. 1.30** Vereinfachen Sie und geben Sie die Existenzbedingungen für die auftretenden Terme an:

a) $\sqrt{x^3 y^2} \cdot \sqrt[4]{x^9} \cdot \sqrt[3]{y^2}$,  b) $\left( \sqrt[10]{x^2 - 2xy + y^2} \right)^5$,  c) $\sqrt{\dfrac{x}{2y}}$,

d) $\sqrt[n]{a^{n+3}} \sqrt[3]{a^{3n+1}} \sqrt[3]{a^{-1}}$,  e) $\left[ 4^{-\frac{1}{4}} + \left( \dfrac{1}{2^{-\frac{3}{2}}} \right)^{-\frac{4}{3}} \right] \left[ 4^{-0,25} - \left( 2\sqrt{2} \right)^{-\frac{4}{3}} \right]$,

f) $\sqrt{(a-b)^2}$,  g) $\sqrt{a^6}$,  h) $a + \sqrt{1 - 2a + a^2}$,

i) $x \cdot \sqrt{1 + \dfrac{1}{x^2}}$,  k) $\sqrt[6]{\left( 1 - \sqrt{3} \right)^2}$,  l) $\sqrt{a^2 b^{-2}} \sqrt[3]{27ab^3} \sqrt{(a+1)^2}$.

**Aufg. 1.31** Die Nenner der folgenden Brüche sind *rational zu machen*, d.h., durch geeignete Umformungen sollen die Wurzeln im Nenner beseitigt werden.

a) $\dfrac{1}{\sqrt{2}}$,  b) $\dfrac{1 + 2\sqrt{3}}{1 + \sqrt{3}}$,  c) $\dfrac{\sqrt{2} - \sqrt{3}}{\sqrt{2} + \sqrt{3}}$,  d) $\dfrac{1}{\sqrt[3]{1} - \sqrt{2}}$.

**Aufg. 1.32** Berechnen Sie $\dfrac{\sqrt[3]{x^3}}{\sqrt[4]{x^2}}$ für $x = -2$. Veranschaulichen Sie sich an diesem Beispiel, dass die Potenzgesetze mit reellen Exponenten nicht für negative Basen gelten.

# 1.4 Logarithmen

In diesem Unterabschnitt beschäftigen wir uns mit der zweiten Umkehrung des Potenzierens, dem Logarithmieren. Hierfür betrachten wir die Gleichung

$$b^r = v,\qquad\qquad (1.7)$$

wobei $b$ und $v$ positive reelle Zahlen mit $b \neq 1$ sind und $r$ eine beliebige reelle Zahl bezeichnet. Wenn $b$ und $v$ mit den obigen Voraussetzungen vorgegeben sind, so existiert eine eindeutig bestimmte reelle Zahl $r$, so dass die Gleichung (1.7) erfüllt ist. Wir definieren deshalb:

> Unter dem *Logarithmus* einer positiven reellen Zahl $v$ zu einer positiven, von eins verschiedenen reellen Basis $b$ verstehen wir diejenige reelle Zahl $r$, mit der die Basis $b$ zu potenzieren ist, um $v$ zu erhalten. *Bezeichnung:* $r = \log_b v$, wobei $v > 0$, $b > 0$, $b \neq 1$ gilt.

Hiermit folgt: Unter der Voraussetzung $v > 0$, $b > 0$, $b \neq 1$ gilt

> $r = \log_b v$ ist äquivalent zu (d.h., gleichbedeutend mit) $b^r = v$.

Bei Anwendung dieser Äquivalenz auf die im Unterabschnitt 1.3 gegebenen Potenzgesetze mit reellen Exponenten folgen die drei *Logarithmengesetze*:

| *Voraussetzungen:* $u, v, b, d$ seien positive reelle Zahlen mit $b \neq 1$, $d \neq 1$ $\alpha$ sei eine beliebige reelle Zahl | |
|---|---|
| 1) $\log_b(u \cdot v) = \log_b u + \log_b v$ | 3) $\log_b(u^\alpha) = \alpha \log_b u$ |
| 2) $\log_b\left(\dfrac{u}{v}\right) = \log_b u - \log_b v$ | |

und weitere *wichtige Eigenschaften der Logarithmen*:

| $\log_b 1 = 0,\qquad \log_b b = 1$ $b^{\log_b u} = u,\quad \log_b(b^\alpha) = \alpha$ | *Umrechnung der Logarithmen zwischen den Basen $b$ und $d$:* $\log_b u = \log_d u \cdot (\log_b d)$ |
|---|---|

Für die für die Anwendungen wichtigen speziellen Basen $b = 10$ und $b = \mathrm{e}$ ($\mathrm{e} = 2,71828\ldots$ heißt die *Eulersche Zahl*[1], welche irrational und von zentraler Bedeutung in der höheren Mathematik ist) setzen wir:

$$\boxed{\begin{aligned}\lg v &= \log_{10} v \quad (\textit{dekadischer } \text{Logarithmus})\\ \ln v &= \log_{\mathrm{e}} v \quad (\textit{natürlicher } \text{Logarithmus})\end{aligned}}$$

**Aufg. 1.33** Zerlegen Sie unter Anwendung der Logarithmengesetze! Überlegen Sie, für welche Werte der Variablen die gegebenen Terme (als reelle Zahlen) definiert sind!

a) $\log \sqrt{\dfrac{1+x}{1-x}}$,     b) $\log_5 \dfrac{a^2 b}{a+b}$,     c) $\ln \dfrac{\sqrt{a}\, b^{-2}}{\sqrt[3]{c}\, d^{-3}}$,

d) $\lg \left( \sqrt[n+1]{a^n \sqrt[m]{b^{-1}}} \right)$ für $a > 0$, $b > 0$.

**Aufg. 1.34** Bestimmen Sie $x$ ohne Hilfsmittel (Taschenrechner, Zahlentafel) aus: a) $x = \log_2 \frac{1}{8}$,     b) $\log_{\frac{1}{2}} x = -3$,     c) $\log_x \sqrt{8} = \frac{3}{4}$, d) $x = 81^{0,5 \cdot \log_3 7}$,

e) $\log_b x = \log_b u - \frac{1}{2} \log_b v + \frac{4}{3} \log_b w$ mit $b > 0$, $b \neq 1$ und $u, v, w > 0$,

f) $\lg x = \frac{1}{3} \lg (u^2 - v^2) - \frac{1}{2} \lg (u-v) - \frac{1}{2} \lg (u+v)$, mit $u > v \geq 0$,

g) $\ln x = \frac{1}{2} \ln \left( \dfrac{x}{a} + \sqrt{\dfrac{x^2}{a^2} - 1} \right) - 0,5 \ln \left( \dfrac{1}{x - \sqrt{x^2 - a^2}} \right) + \ln \sqrt{a}$. Welche Bedingung muss $a$ erfüllen?

**Aufg. 1.35** Berechnen Sie $x$ ohne Taschenrechner oder Zahlentafel:

a) $x = 2 \cdot 10^{2 \lg 2}$,     b) $x = \sqrt[3]{10^{\frac{1}{2}(\lg 2 + \lg 32)}}$,     c) $x = \sqrt{\sqrt{10}^{\lg 16}}$,

d) $x = \lg 5 \cdot \lg 20 + (\lg 2)^2$.

# 1.5   Lösungen der Aufgaben aus Kapitel 1

**1.1 a)** $0,\overline{714285}$. **b)** $0,2$. **c)** $0,125$. **d)** $0,\overline{153846}$. **e)** $1,\overline{857142}$.

**1.2** Wir setzen voraus, dass der ganze Anteil unseres Bruches bereits abgespalten worden ist, und somit beginnt unser Dezimalbruch mit $0,\ldots$. Bei der schriftlichen Division $p : q$ tritt in jedem Divisionsschritt als Rest eine der natürlichen Zahlen $0, 1, \ldots, q - 1$ auf. Im Fall Rest gleich 0, ist der entstehende Dezimalbruch abbrechend. Anderenfalls wird an den Rest eine 0 angehangen

---

[1]benannt nach Leonhard Euler, Schweizer Mathematiker, 1707 - 1783

und der nächste Divisionsschritt wird ausgeführt. Nach spätestens $q - 1$ Divisionschritten erhalten wir einen Rest, welcher bereits schon einmal bei einem der vorangegangenen Divisionschritte vorlag. Nun wiederholt sich unsere Rechnung, was zur Periodizität des Dezimalbruches führt. Da maximal $q - 1$ unterschiedliche Reste, die verschieden von 0 sind, auftreten können, kann somit die Periodenlänge niemals größer als $q - 1$ sein.

**1.3 a)** Für $Z = 0, \overline{13}$ gilt: $100Z - Z = 100 \cdot 0, \overline{13} - 0, \overline{13} = 13, \overline{13} - 0, \overline{13} = 13$. Somit folgt $99Z = 13$ und damit $Z = \dfrac{13}{99}$.

**b)** Für $Z = 0, \overline{171}$ folgt $1000Z - Z = 171, \overline{171} - 0, \overline{171} = 171$. Damit erhalten wir $Z = \dfrac{171}{999}$ und dann $2, \overline{171} = 2 + \dfrac{171}{999}$.    **c)** $Z = \dfrac{1}{9}$.

**1.4** 113.     **1.5 a)** $9x^2 - 24x + 16$,   **b)** $16x^2 + 8xy + y^2$,   **c)** $4x^2 - 4xy + y^2$.

**1.6 a)** $32a^2 - 70ab + 37b^2$,    **b)** $-21x^2 - 37xy - 96x^2y + 128xy^2 + 56y^2 + 88y^3$.

**1.7 a)** Nach der 3. binomischen Formel gilt: $x^2 - \dfrac{1}{z^6} = \left( x + \dfrac{1}{z^3} \right) \left( x - \dfrac{1}{z^3} \right)$.

**b)** $2ax + ay - 2bx - by = a(2x + y) - b(2x + y) = (a - b)(2x + y)$.

**c)** $1 - x + x^2 - x^3 + x^4 - x^5 = (1 - x) + x^2(1 - x) + x^4(1 - x) = (1 - x)(1 + x^2 + x^4)$.

**1.8 a)** Es gilt: $2, 1 + \dfrac{7}{12} - \dfrac{3}{8} = \dfrac{21}{10} + \dfrac{7}{12} - \dfrac{3}{8}$.

Um einen Hauptnenner von $10, 12$ und $8$ zu bestimmen, berechnen wir das *kleinste gemeinsame Vielfache* von $10, 12, 8$. Hierzu werden die *Primzahlzerlegungen* betrachtet (d.h., die gegebenen natürlichen Zahlen werden in ein Produkt von Primfaktoren zerlegt, was nach dem Satz über die Eindeutigkeit der Zerlegung in Primfaktoren, siehe Hinweis zu Aufgabe 3.29, immer möglich ist):

$$
\begin{array}{rlcl}
10 & = & 2 & \qquad\quad 5 \\
12 & = & 2^2 & \cdot \ 3 \\
8 & = & 2^3 & \\
\hline
 & & 2^3 & \cdot \ 3 \ \cdot \ 5
\end{array}
$$

Für den Hauptnenner ergibt sich nun: $2^3 \cdot 3 \cdot 5 = 120$.

Damit gilt:

$$
\frac{21}{10} + \frac{7}{12} - \frac{3}{8} = \frac{21 \cdot 2^2 \cdot 3}{10 \cdot 2^2 \cdot 3} + \frac{7 \cdot 2 \cdot 5}{12 \cdot 2 \cdot 5} - \frac{3 \cdot 3 \cdot 5}{8 \cdot 3 \cdot 5}
$$

$$
= \frac{252}{120} + \frac{70}{120} - \frac{45}{120} = \frac{252 + 70 - 45}{120} = \frac{277}{120} = 2 + \frac{37}{120}.
$$

*Erläuterungen:* Als ersten Schritt bei der Addition und Subtraktion von ungleichnamigen Brüchen, d.h., ihre Nenner sind voneinander verschieden, müssen diese gleichnamig gemacht werden, oder anders ausgedrückt: sie werden durch geeignetes Erweitern von Zähler und Nenner der einzelnen Brüche auf *einen Hauptnenner gebracht.* Als Hauptnenner kann immer das Produkt von allen Nennern der zu addierenden bzw. zu subtrahierenden Brüche verwendet werden (in unserem Fall: $10 \cdot 12 \cdot 8 = 960$). Häufig gibt es aber einfachere Ausdrücke (d.h. solche mit weniger Faktoren), die bereits ein Hauptnenner sind. Dazu haben wir oben das *kleinste gemeinsame Vielfache* (kgV) der Zahlen $10, 12, 8$ berechnet. Die einzelnen Brüche wurden dann auf den Hauptnenner gebracht, indem die einzelnen Zähler und Nenner jedes Bruches mit dem zugehörigen Erweiterungsfaktor multipliziert wurden. Die Erweiterungsfaktoren sind die Quotienten aus dem Hauptnenner und dem Nenner des entsprechenden Bruches.

**b)** $\dfrac{\dfrac{34}{3} - \dfrac{91}{12}}{\left(\dfrac{7}{16} - \dfrac{17}{48}\right) \cdot 15} = \dfrac{\dfrac{45}{12}}{\dfrac{1}{12} \cdot 15} = \dfrac{45 \cdot 12}{12 \cdot 15} = 3.$

**c)** Es gilt

$$\cfrac{1}{1 + \cfrac{1}{2 + \cfrac{1}{3 + \cfrac{1}{4}}}} = \cfrac{1}{1 + \cfrac{1}{2 + \cfrac{1}{\cfrac{13}{4}}}} = \cfrac{1}{1 + \cfrac{1}{2 + \cfrac{4}{13}}} = \cfrac{1}{1 + \cfrac{1}{\cfrac{30}{13}}}$$

$$= \cfrac{1}{1 + \cfrac{13}{30}} = \cfrac{1}{\cfrac{43}{30}} = \cfrac{30}{43}.$$

**1.9 a)** Aus den Rechenregeln der Bruchrechnung und geeignetem Kürzen von gleichen in Zähler und Nenner auftretenden Faktoren erhalten wir:

$\dfrac{\frac{xy^2}{3z}}{x^2} = \dfrac{xy^2}{3zx^2} = \dfrac{y^2}{3zx}$ .  **b)** $\dfrac{xy^2}{\frac{3z}{x^2}} = \dfrac{xy^2 \cdot x^2}{3z} = \dfrac{x^3 y^2}{3z}$ .

**c)** $\dfrac{8a^2 + 8b^2 + 16ab}{\frac{a+b}{a-b}} = \dfrac{8(a+b)^2(a-b)}{a+b} = 8(a+b)(a-b) = 8a^2 - 8b^2$ .

**d)** $\left(\dfrac{a}{b} - \dfrac{b}{a}\right) : \left(\dfrac{a}{b} + \dfrac{b}{a}\right) = \dfrac{a^2 - b^2}{ab} \cdot \dfrac{ab}{a^2 + b^2} = \dfrac{a^2 - b^2}{a^2 + b^2}$ .

**1.10 a)** $\dfrac{2m}{m^2 - n^2}$.    **b)** $\dfrac{5m^2 - 16n^2}{6m^2 - mn - 15n^2}$.    **c)** $\dfrac{2x^2 + 68xy - 90y^2}{3x^2 + 10xy - 25y^2}$.

**d)** $\dfrac{3x^3 - 12x^2y - 9xy^2 - 6y^3}{x^2 - y^2}$.

**1.11 a)** *1. Schritt:* Bestimmen des *Hauptnenners* (HN) und der *Erweiterungsfaktoren* (EF).

| | | | | | | EF |
|---|---|---|---|---|---|---|
| $3ab$ | $=$ | $3$ | $a$ | $b$ | | $2\,(3a - 5b)$ |
| $6ab - 10b^2$ | $=$ | $2$ | | $b$ | $(3a - 5b)$ | $3a$ |
| $18a^2 - 30ab$ | $=$ | $2$ $\cdot 3$ | $a$ | | $(3a - 5b)$ | $b$ |
| $HN$ | $=$ | $2$ $\cdot 3$ | $a$ | $b$ | $(3a - 5b)$ | |

(*Hinweis:* Nachdem der Hauptnenner bestimmt worden ist, werden die einzelnen Erweiterungsfaktoren (EF) berechnet.)

*2. Schritt:* Addition und Subtraktion der einzelnen Brüche.

$$\frac{1 - c}{3ab} + \frac{2c - 5b}{6ab - 10b^2} - \frac{5\,(2c - 3a)}{18a^2 - 30ab}$$

$$= \frac{(1 - c) \cdot 2(3a - 5b) + (2c - 5b) \cdot 3a - 5(2c - 3a)b}{6ab(3a - 5b)}$$

$$= \frac{6a - 10b - 6ac + 10bc + 6ac - 15ab - 10bc + 15ab}{6ab(3a - 5b)}$$

$$= \frac{6a - 10b}{6ab(3a - 5b)} = \frac{2(3a - 5b)}{6ab(3a - 5b)} = \frac{1}{3ab}.$$

*Hinweis:* Es ist ratsam, die Faktoren im Nenner erst dann auszumultiplizieren, wenn feststeht, dass nicht mehr gekürzt werden kann.

**b)** *1.Schritt:* Bestimmen des HN und der EF.

| | | | | | EF |
|---|---|---|---|---|---|
| $x^2 - 6x + 9$ | $=$ | $(x - 3)^2$ | | | $x + 3$ |
| $x^2 - 9$ | $=$ | $(x - 3)$ | $(x + 3)$ | | $x - 3$ |
| $HN$ | $=$ | $(x - 3)^2$ | $(x + 3)$ | | |

*2.Schritt:* Subtraktion der Brüche.

$$\frac{2x}{x^2 - 6x + 9} - \frac{2x + 6}{x^2 - 9} = \frac{(2x)(x + 3) - (2x + 6)(x - 3)}{(x - 3)^2(x + 3)}$$

$$= \frac{2x^2 + 6x - (2x^2 + 6x - 6x - 18)}{(x - 3)^2\,(x + 3)} = \frac{6x + 18}{(x - 3)^2\,(x + 3)}$$

$$= \frac{6\,(x + 3)}{(x - 3)^2\,(x + 3)} = \frac{6}{x^2 - 6x + 9}.$$

**c)** *1. Schritt:* Bestimmen des HN und der EF.

| | | | | | | | EF |
|---|---|---|---|---|---|---|---|
| $9a^2 - b^2$ | $=$ | | | $(3a+b)$ | $(3a-b)$ | $\mid$ | $6ab$ |
| $6ab - 2b^2$ | $=$ | $2$ | $b$ | | $(3a-b)$ | $\mid$ | $3a(3a+b)$ |
| $27a^3 - 3ab^2$ | $=$ | $3$ | $a$ | $(3a+b)$ | $(3a-b)$ | $\mid$ | $2b$ |
| $54a^3 - 6ab^2$ | $=$ | $2 \cdot 3$ | $a$ | $(3a+b)$ | $(3a-b)$ | $\mid$ | $b$ |
| $HN$ | $=$ | $2 \cdot 3$ $a$ | $b$ | $(3a+b)$ | $(3a-b)$ | | |

*2.Schritt:* Addition und Subtraktion der Brüche.

$$\frac{-b}{9a^2-b^2} + \frac{7a+2b}{6ab-2b^2} - \frac{6a^2-4b^2}{27a^3-3ab^2} - \frac{8b^2}{54a^3-6ab^2}$$

$$= \frac{-6ab^2 + (7a+2b)3a(3a+b) - (6a^2-4b^2)2b - 8b^3}{6ab(3a+b)(3a-b)}$$

$$= \frac{-6ab^2 + 63a^3 + 18a^2b + 21a^2b + 6ab^2 - 12a^2b + 8b^3 - 8b^3}{6ab(3a+b)(3a-b)}$$

$$= \frac{63a^3 + 27a^2b}{6ab(3a+b)(3a-b)} = \frac{9a\,(7a^2+3ab)}{6ab(3a+b)(3a-b)} = \frac{3\,(7a^2+3ab)}{2b(3a+b)(3a-b)}$$

$$= \frac{21a^2+9ab}{18a^2b-2b^3}.$$

**1.12)** Es gilt:

$$\frac{6-10x}{4x+\dfrac{15}{5+\dfrac{30x}{2-6x}}} = \frac{6-10x}{4x+\dfrac{15}{\dfrac{5\cdot(2-6x)+30x}{2-6x}}} = \frac{6-10x}{4x+\dfrac{15}{\dfrac{10}{2-6x}}}$$

$$= \frac{6-10x}{4x+\dfrac{15\cdot(2-6x)}{10}} = \frac{6-10x}{\dfrac{40x+30-90x}{10}} = \frac{10(6-10x)}{30-50x} = \frac{10(6-10x)}{5(6-10x)}$$

$$= 2.$$

**1.13 a)** Es gilt:  $\dfrac{a+1}{a^2-a} - \dfrac{a-1}{a^2+a} + \dfrac{1}{a} - \dfrac{4}{a^2-1}$

$$= \frac{a+1}{a(a-1)} - \frac{a-1}{a(a+1)} + \frac{1}{a} - \frac{4}{(a+1)(a-1)}$$

$$= \frac{(a+1)^2 - (a-1)^2 + (a+1)(a-1) - 4a}{a(a-1)(a+1)}$$

$$= \frac{4a + (a+1)(a-1) - 4a}{a(a-1)(a+1)} = \frac{1}{a}.$$

Es muss $a \neq 0$, $a \neq -1$, $a \neq 1$ vorausgesetzt werden, da anderenfalls Summanden in der Aufgabenstellung nicht erklärt sind; denn Division durch 0 ist verboten!

**b)** $\dfrac{1}{a}$ für $a \neq 0$, $a \neq 1$.    **c)** $\dfrac{9}{x-y}$ für $x \neq y$, $x \neq -y$, $x \neq -\dfrac{y}{2}$.

**d)** $a+b$ für $a \neq 0$ oder $b \neq 0$.    **e)** $\dfrac{x}{a^2}$ für $x \neq 0$, $a \neq 0$.    **f)** $\dfrac{1}{2-a}$ für $a \neq 1$, $a \neq 2$.

**g)** Für $x, y \neq 0$ gilt: $\dfrac{\dfrac{3}{xy} - \dfrac{5}{y}}{\dfrac{3}{y} - \dfrac{5}{x}} = \dfrac{\dfrac{3-5x}{xy}}{\dfrac{3x-5y}{xy}} = \dfrac{(3-5x)xy}{xy(3x-5y)} = \dfrac{3-5x}{3x-5y}$.

**h)** $\dfrac{4x}{x^4-1}$ für $x \neq \pm 1$.    **i)** $\dfrac{u+v}{2}$.    **j)** $\dfrac{a^2+b^2}{(a-b)^2(a+b)}$ für $a \neq \pm b$.

**1.14 a)** $x^2 - 5x + 4$.    **b)** $6x^2 + 4x$.    **c)** $7x$.

**d)**

$$
\begin{array}{l}
(x^3 \qquad +x \quad +1) \quad : \quad (x \;\; +1) \;\; = \;\; x^2 - x + 2 \\
\underline{-(x^3 \quad +x^2)} \\
\qquad\quad -x^2 \quad +x \\
\qquad\underline{-(-x^2 \quad -x)} \\
\qquad\qquad\qquad 2x \quad +1 \\
\qquad\qquad\underline{-(2x \quad +2)} \\
\qquad\qquad\qquad\qquad -1
\end{array}
$$

und somit gilt $\dfrac{x^3+x+1}{x+1} = x^2 - x + 2 - \dfrac{1}{x+1}$.

**1.15 a)** $\dfrac{ac+ad+bc+bd}{a+b} = \dfrac{a(c+d)+b(c+d)}{a+b} = \dfrac{(a+b)(c+d)}{a+b} = c+d$.

**b)**

$$
\begin{array}{l}
(\; x^3 \;-\; y^3 \;) \quad : \quad (\; x \;-\; y \;) \;=\; x^2 + xy + y^2 \\
\underline{-\;(\; x^3 \;-\; x^2y \;)} \\
\qquad\quad x^2y \;-y^3 \\
\qquad\underline{-\;(\; x^2y \;-\; xy^2 \;)} \\
\qquad\qquad\qquad xy^2 \;-\; y^3 \\
\qquad\qquad\underline{-\;(\; xy^2 \;-\; y^3 \;)} \\
\qquad\qquad\qquad\qquad 0
\end{array}
$$

**c)** $\dfrac{12}{13}x$.

**d)** *1. Schritt:* Wir ordnen den Dividenden und den Divisor.
Dividend: $49a^2 - 9b^2 - 30bx - 25x^2$, Divisor: $7a + 3b + 5x$.

*2. Schritt:* Ausführen der Partialdivision.

$$
\begin{array}{llll}
(49a^2 & -9b^2 & -30bx & -25x^2) & : & (7a+3b+5x) = 7a-3b-5x \\
- \ \ (49a^2 & & & & & 21ab \ +35ax) \\
\end{array}
$$

$$
\begin{array}{llllll}
& -9b^2 & -30bx & -25x^2 & -21ab & -35ax \\
& -21ab & -35ax & -9b^2 & -30bx & -25x^2 \\
- & (-21ab & & -9b^2 & -15bx) \\
\end{array}
$$

$$
\begin{array}{lll}
& -35ax & -15bx \ -25x^2 \\
- & (-35ax & -15bx \ -25x^2) \\
\end{array}
$$

$$0$$

**ordnen!**

**1.16** *1. Schritt:* Dividend und Divisor werden als je ein Bruch geschrieben.

$$\frac{a^2}{16b^2} - \frac{b^2}{a^2} = \frac{a^4 - 16b^4}{16a^2b^2}, \quad \frac{1}{4b} - \frac{1}{2a} = \frac{2a-4b}{8ab} = \frac{a-2b}{4ab}.$$

Somit ist zu berechnen:

$$\left(\frac{a^2}{16b^2} - \frac{b^2}{a^2}\right) : \left(\frac{1}{4b} - \frac{1}{2a}\right) = \frac{(a^4-16b^4)(4ab)}{(16a^2b^2)(a-2b)} = \frac{a^4-16b^4}{4ab(a-2b)} = \frac{a^4-16b^4}{4a^2b - 8ab^2}.$$

*2. Schritt:* Ausführen der Partialdivision.

$$(a^4 - 16b^4) : (4a^2b - 8ab^2) = \frac{1}{4}\frac{a^2}{b} + \frac{1}{2}a + b + 2\frac{b^2}{a} \quad \text{(Nachrechnen!)}$$

Es gilt somit $\left(\dfrac{a^2}{16b^2} - \dfrac{b^2}{a^2}\right) \ : \ \left(\dfrac{1}{4b} - \dfrac{1}{2a}\right) = \dfrac{1}{4}\dfrac{a^2}{b} + \dfrac{1}{2}a + b + 2\dfrac{b^2}{a}.$

**1.17 a)** $x = 0$.    **b)** Lösung: $x = -\dfrac{a^2}{b}$, wobei $b \neq 0$ vorauszusetzen ist. Damit die beiden Brüche in der Aufgabenstellung erklärt sind, muss weiterhin $x \neq a$ und $x \neq -a$ vorausgesetzt werden, was wegen der Lösung $x = -\dfrac{a^2}{b}$ bedeutet, dass auch $b \neq a$ und $b \neq -a$ vorausgesetzt werden muss.

**c)** Lösung: $x = \dfrac{3a - 21}{7b - 3}$, wobei $b \neq \dfrac{3}{7}$ vorauszusetzen ist.

**1.18 a)** $R = \dfrac{R_1 R_2}{R_1 + R_2}$,   **b)** $U = RI$, $I = \dfrac{U}{R}$.

**1.19** Für den gesuchten Bruch $\frac{x}{x+3}$ gilt $\frac{x+5}{(x+3)+5} = \frac{3}{4}$, woraus $x = 4$ folgt. Somit war der Bruch $\frac{4}{7}$ gesucht.

**1.20 a)** Die gesuchte Höhe des Telefonmastes wird mit $x$ bezeichnet. Aus den beiden direkten Proportionen $\frac{4,5}{x} = \mu$ und $\frac{135}{90} = \mu$ erhalten wir durch

Gleichsetzen $\frac{4,5}{x} = \frac{135}{90}$, woraus dann $x = \frac{4,5 \cdot 90}{135} = 3$ m folgt. **b)** $\approx 2,86$ €.

**1.21** Aus $\frac{y_1}{x_1} = \frac{y_2}{x_2}$ folgt $y_1 = \mu x_1$ und $y_2 = \mu x_2$ mit einem Proportionalitäts-faktor $\mu \in \mathbb{R}$. Wenn wir die beiden letzten Gleichungen addieren, so erhalten wir $y_1 + y_2 = \mu x_1 + \mu x_2 = \mu(x_1 + x_2)$, woraus die Behauptung $\frac{y_1 + y_2}{x_1 + x_2} = \mu = \frac{y_1}{x_1}$ folgt.

**1.22 a)** Wenn $n$ die Anzahl der benötigten Arbeiter bezeichnet, so folgt aus der indirekten Proportionalität $9 \cdot 40 = n \cdot 25$ das Ergebnis $n = \frac{9 \cdot 40}{25} = 14,4$, d.h., es müssen 15 Arbeiter eingestellt werden. **b)** Es werden $x = \frac{70 \cdot 2}{90} = 1,\overline{5}$ Stunden benötigt, das sind genau 1 Stunde, 33 Minuten und 20 Sekunden.
**c)** Wenn $U_i$ den Umfang des Rades $i$ und $n_i$ die Anzahl der Umdrehungen des Rades $i$ ($i = 1, 2$) bezeichnet, so gilt $U_1 n_1 = U_2 n_2$. Somit kommen auf 1000 Umdrehungen des großen Rades kommen $n_1 = \frac{U_2}{U_1} \cdot n_2 = \frac{75}{60} \cdot 1000 = 1250$ Umdrehungen des kleinen Rades. Analog folgt, dass auf 1000 Umdrehungen des kleinen Rades 800 Umdrehungen des großen kommen.

**1.23 a)** Aus $\frac{5}{100} = \frac{Z}{280}$ folgt $Z = \frac{5 \cdot 280}{100} = 14$ kg Titan.

**b)** Die durchschnittliche Milchleistung wird um $Z = \frac{8 \cdot 2800}{100} = 224$ kg gestei-gert, d.h., die jetzige Milchleistung beträgt $2800 + 224 = 3024$ kg.

**c)** Das Fassungsvermögen des 5 m$^3$-Behälters ist zu 60% und das des 10 m$^3$-Behälters zu 50% ausgelastet.

**1.24** *1. Schritt:* Berechnen der Anzahl $n$ der ausgestanzten Kreisplatten. Aus $370 : 20,2 = 18$ und $250 : 20,2 = 12$ erhalten wir $n = 18 \cdot 12 = 216$.
*2. Schritt:* Berechnen der prozentualen Ausnutzung $p$. Für die Fläche der recht-eckigen Metallplatte gilt $F_1 = 370\,cm \cdot 250\,cm = 92500\,cm^2$. Für die Fläche einer Kreisplatte erhalten wir $F_2 = \pi r^2 \approx 3,14 \cdot 10^2\,cm^2 = 314\,cm^2$. Somit wird die Metallplatte zu $p = \frac{n \cdot F_2}{F_1} \cdot 100 = \frac{216 \cdot 314}{92500} \approx 73,3\%$ ausgelastet.

**1.25 a)** Wenn $a$ die Stückzahl des gesamten Kfz-Bestandes im Jahre 2004 bezeichnet, so folgt: PKW-Bestand 2004 ist $0,7a$, LKW-Bestand in 2004 ist $0,25a$ und sonstiger Kfz-Bestand in 2004 ist $0,05a$. Hieraus erhalten wir die Stückzahlen der Kfz-Bestände im Jahre 2003: PKW-Bestand 2003 ist $\frac{0,7a}{1,1} \approx 0,636364a$, LKW-Bestand 2003 ist $\frac{0,25a}{1,06} \approx 0,235849a$ und sonstiger

Kfz-Bestand-2003 ist $\dfrac{0,05a}{1,03} \approx 0,048544a$. Damit folgt für den gesamten Kfz-

Bestand in 2003: $\dfrac{0,7a}{1,1} + \dfrac{0,25a}{1,06} + \dfrac{0,05a}{1,03} \approx 0,92075a$. Aus $K = 0,92075a$

und $Z = a$ folgt $p = \dfrac{Z \cdot 100}{K} = \dfrac{100 \cdot a}{0,92075a} \approx 108,61\%$. Somit stieg der gesamte
Fahrzeugbestand im Jahre 2004 gegenüber 2003 um 8,61%.

b) Für die prozentuale Zusammensetzung des Kfz-Bestandes in 2003 gilt:

PKW-Bestand: $\dfrac{\frac{0,7a}{1,1}}{0,920756a} = 69,11\%$, LKW-Bestand: $\dfrac{\frac{0,25a}{1,06}}{0,920756a} = 25,61\%$,

sonstiger Kfz-Bestand: $\dfrac{\frac{0,05a}{1,03}}{0,920756a} = 5,27\%$.

**1.26** Aus den Potenzgesetzen mit ganzzahligen Exponenten ergeben sich die folgenden Lösungen:   **a)**  $3^8 2^4 = 104976$.

**b)** $\left(\dfrac{4a^{-2}x}{3a^5x^{-3}}\right)^2 : \dfrac{(3a^4x^2)^{-3}}{(2ax^{-3})^{-2}} = \dfrac{4^2x^8}{3^2a^{14}} \cdot \dfrac{3^3a^{12}x^6}{2^2a^2x^{-6}} = \dfrac{4 \cdot 3x^{20}}{a^4} = 12a^{-4}x^{20}$.

**c)**

$$\dfrac{3-a}{a^{m-4}} + \dfrac{a^6 - a^5 + 2a^3 - 1}{a^{m+1}} - \dfrac{2a^2 + 1}{a^{m-2}}$$

$$= \dfrac{a^5(3-a) + a^6 - a^5 + 2a^3 - 1 - a^3(2a^2 + 1)}{a^{m+1}} = \dfrac{a^3 - 1}{a^{m+1}}.$$

**1.27 a)** $Z_1 = 1,022 \cdot 10^2$, **b)** $Z_2 = 2 \cdot 10^{-2}$, **c)** $Z_3 = 5,003 \cdot 10^3$.
**b)** $Z_1Z_2Z_3 = 1,022 \cdot 2 \cdot 5,003 \cdot 10^{2-2+3} = 10,28132 \cdot 10^3 = 1,028132 \cdot 10^4$.

**1.28** Ein Jahr sind $365 \cdot 24 \cdot 3600 = 3,65 \cdot 10^2 \cdot 2,4 \cdot 10 \cdot 3,6 \cdot 10^3 = 31,536 \cdot 10^6 = 3,1536 \cdot 10^7$ Sekunden. Somit sind ein Lichtjahr gleich
$3,1536 \cdot 10^7\, s \cdot 3 \cdot 10^5 km\, s^{-1} \approx 9,46 \cdot 10^{12}\, km$.

**1.29** Für die Lösung dieser Aufgabe werden zuerst die Wurzeln gemäß Gleichung (1.3) umgeschrieben und dann die Potenzgesetze mit reellen Exponenten angewendet.

**a)**  $\sqrt{\dfrac{x}{y} \cdot \sqrt{\dfrac{x}{y} \cdot \sqrt[3]{\dfrac{y^3}{x}}}} = \left(\dfrac{x}{y} \cdot \left(\dfrac{x}{y} \cdot \left(\dfrac{y^3}{x}\right)^{\frac{1}{3}}\right)^{\frac{1}{2}}\right)^{\frac{1}{2}} = \left(\dfrac{x}{y}\right)^{\frac{1}{2}} \left(\dfrac{x}{y}\right)^{\frac{1}{4}} \left(\dfrac{y^3}{x}\right)^{\frac{1}{12}}$

$= \dfrac{x^{\frac{3}{4}} y^{\frac{3}{12}}}{y^{\frac{3}{4}} x^{\frac{1}{12}}} = x^{\frac{3}{4} - \frac{1}{12}} y^{\frac{1}{4} - \frac{3}{4}} = x^{\frac{2}{3}} y^{-\frac{1}{2}} = \dfrac{\sqrt[3]{x^2}}{\sqrt{y}}$.

**b)** $\quad \sqrt[4]{x \cdot \sqrt[3]{x^2 \cdot \sqrt{x}}} : \sqrt{x \cdot \sqrt[8]{x^5 \cdot \sqrt[3]{x}}} = x^{\frac{1}{4}} x^{\frac{2}{12}} x^{\frac{1}{24}} : \left( x^{\frac{1}{2}} x^{\frac{5}{16}} x^{\frac{1}{48}} \right)$

$\quad = x^{\frac{1}{4} + \frac{2}{12} + \frac{1}{24} - \frac{1}{2} - \frac{5}{16} - \frac{1}{48}} = x^{-\frac{3}{8}} = \left( \sqrt[8]{x^3} \right)^{-1} = \dfrac{\sqrt[8]{x^5}}{x}.$    **c)** $\dfrac{1}{x}.$

**1.30) a)** $x^3 |y| \sqrt[12]{x^9 y^8}.$    **b)** $|x - y|.$

**c)** Für $y \neq 0,\ xy \geq 0$ gilt: $\sqrt{\dfrac{x}{2y}} = \sqrt{\dfrac{2xy}{4y^2}} = \dfrac{\sqrt{2xy}}{2|y|}.$

**d)** $a^{n+1} \sqrt[n]{a^3}.$    **e)** $\frac{7}{16}.$    **f)** $|a - b|.$    **g)** $a^3$ für $a \geq 0$ und $-a^3$ für $a < 0.$

**h)** $a + \sqrt{1 - 2a + a^2} = a + \sqrt{(1 - a)^2} = a + |1 - a|$

$\quad = \begin{cases} a + (1 - a) & \text{für } a \leq 1 \\ a - (1 - a) & \text{für } a > 1 \end{cases} = \begin{cases} 1 & \text{für } a \leq 1 \\ 2a - 1 & \text{für } a > 1 \end{cases}$

**i)** $\sqrt{x^2 + 1}$ für $x > 0$ und $-\sqrt{x^2 + 1}$ für $x < 0.$    **k)** $\sqrt[3]{\sqrt{3} - 1}.$

**l)** $3|a(a + 1)| \sqrt[3]{|a|}.$

**1.31 a)** $\quad \dfrac{1}{\sqrt{2}} = \dfrac{1 \cdot \sqrt{2}}{\sqrt{2} \cdot \sqrt{2}} = \dfrac{\sqrt{2}}{2}.$    **b)** *Lösungstrick:* Zähler und Nenner werden so erweitert, dass wir die 3. binomische Formel im Nenner anwenden können, um dadurch Wurzelterme zu beseitigen:

$\dfrac{1 + 2\sqrt{3}}{1 + \sqrt{3}} = \dfrac{(1 + 2\sqrt{3})(1 - \sqrt{3})}{(1 + \sqrt{3})(1 - \sqrt{3})} = \dfrac{1 + 2\sqrt{3} - \sqrt{3} - 2(\sqrt{3})^2}{1 - (\sqrt{3})^2} = -\dfrac{-5 + \sqrt{3}}{2}.$

**c)** $\dfrac{\sqrt{2 - \sqrt{3}}}{\sqrt{2 + \sqrt{3}}} = \dfrac{\sqrt{2 - \sqrt{3}} \cdot \sqrt{2 - \sqrt{3}}}{\sqrt{2 + \sqrt{3}} \cdot \sqrt{2 - \sqrt{3}}} = \dfrac{2 - \sqrt{3}}{\sqrt{(2 + \sqrt{3})(2 - \sqrt{3})}} = \dfrac{2 - \sqrt{3}}{\sqrt{2^2 - \sqrt{3}^2}}$

$\quad = \dfrac{2 - \sqrt{3}}{\sqrt{4 - 3}} = 2 - \sqrt{3}.$

**d)** Da der Radikand $1 - \sqrt{2}$ negativ ist, wenden wir zuerst die Gleichung (1.5) an, um dann die Potenzgesetze mit reellen Exponenten zu verwenden (denn der neue Radikand $\sqrt{2} - 1$ ist positiv).

$\dfrac{1}{\sqrt[3]{1 - \sqrt{2}}} - \dfrac{1}{\sqrt[3]{\sqrt{2} - 1}} = \dfrac{1 \cdot (\sqrt[3]{\sqrt{2} - 1})^2}{\sqrt[3]{\sqrt{2} - 1} \cdot (\sqrt[3]{\sqrt{2} - 1})^2} - \dfrac{(\sqrt[3]{\sqrt{2} - 1})^2}{\sqrt{2} - 1}$

$\quad = -\dfrac{(\sqrt[3]{\sqrt{2} - 1})^2 \cdot (\sqrt{2} + 1)}{(\sqrt{2} - 1) \cdot (\sqrt{2} + 1)} = -\dfrac{\sqrt[3]{(\sqrt{2} - 1)^2 (\sqrt{2} + 1)^3}}{1}$

$\quad = -\sqrt[3]{(2 - 1)^2 (\sqrt{2} + 1)} = -\sqrt[3]{\sqrt{2} + 1}.$

**1.32** Aus $(-2)^3 = -8$, $(-2)^2 = 4$ und Gleichung (1.5) folgt

$$\frac{\sqrt[3]{-8}}{\sqrt[4]{4}} = \frac{-2}{\sqrt{2}} = \frac{-2 \cdot \sqrt{2}}{\sqrt{2} \cdot \sqrt{2}} = \frac{-2\sqrt{2}}{2} = -\sqrt{2}.$$

Für positive reelle $x$ gilt nach den Potenzgesetzen für reelle Exponenten:

$$\frac{\sqrt[3]{x^3}}{\sqrt[4]{x^2}} = x^{1-\frac{2}{4}} = x^{\frac{1}{2}} = \sqrt{x}\,.$$

Da aber $\sqrt{-2}$ nicht im Bereich der reellen Zahlen existiert, kann die Gültigkeit der oben verwendeten Potenzgesetze nicht auf den Fall negativer Basen ausgedehnt werden.

**1.33) a)** Für $-1 < x < 1$ gilt: $\frac{1}{2}\log(1+x) - \frac{1}{2}\log(1-x)$.

**b)** Für $(a \neq 0, b > 0, a > -b)$ oder $(a \neq 0, b < 0, a < -b)$ gilt:
$2\log_5|a| + \log_5|b| - \log_5|a+b|$.

**c)** Für $a > 0$, $b \neq 0$, $c > 0$, $d > 0$ gilt: $\quad \frac{1}{2}\ln a - 2\ln|b| - \frac{1}{3}\ln c + 3\ln d$.

**d)** $\dfrac{n\lg a}{n+1} - \dfrac{\lg b}{m(n+1)}$.

**1.34) a)** $x = -3$, denn $2^{-3} = \frac{1}{8}$. **b)** 8. **c)** 4. **d)** $x = 3^{4 \cdot 0{,}5 \cdot \log_3 7} = 3^{\log_3(7^2)} = 49$.

**e)** Es gilt $\log_b x = \log_b \frac{u}{\sqrt{v}} + \log_b \sqrt[3]{w^4} = \log_b \frac{uw\sqrt[3]{w}}{\sqrt{v}}$

und damit $x = \dfrac{uw\sqrt[3]{w}}{\sqrt{v}}$ .

**f)** Aus $\lg x = \lg \sqrt[3]{u^2 - v^2} - \lg\sqrt{u-v} - \lg\sqrt{u+v} = \lg \dfrac{\sqrt[3]{(u+v)(u-v)}}{\sqrt{(u+v)(u-v)}} =$

$$= \lg \frac{1}{\sqrt[6]{(u+v)(u-v)}} \quad \text{folgt} \quad x = \frac{1}{\sqrt[6]{u^2 - v^2}}\,.$$

**g)** Für $a > 0$ folgt

$$\ln x = \ln\left(\sqrt{\frac{x}{a} + \sqrt{\frac{x^2}{a^2} - 1}} \cdot \sqrt{a} \cdot \sqrt{x - \sqrt{x^2 - a^2}}\right)$$

$$= \ln\left(\sqrt{x + \sqrt{x^2 - a^2}} \cdot \sqrt{x - \sqrt{x^2 - a^2}}\right) = \ln\sqrt{x^2 - (x^2 - a^2)} = \ln a$$

und damit $x = a$.

**1.35) a)** $x = 2 \cdot 10^{\lg(2^2)} = 2 \cdot 2^2 = 8$, **b)** $x = \sqrt[3]{10^{\lg\sqrt{2 \cdot 32}}} = \sqrt[6]{64} = 2$,

**c)** $x = \sqrt{\sqrt{10}^{2\lg 4}} = \sqrt{4} = 2$.

**d)** $x = \lg 5\,(\lg 2 + \lg 10) + (\lg 2)^2 = \lg 5\,(\lg 2 + 1) + (\lg 2)^2 =$
$\quad = \lg 2\,(\lg 5 + \lg 2) + \lg 5 = \lg 2\lg 10 + \lg 5 = \lg 2 + \lg 5 = \lg 10 = 1$.

# Kapitel 2

# Lösen von Bestimmungsgleichungen

Eine *Bestimmungsgleichung* ist eine Gleichung, in der unbekannte Größen auftreten, die bestimmt werden sollen. Beim Lösen von Bestimmungsgleichungen sind die folgenden Fälle möglich:

| | |
|---|---|
| 1. | Die Gleichung besitzt überhaupt keine Lösung. |
| 2. | Die Gleichung besitzt genau eine (d.h. eine eindeutig bestimmte) Lösung. |
| 3. | Die Gleichung besitzt mehrere (möglicherweise unendlich viele) voneinander verschiedene Lösungen. |

Im Folgenden wollen wir die Lösungsmengen von Gleichungen durch formales Umformen dieser Gleichungen gewinnen. Wenn die Lösungsmengen von zwei Gleichungen (etwa vor und nach einer Umformung) gleich sind, so sind diese Gleichungen *einander äquivalent*. Wenn $T_1, T_2, T_3$ *Terme* (das sind „mathematisch sinnvolle Ausdrücke" wie z.B. die linke bzw. rechte Seite einer Gleichung $T_1 = T_2$ oder z.B. auch $3x^2 \ln x$) bezeichnen, dann erhalten wir durch Anwendung der folgenden *Umformungsregeln* eine zu einer Gleichung äquivalente Gleichung.

| Vor der Umformung | Nach der Umformung |
|---|---|
| $T_1 = T_2$ | $T_1 \pm T_3 = T_2 \pm T_3$ |
| $T_1 = T_2$ | $T_1 \cdot T_3 = T_2 \cdot T_3$, wenn $T_3 \neq 0$ |
| $T_1 = T_2$ | $T_1 : T_3 = T_2 : T_3$, wenn $T_3 \neq 0$ |
| $T_1 = T_2$ | $\log_a T_1 = \log_a T_2$, wenn $a > 0, a \neq 1$ |
| $T_1 = T_2$ | $a^{T_1} = a^{T_2}$, wenn $a > 0, a \neq 1$ |

Wenn eine Gleichung potenziert wird, so können zusätzliche Lösungen (Scheinlösungen) auftreten, die am Ende der Rechnung durch eine Probe ausgesondert werden müssen. (Siehe z.B. Aufg. 2.11 c), 2.12 b), c), d).)

Bei der Bestimmung der Lösung einer Gleichung ist die folgende Eigenschaft oft sehr nützlich. Wenn eine Gleichung die Gestalt $T_1 \cdot T_2 \cdot \ldots \cdot T_n = 0$ hat (d.h., das Produkt verschiedener Terme ist gleich 0), so erhalten wir die gesamte Lösungsmenge, indem wir die Terme einzeln gleich 0 setzen (d.h.: $T_1 = 0$, $T_2 = 0, \ldots, T_n = 0$) und diese Gleichungen lösen. Als Merkregel notieren wir:

> Ein Produkt ist genau dann 0, wenn mindestens einer der Faktoren gleich 0 ist.

Eine Bestimmungsgleichung heißt *geschlossen lösbar*, wenn es gelingt, nach einer endlichen Anzahl von Rechenschritten (mathematischen Operationen) alle Lösungen zu ermitteln. Wir wollen bemerken, dass nur wenige spezielle Typen von Bestimmungsgleichungen geschlossen lösbar sind.

Die umfangreiche Menge der Bestimmungsgleichungen zerfällt in die beiden Klassen:

1.) *Algebraische Gleichungen*; wobei eine algebraische Gleichung eine Bestimmungsgleichung ist, in welcher mit der Unbekannten (oder mit den Unbekannten) nur *algebraische Rechenoperationen* ausgeführt werden, d.h., es wird addiert, subtrahiert, multipliziert, dividiert, potenziert oder radiziert. (Beispiele: $x^4 - 5x^3 + 12 = 0$, $9x - 6 = 5\sqrt{7x^3 - 40}$.)

2.) *Transzendente Gleichungen*; wobei alle Bestimmungsgleichungen, die nicht algebraisch sind, transzendent genannt werden. Wichtige Spezialfälle transzendenter Gleichungen sind Exponentialgleichungen, logarithmische und goniometrische Gleichungen.

Während wir uns im Abschn. 2.1 mit algebraischen Gleichungen beschäftigen, werden wir uns mit dem Lösen von Exponentialgleichungen, logarithmischen und goniometrischen Gleichungen in den Abschnitten 2.2, 2.3 befassen.

## 2.1 Das Auflösen algebraischer Gleichungen

In diesem Abschnitt beschäftigen wir uns mit dem Auflösen algebraischer Gleichungen,

$$a_n x^n + a_{n-1} x^{n-1} + \ldots + a_1 x + a_0 = 0, \tag{2.1}$$

nach der Unbekannten $x$, wobei die *Koeffizienten* $a_0, a_1, \ldots, a_n$ gegebene reelle Zahlen sind, und $n$ eine natürliche Zahl bezeichnet. Der Ausdruck

$$P_n(x) = a_n x^n + a_{n-1} x^{n-1} + \ldots + a_1 x + a_0 \tag{2.2}$$

auf der linken Seite der Gleichung (2.1) wird auch als *Polynom des Grades n* bezeichnet, wobei noch $a_n \neq 0$ zu fordern ist, damit der Summand, der $x^n$ enthält, auch auftritt. $a_0$ ist das *Absolutglied*.

## Quadratische Gleichungen

Wir betrachten jetzt *quadratische Gleichungen*, d.h., es gilt $n = 2$ in Gleichung (2.1) und somit

$$a_2 x^2 + a_1 x + a_0 = 0 \tag{2.3}$$

mit $a_2 \neq 0$. Wenn $a_2 = 0$ gilt, so erhalten wir $a_1 x + a_0 = 0$, was eine *lineare Gleichung* ist, deren Lösung wir bereits im Abschn. 1.2 erhalten hatten.

Um die folgende Lösungsformel anzuwenden, **muss** die Gleichung (2.3) zuerst in die *Normalform* überführt werden, d.h., der Koeffizient vor $x^2$ muss gleich 1 sein, was wir durch Division beider Seiten der Gleichung durch $a_2 \neq 0$ erhalten: $x^2 + px + q = 0$ mit $p = \dfrac{a_1}{a_2}$, $q = \dfrac{a_0}{a_2}$.

| Normalform | Lösungsformel |
|---|---|
| $x^2 + px + q = 0$ | $x_{1,2} = -\dfrac{p}{2} \pm \sqrt{\left(\dfrac{p}{2}\right)^2 - q}$ |

In Abhängigkeit von der *Diskriminante* $D = \left(\frac{p}{2}\right)^2 - q$ (dem Radikanden in der obigen Lösungsformel) unterscheiden wir die folgenden drei Fälle:

| Wenn | dann gilt: |
|---|---|
| 1.) $\left(\dfrac{p}{2}\right)^2 - q > 0$ | Es gibt zwei voneinander verschiedene reelle Lösungen (Nullstellen) $x_1 \neq x_2$. |
| 2.) $\left(\dfrac{p}{2}\right)^2 - q = 0$ | Die beiden Lösungen fallen zusammen, d.h. $x_1 = x_2$ (Bezeichnung: zweifache Nullstelle, Doppelwurzel). |
| 3.) $\left(\dfrac{p}{2}\right)^2 - q < 0$ | Es gibt keine Lösungen im Zahlbereich der reellen Zahlen[1]. |

**Aufg. 2.1** Bestimmen Sie alle reellen Lösungen der folgenden Gleichungen:
a) $x^2 - 2x - 35 = 0$,   b) $8x^2 - 2x - 3 = 0$,   c) $x^2 + x + 10 = 0$,

d) $\dfrac{3x + 10}{x - 14} + x = 2$,   e) $a + x = \dfrac{1}{x} + \dfrac{1}{a}$, $a \neq 0$ ist ein reeller Parameter,

f) $(x^2 - 2x - 35)(8x^2 - 2x - 3) = 0$.

---

[1]Es existieren dann zwei Lösungen im Zahlbereich der komplexen Zahlen $\mathbb{C}$, siehe Bemerkung auf S. 11.

**Aufg. 2.2** Einen Stein, den man in einen senkrechten Schacht fallen lässt, hört man nach 5 Sekunden aufschlagen. Für die Schallgeschwindigkeit soll $v_{schall} = 333 \text{ m·s}^{-1}$ (Meter pro Sekunde) gesetzt werden und in der Formel für den freien Fall $s = \frac{g}{2}t^2$ ($s$: zurückgelegter Weg, $t$: Zeit) soll für die Erdbeschleunigung $g = 9,81 \text{ m·s}^{-2}$ gesetzt werden. a) Wie viel Sekunden benötigt der Stein zum Durchfallen des Schachtes? b) Wie tief ist der Schacht?

**Aufg. 2.3** Die Härte eines Werkstoffes kann nach *Brinell* durch die Kugeldruckprobe bestimmt werden. Dazu wird eine Stahlkugel von einem bestimmten Durchmesser $D$ mit einer bestimmten Kraft auf das Werkstück gedrückt, wodurch sich ein Eindruckkreis mit einem Durchmesser $d$ auf dem Werkstück ergibt. Wie groß ist die Eindrucktiefe $x$, wenn $D = 10$ mm und $d = 5$ mm beträgt?

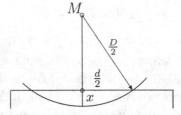

**Aufg. 2.4** Für die Ausdehnung des Volumens von 1 cm³ Quecksilber von 0° C auf $T°$ gilt nach der Formel von *Regnault* $V_T = 3 \cdot 10^{-8}T^2 + 2 \cdot 10^{-4}T + 1$, wobei $V_T$ das Volumen bei $T°$ C bezeichnet. Wie hoch muss die Temperatur steigen, damit sich das Volumen auf $1,0001$ cm³ ausdehnt?

### Biquadratische und symmetrische Gleichungen

Wir betrachten jetzt zwei spezielle Typen von algebraischen Gleichungen des Grades 4, welche sich durch geeignete Substitution (d.h. Ersetzung) der Variablen $x$ auf quadratische Gleichungen zurückführen lassen.

Eine *biquadratische Gleichung* ist eine algebraische Gleichung 4. Grades von der Gestalt

$$a_4x^4 + a_2x^2 + a_0 = 0 \qquad (2.4)$$

mit $a_4 \neq 0$. Wir bemerken, dass für die Koeffizienten bei $x^3$ und $x$ gilt: $a_3 = a_1 = 0$. Der *Lösungstrick* für eine biquadratische Gleichung besteht in der Substitution

$$z = x^2, \qquad (2.5)$$

wodurch (2.4) in die quadratische Gleichung

$$a_4z^2 + a_2z + a_0 = 0 \qquad (2.6)$$

mit der Unbekannten $z$ übergeht. Um alle Lösungen von (2.4) zu ermitteln, werden zunächst alle nicht negativen Lösungen $z_1$, $z_2$ von (2.6) nach der Lösungsformel für quadratische Gleichungen berechnet, um dann $x_{1,2} = \pm\sqrt{z_1}$

und $x_{3,4} = \pm\sqrt{z_2}$ aus (2.5) zu erhalten. Wenn dabei z.B. $z_1 < 0$ gilt, so existieren hierzu keine $x_{1,2}$, denn die Quadratwurzel aus einer negativen Zahl existiert nicht im Zahlbereich der reellen Zahlen.

Ein weiterer Typ von algebraischen Gleichungen, die sich auf quadratische zurückführen lassen, sind *symmetrische Gleichungen* der Form

$$ax^4 + bx^3 + cx^2 + bx + a = 0\,, \tag{2.7}$$

wobei die Koeffizienten $a, b, c$ reelle Zahlen sind und $a \neq 0$ vorausgesetzt wird. Zur Lösung wird (2.7) durch $x^2$ dividiert, wodurch wir die Gleichung

$$a\left(x^2 + \frac{1}{x^2}\right) + b\left(x + \frac{1}{x}\right) + c = 0 \tag{2.8}$$

erhalten. Nach der Substitution von

$$z = x + \frac{1}{x} \tag{2.9}$$

in die Gleichung (2.8) erhalten wir die quadratische Gleichung

$$az^2 + bz + c - 2a = 0 \tag{2.10}$$

mit der Unbekannten $z$. Nach dem Bestimmen der Nullstellen $z_{1,2}$ der Gleichung (2.10) formen wir die Gleichung (2.9) äquivalent in $x^2 - zx + 1 = 0$ um. In diese Gleichung setzen wir die beiden ermittelten Nullstellen $z_{1,2}$ ein und erhalten die folgenden zwei quadratische Gleichungen mit der Unbekannten $x$:
$$x^2 - z_{1,2}x + 1 = 0\,,$$
woraus wir dann alle Lösungen $x_1, x_2, x_3, x_4$ der Ausgangsgleichung (2.7) berechnen.

**Aufg. 2.5** Bestimmen Sie alle reellen Lösungen der folgenden Gleichungen:
a) $x^4 - 10x^2 + 9 = 0$,    b) $4x^4 - 5x^2 + 1 = 0$,    c) $x^4 + 2x^2 - 3 = 0$.

**Aufg. 2.6** Ermitteln Sie alle reellen Lösungen von:
a) $x^4 - 4x^3 + 6x^2 - 4x + 1 = 0$,    b) $x^4 - 6x^3 + 10x^2 - 6x + 1 = 0$,
c) $x^4 - 5x^3 + 6x^2 - 5x + 1 = 0$,    d) $x^4 - 2x^3 + 3x^2 - 2x + 1 = 0$.

**Algebraische Gleichungen dritten und höheren Grades**

Wenn wir eine algebraische Gleichung

$$a_n x^n + a_{n-1} x^{n-1} + \ldots + a_1 x + a_0 = 0 \tag{2.11}$$

dritten oder höheren Grades, d.h. $n \geq 3$ und $a_n \neq 0$, betrachten, dann ergibt sich sofort die Frage, ob es ähnliche Lösungsformeln wie bei den quadratischen

Gleichungen gibt. Für die Grade $n = 3$ und $n = 4$ gibt es Lösungsformeln, die sogenannten *Cardanischen Formeln*, welche aber sehr unhandlich anzuwenden sind, da eine Vielzahl von Fallunterscheidungen zu treffen sind. In der Praxis werden die Cardanischen Formeln deshalb kaum verwendet, weshalb wir auch nicht auf sie eingehen wollen.

Es ist günstiger, die *Methode der Reduktion (Erniedrigung) des Grades* anzuwenden, die auf folgendem Lehrsatz beruht.

> Wenn wir eine Lösung $x_1$ der algebraischen Gleichung (2.11) kennen, dann kann auf der linken Seite der Gleichung (2.11) der lineare Faktor $(x - x_1)$ abgespalten werden und damit der Grad der Gleichung auf den Grad $n - 1$ reduziert werden.

**Beispiel:** Die Gleichung dritten Grades

$$x^3 - 6x^2 + 9x - 4 = 0 \tag{2.12}$$

hat die Lösung $x_1 = 1$, die wir z.B. durch Probieren finden können. Infolge des obigen Satzes können wir den Faktor $(x - 1)$ abspalten und erhalten

$$x^3 - 6x^2 + 9x - 4 = (x - 1)(x^2 - 5x + 4),$$

wobei das Abspalten des Faktors mittels Polynomdivision (siehe Aufgabe 1.14) oder mit Hilfe des Horner-Schemas (s.u.) durchgeführt wird. Die weiteren Lösungen ermitteln wir aus der quadratischen Gleichung

$$x^2 - 5x + 4 = 0,$$

welche sich nach der Lösungsformel $x_{2,3} = \frac{5}{2} \pm \sqrt{\frac{25}{4} - 4}$ als $x_2 = 4$ und $x_3 = 1$ berechnen. Somit hat die gegebene Gleichung dritten Grades die Lösung $x_2 = 4$ und die Doppellösung $x_1 = x_3 = 1$.

Um eine spezielle Lösung einer algebraischen Gleichung dritten oder höheren Grades zu finden, werden meist Näherungsverfahren (z.B. das Newton-Verfahren), worauf wir hier nicht eingehen wollen, angewendet. Oft ist es aber auch möglich, eine ganzzahlige Lösung durch Probieren zu finden. Hierbei wird die vermutete Lösung $x_1$ in die Gleichung (2.11) eingesetzt und bestätigt, dass (2.11) erfüllt ist. Der folgende Lehrsatz aus der Algebra beschreibt die Menge der möglichen ganzzahligen Lösungen einer algebraischen Gleichung.

> Es sei ein Polynom $P_n(x) = x^n + a_{n-1}x^{n-1} + a_{n-2}x^{n-2} + \ldots + a_1 x + a_0$ mit *ganzzahligen Koeffizienten in Normalform* gegeben, d.h., der Koeffizient bei $x^n$ ist Eins und alle übrigen Koeffizienten sind *ganzzahlig*. Wenn das Polynom $P_n(x)$ eine ganzzahlige Nullstelle hat (oder mit anderen Worten: Wenn die Gleichung $x^n + a_{n-1}x^{n-1} + a_{n-2}x^{n-2} + \ldots + a_1 x + a_0 = 0$ eine ganzzahlige Lösung hat), dann ist diese ein Teiler des Absolutgliedes $a_0$.

**Beispiel:** Wir wollen nochmals das obige Beispiel betrachten und bemerken, dass das in (2.12) gegebene Polynom $P_3 = x^3 - 6x^2 + 9x - 4$ ein Polynom in Normalform mit ganzzahligen Koeffizienten ist. Somit können wir den obigen Satz anwenden und schlussfolgern, dass jede ganzzahlige Nullstelle von $P_3$ ein Teiler des Absolutgliedes $a_0 = 4$ ist. Wenn wir also ganzzahlige Nullstellen von $P_3$ suchen, so genügt es, alle Teiler von 4, welche $-1, 1, -2, 2, -4, 4$ sind, zu probieren. Denn andere ganzzahlige Nullstellen kann es nach dem obigen Satz nicht geben. (Es ist **wichtig**, die negativen ganzen Zahlen $-1, -2, -4$ in unserem Beispiel nicht zu vergessen.) Wir sehen auch, dass die oben berechneten Nullstellen $x_2 = 4$, $x_1 = x_3 = 1$ Teiler des Absolutgliedes $a_0 = 4$ sind.

Wir wollen noch bemerken, dass es auch vorkommen kann, dass ein Polynom $P_n$ in Normalform mit ganzzahligen Koeffizienten keine ganzzahligen Nullstellen hat. Wenn kein Teiler des Absolutgliedes des gegebenen Polynoms $P_n$ eine Nullstelle ist, so können wir schließen, dass dieses Polynom keine ganzzahlige Nullstelle besitzt.

**Aufg. 2.7** Ermitteln Sie alle ganzzahligen Lösungen von
a) $x^3 + x^2 - 4x - 4 = 0$,    b) $x^4 - 3x^2 - 4 = 0$.

## Das Horner-Schema und das Abspalten von linearen Faktoren

Das Horner-Schema ist eine Rechenvorschrift zur Berechnung des Wertes eines gegebenen Polynoms $P_n(x) = a_n x^n + a_{n-1}x^{n-1} + a_{n-2}x^{n-2} + \ldots + a_1 x + a_0$ an einer bestimmten Stelle $x = x_1$.

| $a_n$ | $a_{n-1}$ | $a_{n-2}$ | $\cdots$ | $a_1$ | $a_0$ |
|---|---|---|---|---|---|
| | $+a_n \cdot x_1$ | $+a'_{n-1} \cdot x_1$ $\cdots$ | | $+a'_2 \cdot x_1$ | $+a'_1 \cdot x_1$ |
| $\downarrow$ $\nearrow$ | $\downarrow$ $\nearrow$ | $\downarrow$ $\nearrow$ | | $\downarrow$ $\nearrow$ | $\downarrow$ |
| $a_n$ | $a'_{n-1}$ | $a'_{n-2}$ | $\cdots$ | $a'_1$ | $a'_0 = \underline{P_n(x_1)}$ |

*Ausfüllen des Horner-Schemas. 1. Schritt:* Zuerst werden die Koeffizienten des gegebenen Polynoms in die erste Zeile des Schemas geschrieben, wobei zu beachten ist, dass wir mit dem Koeffizienten vor der höchsten $x$-Potenz links beginnen und dann bis zum Absolutglied $a_0$, was dann rechts steht, fortfahren. Wenn bestimmte $x$-Potenzen im gegebenen Polynom nicht auftreten, so sind im Horner-Schema an den entsprechenden Stellen die Koeffizienten 0 einzusetzen (wenn z.B. $x^3$ nicht auftritt, dann ist $a_3 = 0$ einzutragen).

*2. Schritt:* Das Horner-Schema wird entlang der Pfeile von links beginnend nach rechts ausgefüllt, wobei die Terme oberhalb des Pfeils $\downarrow$ addiert werden und das Ergebnis unter dem Pfeil eingetragen wird. So z.B. gilt $a'_{n-1} = a_{n-1} + a_n \cdot x_1$. Der Pfeil $\nearrow$ bedeutet, dass der Term links vom Pfeil mit $x_1$ multipliziert wird und das Ergebnis rechts vom Pfeil eingetragen wird. Der letzte Eintrag $a_0' = P_n(x_1)$ ist dann der gesuchte Wert des Polynoms an der Stelle $x = x_1$.

Für uns ist nun der Fall von Interesse, dass $x_1$ eine Nullstelle des Polynoms $P_n(x)$ ist. Es gilt dann $a_0' = P_n(x_1) = 0$ und die interessante Eigenschaft, dass die untere Zeile des Horner-Schemas die Koeffizienten des Polynoms, welches durch Abspalten des linearen Faktors $(x - x_1)$ entsteht, liefert. In einer Formel ausgedrückt bedeutet das:

$$a_n x^n + a_{n-1} x^{n-1} + a_{n-2} x^{n-2} + \ldots + a_1 x + a_0$$
$$= (x - x_1)\left(a_n x^{n-1} + a_{n-1}' x^{n-2} + a_{n-2}' x^{n-3} + \ldots + a_2' x + a_1'\right).$$

**Aufg. 2.8** Berechnen Sie mit Hilfe des Horner-Schemas den Wert des Polynoms $P_4(x) = 2x^4 + x^3 + 5x^2 + 6$ an der Stelle $x = -2$.

**Aufg. 2.9** Gesucht sind alle reellen Nullstellen von a) $P_4(x) = 2x^4 - 6x^2 - 4x$ und b) $P_3(x) = x^3 - \frac{1}{3}x^2 - \frac{1}{4}x + \frac{1}{12}$. (Hinweis zu b): Substituieren Sie zunächst $z = 6x$.)

**Aufg. 2.10** Zerlegen Sie durch Abspalten von allen möglichen linearen Faktoren das Polynom $P_5(x) = 2x^5 + 2x^4 - 12x^3 - 2x^2 - 2x + 12$ in ein Produkt.

## Wurzelgleichungen

*Wurzelgleichungen* sind algebraische Gleichungen, in denen die Unbekannte mindestens einmal im Radikanden einer Wurzel auftritt. Die auftretenden Wurzeln können dadurch beseitigt werden, indem man sie isoliert (d.h., auf eine Seite der Gleichung bringt) und dann beide Seiten der Gleichung in die entsprechende Potenz erhebt. Es ist dabei zu beachten, das durch das Potenzieren zusätzliche Lösungen (Scheinlösungen) entstehen können, für die die Ausgangsgleichung nicht erfüllt ist. Somit **muss** eine Probe gemacht werden, d.h., alle gefundenen Lösungen werden in die Ausgangsgleichung eingesetzt und die Scheinlösungen, welche die Ausgangsgleichung nicht erfüllen, werden ausgesondert.

**Aufg. 2.11** Lösen Sie die Wurzelgleichungen: a) $\sqrt[4]{x^2 + 3} - \sqrt{x + 1} = 0$, b) $\sqrt[3]{x + 1} = 2$, c) $13 = \sqrt{x + 11} + \sqrt{x + 24}$, d) $\sqrt{x + 2 + \sqrt{2x + 7}} = 4$.

**Aufg. 2.12** Bestimmen Sie alle reellen $x$, die die folgenden Wurzelgleichungen erfüllen:
a) $\sqrt{x + 2} - \sqrt{x - 6} = 2$, b) $\sqrt{2x + 1} + \sqrt{x - 3} = 2\sqrt{x}$,
c) $\sqrt{3x + 1} + 2\sqrt{7x - 10} = 7\sqrt{x - 1}$, d) $\sqrt{x + 5} + \sqrt{2x - 4} = 5$.

**Aufg. 2.13** Zeigen Sie, dass die folgenden Wurzelgleichungen keine reellen Lösungen haben können, ohne diese Gleichungen zu lösen:
a) $\sqrt{1-x} + \sqrt{x-1} = 1$,  b) $\sqrt{x^2+7} + \sqrt[4]{x^3-2} = 0$.

## 2.2 Exponentialgleichungen und logarithmische Gleichungen

### Exponentialgleichungen

*Exponentialgleichungen* sind transzendente Gleichungen, bei denen die Unbekannte nur als Exponent auftritt. Im allgemeinen sind sie nicht geschlossen lösbar, und nur wenige Sonderformen von Exponentialgleichungen lassen sich auf einfache algebraische Gleichungen, die geschlossen lösbar sind, zurückführen. Es handelt sich dabei um solche Gleichungen, die unter Verwendung der Potenzgesetze auf die folgende Gestalt gebracht werden können:

$$a^{P_1(x)} = b^{P_2(x)}, \tag{2.13}$$

wobei $a$ und $b$ positive reelle Zahlen sind, und $P_1(x), P_2(x)$ Polynome bezeichnen (siehe Gleichung (2.2) zur Erklärung des Begriffs Polynom). Wir unterscheiden jetzt die beiden Fälle:

1. Fall: $a = b$
In diesem Fall erhalten wir aus (2.13) sofort die algebraische Gleichung

$$P_1(x) = P_2(x), \tag{2.14}$$

die dann mit den oben im Abschn. 2.1 betrachteten Methoden zu behandeln ist.

2. Fall: $a \neq b$
Wenn wir die Gleichung (2.13) Logarithmieren, wobei wir eine beliebige Basis verwenden können, und dann das 3. Logarithmengesetz $\log(u^\alpha) = \alpha \log u$ (s. Abschn. 1.4) anwenden, so erhalten wir die algebraische Gleichung

$$P_1(x) \cdot \log a = P_2(x) \cdot \log b, \tag{2.15}$$

die dann ebenfalls mit den im Abschn. 2.1 betrachteten Methoden zu behandeln ist.

**Aufg. 2.14** Für welche reellen $x$ sind die folgenden Gleichungen erfüllt?
a) $5^{3x-5} = 25^{2x+1}$,  b) $\sqrt[3]{3^{2x-1}} = \sqrt[4]{2^{x+1}}$,  c) $3^{3x-1} + 27^{x+1} = 82$.

**Aufg. 2.15** Für welche $x$ gilt $3^{3x} - 2 \cdot 3^{2x+1} + 2 \cdot 3^{x+1} + 8 = 0$? (Hinweis: Substituieren (ersetzen) Sie $z = 3^x$.)

**Aufg. 2.16** Lösen Sie die folgenden Gleichungen nach $x$ auf:

a) $2^{6x-2} = 4^{2x+3}$,  b) $\left(\frac{3}{4}\right)^{5x-7} = \left(\frac{16}{9}\right)^{x-14}$,  c) $7 \cdot 3^{x+1} - 5^{x+2} = 3^{x+4} - 5^{x+3}$,

d) $3 + 2e^{-2x} - 5e^{-x} = 0$,  e) $25 \left(\frac{3}{4}\right)^{5x-2} = 37 \left(\frac{2}{3}\right)^{x+5}$,  f) $27,85^{x+1} = 5,764$,

g) $10^{2x} - 101 \cdot 10^x + 100 = 0$.

## Logarithmische Gleichungen

*Logarithmische Gleichungen* sind transzendente Gleichungen, bei denen die Variable ausschließlich im Argument von Logarithmusfunktionen auftritt. Da der Logarithmus nur für positive Argumente erklärt ist, muss unbedingt der Definitionsbereich der Ausgangsgleichung bestimmt werden. Es **muss** dann überprüft werden, ob die erhaltenen Lösungen im Definitionsbereich der Ausgangsgleichung liegen, oder ob es sich nur um Scheinlösungen handelt.

Logarithmische Gleichungen sind in der Regel nicht geschlossen lösbar. Nur für Sonderfälle, die auf einfache algebraische Gleichungen zurückzuführen sind, kann die Lösung bestimmt werden. Die Lösung wird in drei Schritten durchgeführt:

*1. Schritt:* Durch Anwenden der Logarithmengesetze und geeignete Umformungen wird die Ausgangsgleichung auf die Form

$$\log_a P_1(x) = b \text{ mit } a > 0, a \neq 1 \tag{2.16}$$

oder

$$\log_a P_1(x) = \log_a P_2(x) \text{ mit } a > 0, a \neq 1 \tag{2.17}$$

gebracht, wobei $P_1(x), P_2(x)$ Polynome oder ganzrationale Funktionen (das sind Quotienten von zwei Polynomen) bezeichnen.

*2. Schritt:* Lösen der Gleichung (2.16) oder (2.17). Im Falle von Gleichung (2.16) wandeln wir in die Potenzform $P_1(x) = a^b$ um, die dann nach $x$ aufgelöst werden kann. Im zweiten Fall (2.17) erhalten wir durch Gleichsetzen der Argumente die algebraische Gleichung $P_1(x) = P_2(x)$, welche mit den im Abschn. 2.1 gegebenen Methoden zu behandeln ist.

*3. Schritt:* Probe. Die im 2. Schritt errechneten Lösungen werden in die Ausgangsgleichung eingesetzt, und auftretende Scheinlösungen werden ausgesondert.

*Bemerkung zum 1. Schritt:* Wenn wir anstelle der Gleichung (2.17) die Gleichung

$$\log_a P_1(x) = \log_b P_2(x) \text{ mit } a \neq b, a > 0, a \neq 1, b > 0, b \neq 1 \tag{2.18}$$

erhalten, so müssen wir versuchen, die Logarithmen in dieser Gleichung auf gleiche Basen mit Hilfe der im Abschn. 1.4 gegebenen Umrechnungsformel umzurechnen, damit wir eine Gleichung von der Form (2.17) erhalten. Um dann im 2. Schritt eine algebraische Gleichung zu erhalten, muss $a$ eine Potenz von $b$ mit rationalem Exponenten sein.

**Aufg. 2.17** Lösen Sie:   a) $\log_4 x - \log_4(x - 2) = 2$,
b) $\log_3 x + \log_3(2x + 1) = \log_3(x + 4)$,    c) $\log_5 x + \log_5(2x - 1) = \log_5(x + 4)$.

**Aufg. 2.18** Lösen Sie:    a) $\log_{27}(2x^3 - 1) = \log_3(x - 1)$,
b) $\log_9(2x^2 + 1) = \log_3(x + 1)$.

**Aufg. 2.19** Bestimmen Sie alle Lösungen der logarithmischen Gleichungen:
a) $x^{\ln x} - 2x^{-\ln x} = 1$ (Hinweis: Substituieren Sie $z = x^{\ln x}$),
b) $\log_{x-1}(x^2 - 3x + 4) = 2$,    c) $\log_x(x + 6) = 2$,    d) $\dfrac{\ln((x + 1)^2) - 1}{\ln(x + 1) + 1} = 1$
(Hinweis: Substituieren Sie $z = \ln(x + 1)$).

**Aufg. 2.20** Lösen Sie die folgenden Gleichungen nach $x$ auf:
a) $\log_2(x - 1) = -2$,    b) $\lg(x + 1)^2 = \lg 36$,    c) $\ln(2x + 3) = 0{,}2$ ;
d) $\dfrac{2\lg 2 + \lg(x - 3)}{\lg(7x + 1) + \lg(x - 6) + \lg 3} = \dfrac{1}{2}$,    e) $\log_5 [\log_2(\log_4 x)] = 0$,
f) $\ln(x + 2)^2 = \ln 2 + \ln(x + 2) + \ln(x - 1)$.

## 2.3   Goniometrie

Die *Goniometrie* beschäftigt sich mit dem Rechnen mit Winkelfunktionen (trigonometrischen Funktionen).

**Winkelmessung**

Ein *Winkel* $\alpha$ ist gegeben durch einen Punkt $S$, der als *Scheitel* bezeichnet wird, und zwei von ihm ausgehende Strahlen $p, q$, die als *Schenkel* des Winkels bezeichnet werden.

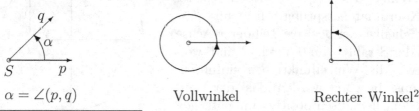

$\alpha = \angle(p, q)$              Vollwinkel              Rechter Winkel[2]

---

[2]Ein rechter Winkel wird durch einen Punkt im Winkelbereich gekennzeichnet.

Die Messung eines Winkels bzw. die Angabe der Größe eines Winkels wird in *Gradmaß* oder *Bogenmaß* vorgenommen, wobei alle Winkelmaße auf Kreisteilungen beruhen.

So erhalten wir die Maßeinheit 1° (1 Grad) folgendermaßen. Wenn wir einen beliebigen Kreis durch Radien in 360 gleiche Teile teilen, so ergibt der Richtungsunterschied zweier Radien, die vom Kreismittelpunkt zu benachbarten Teilpunkten auf dem Kreis führen, die Maßeinheit 1°. 1° ist somit der 360. Teil des Vollwinkels bzw. der 90. Teil des rechten Winkels.

In der nebenstehenden Übersicht geben wir eine Beziehung zwischen Gradmaß (Abkürzung: *deg*)und dem ebenfalls benutzten *Bogenmaß* (Abkürzung: *rad*) an.

|  | Grad | Bogenmaß |
|---|---|---|
| Vollwinkel | 360° | $2\pi$ |
| Gestreckter Winkel | 180° | $\pi$ |
| Rechter Winkel | 90° | $\dfrac{\pi}{2}$ |

Die Maßeinheit 1° wird folgendermaßen weiter unterteilt:

|  | gelesen: |
|---|---|
| 1° = 60′ | 1 Grad gleich 60 Minuten |
| 1′ = 60″ | 1 Minute gleich 60 Sekunden |

**Aufg. 2.21** Vervollständigen Sie die nebenstehende Tabelle. *Hinweis:* Stellen Sie direkte Proportionalitäten auf und verwenden Sie aus der obigen Tabelle z.B. $360° \stackrel{\wedge}{=} 2\pi$ (360° entspricht $2\pi$).

| rad | 1 |  |  | $\dfrac{\pi}{6}$ |  |
|---|---|---|---|---|---|
| Grad |  | 1° | 45° |  | 62°48′15″ |

## Einführung der trigonometrischen Funktionen

In einem rechtwinkligen $(x, y)$-Koordinatensystem sei ein Kreis mit dem Mittelpunkt im Koordinatenursprung 0 und dem Radius $r$ gegeben.

Auf dem Kreis befinde sich ein Punkt $P(u, v)$ mit der Abszisse ($x$-Koordinate) $u$ und der Ordinate ($y$-Koordinate) $v$. Für den Winkel $\alpha = \angle(Q0P)$, dessen Scheitel im Koordinatenursprung 0 liegt und dessen Schenkel der positive Teil der $x$-Achse und der Strahl $s$ von 0 durch $P$ sind, wollen wir die Winkelfunktionen einführen. Es muss beachtet werden, dass der Winkel $\alpha$ mathematisch positiv, d.h. entgegen dem Uhrzeigersinn, orientiert ist.

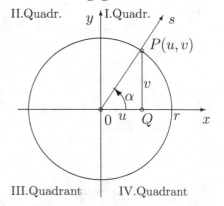

Es gilt dann:

$$
\begin{array}{|c|c|}
\hline
\sin\alpha = \dfrac{v}{r} = \dfrac{\text{Ordinate}}{\text{Radius}} & \tan\alpha = \dfrac{v}{u} = \dfrac{\text{Ordinate}}{\text{Abszisse}} \\
\hline
\cos\alpha = \dfrac{u}{r} = \dfrac{\text{Abszisse}}{\text{Radius}} & \cot\alpha = \dfrac{u}{v} = \dfrac{\text{Abszisse}}{\text{Ordinate}} \\
\hline
\end{array}
$$

Aus den obigen Erklärungen ergeben sich die wichtigen Beziehungen:

$$
\begin{array}{|c|c|}
\hline
\cos^2\alpha + \sin^2\alpha = 1 & \tan\alpha = \dfrac{\sin\alpha}{\cos\alpha} \\
\hline
1 + \tan^2\alpha = \dfrac{1}{\cos^2\alpha} & \tan\alpha \cdot \cot\alpha = 1 \\
\hline
\end{array}
$$

*Bemerkung:* Für die Winkelfunktionen wird die folgende Schreibweise vereinbart: Wenn ein Exponent direkt an der Winkelfunktion steht, so ist die Winkelfunktion einschließlich des Argumentes in die entsprechende Potenz zu erheben, so gilt z.B. $\cos^2\alpha = (\cos\alpha)^2$.

Aus der Definition der Winkelfunktionen ergibt sich die nebenstehende *Vorzeichentabelle*, in welcher wir die Vorzeichen der einzelnen Winkelfunktionen in Abhängigkeit davon angeben, in welchem Quadranten der Strahl $s$ liegt.

| Funktion | Quadrant | | | |
|---|---|---|---|---|
| | $I$ | $II$ | $III$ | $IV$ |
| $\sin\alpha$ | $+$ | $+$ | $-$ | $-$ |
| $\cos\alpha$ | $+$ | $-$ | $-$ | $+$ |
| $\tan\alpha$ | $+$ | $-$ | $+$ | $-$ |
| $\cot\alpha$ | $+$ | $-$ | $+$ | $-$ |

Für *wichtige spezielle* Winkel $\alpha$ sind in der folgenden Übersicht die Werte der Winkelfunktionen zusammengestellt.

| | $\alpha = 0°$ | $\alpha = 30°$ | $\alpha = 45°$ | $\alpha = 60°$ | $\alpha = 90°$ |
|---|---|---|---|---|---|
| $\sin\alpha$ | $0$ | $\frac{1}{2}$ | $\frac{1}{2}\sqrt{2}$ | $\frac{1}{2}\sqrt{3}$ | $1$ |
| $\cos\alpha$ | $1$ | $\frac{1}{2}\sqrt{3}$ | $\frac{1}{2}\sqrt{2}$ | $\frac{1}{2}$ | $0$ |
| $\tan\alpha$ | $0$ | $\frac{1}{3}\sqrt{3}$ | $1$ | $\sqrt{3}$ | $-$ |
| $\cot\alpha$ | $-$ | $\sqrt{3}$ | $1$ | $\frac{1}{3}\sqrt{3}$ | $0$ |

## Periodizität und Quadrantenbeziehungen der Winkelfunktionen

Aus den obigen Erklärungen der Winkelfunktionen folgt, dass diese periodisch sind (d.h., wenn wir zum Argument $\alpha$ einer Winkelfunktion ein ganzzahliges

Vielfaches ihrer Periode addieren, so erhalten wir den gleichen Wert).

| Periode = 360° | Periode = 180° |
|---|---|
| $\sin(\alpha + n \cdot 360°) = \sin\alpha$ | $\tan(\alpha + n \cdot 180°) = \tan\alpha$ |
| $\cos(\alpha + n \cdot 360°) = \cos\alpha$ | $\cot(\alpha + n \cdot 180°) = \cot\alpha$ |

für ganze Zahlen $n = 0, \pm 1, \pm 2, \dots$

Für die Winkelfunktionen gelten die folgenden *Quadrantenbeziehungen:*

|  | $90° \pm \alpha$ | $180° \pm \alpha$ | $270° \pm \alpha$ | $360° \pm \alpha$ | $-\alpha$ |
|---|---|---|---|---|---|
| sin | $\cos\alpha$ | $\mp\sin\alpha$ | $-\cos\alpha$ | $\pm\sin\alpha$ | $-\sin\alpha$ |
| cos | $\mp\sin\alpha$ | $-\cos\alpha$ | $\pm\sin\alpha$ | $\cos\alpha$ | $\cos\alpha$ |
| tan | $\mp\cot\alpha$ | $\pm\tan\alpha$ | $\mp\cot\alpha$ | $\pm\tan\alpha$ | $-\tan\alpha$ |
| cot | $\mp\tan\alpha$ | $\pm\cot\alpha$ | $\mp\tan\alpha$ | $\pm\cot\alpha$ | $-\cot\alpha$ |

*Bemerkung:* In der obigen Tabelle sind für „$\pm$, $\mp$" entweder immer das obere oder das untere Vorzeichen zu lesen. So beinhaltet z.B. der Eintrag $\mp\sin\alpha$ in der zweiten Zeile und dritten Spalte die beiden Gleichungen: $\sin(180° + \alpha) = -\sin\alpha$ und $\sin(180° - \alpha) = +\sin\alpha$.

**Aufg. 2.22** Für welche Winkel $\alpha$ gilt a) $\sin\alpha = -0,5$;     b) $\tan\alpha = \sqrt{3}$; c) $\cos\alpha = \frac{1}{2}\sqrt{3}$;     d) $\cos\alpha = -\frac{1}{2}\sqrt{3}$ ?

**Aufg. 2.23** Skizzieren Sie die Winkelfunktionen und veranschaulichen Sie sich Periodizitäten und Quadrantenbeziehungen anhand ihrer Skizzen.

## Additionstheoreme und Umrechnung zwischen den Winkelfunktionen

Die grundlegenden Additionstheoreme sind:

| | |
|---|---|
| $\sin(\alpha \pm \beta) = \sin\alpha\,\cos\beta \pm \cos\alpha\,\sin\beta$ | $\tan(\alpha \pm \beta) = \dfrac{\tan\alpha \pm \tan\beta}{1 \mp \tan\alpha\,\tan\beta}$ |
| $\cos(\alpha \pm \beta) = \cos\alpha\,\cos\beta \mp \sin\alpha\,\sin\beta$ | $\cot(\alpha \pm \beta) = \dfrac{\cot\alpha\,\cot\beta \mp 1}{\cot\beta \pm \cot\alpha}$ |

Aus diesen Additionstheoremen lassen sich eine Vielzahl weiterer Beziehungen zwischen den Winkelfunktionen ableiten, die in Tafelwerken und Formelsammlungen zusammengestellt sind.

Mittels der folgenden Übersicht können die Winkelfunktionen in andere umgerechnet werden:

| gesucht | gegeben | | | |
|---|---|---|---|---|
| | $\sin\alpha$ | $\cos\alpha$ | $\tan\alpha$ | $\cot\alpha$ |
| $\sin\alpha =$ | | $\pm\sqrt{1-\cos^2\alpha}$ | $\dfrac{\tan\alpha}{\pm\sqrt{1+\tan^2\alpha}}$ | $\dfrac{1}{\pm\sqrt{1+\cot^2\alpha}}$ |
| $\cos\alpha =$ | $\pm\sqrt{1-\sin^2\alpha}$ | | $\dfrac{1}{\pm\sqrt{1+\tan^2\alpha}}$ | $\dfrac{\cot\alpha}{\pm\sqrt{1+\cot^2\alpha}}$ |
| $\tan\alpha =$ | $\dfrac{\sin\alpha}{\pm\sqrt{1-\sin^2\alpha}}$ | $\dfrac{\pm\sqrt{1-\cos^2\alpha}}{\cos\alpha}$ | | $\dfrac{1}{\cot\alpha}$ |
| $\cot\alpha =$ | $\dfrac{\pm\sqrt{1-\sin^2\alpha}}{\sin\alpha}$ | $\dfrac{\cos\alpha}{\pm\sqrt{1-\cos^2\alpha}}$ | $\dfrac{1}{\tan\alpha}$ | |

*Bemerkungen:* a) Die Vorzeichen vor den Wurzeln in der obigen Tabelle sind so zu wählen, dass das Ergebnis in Abhängigkeit von den einzelnen Quadranten das richtige Vorzeichen hat, wobei die Vorzeichen in der obigen Vorzeichenta- belle der Winkelfunktionen gegeben sind.

b) Es ist üblich, Exponenten direkt an die Winkelfunktionen anzuhängen. So gilt z.B. $\cos^2\alpha = (\cos\alpha)^2$.

**Aufg. 2.24** Vereinfachen Sie a) $\cos^2 x - \sin^2 x$, b) $\cos x \cdot \sqrt{1+\tan^2 x}$.

## Goniometrische Bestimmungsgleichungen

*Goniometrische Bestimmungsgleichungen* sind transzendente Gleichungen, in denen die Unbekannte ausschließlich im Argument von Winkelfunktionen auf- tritt.

Nach dem folgenden 1. Lösungsschema lassen sich goniometrische Gleichun- gen stets auf algebraische Gleichungen zurückführen. Ob eine goniometrische Gleichung geschlossen lösbar ist, hängt davon ab, ob die erhaltene algebraische Gleichung im unten gegebenen 4. Schritt geschlossen lösbar ist.

### 1. Lösungsschema

*1. Schritt:* Unter Verwendung der Additionstheoreme und daraus folgender Beziehungen wird die gegebene goniometrische Gleichung so umgeformt, dass alle auftretenden Winkelfunktionen *dasselbe* Argument haben.

*2. Schritt:* Unter Verwendung der Beziehungen zwischen den Winkelfunktionen wird die Gleichung so umgeformt, dass *nur* noch *eine* Winkelfunktion (z.B. $\sin 3x$) vorkommt. Hierbei muss beachtet werden, dass wenn Winkelfunktionen mit unterschiedlicher Periode (z.B. tan und sin) auftreten, immer die mit der kleineren Periode (das sind tan und cot) ersetzt werden.

*3. Schritt: Substitution* dieser Funktion (z.B. $z = \sin 3x$), so dass wir dann eine algebraische Gleichung $P_n(z) = 0$ erhalten.

*4. Schritt:* Lösung der im 3. Schritt erhaltenen algebraischen Gleichung.

*5. Schritt:* Bestimmen der Lösung der Ausgangsgleichung durch „Rücksubstitution" gemäß Aufg. 2.22 und Aussondern von Scheinlösungen mittels Probe.

**Aufg. 2.25** Geben Sie alle Lösungen an:    a) $4\sin^2 x + 3\cos x = 4,5$;
b) $\tan 2x = 3\sin x$,    c) $\cot x = 2\sin x$,    d) $2\sin 2x + 5\cos x + 4\sin^2 \frac{x}{2} = 2$,
e) $2\cos(x + 60°) + \sin(x - 90°) = 1,5$.

**2. Lösungsschema**

Da die mit dem obigen 1. Lösungsschema verbundenen Rechnungen häufig sehr aufwendig sind, wollen wir für eine *spezielle Klasse* von goniometrischen Gleichungen eine weitere Lösungsmöglichkeit kennenlernen.

Wenn die gegebene goniometrische Gleichung so umgeformt werden kann, dass links und rechts vom Gleichheitszeichen die gleiche Winkelfunktion aber mit verschiedenen Argumenten steht, so lässt sich die Lösung schneller bestimmen. Wenn wir die Quadrantenbeziehungen und die Periodizitätseigenschaften dieser Winkelfunktion verwenden und dann die Argumente der beiden Winkelfunktionen der entstehenden Gleichung gleichsetzen, so erhalten wir Bestimmungsgleichungen für die Unbekannte $x$, die sich leicht lösen lassen.

Um sicher zu gehen, dass wir sämtliche Lösungen ermittelt haben, ist es vorteilhaft, die beiden auftretenden Winkelfunktionen zu skizzieren und sich dann einen Überblick über sämtliche Schnittpunkte der beiden Kurven, die ja die Lösungen der gegebenen Gleichung sind, zu verschaffen.

**Aufg. 2.26** Lösen Sie die folgenden goniometrischen Gleichungen mit Hilfe der Quadrantenbeziehungen und Periodizitätseigenschaften:
a) $\sin 6x = \sin 4x$, b) $\cos x + \cos 2x = 0$, c) $\sin 5x + \sin x = 0$, d) $\tan x = \tan 2x$.

# 2.4   Lösungen der Aufgaben aus Kapitel 2

**2.1 a)** $x_1 = -5$, $x_2 = 7$.    **b)** $x_1 = -\frac{1}{2}$, $x_2 = \frac{3}{4}$.    **c)** Keine reellen Lösungen.

**d)** $x_{1,2} = \frac{1}{2}(13 \pm \sqrt{17})$.    **e)** Durch äquivalente Umformungen erhalten wir:

$a + x = \frac{a + x}{ax}$, $ax(a + x) = a + x$ und $(ax - 1)(a + x) = 0$. Aus der letzten Gleichung ergeben sich durch Nullsetzen der Faktoren $ax - 1 = 0$, $a + x = 0$ die beiden Lösungen $x_1 = \frac{1}{a}$, $x_2 = -a$ für $a \neq 0$.

**f)** $x_1 = -5$, $x_2 = 7$, $x_3 = -\frac{1}{2}$, $x_4 = \frac{3}{4}$ (Das Ergebnis folgt aus a), b) und der Eigenschaft, dass ein Produkt genau dann gleich 0 ist, wenn mindestens einer der Faktoren 0 ist).

**2.2** Bezeichnungen: $x$: Höhe des Schachtes, $t_{stein}$: Fallzeit des Steines. Nach der Formel für den freien Fall (ohne Berücksichtigung des Luftwiderstandes) gilt

$$x = \frac{g}{2} t^2_{stein} \, . \tag{2.19}$$

Da andererseits der Aufschlag des Steines nach 5 Sekunden zu hören war, betrug die Zeit der Schallausbreitung vom Grund des Schachtes bis zur Erdoberfläche $5 - t_{stein}$ Sekunden. Nach $v = \frac{s}{t}$ folgt für die Schallausbreitung

$$x = v_{schall} \cdot (5 - t_{stein}) \, . \tag{2.20}$$

Durch Gleichsetzen von (2.19) und (2.20) erhalten wir: $\frac{g}{2} t^2_{stein} = v_{schall} \cdot (5 - t_{stein})$ und somit für die Unbekannte $t = t_{stein}$ die nebenstehende Gleichung:

$$\frac{g}{2} t^2 - v_{schall} \cdot (5 - t) = 0$$

$$\frac{g}{2} t^2 + v_{schall} \cdot t - 5 v_{schall} = 0$$

$$t^2 + \frac{2 v_{schall}}{g} t - \frac{10 v_{schall}}{g} = 0$$

mit der Lösung:

$$t_{1,2} = -\frac{v_{schall}}{g} \pm \sqrt{\left(\frac{v_{schall}}{g}\right)^2 + \frac{10 v_{schall}}{g}} = -\frac{333}{9,81} \pm \sqrt{\left(\frac{333}{9,81}\right)^2 + \frac{3330}{9,81}} \, ,$$

und damit $t_1 \approx 4,6777$, $t_2 \approx -72,56$. $t_2$ entfällt, da keine negativen Zeiten berücksichtigt werden.

**a)** Es folgt somit $t_{stein} = t_1 \approx 4,68$ s.    **b)** Für die Höhe des Schachtes folgt nach (2.20): $x = v_{schall} \cdot (5 - t_{stein}) = 333 \cdot (5 - 4,6777) \approx 107,32$ m.

**2.3** Nach dem Satz des Pythagoras im rechtwinkligen Dreieck gilt:
$\left(\frac{D}{2} - x\right)^2 + \left(\frac{d}{2}\right)^2 = \left(\frac{D}{2}\right)^2$, woraus $x^2 - Dx + \frac{d^2}{4} = 0$ folgt. Nach der Lösungsformel für quadratische Gleichungen ergibt sich somit

$$x_{1,2} = \frac{D}{2} \pm \sqrt{\frac{D^2}{4} - \frac{d^2}{4}} = \frac{D}{2} \pm \frac{\sqrt{D^2 - d^2}}{2} = 5 \pm \frac{\sqrt{100 - 25}}{2} \approx 5 \pm 4,330.$$

Da $0 < x < \frac{D}{2}$ für $x$ gelten muss, folgt für die Eindrucktiefe $x = 0,670$ mm.

**2.4** Aus $T^2 + \frac{2}{3} \cdot 10^4 \, T - \frac{1}{3} \cdot 10^4 = 0$ folgt

$$T_{1,2} = -\frac{10^4}{3} \pm \sqrt{\frac{10^8}{9} + \frac{10^4}{3}} = -\frac{10^4}{3} \pm \sqrt{\frac{10^4 \left(10^4 + 3\right)}{9}} = -\frac{10^4}{3} \pm \frac{10^2}{3} \sqrt{10003} \, ,$$

woraus $T_1 \approx 0,4997$ und $T_2 \approx -6667,166$ folgen. $T_2$ ist keine Lösung, denn Quecksilber dehnt sich nur bei steigender Temperatur aus. Somit dehnt sich das Volumen bei einem Temperaturanstieg von etwa $0,5°$ auf $1,0001$ cm$^3$ aus.

**2.5 a)** $x_1 = 1$, $x_2 = -1$, $x_3 = 3$, $x_4 = -3$.

**b)** $x_1 = \frac{1}{2}$, $x_2 = -\frac{1}{2}$, $x_3 = 1$, $x_4 = -1$.    **c)** $x_1 = 1$, $x_2 = -1$.

**2.6 a)** $x_1 = 1$ ist eine vierfache Nullstelle. Als Probe gilt:
$$(x-1)^4 = x^4 - 4x^3 + 6x^2 - 4x + 1 = 0\,.$$

**b)** Durch Substitution von $z = x + \frac{1}{x}$ erhalten wir $z^2 - 6z + 8 = 0$ mit den Lösungen $z_{1,2} = 3 \pm \sqrt{9-8}$, d.h. $z_1 = 4$ und $z_2 = 2$. Für $z_1 = 4$ erhalten wir
$$x^2 - 4x + 1 = 0\,,$$
woraus die Lösungen $x_{1,2} = 2 \pm \sqrt{2^2 - 1}$ und damit $x_1 = 2 + \sqrt{3}$, $x_2 = 2 - \sqrt{3}$ folgen. Für $z_2 = 2$ erhalten wir die Gleichung $x^2 - 2x + 1 = 0$, welche die doppelte Nullstelle $x_{3,4} = 1 \pm \sqrt{1-1} = 1$ besitzt. Als Probe gilt:
$$(x - (2+\sqrt{3}))(x - (2-\sqrt{3}))(x-1)^2 = x^4 - 6x^3 + 10x^2 - 6x + 1\,.$$

**c)** $x_1 = 2 + \sqrt{3}$, $x_2 = 2 - \sqrt{3}$.    **d)** Es gibt keine reellen Lösungen.

**2.7 a)** $x_1 = -1$, $x_2 = 2$, $x_3 = -2$.    **b)** $x_1 = 2$, $x_2 = -2$.

**2.8**

| $x = -2:$ | 2 | 1 | 5 | 0 | 6 |
|---|---|---|---|---|---|
| | | $-4$ | $6$ | $-22$ | $44$ |
| | 2 | $-3$ | 11 | $-22$ | $\underline{50}$ |

Somit gilt $P_4(-2) = 50$.

**2.9 a)** Aus $P_4(x) = x\,(2x^3 - 6x - 4)$ ergibt sich sofort die erste Nullstelle $x_1 = 0$. Die weiteren Nullstellen werden nun aus $P_3(x) = 2x^3 - 6x - 4 = 0$ bestimmt. Zuerst muss das Polynom $P_3(x)$ in die Normalform $\widetilde{P_3}(x) = x^3 - 3x - 2$ überführt werden, was durch Division durch 2 (Koeffizient vor $x^3$) erreicht wird. Falls $\widetilde{P_3}(x)$ ganzzahlige Nullstellen hat, so sind diese Teiler des Absolutgliedes $a_0 = -2$ von $\widetilde{P_3}(x)$, das sind $\pm 1, \pm 2$. Wir sehen, dass $x_2 = -1$ eine Nullstelle von $\widetilde{P_3}(x)$ ist, denn es gilt: $\widetilde{P_3}(-1) = (-1)^3 - 3(-1) - 2 = 0$.

Mit Hilfe des nebenstehenden Horner-Schemas führen wir die Polynomdivision $\widetilde{P_3}(x) : (x+1)$ aus und erhalten $\dfrac{x^3 - 3x - 2}{x + 1} = x^2 - x - 2.$

| $x = -1:$ | 1 | 0 | $-3$ | $-2$ |
|---|---|---|---|---|
| | | $-1$ | 1 | 2 |
| | 1 | $-1$ | $-2$ | $\underline{0}$ |

Die Nullstellen des Polynoms $P_2(x) = x^2 - x - 2$ erhalten wir aus der Lösungsformel für quadratische Gleichungen: $x_{3,4} = \frac{1}{2} \pm \sqrt{\frac{1}{4} + 2} = \frac{1}{2} \pm \frac{3}{2}$, woraus $x_3 = 2$, $x_4 = -1$ folgt. Alle Nullstellen von $P_4(x)$ sind somit: $x_1 = 0$, $x_2 = x_4 = -1$ (doppelte Nullstelle), $x_3 = 2$.

**b)** Durch Substitution von $z = 6x$ erhalten wir

$$P_3(x) = Q_3(z) = \left(\frac{z}{6}\right)^3 - \frac{1}{3}\left(\frac{z}{6}\right)^2 - \frac{1}{4}\left(\frac{z}{6}\right) + \frac{1}{12}.$$

Um $Q_3(z) = 0$ zu lösen, multiplizieren wir die obige Gleichung mit $6^3$ und erhalten $z^3 - 2z^2 - 9z + 18 = 0$ mit den möglichen ganzzahligen Nullstellen $\pm 1, \pm 2, \pm 3, \pm 6, \pm 9, \pm 18$. Für die Nullstelle $z_1 = 2$ erhalten wir
$$z^3 - 2z^2 - 9z + 18 = (z - 2)(z^2 - 9).$$
Aus $z^2 - 9 = 0$ folgt $z_{2,3} = \pm 3$. Aus der Substitution $z = 6x$ erhalten wir die drei Lösungen $x_1 = \frac{z_1}{6} = \frac{1}{3}$, $x_{2,3} = \frac{z_{2,3}}{6} = \pm\frac{1}{2}$

**2.10** Das gegebene Polynom $P_5(x)$ wird zunächst in die Normalform $\widetilde{P_5}(x) = \frac{1}{2}P_5(x) = x^5 + x^4 - 6x^3 - x^2 - x + 6$ überführt. Durch Probieren der Teiler $\pm 1, \pm 2, \pm 3, \pm 6$ des Absolutgliedes $a_0 = 6$ wird nach ganzzahligen Nullstellen gesucht. $x_1 = 1$ ist eine Nullstelle, denn es gilt: $\widetilde{P_5}(1) = 1^5 + 1^4 - 6 \cdot 1^3 - 1^2 - 1 + 6 = 0$. Mit Hilfe des Horner-Schemas werden jetzt die linearen Faktoren „$(x - \text{Nullstelle})$" abgespalten:

| | 1 | 1 | −6 | −1 | −1 | 6 | |
|---|---|---|---|---|---|---|---|
| $x_1 = 1$ | | 1 | 2 | −4 | −5 | −6 | |
| | 1 | 2 | −4 | −5 | −6 | $\underline{0}$ | $P_4(x) = x^4 + 2x^3 - 4x^2 - 5x - 6$ |
| | 1 | 2 | −4 | −5 | −6 | | $x_2$ ist Nullstelle von $P_4(x)$ |
| $x_2 = 2$ | | 2 | 8 | 8 | 6 | | |
| | 1 | 4 | 4 | 3 | $\underline{0}$ | | $P_3(x) = x^3 + 4x^2 + 4x + 3$ |
| | 1 | 4 | 4 | 3 | | | $x_3 = -3$ ist Nullstelle von $P_3(x)$ |
| $x_3 = -3$ | | −3 | −3 | −3 | | | |
| | 1 | 1 | 1 | $\underline{0}$ | | | $P_2(x) = x^2 + x + 1$ |

Es werden jetzt die Nullstellen von $P_2(x) = x^2 + x + 1$ bestimmt:
$x_{4,5} = -\frac{1}{2} \pm \sqrt{\frac{1}{4} - 1}$; da die Diskriminante (der Ausdruck unter der Wurzel) negativ ist, existieren $x_{4,5}$ nicht im Bereich der reellen Zahlen. Das Polynom $P_2(x)$ kann deshalb im Reellen nicht weiter in ein Produkt zerlegt werden. Somit gilt: $P_5(x) = 2\widetilde{P_5}(x) = 2 \cdot (x - 1)(x - 2)(x + 3)(x^2 + x + 1)$.

**2.11 a)**

$$\sqrt[4]{x^2 + 3} = \sqrt{x + 1} \quad \big| \text{ 4. Potenz} \quad \Big\| \quad \text{Probe:}$$
$$x^2 + 3 = (x + 1)^2 \qquad\qquad \sqrt[4]{1^2 + 3} - \sqrt{1 + 1} \overset{?}{=} 0$$
$$x^2 + 3 = x^2 + 2x + 1 \qquad\qquad \sqrt[4]{2^2} - \sqrt{2} \overset{?}{=} 0$$
$$x = 1 \qquad\qquad\qquad \sqrt{2} - \sqrt{2} = 0$$

Somit ist $x = 1$ die Lösung.

**b)**   $\sqrt[3]{x+1} = 2$ | 3. Potenz $\qquad\qquad$ *Probe:*

$x+1 = 8$ | $-1$ $\qquad\qquad\quad$ $\sqrt[3]{7+1} \overset{?}{=} 2$

$x = 7$ $\qquad\qquad\qquad\qquad\qquad$ $2 = 2$

Somit ist $x = 7$ die Lösung.

**c)**   $\sqrt{x+24} = 13 - \sqrt{x+11}$ | quadrieren $\qquad$ *Probe:*

$x+24 = 169 - 26\sqrt{x+11} + x + 11$ $\qquad\qquad$ $13 \overset{?}{=} \sqrt{25+11}+$

$26\sqrt{x+11} = 156$ | $: 26$ $\qquad\qquad\qquad$ $+\sqrt{25+24}$

$\sqrt{x+11} = 6$ | quadrieren $\qquad$ $13 \overset{?}{=} \sqrt{36} + \sqrt{49}$

$x + 11 = 36$ | $-11$ $\qquad\qquad\qquad$ $13 \overset{?}{=} 6 + 7$

$x = 25$ $\qquad\qquad\qquad\qquad\qquad$ $13 = 13$ stimmt

Somit ist $x = 25$ die Lösung.

**d)**   $\sqrt{x + 2 + \sqrt{2x+7}} = 4$ | quadrieren $\qquad$ *Probe:*

$x + 2 + \sqrt{2x+7} = 16$ $\qquad\qquad$ $\sqrt{21 + 2 + \sqrt{2 \cdot 21 + 7}} \overset{?}{=} 4$

$\sqrt{2x+7} = 14 - x$ | quadrieren $\qquad\qquad\qquad$ $\sqrt{30} \neq 4$

$2x + 7 = 196 - 28x + x^2$

$x^2 - 30x + 189 = 0$ $\qquad\qquad\qquad$ $\sqrt{9 + 2 + \sqrt{2 \cdot 9 + 7}} \overset{?}{=} 4$

$x_{1,2} = 15 \pm \sqrt{36}$ $\qquad\qquad\qquad$ $\sqrt{11 + \sqrt{25}} \overset{?}{=} 4$

$x_1 = 21, \quad x_2 = 9$ $\qquad\qquad\qquad\qquad$ $4 = 4$

Somit ist $x_2 = 9$ die Lösung der Wurzelgleichung.

**2.12 a)** 7.   **b)** 4 ($x = -\frac{4}{7}$ entfällt).   **c)** 5 ($x = -\frac{13}{3}$ entfällt).

**d)** 4 ($x = 164$ entfällt).

**2.13 a)** Die linke Seite der Gleichung ist nur für $x = 1$ im Reellen definiert. Andererseits ist aber $x = 1$ keine Lösung der betrachteten Gleichung.

**b)** Da geradzahlige Wurzeln immer größer oder gleich Null sind, kann die Gleichung nur gelten, wenn sowohl $x^2 + 7 = 0$ als auch $x^3 - 2 = 0$ gilt (denn genau in diesem Fall sind beide Summanden auf der linken Seite der Gleichung gleich 0). Da es aber keine reellen Zahlen $x$ gibt, so dass $x^2 + 7 = 0$ gilt, hat die Gleichung keine reellen Lösungen.

**2.14 a)**

$5^{3x-5} = (5^2)^{2x+1}$ $\qquad\qquad\qquad$ *Probe:*

$5^{3x-5} = 5^{4x+2}$ | Potenzgesetze nach $\quad$ linke Seite: $5^{3 \cdot (-7) - 5} = 5^{-26}$

$3x - 5 = 4x + 2$ | Gleichung (2.14) $\qquad$ rechte Seite:

$x = -7$ $\qquad\qquad\qquad\qquad\qquad$ $25^{2 \cdot (-7) + 1} = 25^{-13} = 5^{-26}$

$x = -7$ ist die Lösung.

**b)**
$$\sqrt[3]{3^{2x-1}} = \sqrt[4]{2^{x+1}} \quad \text{(Übergang zu rationalen Exponenten)}$$
$$3^{\frac{2x-1}{3}} = 2^{\frac{x+1}{4}} \quad \text{(Logarithmieren, Gleichung (2.15))}$$
$$\frac{2x-1}{3}\ln 3 = \frac{x+1}{4}\ln 2$$
$$x\left(\frac{2}{3}\ln 3 - \frac{1}{4}\ln 2\right) = \frac{1}{3}\ln 3 + \frac{1}{4}\ln 2$$
$$x = \frac{\ln(\sqrt[3]{3}\,\sqrt[4]{2})}{\ln\left(\dfrac{\sqrt[3]{9}}{\sqrt[4]{2}}\right)} \approx 0,9649$$

*Probe:* Linke Seite: $3^{\frac{2\cdot 0,9649-1}{3}} \approx 3^{0,3099} \approx 1,4056$.
Rechte Seite: $2^{\frac{0,9649+1}{4}} \approx 2^{0,4912} \approx 1,4056$. Somit ist $x \approx 0,9649$ die Lösung.

**c)**

| | | |
|---|---|---|
| $3^{3x-1} + (3^3)^{x+1} = 82$ | | *Probe:* Linke Seite: |
| $3^{3x-1} + 3^{3x+3} = 82$ | Potenzgesetze! | $3^0 + 27^{\frac{4}{3}}$ |
| $3^{3x}(3^{-1}+3^3) = 82$ | es gilt $3^{-1}+3^3 = \frac{82}{3}$ | $= 1 + 3^4 = 82$ |
| $3^{3x} = \frac{82\cdot 3}{82}$ | | Rechte Seite: 82 |
| $3^{3x} = 3$ | Logarithmieren | |
| $3x\cdot\ln 3 = \ln 3$ | $: (3\cdot\ln 3)$ | |
| $x = \frac{1}{3}$ | | |

Somit ist $x = \frac{1}{3}$ die Lösung.

*Bemerkung:* Die oben in a), b), c) gemachten Proben dienten nur zur Überprüfung der Richtigkeit der ausgerechneten Lösungen und nicht zum Aussondern von Scheinlösungen, denn alle mit den gegebenen Gleichungen ausgeführten Umformungen waren *äquivalente* Umformungen. Deshalb kann auf die Proben auch verzichtet werden.

**2.15** *1. Schritt:* Aus $z = 3^x$ ergibt sich mit Hilfe der Potenzgesetze:

$$3^{3x} = (3^x)^3 = z^3$$
$$3^{2x+1} = 3\cdot 3^{2x} = 3\cdot z^2$$
$$3^{x+1} = 3\cdot 3^x = 3z$$

Durch Einsetzen in die Ausgangsgleichung erhalten wir:

$$z^3 - 2\cdot 3z^2 + 2\cdot 3z + 8 = 0$$
$$z^3 - 6z^2 + 6z + 8 = 0 \tag{2.21}$$

Durch Probieren der Teiler des Absolutgliedes 8, das sind $\pm 1, \pm 2, \pm 4, \pm 8$, finden wir eine ganzzahlige Lösung $z_1 = 4$ von (2.21), denn es gilt:

$4^3 - 6 \cdot 4^2 + 6 \cdot 4 + 8 = 64 - 96 + 24 + 8 = 0.$

Mit Hilfe des Horner-Schemas spalten wir jetzt den linearen Faktor $z - z_1 = z - 4$ ab:

|            | 1  | $-6$ | 6    | 8 |                       |
|------------|----|------|------|---|-----------------------|
| $z_1 = 4$  |    | 4    | $-8$ | $-8$ |                   |
|            | 1  | $-2$ | $-2$ | $\underline{0}$ | $P_2(z) = z^2 - 2z - 2$ |

Aus $z^2 - 2z - 2 = 0$ finden wir $z_2 = 1 + \sqrt{3}$ und $z_3 = 1 - \sqrt{3}$.

*2. Schritt:* Berechnen der Lösung aus $3^x = z$.

Für $z_1 = 4$ erhalten wir $3^x = 4$, woraus durch Logarithmieren $x \lg 3 = \lg 4$

folgt. Damit erhalten wir $x_1 = \dfrac{\lg 4}{\lg 3} \approx \dfrac{0,60206}{0,47712} \approx 1,26190.$

Für $z_2 = 1 + \sqrt{3}$ folgt $x \lg 3 = \lg(1 + \sqrt{3})$, woraus

$x_2 = \dfrac{\lg(1 + \sqrt{3})}{\lg 3} \approx \dfrac{0,43649}{0,47712} \approx 0,91484$ folgt.

$z_3 = 1 - \sqrt{3} \approx -0,73205$ ergibt keine weitere Lösung, denn es gibt keine reellen Exponenten $x$, für die $3^x$ negativ wird.

*Probe:* 1.) $3^{3x} - 2 \cdot 3^{2x+1} + 2 \cdot 3^{x+1} + 8 \approx 3^{3,7857} - 2 \cdot 3^{3,5238} + 2 \cdot 3^{2,2619} + 8 \approx$
$64,00854 - 96,00854 + 24,00107 + 8 \approx 0.$

2.) $3^{3x} - 2 \cdot 3^{2x+1} + 2 \cdot 3^{x+1} + 8 \approx 3^{2,74452} - 2 \cdot 3^{2,82968} + 2 \cdot 3^{1,91484} + 8 \approx$
$20,39242 - 44,78478 + 16,39234 + 8 \approx 0.$

**2.16 a)** 4.    **d)** $-0,40546$ und 0.    **e)** $2,1402.$    **f)** $-0,4735.$

**b)** Durch Logarithmieren der gegebenen Gleichung erhalten wir

$$(5x - 7) \ln \frac{3}{4} = (x - 14) \ln \frac{16}{9}$$

$$5x \ln \frac{3}{4} - x \ln \left(\frac{4}{3}\right)^2 = 7 \ln \frac{3}{4} - 14 \ln \left(\frac{4}{3}\right)^2$$

$$x \left(5 \ln \frac{3}{4} - 2 \ln \frac{4}{3}\right) = 7 \ln \frac{3}{4} - 14 \cdot 2 \ln \frac{4}{3}$$

und damit die Lösung

$$x = \frac{7 \ln \frac{3}{4} - 14 \cdot 2 \ln \frac{4}{3}}{5 \ln \frac{3}{4} - 2 \ln \frac{4}{3}} = \frac{7(\ln 3 - \ln 4) - 28(\ln 4 - \ln 3)}{5(\ln 3 - \ln 4) - 2(\ln 4 - \ln 3)} = 5.$$

**c)**
$$7 \cdot 3^{x+1} - 3^{x+4} = 5^{x+2} - 5^{x+3}$$
$$3^{x+1}(7 - 3^3) = 5^{x+2}(1 - 5)$$
$$3^{x+1} = 5^{x+1}$$
$$(x + 1)(\ln 3 - \ln 5) = 0 \quad \text{mit der Lösung } x_1 = -1.$$

**g)** Für $z = 10^x$ folgt $z^2 - 101z + 100 = 0$ mit den Lösungen $z_1 = 1$, $z_2 = 100$, woraus $x_1 = 0$, $x_2 = 2$ folgt.

**2.17 a)** *1. Schritt:* Umformen in Gleichung der Form von (2.16). Aus $\log_4 x - \log_4(x-2) = \log_4 \frac{x}{x-2}$ (2. Logarithmengesetz) erhalten wir

$$\log_4 \frac{x}{x-2} = 2 \,. \tag{2.22}$$

*2. Schritt:* Wir betrachten die Potenzform von (2.22), die durch $\frac{x}{x-2} = 4^2$ gegeben ist. Hieraus folgt sofort $x = 16x - 32$ und $x = \frac{32}{15}$.

*3. Schritt:* Probe. Linke Seite: $\quad \log_4 \frac{32}{15} - \log_4(\frac{32}{15} - 2) = \log_4 2, 1\overline{3} - \log_4 0, 1\overline{3}$

$\overset{(*)}{=} \dfrac{\lg 2, 1\overline{3}}{\lg 4} - \dfrac{\lg 0, 1\overline{3}}{\lg 4} \approx \dfrac{0,3290587}{0,6020600} - \dfrac{-0,875061}{0,6020600} \approx 0,546555 + 1,4534448 \approx 2 \,,$

wobei in der Gleichung (*) die Umrechnung der Logarithmen zwischen verschiedenen Basen verwendet worden ist (siehe Abschn. 1.4).

Rechte Seite: 2. Somit ist $x = \frac{32}{15}$ die Lösung.

**b)** *1. Schritt:* Umformen in Gleichung der Form von (2.17). Indem wir das 1. Logarithmengesetz auf der linken Seite der Ausgangsgleichung anwenden, erhalten wir

$$\log_3 x(2x+1) = \log_3(x+4) \,. \tag{2.23}$$

*2. Schritt:* Gleichsetzen der Argumente in (2.23) liefert die Gleichung $x(2x+1) = x+4$, woraus wir die Lösungen $x_1 = \sqrt{2}$ und $x_2 = -\sqrt{2}$ erhalten.

*3. Schritt:* Probe. Für $x_1 = \sqrt{2}$ erhalten wir für die linke Seite:

$\log_3 \sqrt{2} + \log_3(2\sqrt{2}+1) = \dfrac{\lg \sqrt{2}}{\lg 3} + \dfrac{\lg(2\sqrt{2}+1)}{\lg 3} \approx \dfrac{0,150515 + 0,5830204}{0,47712125} \approx$ $1,5374192.$

Rechte Seite: $\log_3(\sqrt{2}+4) = \dfrac{\lg(\sqrt{2}+4)}{\lg 3} \approx \dfrac{0,7335354}{0,47712125} \approx 1,5374192 \,.$

$x_2 = -\sqrt{2}$ ist keine Lösung, denn der zweite Summand $\log_3(2x+1)$ auf der linken Seite der Ausgangsgleichung ist nicht erklärt, da $2x_2 + 1 = -2\sqrt{2}+1 \approx$ $-1,82842$ negativ ist. Somit ist $x_1 = \sqrt{2}$ die Lösung.

**c)** $x_1 = 2$ ist die Lösung. ($x_2 = -1$ entfällt.)

**2.18 a)** *1. Schritt:* Umformen in eine Gleichung der Form von (2.17). Wir rechnen zunächst den Logarithmus auf der linken Seite der Ausgangsgleichung auf die Basis 3 um:

$$\log_{27}(2x^3 - 1) = \frac{\log_3(2x^3 - 1)}{\log_3 27} = \frac{\log_3(2x^3 - 1)}{3} \,,$$

wobei in der letzten Gleichung $\log_3 27 = \log_3(3^3) = 3 \cdot \log_3 3 = 3$ verwendet worden ist. Hiermit geht die Ausgangsgleichung über in:

$$\log_3(2x^3 - 1) = 3 \cdot \log_3(x-1)$$
$$\log_3(2x^3 - 1) = \log_3((x-1)^3) \tag{2.24}$$

*2. Schritt:* Gleichsetzen der Argumente in (2.24) ergibt die Gleichung
$2x^3 - 1 = (x-1)^3$, woraus $2x^3 - 1 = x^3 - 3x^2 + 3x - 1$
und dann $x^3 + 3x^2 - 3x = 0$ folgen. Die letzte Gleichung hat die drei Lösungen
$x_1 = 0$ und $x_2 = \dfrac{-3+\sqrt{21}}{2}$ und $x_3 = \dfrac{-3-\sqrt{21}}{2}$.

*3. Schritt:* Probe. $x_1 = 0$ ist keine Lösung, denn die rechte Seite der Ausgangsgleichung $\log_3(0-1) = \log_3(-1)$ ist nicht erklärt. $x_3 = \dfrac{-3-\sqrt{21}}{2} < 0$ ist
ebenfalls keine Lösung, denn auch hierfür ist die rechte Seite der Ausgangsgleichung nicht erklärt. Wir betrachten jetzt $x_2 = \dfrac{-3+\sqrt{21}}{2}$ :

Linke Seite: $\log_{27}(2 \cdot (\frac{-3+\sqrt{21}}{2})^3 - 1) \approx \log_{27}(-0,00909166)$, was nicht erklärt
ist. Somit hat die Gleichung keine reellen Lösungen.

**b)** *1. Schritt:* Wie in a) folgt für die linke Seite

$$\log_9(2x^2+1) = \frac{\log_3(2x^2+1)}{\log_3 9} = \frac{\log_3(2x^2+1)}{2},$$

wobei $\log_3 9 = \log_3(3^2) = 2\log_3 3 = 2$ verwendet worden ist. Hiermit geht die
Ausgangsgleichung über in $\log_3(2x^2+1) = \log_3((x+1)^2)$.

*2. Schritt:* Aus der letzten Gleichung folgt die Gleichung $2x^2 + 1 = (x+1)^2$,
woraus sich die quadratische Gleichung $x^2 - 2x = 0$ mit den Lösungen $x_1 = 0$
und $x_2 = 2$ ergibt.

*3. Schritt:* Probe für $x_1 = 0$. Linke Seite: $\log_9(2 \cdot 0^2 + 1) = \log_9 1 = 0$. Rechte
Seite: $\log_3(0+1) = \log_3 1 = 0$.

Probe für $x_2 = 2$. Linke Seite: $\log_9(2 \cdot 2^2 + 1) = \log_9(9) = 1$.

Rechte Seite: $\log_3(2+1) = \log_3 3 = 1$. Somit sind $x_1 = 0$ und $x_2 = 2$ die
Lösungen.

**2.19 a)** *1. Schritt:* Bestimmen der möglichen $z$-Werte.

Wenn wir $z = x^{\ln x}$ in die Ausgangsgleichung einsetzen, erhalten wir:
$z - 2z^{-1} = 1$, woraus nach Multiplikation mit $z$ die quadratische Gleichung
$z^2 - z - 2 = 0$ mit den Lösungen $z_{1,2} = \frac{1}{2} \pm \sqrt{\frac{1}{4} + 2} = \frac{1}{2} \pm \frac{3}{2}$, d.h. $z_1 = 2$ und
$z_2 = -1$, folgen.

*2. Schritt:* Berechnen der Lösung aus der
Substitutionsgleichung $z = x^{\ln x}$. Für $z_1 = 2$
erhalten wir $x^{\ln x} = 2$, woraus durch Logarithmieren dieser Gleichung und Anwenden
des 3. Logarithmengesetzes folgt:

$$\begin{aligned}
\ln\left(x^{\ln x}\right) &= \ln 2 \\
(\ln x)^2 &= \ln 2 \\
\ln x &= \sqrt{\ln 2} \\
x &= e^{\sqrt{\ln 2}}
\end{aligned}$$

*3. Schritt:* Probe. Es gilt $\ln x = \ln(e^{\sqrt{\ln 2}}) = \sqrt{\ln 2}$.

Linke Seite: $x^{\ln x} - 2x^{-\ln x} = (e^{\sqrt{\ln 2}})^{\sqrt{\ln 2}} - 2(e^{\sqrt{\ln 2}})^{-\sqrt{\ln 2}} = e^{\ln 2} - 2(e^{\ln 2})^{-1} = 2 - 2 \cdot 2^{-1} = 1$. Rechte Seite: $= 1$. Somit ist $x = e^{\sqrt{\ln 2}}$ Lösung. $z_2 = -1$ liefert keine Lösung, da $x^{\ln x}$ für alle reellen $x > 0$ immer positiv ist.

**b)** Durch Umschreiben der Ausgangsgleichung in die Exponentialform erhalten wir die Gleichung $x^2 - 3x + 4 = (x - 1)^2$ mit der Lösung $x = 3$.
*Probe.* Linke Seite: $\log_2(3^2 - 3 \cdot 3 + 4) = \log_2 4 = 2$.    Rechte Seite: $= 2$.

**c)** $x_1 = 3$ ($x_2 = -2$ entfällt).    **d)** $z = 2$ und daraus $x = e^2 - 1$.
**2.20 a)** $x = \frac{5}{4}$. **b)** $x_1 = -7$ und $x_2 = 5$. **c)** $x = \frac{1}{2} e^{0,2} - 1,5 \approx -0,8893$.

**d)** Mit Hilfe der Logarithmengesetze formen wir die Ausgangsgleichung äquivalent um in: $\lg[4(x - 3)]^2 = \lg[(7x + 1)(x - 6) \cdot 3]$. Hieraus erhalten wir: $16(x - 3)^2 = (7x + 1)(x - 6) \cdot 3$ und dann die quadratische Gleichung $x^2 - \frac{27}{5} x - \frac{162}{5} = 0$ mit den beiden Lösungen $x_1 = 9$ und $x_2 = -3,6$.
$x_2 = -3,6$ ist keine Lösung der Ausgangsgleichung, denn z.B. ist im Zähler der linken Seite der Ausgangsgleichung $\lg(x - 3)$ für $x_2$ nicht definiert.
*Probe für $x_1 = 9$:* Linke Seite: $\dfrac{2\lg 2 + \lg 6}{\lg 64 + \lg 3 + \lg 3} = \dfrac{\lg 24}{\lg 24^2} = \dfrac{\lg 24}{2 \lg 24} = \dfrac{1}{2}$.
Rechte Seite: $\frac{1}{2}$. Somit ist $x_1 = 9$ die Lösung der gegebenen Gleichung.

**e)** Es gilt genau dann $\log_5[\log_2(\log_4 x)] = 0$, wenn $[\log_2(\log_4 x)] = 1$ erfüllt ist. Die letzte Gleichung gilt genau dann, wenn $(\log_4 x) = 2$ erfüllt ist. Aus der Definition des Logarithmus erhalten wir, dass die letzte Gleichung die eindeutig bestimmte Lösung $x = 4^2 = 16$ hat.

**f)** Aus den Logarithmengesetzen folgt: $\ln(x^2 + 4x + 4) = \ln[2(x + 2)(x - 1)]$, woraus wir $x^2 + 4x + 4 = 2(x + 2)(x - 1)$ und dann $x^2 - 2x - 8 = 0$ erhalten. Aus der letzten Gleichung ergeben sich dann die Lösungen $x_1 = 4$ und $x_2 = -2$.
$x_2 = -2$ ist keine Lösung der gegebenen Gleichung, denn $\ln(x + 2)$ ist für $x_2 = -2$ nicht definiert.
*Probe für $x_1 = 4$:* Linke Seite: $\ln(6^2) = \ln 36$.
Rechte Seite: $\ln 2 + \ln 6 + \ln 3 = \ln 36$. Somit ist $x_1 = 4$ die Lösung der gegebenen Gleichung.

**2.21**

| rad | 1 | 0,017453 | 0,0157078 | $\dfrac{\pi}{4}$ | $\dfrac{\pi}{6}$ | 1,09692 |
|---|---|---|---|---|---|---|
| Grad | $57°17'45''$ | $1°$ | $54'$ | $45°$ | $30°$ | $62°48'15''$ |

Um den rechten oberen Eintrag zu bestimmen, rechnen wir zunächst $62°48'15''$ in eine Dezimalzahl um. $48' = \frac{48°}{60} = 0,8°$, $15'' = \frac{15°}{3600} = 0,004167°$. Somit gilt $62°48'15'' = 62,804167°$. Aus den direkten Verhältnissen $360° \triangleq 2\pi$, $62,804167° \triangleq x$ erhalten wir $360° : 62,804167° = (2\pi) : x$ mit der Lösung

$$x = \frac{62,804167° \cdot 2\pi}{360°} \approx 1,09692 .$$

**2.22 a)** Aus den Quadrantenbeziehungen (1. Zeile für sin) und der Tabelle für spezielle Winkel erhalten wir mit $\alpha_1 = -30°$ die erste Lösung, denn es gilt $\sin(-30°) = -\sin(30°) = -0,5$. Wegen der Periodizität der Sinusfunktion erhalten wir die 1. Serie von Lösungen: $\alpha_{1,n} = -30° + n \cdot 360°$, $n = 0, \pm 1, \pm 2, \ldots$. Eine 2. Lösung ist $\alpha_2 = 210°$ $(= 180° + 30°)$, denn aus den Quadrantenbeziehungen (1. Zeile, 2. Spalte) folgt $\sin 210° = \sin(180° + 30°) = -\sin 30° = -0,5$. Wegen der Periodizität der Sinusfunktion erhalten wir die 2. Serie von Lösungen: $\alpha_{2,n} = 210° + n \cdot 360°$, $n = 0, \pm 1, \pm 2, \ldots$.

**b)** Aus der Periodizität der Tangensfunktion und der Tabelle für spezielle Winkel erhalten wir die Lösungsserie: $\alpha_n = 60° + n \cdot 180°$, $n = 0, \pm 1, \pm 2, \ldots$.

**c)** $\alpha_{1,n} = 30° + n \cdot 360°$, $\alpha_{2,n} = -30° + n \cdot 360°$, $n = 0, \pm 1, \pm 2, \ldots$.

**d)** Aus der Quadrantenbeziehung (2. Zeile, 2. Spalte) erhalten wir $\cos(180° \pm 30°) = -\cos 30° = -\frac{1}{2}\sqrt{3}$, woraus sich die beiden Lösungsserien $\alpha_{1,n} = 210° + n \cdot 360°$, $\alpha_{2,n} = 150° + n \cdot 360°$, $n = 0, \pm 1, \pm 2, \ldots$, ergeben.

**2.24 a)** Aus dem Additionstheorem des Kosinus folgt für $\alpha = \beta = x$ sofort $\cos 2x = \cos^2 x - \sin^2 x$.

**b)** Damit $\tan x$ erklärt ist, muss zuerst $x \neq 90° + n \cdot 180°$ vorausgesetzt werden. Aus der Umrechnungstabelle zwischen den Winkelfunktionen erhalten wir

$$\cos x \cdot \sqrt{1 + \tan^2 x} = \frac{\cos x}{|\cos x|} = \begin{cases} +1 & \text{für } \cos x > 0 \\ -1 & \text{für } \cos x < 0 \end{cases}$$
$$= \begin{cases} +1 & \text{für } -90° + n \cdot 360° < x < 90° + n \cdot 360° \\ -1 & \text{für } 90° + n \cdot 360° < x < 270° + n \cdot 360° \end{cases} \quad n = 0, \pm 1, \pm 2, \ldots.$$

**2.25 a)** *1. Schritt:* Entfällt, da beide Winkelfunktionen dasselbe Argument $x$ haben.

*2. Schritt:* Wir ersetzen $\sin^2 x = 1 - \cos^2 x$ und erhalten damit $4(1 - \cos^2 x) + 3\cos x = 4,5$ und dann $\cos^2 x - \frac{3}{4}\cos x + \frac{1}{8} = 0$.

*3. und 4. Schritt:* Wir substituieren $z = \cos x$ und erhalten damit die quadratische Gleichung $z^2 - \frac{3}{4}z + \frac{1}{8} = 0$ mit den beiden Lösungen $z_1 = \frac{1}{2}$ und $z_2 = \frac{1}{4}$.

*5. Schritt:* Aus $\cos x = \frac{1}{2}$ erhalten wir die beiden Serien:
$x_{1,n} = 60° + n \cdot 360°$, $x_{2,n} = 300° + n \cdot 360°$, $n = 0, \pm 1, \pm 2, \ldots$.
Aus $\cos x = \frac{1}{4}$ erhalten wir zwei weitere Serien:
$x_{3,n} = 75,52° + n \cdot 360°$, $x_{4,n} = 284,48° + n \cdot 360°$, $n = 0, \pm 1, \pm 2, \ldots$ Die Lösung $x_{3,0} = 75,52°$ wird mit der Umkehrfunktion von cos (der Funktion arccos) mit Hilfe des Taschenrechners oder eines Tafelwerkes ermittelt. $x_{4,0} = -75,52° + 360° = 284,48°$ haben wir mit Hilfe der Quadrantenbe-

ziehungen gefunden. Die Proben für $x_{1,0}, x_{2,0}, x_{3,0}, x_{4,0}$, welche der Leser selbst ausführen soll, zeigen, dass alle vier oben gegebenen Serien Lösungen sind.

**b)** *1. Schritt:* Aus dem Additionstheorem für die Tangensfunktion folgt:

$\tan 2x = \tan(x + x) = \dfrac{2 \tan x}{1 - \tan^2 x}$, womit die Ausgangsgleichung übergeht in

$\dfrac{2 \tan x}{1 - \tan^2 x} = 3 \sin x$.

*2. Schritt:* Wir ersetzen $\tan x = \dfrac{\sin x}{\cos x}$ und erhalten aus der letzten Gleichung

im 1. Schritt: $\left( 2 \dfrac{\sin x}{\cos x} \right) : \left( 1 - \dfrac{\sin^2 x}{\cos^2 x} \right) = 3 \sin x$, woraus dann

$\dfrac{2 \sin x \cos x}{\cos^2 x - \sin^2 x} = 3 \sin x$ folgt. Wir ersetzen in der letzten Gleichung $\sin^2 x =$

$1 - \cos^2 x$ im Nenner der linken Seite und erhalten $\dfrac{2 \sin x \cos x}{2 \cos^2 x - 1} = 3 \sin x$,

woraus sich dann $2 \sin x \cos x = 3 \sin x \, (2 \cos^2 x - 1)$ und schließlich

$$\sin x \, (6 \cos^2 x - 2 \cos x - 3) = 0 \tag{2.25}$$

ergeben.

*Hinweise:* 1.) Da wir die Gleichung (2.25) lösen können, ersetzen wir nicht $\sin x = \pm\sqrt{1 - \cos^2 x}$, was die weitere Rechnung unnötig aufblähen würde.

2.) Wenn wir zu Beginn des 2. Schrittes die Sinusfunktion auf der rechten Seite

durch $\sin x = \dfrac{\tan x}{\pm\sqrt{1 + \tan^2 x}}$ ersetzt hätten, so würden wir nicht die vollstän-

dige Lösung erhalten. Zur Erklärung siehe die Bemerkung zum 2. Schritt im Abschn. 2.3, Goniometrische Bestimmungsgleichungen.

*3. Schritt:* Da ein Produkt genau dann gleich 0 ist, wenn einer der Faktoren gleich 0 ist, erhalten wir aus (2.25) die beiden Fälle: 1. Fall) $\sin x = 0$ und 2. Fall) $6 \cos^2 x - 2 \cos x - 3 = 0$. Im 2. Fall substituieren wir $z = \cos x$ und erhalten damit die quadratische Gleichung $6z^2 - 2z - 3 = 0$.

*4. Schritt:* Für den 2. Fall bestimmen wir die Lösungen von $6z^2 - 2z - 3 = 0$: $z_{1,2} = \frac{1}{6} \pm \sqrt{(\frac{1}{6})^2 + \frac{1}{2}}$ mit $z_1 \approx 0,8932$ und $z_2 \approx -0,5598$.

*5. Schritt:* Für den im 3. Schritt betrachteten 1. Fall erhalten wir $x_{1,n} = n \cdot 180°$, $n = 0, \pm 1, \pm 2, \dots$.

Für $\cos x = z_1 \approx 0,8932$ erhalten wir die beiden Serien

$x_{2,n} = 26,72° + n \cdot 360°$, $x_{3,n} = -26,72° + n \cdot 360°$.

Für $\cos x = z_1 \approx -0,5598$ erhalten wir die beiden Serien

$x_{4,n} = 124,04° + n \cdot 360°$, $x_{5,n} = -124,04° + n \cdot 360°$. Es wird dem Leser überlassen, durch eine Probe zu prüfen, dass die erhaltenen 5 Serien $x_{1,n}, \dots, x_{5,n}$ tatsächlich die Ausgangsgleichung erfüllen.

**c)** $x_{1,n} = 38,7° + n \cdot 360°$, $x_{2,n} = 321,3° + n \cdot 360°$, $n = 0, \pm 1, \pm 2, \ldots$.

**d)** $x_{1,n} = 90° + n \cdot 360°$, $x_{2,n} = 228,6° + n \cdot 360°$, $x_{3,n} = 311,4° + n \cdot 360°$, $n = 0 \pm 1, \pm 2, \ldots$.

**e)** Mit den Additionstheoremen erhalten wir aus der Ausgangsgleichung:
$2 (\cos x \cos 60° - \sin x \sin 60°) + \sin x \cos 90° - \cos x \sin 90° = 1,5$, woraus dann mittels der Tabelle der Werte der Winkelfunktionen für spezielle Winkel folgt: $-\sqrt{3} \sin x = 1,5$. Als Lösung erhalten wir die beiden Serien
$x_{1,n} = 240° + n \cdot 360°$, $x_{2,n} = 300° + n \cdot 360°$, $n = 0, \pm 1, \pm 2, \ldots$.

**2.26 a)** Die Ausgangsgleichung $\sin 6x = \sin 4x$ ist erfüllt, wenn die Argumente der Sinusfunktionen übereinstimmen, d.h. $6x = 4x$. Hieraus erhalten wir:
$x_{1,n} = 0° + n \cdot 360°$, $n = 0, \pm 1, \pm 2, \ldots$.
Wenn wir die Periodizität der Sinusfunktion verwenden, so erhalten wir die Gleichung $\sin(6x + n \cdot 360°) = \sin 4x$. Gleichsetzen der Argumente liefert $6x + n \cdot 360° = 4x$ mit der Lösung $x_{2,n} = n \cdot 180°$. Wenn wir erneut die Periodizität der Sinusfunktion und die Quadrantenbeziehung $\sin(180° - \alpha) = \sin \alpha$ auf der rechten Seite der gegebenen Gleichung verwenden, so erhalten wir $\sin(6x - n \cdot 360°) = \sin(180° - 4x)$. Gleichsetzen der Argumente ergibt die Gleichung $6x - n \cdot 360° = 180° - 4x$ mit der Lösung $x_{3,n} = \frac{1}{10}(2n+1) \cdot 180°$. Anhand einer Skizze der Funktionen $\sin 4x$, $\sin 6x$ und ihrer Schnittpunkte kann sich der Leser überzeugen, dass die Lösung aus den beiden Serien $x_{2,n}, x_{3,n}$, mit $n = 0, \pm 1, \pm 2, \ldots$ besteht.

**b)** Aus den Quadrantenbeziehungen erhalten wir $-\cos 2x = \cos(2x - 180°)$, womit die Ausgangsgleichung übergeht in $\cos x = \cos(2x - 180°)$. Wenn wir auf der linken Seite der letzten Gleichung $\cos x = \cos(-x + n \cdot 360°)$ einsetzen, so erhalten wir nach dem Gleichsetzen der Argumente die Gleichung $-x + 2n \cdot 180° = 2x - 180°$ mit der Lösung
$x_{1,n} = \frac{1}{3}(2n - 1) \cdot 180° = (2n - 1) \cdot 60°$, $n = 0, \pm 1, \pm 2, \ldots$. Anhand einer Skizze können wir uns überzeugen, dass wir alle Lösungen erhalten haben.

**c)** $x_{1,n} = n \cdot 360°$, $x_{2,n} = 45° + n \cdot 360°$, $x_{3,n} = 60° + n \cdot 360°$,
$x_{4,n} = 90° + n \cdot 360°$, $x_{5,n} = 120° + n \cdot 360°$, $x_{6,n} = 135° + n \cdot 360°$,
$x_{7,n} = 225° + n \cdot 360°$, $x_{8,n} = 240° + n \cdot 360°$, $x_{9,n} = 300° + n \cdot 360°$,
$x_{10,n} = 315° + n \cdot 360°$, $n = 0, \pm 1, \pm 2, \ldots$.

**d)** Da die Tangensfunktion mit der Periode von $180°$ periodisch ist, gilt $\tan x = \tan(x + n \cdot 180°)$ und somit $\tan(2x) = \tan(x + n \cdot 180°)$. Aus der letzten Gleichung folgt $2x = x + n \cdot 180°$ mit der Lösungsserie $x_{1,n} = n \cdot 180°$, $n = 0, \pm 1, \pm 2, \ldots$.

# Kapitel 3

# Mengenlehre, mathematische Logik und Beweismethoden

Um für das Weitere eine exakte und unmissverständliche Formulierung mathematischer Sachverhalte geben zu können, werden wir in diesem Kapitel Begriffe und Symbole aus der Mengenlehre und der mathematischen Logik bereitstellen. Weiterhin werden wir die damit verbundenen „mathematischen" Sprechweisen üben. Den wichtigen Begriff der reellen Funktion werden wir im Abschn. 3.2 einführen. Nachdem wir im Abschn. 3.4 auf Beweismethoden in der Mathematik eingegangen sind, werden wir im Abschn. 3.5 wichtige Formeln der Kombinatorik betrachten.

## 3.1  Grundbegriffe der Mengenlehre

### Zu den Begriffen Menge und Element

Ein grundlegender Begriff in der Mathematik ist der Begriff der Menge, der wie folgt definiert (d.h. erklärt) wird:

> Unter einer *Menge* versteht man in der Mathematik eine Zusammenfassung gewisser Dinge zu einem neuen einheitlichen Ganzen. Die hierbei zusammengefassten Dinge heißen die *Elemente* der betreffenden Menge.

Die Eigenschaft eines Dinges $a$ Element bzw. kein Element einer gegebenen Menge $M$ zu sein, wird wie folgt beschrieben:

| symbolisch | gelesen | Bedeutung |
|---|---|---|
| $a \in M$ | $a$ ist Element von $M$; kurz: $a$ Element $M$ | das Element $a$ gehört zur Menge $M$ |
| $a \notin M$ | $a$ ist nicht Element von $M$; kurz: $a$ nicht Element $M$ | das Element $a$ gehört nicht zur Menge $M$ |

Die Menge, die kein Element enthält, wird als die *leere Menge* bezeichnet und mit $\emptyset$ bezeichnet.

Für zwei Mengen $M_1, M_2$ setzen wir:

| symbolisch | gelesen | Bedeutung |
|---|---|---|
| $M_1 = M_2$ | $M_1$ gleich $M_2$ | $M_1$ und $M_2$ enthalten dieselben Elemente |
| $M_1 \subset M_2$ | $M_1$ ist Teilmenge von $M_2$ | jedes Element von $M_1$ ist auch Element von $M_2$ |

Anstelle von $M_1 \subset M_2$ können wir auch $M_2 \supset M_1$ schreiben. Für jede Menge $M$ gilt insbesondere immer $M \subset M$ und $\emptyset \subset M$. $\emptyset$ und $M$ werden als *unechte* Teilmengen von $M$ bezeichnet.

Mengen werden meist durch eine der folgenden beiden Möglichkeiten gegeben:

| 1. | Explizite Angabe all ihrer Elementen. Schreibweise: z.B. $M = \{1, 4, 5\}$. |
|---|---|
| 2. | Angabe der charakteristischen Eigenschaften ihrer Elemente, d.h., genau die Elemente einer gegebenen Menge besitzen diese Eigenschaft. Schreibweise: $\{x \mid x \text{ besitzt eine bestimmte Eigenschaft}\}$. |

Wir können jetzt die im Abschn. 1.1 eingeführten Zahlbereiche folgendermaßen beschreiben:

| $\mathbb{N} = \{1, 2, 3, \ldots\}$ | Menge der natürlichen Zahlen |
|---|---|
| $\mathbb{Z} = \{\ldots, -2, -1, 0, 1, 2, \ldots\}$ | Menge der ganzen Zahlen |
| $\mathbb{Q} = \{\frac{m}{n} \mid m, n \in \mathbb{Z}, n \neq 0\}$ | Menge der rationalen Zahlen |
| $\mathbb{R}$ | Menge der reellen Zahlen |

Es gelten dann die Enthaltenseinsrelationen:  $\mathbb{N} \subset \mathbb{Z} \subset \mathbb{Q} \subset \mathbb{R}$.
Insbesondere gilt z.B.: $2 \in \mathbb{N}$, $25 \in \mathbb{N}$, $\frac{5}{7} \notin \mathbb{N}$, $0 \notin \mathbb{N}$, $-7 \notin \mathbb{N}$.

**Weitere Beispiele für Mengen**

a) $M_1$ bezeichne die Menge aller Bücher der Deutschen Bücherei in Leipzig.

b) $M_2$ sei die Menge aller natürlichzahligen Lösungen der Gleichung $x^2 - 4 = 0$. Es gilt dann $M_2 = \{x \in \mathbb{N} \mid x^2 - 4 = 0\} = \{2\}$. (Mengen, die wie $M_2$ nur aus einem einzigen Element bestehen, werden auch als *Einermengen* bezeichnet.)

c) $M_3$ sei die Menge aller ganzzahligen Lösungen der Gleichung $x^2 - 4 = 0$. Es gilt dann: $M_3 = \{x \in \mathbb{Z} \mid x^2 - 4 = 0\} = \{-2, 2\}$.

**Aufg. 3.1** $A$ bezeichne die Menge aller Quadrate, $B$ die Menge aller Rechtecke und $C$ die Menge aller Vierecke. Stellen Sie Enthaltenseinrelationen auf.

**Aufg. 3.2** $M_1$ bezeichne die Menge aller durch 3 teilbaren natürlichen Zahlen und $M_2$ die Menge aller natürlichen Zahlen, deren Quersumme durch 3 teilbar ist. In welcher Relation (Beziehung) stehen $M_1$ und $M_2$, d.h., gilt a) $M_1 \subset M_2$, b) $M_2 \subset M_1$, c) $M_1 = M_2$ oder d) keine der Relationen a), b), c)?

**Aufg. 3.3** Bestimmen Sie alle Teilmengen der Menge $M = \{a, b, c\}$.

### Intervallschreibweise für Mengen reeller Zahlen

Für Mengen reeller Zahlen wird die folgende *Intervallschreibweise* verwendet, wobei $a, b \in \mathbb{R}$ zwei gegebene reelle Zahlen mit der Eigenschaft $a < b$ sind, und das Zeichen „:=" bedeutet „wird erklärt durch":

| Erklärung | gelesen |
|---|---|
| $[a, b] := \{x \in \mathbb{R} \mid a \leq x \leq b\}$ | *abgeschlossenes Intervall* von $a$ bis $b$; oder kurz: abgeschlossenes Intervall $a, b$ |
| $(a, b) := \{x \in \mathbb{R} \mid a < x < b\}$ | *offenes Intervall* von $a$ bis $b$; oder kurz: offenes Intervall $a, b$ |
| $[a, b) := \{x \in \mathbb{R} \mid a \leq x < b\}$ | *rechts halboffenes Intervall* von $a$ bis $b$ |
| $(a, b] := \{x \in \mathbb{R} \mid a < x \leq b\}$ | *links halboffenes Intervall* von $a$ bis $b$ |

*Erläuterung:* a) Bei dem oben verwendeten Zeichen „:=" wird der linksseitige Ausdruck jeweils durch den rechtsseitigen erklärt. So z.B. bedeutet $[a, b] := \{x \in \mathbb{R} \mid a \leq x \leq b\}$, dass wir für die Menge aller reellen Zahlen $x$ für die die beiden Ungleichungen $a \leq x$ und $x \leq b$ (was kurz als $a \leq x \leq b$ geschrieben wird) gelten, einfach $[a, b]$ setzen.

b) Weiterhin ist bei der Intervallschreibweise Folgendes zu beachten. Die eckigen Klammern [$a$ bzw. $b$] bedeuten, dass der Randpunkt $a$ bzw. $b$ zum betrachteten Intervall gehört. Andererseits bedeuten die runden Klammern ($a$ bzw. $b$), dass der Randpunkt $a$ bzw. $b$ *nicht* zum betrachteten Intervall gehört.

Unter Verwendung der Symbole $+\infty$ (plus unendlich) und $-\infty$ (minus unendlich) wird weiterhin vereinbart:

| | |
|---|---|
| $[a, +\infty) = \{x \in \mathbb{R} \mid x \geq a\}$ | $(a, +\infty) = \{x \in \mathbb{R} \mid x > a\}$ |
| $(-\infty, b] = \{x \in \mathbb{R} \mid x \leq b\}$ | $(-\infty, b) = \{x \in \mathbb{R} \mid x < b\}$ |
| $(-\infty, +\infty) = \mathbb{R}$ | |

## Operationen mit Mengen

Für zwei gegebene Mengen $A$, $B$ wird mit $A \cap B$ (gelesen: $A$ Durchschitt $B$; oder $A$ geschnitten mit $B$) diejenige Menge bezeichnet, welche aus den Elementen besteht, die sowohl in $A$ als auch in $B$ enthalten sind, d.h., es gilt

$$A \cap B = \{x \mid x \in A \text{ und } x \in B\}.$$

$A \cap B$ heißt der *Durchschnitt* der Mengen $A$ und $B$. Wenn $A \cap B = \emptyset$ gilt, so sagt man, dass die Mengen $A$ und $B$ *durchschnittsfremd* oder *disjunkt* sind.

Weiterhin wird mit $A \cup B$ (gelesen: $A$ vereinigt mit $B$) diejenige Menge bezeichnet,welche aus den Elementen, die in $A$ oder $B$ enthalten sind, besteht; d.h., es gilt

$$A \cup B = \{x \mid x \in A \text{ oder } x \in B\},$$

wobei wir oben mit „oder" das „*nichtausschließende* Oder" bezeichnen, was insbesondere bedeutet, dass die Elemente $x \in A \cap B$ ebenfalls zu $A \cup B$ gehören. $A \cup B$ wird als *Vereinigung* der Mengen $A$ und $B$ bezeichnet.

Für die Vereinigung und den Durchschnitt von Mengen $A, B, C$ gelten die folgenden Gesetze:

| | Vereinigung | Durchschnitt |
|---|---|---|
| Kommuta-tivgesetze | $A \cup B = B \cup A$ | $A \cap B = B \cap A$ |
| Assoziativ-gesetze | $(A \cup B) \cup C = A \cup (B \cup C)$ | $(A \cap B) \cap C = A \cap (B \cap C)$ |
| Distributiv-gesetze | $(A \cup B) \cap C = (A \cap C) \cup (B \cap C)$ $(A \cap B) \cup C = (A \cup C) \cap (B \cup C)$ | |

*Bemerkungen:* a) Wir wollen uns hier an die im Abschn. 1.2 gegebenen Gesetze für reelle Zahlen erinnern und eine interessante Analogie bemerken. Wenn die Vereinigung $\cup$ durch die Addition $+$ und der Durchschnitt $\cap$ durch die Multiplikation $\cdot$ ersetzt werden, dann erhalten wir die entsprechenden Gesetze für die reellen Zahlen, wobei jedoch das zweite Distributivgesetz nicht betrachtet wird.

b) Es ist wichtig, dass in den obigen Distributivgesetzen für Mengen *unbedingt* Klammern gesetzt werden müssen, denn in der Mengenlehre gilt keine entsprechende Vereinbarung wie beim Rechnen mit reellen Zahlen (Punktrechnung geht vor Strichrechnung).

Wir wollen weitere Operationen mit Mengen betrachten:

> Für zwei Mengen $A, B$ verstehen wir unter der *Differenzmenge $A \setminus B$* (gelesen: $A$ minus $B$, oder Rest $A$ bezüglich $B$) die Menge, die aus denjenigen Elementen von $A$ besteht, welche nicht zu $B$ gehören.

Für zwei Mengen $A, B$ wollen wir jetzt *geordnete Paare* $(a, b)$ von Elementen $a \in A, b \in B$ betrachten (d.h., das erste Element im geordneten Paar ist immer aus der Menge $A$ und das zweite aus $B$[1]).

> Unter dem *kartesischen Produkt $A \times B$* (gelesen: $A$ Kreuz $B$) verstehen wir die Menge aller geordneten Paare $(a, b)$ mit $a \in A$ und $b \in B$.

Für das Verständnis und zur Veranschaulichung der oben beschriebenen Mengenoperationen ist es oft nützlich, *Euler-Vennsche Diagramme* zu verwenden. Hierbei werden die betrachteten Mengen durch Gebiete der Zeichenebene dargestellt:

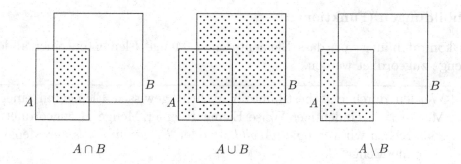

$$A \cap B \qquad\qquad A \cup B \qquad\qquad A \setminus B$$

**Aufg. 3.4** Es sei $A$ die Menge aller im Wasser lebenden Tiere und $B$ die Menge aller auf dem Land lebenden Tiere. Beschreiben Sie die Menge $A \cap B$.

**Aufg. 3.5** Es seien die folgenden drei Mengen natürlicher Zahlen gegeben:
$A$ sei die Menge der Teiler der natürlichen Zahl 15.
$B$ die Menge der Primzahlen, die kleiner als 10 sind.

---

[1]Die Bezeichnung $(a, b)$ darf *nicht* mit der Intervallschreibweise reeller Zahlen verwechselt werden.

$C$ die Menge der ungeraden Zahlen, die kleiner als 9 sind.

a) Beschreiben Sie die Mengen $A, B, C$ durch Angabe ihrer Elemente.

b) Bestimmen Sie die Mengen $A \cup B$, $A \cup C$, $B \cup C$, $(A \cup B) \cap C$, $A \cap B \cap C$.

**Aufg. 3.6** Geben Sie je ein Beispiel von Mengen $A, B$ reeller Zahlen an, so dass: a) $A \cup B = \mathbb{R}$, $A \cap B = \emptyset$ gilt, b) $A \cup B = A$, $A \cap B = B$ gilt.

c) Gibt es Beispiele von Mengen $A, B$, so dass sowohl die Bedingungen von a) als auch die von b) erfüllt sind?

**Aufg. 3.7** $A$ sei die Menge aller Dreiecke und $B$ die aller gleichseitigen Dreiecke. Beschreiben Sie $A \setminus B$.

**Aufg. 3.8** Beschreiben Sie: a) $\mathbb{Z} \setminus \mathbb{N}$, b) $\mathbb{R} \setminus \mathbb{Q}$.

**Aufg. 3.9** Bestimmen Sie für gegebene Mengen $M, N$: a) $M \cap \emptyset$,

b) $M \setminus \emptyset$, c) $M \cup (M \cap N)$, d) $M \cap (M \cup N)$, e) $\emptyset \setminus M$.

**Aufg. 3.10** Gegeben seien die Intervalle reeller Zahlen $I_1 = [1, 3)$, $I_2 = [3, 7]$ und $I_3 = (-2, 10)$. Bestimmen Sie:

a) $I_1 \cap I_2$, b) $I_1 \cap I_3$, c) $I_1 \cup I_2$, d) $I_1 \setminus I_2$, e) $I_3 \setminus I_2$, f) $(I_1 \cup I_2) \cap I_3$.

## Abbildungen (Funktionen)

Es kommt häufig vor, dass Elemente einer Menge Elementen einer anderen Menge zugeordnet werden.

> Werden durch eine bestimmte Vorschrift gewissen Elementen einer Menge $A$ in eindeutiger Weise Elemente einer Menge $B$ zugeordnet, so sprechen wir von einer *Abbildung* oder *Funktion* $\alpha$ *aus* der Menge $A$ *in* die Menge $B$.

Entspricht bei einer Abbildung $\alpha$ dem Element $a \in A$ das Element $b \in B$, so heißt $b$ *Bild* von $a$, und umgekehrt heißt $a$ *Urbild* des Elementes $b$ unter der Abbildung $\alpha$. Wir führen folgende Bezeichnung für eine Abbildung $\alpha$ ein:

| Symbol | Bezeichnung | Erklärung |
|---|---|---|
| $\mathcal{D}(\alpha)$ | *Urbildmenge* oder *Definitionsbereich* | Menge aller Urbilder der Abbildung $\alpha$ |
| $\mathcal{W}(\alpha)$ | *Bildmenge* oder *Wertebereich* | Menge aller Bilder bei der Abbildung $\alpha$ |

Es ist offensichtlich, dass immer $\mathcal{D}(\alpha) \subset A$ und $\mathcal{W}(\alpha) \subset B$ gilt. In Abhängigkeit davon, ob in diesen Enthaltenseinsrelationen Gleichheit eintritt, führen wir noch die folgenden Bezeichnungen für eine Abbildung $\alpha$ ein:

|                          | $\mathcal{W}(\alpha) = B$   | $\mathcal{W}(\alpha) \neq B$  |
| ------------------------ | --------------------------- | ----------------------------- |
| $\mathcal{D}(\alpha) = A$    | Abbildung *von A auf B*     | Abbildung *von A in B*        |
| $\mathcal{D}(\alpha) \neq A$ | Abbildung *aus A auf B*     | Abbildung *aus A in B*        |

Wir betrachten jetzt einen wichtige Spezialfall von Abbildungen:

> Eine Abbildung heißt *eineindeutige* Abbildung, wenn jedem Bild genau ein Urbild entspricht.

Den Abbildungsbegriff und die Darstellungsmöglichkeiten für eine Zuordnung wollen wir durch das folgende Beispiel illustrieren.

**Beispiel:** Die Menge $A = \{a, b, c, d\}$ bezeichne die Lichtschalter eines bestimmten Raumes. Die Lampen dieses Raumes werden durch die Menge $B = \{1, 2, 3, 4, 5, 6\}$ gegeben. Eine Zuordnung von der Menge $A$ in die Menge $B$ wird nun dadurch gegeben, dass jedem Schalter die Lampen, welche er einschalten kann, zugeordnet werden. Diese Zuordnung ist eindeutig und damit eine Abbildung, wenn jeder Schalter höchstens eine Lampe einschalten kann. Wir betrachten jetzt drei Möglichkeiten, um die obige Zuordnung zu beschreiben:

a) durch die Angabe aller geordneten Paare der einander zugeordneten Elemente: $\{(a, 2), (b, 3), (c, 3)\} \subset A \times B$.

b) Zuordnungstabelle:      c) Zuordnungsschema:

| $A$ | $B$ |
| --- | --- |
| $a$ | 2   |
| $b$ | 3   |
| $c$ | 3   |
| $d$ |     |

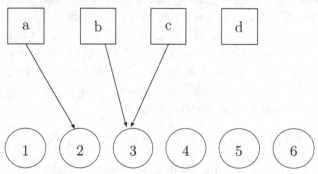

Dabei ist der Schalter $d$ außer Betrieb und die Lampen $1, 4, 5, 6$ können nicht durch Schalter des Raumes eingeschaltet werden. Somit ist diese Abbildung eine Abbildung aus $A$ in $B$. Weiterhin ist diese Abbildung nicht eineindeutig, denn die Lampe 3 kann sowohl von Schalter b) als auch c) eingeschaltet werden.

Aus der Beschreibungsmöglichkeit a) im obigen Beispiel erkennen wir:

> Eine Abbildung $\alpha$ aus einer Menge $A$ in eine Menge $B$ wird durch eine Teilmenge des kartesischen Produktes $A \times B$ beschrieben.

Wichtig ist auch der Begriff der *Umkehrabbildung*, welche auch als *inverse Abbildung* oder *inverse Funktion* bezeichnet wird.

> Wenn bei einer eineindeutigen Abbildung $\alpha$ die Rollen von Urbildmenge und Bildmenge vertauscht werden, d.h., in der obigen Beschreibungsmöglichkeit a) wird in den geordneten Paaren die Reihenfolge vertauscht bzw. in c) werden die Pfeile „umgedreht", dann erhalten wir die *Umkehrabbildung* zu $\alpha$ , die durch $\alpha^{-1}$ bezeichnet wird.

**Aufg. 3.11** Gegeben seien die Mengen $M = \{a, c, h, d, g\}$, $N = \{\square, \triangle, *, \circ\}$ und die Abbildungen $\alpha = \{(a, \square), (c, \square), (d, \triangle)\} \subset M \times N$,
$\beta = \{(a, *), (c, \square), (g, \triangle)\} \subset M \times N$.
a) Welche der Abbildungen $\alpha$, $\beta$ sind eineindeutig?
b) Im Falle der Eineindeutigkeit ist die zugehörige Umkehrabbildung anzugeben.

## 3.2   Reelle Funktionen

### Definition und Graph einer reellen Funktion

Eine *reelle Funktion*[2] $f$ ist eine Abbildung, bei der sowohl der Definitionsbereich $\mathcal{D}(f)$ als auch der Wertebereich $\mathcal{W}(f)$ Teilmengen der reellen Zahlen sind, (d.h., es gilt: $\mathcal{D}(f) \subset \mathbb{R}$ und $\mathcal{W}(f) \subset \mathbb{R}$). Im Folgenden verwenden wir abkürzend ebenfalls den Begriff Funktion anstelle von reeller Funktion.

Neben den im Abschn. 3.1 (Abbildungen) betrachteten Beschreibungsmöglichkeiten von Abbildungen, haben wir jetzt die folgende grafische Darstellung durch den Funktionsgraphen

$$G(f) = \{(x, f(x)) \subset \mathbb{R} \times \mathbb{R} \mid x \in \mathcal{D}(f)\},$$

(d.h., $G(f)$ ist eine Teilmenge der $(x, y)$-Ebene, wobei wegen der Eindeutigkeit der durch $f$ gegebenen Zuordnung jedem $x$-Wert höchstens ein $y$-Wert zugeordnet ist, der Definitionsbereich $\mathcal{D}(f)$ eine Teilmenge der $x$-Achse und

---

[2]Wir betrachten nur reelle Funktionen einer Variablen.

der Wertebereich $\mathcal{W}(f)$ eine Teilmenge der $y$-Achse ist). Weiterhin wird $x$ als *unabhängige* und $y$ als *abhängige Variable* bezeichnet.

**Beispiel:** Für die durch die Wertetabelle

| $x$ | 1 | 2 | 3 |
|-----|---|---|---|
| $y$ | 1 | 2 | 1 |

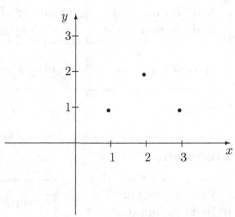

gegebenen Funktion f mit $\mathcal{D}(f) = \{1, 2, 3\} \subset \mathbb{N} \subset \mathbb{R}$ und $\mathcal{W}(f) = \{1, 2\} \subset \mathbb{N} \subset \mathbb{R}$ erhalten wir den nebenstehenden Graphen, der aus drei Punkten der $(x, y)$-Ebene besteht.

**Aufg. 3.12** Sind durch folgende Zuordnungen Funktionen $y = f(x)$ erklärt?

$$y = \begin{cases} x^2 + 1 & \text{für} \quad x \le 1 \\ 4x - 1 & \text{für} \quad x \ge 1 \end{cases} \qquad \text{b)} \quad y = \begin{cases} 2 & \text{für} \quad x \ne 0 \\ x & \text{für} \quad x^2 = x \end{cases}$$

c) $|y| = \dfrac{\ln x}{x^2 + 2}, x \ge 1,$ \qquad d) $y^2 = x$ für $x \in \mathbb{R}$.

**Aufg. 3.13** Bestimmen Sie $f(x - 1), f(x) - 1, -f(x), 2f(x), f(2x)$, wenn $y = f(x) = x\sqrt{x + 1}$ gilt. Geben Sie den größtmöglichen Definitionsbereich für $f$ an. Durch welche Transformation entstehen die zugehörigen Funktionsgraphen aus dem Graphen $G(f)$ der gegebenen Funktion $y = f(x)$.

**Aufg. 3.14** Skizzieren Sie den Graphen der Funktion $y = 3\sin(2x - \frac{\pi}{3})$.

**Aufg. 3.15** Gesucht sind die *Nullstellen* der Funktion $y = f(x)$ mit
a) $y = e^{x^2 - 2x} - \frac{1}{e}$, \quad b) $y = 10^{2x} - 101 \cdot 10^x + 100$.

Zur Berechnung von größtmöglichen Definitionsbereichen zu gegebenen Funktionen verweisen wir auf Aufg. 4.12.

### Eigenschaften reeller Funktionen

Wir wollen die wichtigen Eigenschaften der Symmetrie, der Monotonie und der Periodizität reeller Funktionen betrachten.

## a) Symmetrieeigenschaften

| Eine Funktion $f$ heißt genau dann | wenn für alle $x \in \mathcal{D}(f)$ gilt: | Der Graph der Funktion $f$ ist: |
|---|---|---|
| *gerade*, | $f(x) = f(-x)$ | symmetrisch bezüglich der $y$-Achse. |
| *ungerade*, | $f(x) = -f(-x)$ | punktsymmetrisch bezüglich des Koordinatenursprungs. |

## b) Monotonie

| Eine reelle Funktion $f$ heißt genau dann über dem Intervall $\mathcal{I}$ | wenn für $x < u$ mit $x, u \in \mathcal{I}$ stets gilt: | Beispiel eines Funktionsgraphen |
|---|---|---|
| 1.) *streng monoton wachsend*, | $f(x) < f(u)$ | |
| 2.) *monoton wachsend*, | $f(x) \leq f(u)$ | |
| 3.) *streng monoton fallend*, | $f(x) > f(u)$ | |
| 4.) *monoton fallend*, | $f(x) \geq f(u)$ | |

Für die Anwendung gilt der wichtige Satz:

Eine streng monoton wachsende oder streng monoton fallende Funktion $y = f(x)$ ist eineindeutig.

c) **Periodizität.** Die Funktion $f$ besitzt die Periode $p$, genau dann wenn

$f(x + p) = f(x)$ für alle $x \in \mathbb{R}$

gilt. Mit $p$ ist auch jedes ganzzahlige Vielfache von $p$ eine Periode von $f$. Die kleinste Periode heißt *primitive Periode* oder *Fundamentalperiode*. Für Beispiele von periodischen Funktionen verweisen wir auf die Winkelfunktionen im Abschn. 2.3 und Aufg. 3.14.

**Aufg. 3.16** Geben Sie den maximalen Definitionsbereich der nachstehend genannten Funktionen an. Untersuchen Sie, ob diese Funktionen auf ihren maximalen Definitionsbereich gerade oder ungerade sind. Welche Funktionen sind periodisch? .
a) $y = 2|x| + \cos x$,    b) $y = x^4 - 3x^2 + 1$,    c) $y = \sqrt{x^2 - 1}$,
d) $y = 2\tan x$,    e) $y = x(e^x + e^{-x})$.

## Berechnen der Umkehrfunktion

Für eine eineindeutige Funktion $y = f(x)$ wird die Umkehrfunktion $f^{-1}$ in zwei Schritten berechnet.
*1. Schritt:* Es wird $y = f(x)$ nach der unabhängigen Variablen $x$ aufgelöst.
*2. Schritt:* Indem wir die Variablen $x$ und $y$ vertauschen, erhalten wir die Umkehrfunktion $y = f^{-1}(x)$.
Für den Definitions- und Wertebereich der Umkehrfunktion gilt:

$\mathcal{D}(f^{-1}) = \mathcal{W}(f)$,    $\mathcal{W}(f^{-1}) = \mathcal{D}(f)$

Den Graphen der Umkehrfunktion $G(f^{-1})$ erhalten wir, indem wir den Graphen $G(f)$ an der Winkelhalbierenden des 1. und 3. Quadranten spiegeln.

Die folgende Übersicht enthält die Umkehrfunktionen für die Potenz- und Exponentialfunktionen.

| $y = f(x)$ | $\mathcal{D}(f)$ | $\mathcal{W}(f)$ | $y = f^{-1}(x)$ | $\mathcal{D}(f^{-1})$ | $\mathcal{W}(f^{-1})$ |
|---|---|---|---|---|---|
| $y = x^{2n}, n \in \mathbb{N}$ | $[0, \infty)$ | $[0, \infty)$ | $y = \sqrt[n]{x}$ | $[0, \infty)$ | $[0, \infty)$ |
| $y = x^{2n+1}$ | $(-\infty, \infty)$ | $(-\infty, \infty)$ | $y = \sqrt[2n+1]{x}$ | $(-\infty, \infty)$ | $(-\infty, \infty)$ |
| $y = e^x$ | $(-\infty, \infty)$ | $(0, \infty)$ | $y = \ln x$ | $(0, \infty)$ | $(-\infty, \infty)$ |
| $y = 10^x$ | $(-\infty, \infty)$ | $(0, \infty)$ | $y = \lg x$ | $(0, \infty)$ | $(-\infty, \infty)$ |
| $y = b^x$ $b > 0, b \neq 1$ | $(-\infty, \infty)$ | $(0, \infty)$ | $y = \log_b x$ | $(0, \infty)$ | $(-\infty, \infty)$ |

*Bemerkung:* Um die Umkehrfunktion von $y = x^{2n}, n \in \mathbb{N}$ in der obigen Tabelle zu bilden, muss der Definitionsbereich so eingeschränkt werden, dass $y = x^{2n}$ über diesem eingeschränkten Definitionsbereich eineindeutig ist. Deshalb wurde in der obigen Tabelle $\mathcal{D}(f) = [0, \infty)$ gesetzt; s. auch Aufg. 3.17a).

Für die inverse Funktion $f^{-1}$ einer streng monotonen Funktion $f$ gilt der folgende Satz.

> Wenn die Funktion $y = f(x)$ über $\mathcal{D}(f)$ streng monoton wachsend (bzw. streng monoton fallend) ist, dann ist die inverse Funktion $y = f^{-1}(x)$ über $\mathcal{D}(f^{-1}) = \mathcal{W}(f)$ ebenfalls streng monoton wachsend (bzw. streng monoton fallend).

**Aufg. 3.17** Geben Sie die Umkehrfunktionen folgender eineindeutiger Funktionen an:

a) $y = f(x) = x^2$, $\mathcal{D}(f) = (-\infty, 0]$, b) $y = f(x) = e^{\sqrt{x+1}}$, $\mathcal{D}(f) = [-1, \infty)$,

c) $y = f(x) = \dfrac{x-2}{x+4}$, $\mathcal{D}(f) = \mathbb{R} \backslash \{-4\}$, d) $y = f(x) = \dfrac{\sqrt{x-2}}{\sqrt{x+4}}$, $\mathcal{D}(f) = [2, \infty)$.

e) $y = f(x) = (x-1)^3$, $\mathcal{D}(f) = \mathbb{R}$, f) $y = f(x) = 3e^{-2x}$, $\mathcal{D}(f) = \mathbb{R}$.

Für einen Monotoniebeweis und die Berechnung einer weiteren Umkehrfunktion verweisen wir auf Aufg. 4.13.

**Zyklometrische Funktionen - Umkehrfunktionen der Winkelfunktionen**

Um die Umkehrfunktionen[3] der periodischen Winkelfunktionen:

$\quad y = \sin x$, $y = \cos x$ und $y = \tan x$

zu erhalten, müssen die zugehörigen Definitionsbereiche so eingeschränkt werden, dass die Winkelfunktionen auf diesen eingeschränkten Definitionsbereichen eineindeutig sind. Vereinbarungsgemäß erklären wir:

| $y = f(x)$ | $\mathcal{D}(f)$ | $\mathcal{W}(f)$ | $y = f^{-1}(x)$ | $\mathcal{D}(f^{-1})$ | $\mathcal{W}(f^{-1})$ |
|---|---|---|---|---|---|
| $y = \sin x$ | $[-\frac{\pi}{2}, \frac{\pi}{2}]$ | $[-1, 1]$ | $y = \arcsin x$ | $[-1, 1]$ | $[-\frac{\pi}{2}, \frac{\pi}{2}]$ |
| $y = \cos x$ | $[0, \pi]$ | $[-1, 1]$ | $y = \arccos x$ | $[-1, 1]$ | $[0, \pi]$ |
| $y = \tan x$ | $(-\frac{\pi}{2}, \frac{\pi}{2})$ | $(-\infty, \infty)$ | $y = \arctan x$ | $(-\infty, \infty)$ | $(-\frac{\pi}{2}, \frac{\pi}{2})$ |

---

[3]Die Umkehrfunktionen der Winkelfunktionen werden zusammenfassend als zyklometrische Funktionen bezeichnet.

Wir erhalten den Graphen
der Funktion $y = \arcsin x$,
indem wir den gestrichelt
gezeichneten, streng monoton wachsenden Bogen der
Sinusfunktion $y = \sin x$
über dem Intervall $[-\frac{\pi}{2}, \frac{\pi}{2}]$
an der Winkelhalbierenden
des 1. und 3. Quadranten,
die durch den Graphen der
Funktion $y = x$ gegeben ist,
spiegeln.

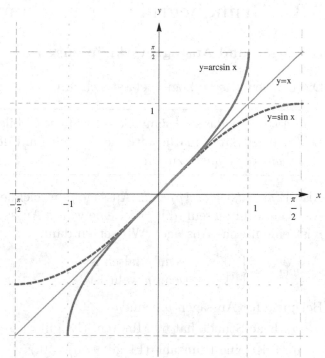

**Aufg. 3.18** Skizzieren Sie die zyklometrischen Funktionen $y = \arccos x$ und $y = \arctan x$.

**Aufg. 3.19** Berechnen Sie ohne Taschenrechner $\arcsin \frac{1}{2}$, $\arcsin 1$, $\arccos \frac{1}{2}\sqrt{2}$, $\arctan \frac{\pi}{4}$. (*Hinweis:* Verwenden Sie die im Abschn. 2.3, Einführung der trigo-nometrischen Funktionen, gegebene Tabelle für wichtige spezielle Winkel $\alpha$.)

**Aufg. 3.20** Vereinfachen Sie a) $\sin(\arccos x)$, b) $\cos(\arcsin x)$, c)$\tan(\arcsin x)$ d) $\tan(\arctan(3x) + \arctan(1/x))$. (*Hinweis:* Verwenden Sie die im Abschn. 2.3, Additionstheoreme und Umrechnung zwischen den Winkelfunktionen, gegebe-ne Tabelle für die Umrechnung zwischen den Winkelfunktionen.)

**Aufg. 3.21** Berechnen Sie die Umkehrfunktion von $y = f(x) = \frac{1}{2}\tan(3x + 1)$ mit $\mathcal{D}(f) = \left[-\frac{\pi+2}{6}, \frac{\pi+2}{6}\right]$.

**Aufg. 3.22** Das Zeit-Ort-Gesetz für eine *harmonische Schwingung* lautet

$$y(t) = \hat{y}\sin(\omega t + \varphi)$$

mit den folgenden Bezeichnungen:
$y(t)$: Elongation (d.h., Auslenkung eines Körpers aus der Gleichgewichtslage zur Zeit $t$, $\omega$: Kreisfrequenz der Schwingung, $\varphi$: Phasenwinkel der Schwingung. Stellen Sie die Zeit als Funktion der Elongination dar.

# 3.3   Grundbegriffe der mathematischen Logik

**Aussagen und Aussagenverknüpfungen**

Die mathematische Logik befasst sich mit

> *Aussagen*, das sind sinnvolle sprachliche Gebilde (z.B. grammatikalisch richtige Sätze, mathematische Formeln) mit der Eigenschaft, entweder *wahr* oder *falsch* zu sein.

Als *Wahrheitswert* $w(p)$ einer Aussage $p$ bezeichnen wir die Eigenschaft dieser Aussage wahr zu sein (d.h., $p$ ist eine wahre Aussage) bzw. falsch zu sein (d.h., $p$ ist eine falsche Aussage). Wir setzen dann:

$$w(p) = \begin{cases} 0 & , \quad \text{wenn } p \text{ falsch ist} \\ 1 & , \quad \text{wenn } p \text{ wahr ist} \end{cases}$$

Beispiele für Aussagen $p, q$ sind

  $p$ : Eine Stunde hat 60 Minuten. (Es gilt $w(p) = 1$.)

  $q$ : 8 ist eine Primzahl. (Es gilt $w(q) = 0$.)

Durch das Verknüpfen von gegebenen Aussagen entstehen neue Aussagen, deren Wahrheitswerte sich aus den Wahrheitswerten der gegebenen Aussagen ergeben. Dies wird übersichtlich durch *Wahrheitswertetabellen* dargestellt, d.h., zu allen möglichen Wahrheitswerten der gegebenen Aussagen werden die sich ergebenden Wahrheitswerte der durch das Verknüpfen entstandenen neuen Aussagen angegeben. Für gegebene Aussagen $p, q$ sind wichtige Aussagenverknüpfungen[4]:

| Symbolisch | Name | gelesen: |
|---|---|---|
| $\overline{p}$ | Negation | nicht $p$ |
| $p \wedge q$ | Konjunktion | $p$ und $q$ |
| | | (sowohl $p$ als auch $q$) |
| $p \vee q$ | Disjunktion | $p$ oder $q$ |
| | | (nicht ausschließendes oder) |
| $p \Rightarrow q$ | Implikation | $p$ impliziert $q$, (aus $p$ folgt $q$; |
| | | wenn $p$ gilt, dann gilt auch $q$) |
| $p \Leftrightarrow q$ | Äquivalenz | $p$ ist äquivalent zu $q$, |
| | | ($p$ gilt, genau dann wenn $q$ gilt) |

---

[4]Symbolisch wird die Negation auch durch $\neg p$ beschrieben.

und deren Wahrheitswertetabellen gegeben:

| $w(p)$ | $w(q)$ | $w(\overline{p})$ | $w(p \wedge q)$ | $w(p \vee q)$ | $w(p \Rightarrow q)$ | $w(p \Leftrightarrow q)$ |
|---|---|---|---|---|---|---|
| 1 | 1 | 0 | 1 | 1 | 1 | 1 |
| 1 | 0 | 0 | 0 | 1 | 0 | 0 |
| 0 | 1 | 1 | 0 | 1 | 1 | 0 |
| 0 | 0 | 1 | 0 | 0 | 1 | 1 |

Bezüglich der Implikation ist es interessant, festzustellen, dass eine Implikation immer richtig ist (d.h., es gilt $w(p \Rightarrow q) = 1$), wenn die Voraussetzung $p$ falsch ist (d.h. $w(p) = 0$). So ist zum Beispiel die „belustigende" Implikation:

*„Wenn der Mond aus grünem Käse ist, dann ist 6 eine Primzahl"*

eine wahre Aussage, denn für die Aussage $p$: *„Der Mond ist aus grünem Käse"* gilt $w(p) = 0$ und damit nach der obigen Tabelle $w(p \Rightarrow q) = 1$, obwohl die Aussage $q$: *„6 ist eine Primzahl"* offensichtlich falsch ist.

Da Implikationen ($\Rightarrow, \Leftarrow$) und Äquivalenzen ($\Leftrightarrow$) von zentraler Bedeutung in der Mathematik sind, wurden folgende Sprechweisen für Aussagen $p, q$ vereinbart:

| Symbolisch | Sprechweise |
|---|---|
| $p \Rightarrow q$ | $p$ ist hinreichend für $q$ |
| | $q$ ist notwendig für $p$ |
| $p \Leftrightarrow q$ | $p$ ist notwendig und hinreichend für $q$ |

**Aufg. 3.23** Geben Sie die Negation der folgenden Aussagen an:
a) Das Wasser ist heiß.    b) $(-5)$ ist negativ.    c) 8 ist positiv.
d) $(-4)$ ist nicht negativ.    e) 2 ist größer als $(-3)$.

**Aufg. 3.24** Gegeben sind die folgenden beiden Aussagen A und B:
A: Das Viereck ist ein Quadrat.
B: Die Diagonalen des Vierecks stehen aufeinander senkrecht.
a) Ist A notwendig für B? Ist A hinreichend für B? Ist A notwendig und hinreichend für B?
b) Finden Sie eine Aussage C, so dass $A \Leftrightarrow (B \wedge C)$ gilt.

**Aufg. 3.25** Zeigen Sie mit Hilfe der vollständigen Wahrheitswertetabelle, dass die folgenden logischen Ausdrücke logisch gleichwertig sind[5]: a) $\overline{(A \wedge B)}$ und $(\overline{A}) \vee (\overline{B})$ ,    b) $\overline{(A \vee B)}$ und $(\overline{A}) \wedge (\overline{B})$,    c) $A \Rightarrow B$ und $(\overline{B}) \Rightarrow (\overline{A})$ .

**Aufg. 3.26** Welche der folgenden Paare von logischen Ausdrücken sind logisch gleichwertig? a) $A \wedge (A \Rightarrow B)$ und $A \wedge B$,    b) $(B \Rightarrow A) \wedge A$ und $B \wedge A$ .

---

[5]Die Aussagen a) und b) werden als *de Morgan'sche Regeln* bezeichnet.

**Aussageformen und Quantoren**

Da in der Mathematik häufig Variable (veränderliche Größen) in den Aussagen auftreten, betrachten wir Aussageformen:

> *Aussageformen* $p(x)$ sind Aussagen, die von einer Variablen $x$ abhängen.

Als *Beispiel* betrachten wir die Aussageform

$$p(x) \ : \quad \text{Es gilt } x^2 - 2x + 1 = 0\,. \tag{3.1}$$

Wir sehen an diesem Beispiel, dass wir einer Aussageform keinen Wahrheitswert (entweder wahr oder falsch) zuordnen können. Wir betrachten nun zwei Möglichkeiten, eine Aussageform $p(x)$ zu einer Aussage zu machen:

| 1. | Für die Variable $x$ wird ein konkretes Objekt eingesetzt. |
|----|------------------------------------------------------------|
| 2. | Die Variable $x$ wird durch einen *Quantor* gebunden. |

*Erläuterungen:* 1.) In unserem Beispiel ergibt sich für $x = 1$ eine wahre Aussage, d.h., $p(1)$ ist wahr, denn es gilt ja $1^2 - 2 \cdot 1 + 1 = 0$. Für $x = 2$ erhalten wir eine falsche Aussage, d.h., $p(2)$ ist falsch (warum? Antwort: $2^2 - 2 \cdot 2 + 1 \neq 0$).

2.) Die wichtigsten Quantoren sind $\forall$ (Universalaussagen) und $\exists$ (Existenzaussagen), die wir am obigen Beispiel erläutern wollen:

| Symbolisch | gelesen: | Bedeutung für Beispiel (3.1) |
|------------|----------|------------------------------|
| $\forall x \in \mathbb{R} : p(x)$ | Für alle Zahlen $x \in \mathbb{R}$ gilt $p(x)$. | Für alle $x \in \mathbb{R}$ gilt $x^2 - 2x + 1 = 0$. |
| $\exists\, x \in \mathbb{R} : p(x)$ | Es gibt (mindestens) ein $x \in \mathbb{R}$, so dass $p(x)$ gilt. | Es gibt (mindestens) ein $x \in \mathbb{R}$, so dass $x^2 - 2x + 1 = 0$ gilt. |

*Bemerkung:* Anstelle von „$\in \mathbb{R}$" kann in der obigen Tabelle auch ein anderer „erlaubter" Bereich für die Variable $x$ eingesetzt werden.

Wir sehen, dass durch die Quantoren $\forall, \exists$ neue Aussagen $u, v$ entstehen:

$$u : \quad (\forall x \in \mathbb{R} : p(x)) \quad \text{und} \quad v : \quad (\exists\, x \in \mathbb{R} : p(x))$$

Für das Beispiel (3.1) ist $u$ eine falsche Aussage, denn es gibt ja Werte $x$ (z.B. $x = 0$), für die $x^2 - 2x + 1 = 0$ nicht gilt. Hingegen ist die Aussage $v$ wahr (warum?).

Es ist wichtig, die Negationen $\overline{u}, \overline{v}$ der Aussagen $u, v$ zu bilden:

$$\overline{u} : (\exists\, x \in \mathbb{R} : \overline{p(x)}) \quad \text{und} \quad \overline{v} : \quad (\forall\, x \in \mathbb{R} : \overline{p(x)})\,, \tag{3.2}$$

wobei $\overline{p(x)}$ die Negation der Aussageform $p(x)$ bezeichnet.

Für unser Beispiel (3.1) erhalten wir $\overline{p(x)}$: Es gilt $x^2 - 2x + 1 \neq 0$. Somit folgt

$\overline{u}$ :    Es gibt ein $x \in \mathbb{R}$, so dass $x^2 - 2x + 1 \neq 0$ gilt.

$\overline{v}$ :    Für alle $x \in \mathbb{R}$ gilt $x^2 - 2x + 1 \neq 0$.

Offensichtlich ist $\overline{u}$ wahr und $\overline{v}$ falsch.

**Aufg. 3.27** Ist die Negation der Aussage „Alle Autos in Berlin sind weiß"
a) „Kein Auto in Berlin ist weiß", oder
b) „Es gibt schwarze Autos in Berlin", oder
c) „Es gibt Autos in Berlin, die nicht weiß sind", oder
d) „Es gibt keine Autos in Berlin, die nicht weiß sind", oder
e) „Alle Autos in Dresden sind weiß"?

# 3.4   Beweismethoden in der Mathematik

Nachdem wir uns im obigen Unterabschnitt 3.3 mit den Grundbegriffen der Aussagenlogik vertraut gemacht haben, wollen wir uns kurz mit der Vorgehens- und Denkweise in der Mathematik beschäftigen. Insbesondere wollen wir erläutern, was ein mathematischer Beweis ist, oder mit anderen Worten, was von einem Mathematiker als Beweis anerkannt wird.

Als eine exakte Wissenschaft basiert die Mathematik auf der *axiomatischen Methode*, d.h., der Ausgangspunkt für jede Theorie ist ein System von *Axiomen*. Ein System von Axiomen (oder kurz: Axiomensystem) ist eine Menge von als richtig anerkannten Aussagen, die nicht zu beweisen sind. Von diesen Aussagen ausgehend werden dann durch logisches Schließen (Implikationen, Äquivalenzen) neue Aussagen abgeleitet. So erhaltene wichtige Aussagen, die viele Anwendungen erlauben, werden als (mathematische) Lehrsätze oder Theoreme bezeichnet. Unter Verwendung dieser Lehrsätze können dann weitere mathematische Aussagen durch logisches Schließen gewonnen werden. Die Gesamtheit der so gewonnenen Lehrsätze und weiterer mathematisch interessanter Aussagen (z.B. wichtige Beispiele und Anwendungen) zu einem speziellen Gebiet fügt sich dann zu einer mathematischen Theorie (z.B. Lineare Algebra und Analytische Geometrie, Theorie der reellen Funktionen, Zahlentheorie, Wahrscheinlichkeitstheorie) zusammen.

**Direkte und indirekte Beweise**

Eine mathematische Aussage oder Aufgabe besteht immer aus den beiden Teilen: den *Voraussetzungen* und der zu beweisenden *Behauptung*. Beim Lösen von Aufgaben ist die Behauptung nicht gegeben, und wir müssen diese erst als Lösung berechnen.

Um eine Behauptung zu beweisen, unterscheiden wir zwei Beweismethoden: 1.) direkte Beweise und 2.) indirekte Beweise. Bei der *direkten Beweismethode* wird aus den Voraussetzungen der zu beweisenden Aussage und unter Verwendung von mathematischen Lehrsätzen die Behauptung durch logische Schlüsse hergeleitet.

Bei der *indirekten Beweismethode* gehen wir von der Annahme aus, dass die zu beweisende Behauptung falsch sei, d.h., wir nehmen an, dass die Negation der Behauptung richtig ist. Unter Verwendung der Voraussetzungen der zu beweisenden Aussage und der mathematischen Lehrsätze wird durch logisches Schließen ein *Widerspruch* abgeleitet, d.h., dass ein bekannter mathematischer Sachverhalt (z.B. $2 < 3$) oder eine der Voraussetzungen nicht mehr erfüllt ist. Zu diesen Voraussetzungen gehört auch die Annahmen, dass die zu beweisende Behauptung falsch sei.

**Aufg. 3.28** Beweisen Sie a) direkt und b) indirekt, dass für positive spitze Winkel $\alpha$ und $\beta$ die Ungleichung $\sin(\alpha + \beta) < \sin\alpha + \sin\beta$ gilt.

**Aufg. 3.29** Zeigen Sie indirekt:     a) $\sqrt{2}$ ist irrational, b) $\lg 3$ ist irrational,     c) für beliebige reelle Zahlen $x_1, x_2, y_1, y_2$ gilt

$$\sqrt{x_1^2 + y_1^2} + \sqrt{x_2^2 + y_2^2} \geq \sqrt{(x_1 + x_2)^2 + (y_1 + y_2)^2}\,,$$

d) es gibt unendlich viele Primzahlen.
*Hinweis:* Verwenden Sie den wichtigen Satz aus der Zahlentheorie über die *Eindeutigkeit der Zerlegung in Primfaktoren:* Jede natürliche Zahl $n > 1$ ist, abgesehen von der Reihenfolge der Faktoren, eindeutig in ein Produkt von Primfaktoren zerlegbar.

## Die Methode der vollständigen Induktion

Die Methode der vollständigen Induktion beruht auf dem folgenden Prinzip:

> Eine Aussage ist für jede natürliche Zahl $n$ richtig, wenn Sie
> 1.) für $n = 1$ richtig ist und
> 2.) aus der Richtigkeit der Aussage für eine beliebige natürliche Zahl $n = k$ die Richtigkeit für $n = k + 1$ folgt.

Hieraus folgt, dass ein Beweis durch vollständige Induktion immer aus den beiden Schritten besteht:
*1. Schritt:* Induktionsanfang. Die zu beweisende Aussage ist für $n = 1$ richtig.

2. *Schritt:* Schluss von $k$ auf $k+1$ (Induktionsschluss). Unter der Voraussetzung, dass die Aussage für $n = k$ richtig ist, ist zu beweisen, dass Sie auch für $n = k+1$ richtig ist.

In Aussagen, welche durch vollständige Induktion zu beweisen sind, wird häufig das *Summenzeichen* $\sum$ verwendet, welches dazu dient, Summen kürzer und übersichtlicher darzustellen.

---

Das Zeichen $\sum\limits_{i=m}^{n} a_i$ (gelesen: Summe über alle $a_i$ von $i = m$ bis $i = n$) ist eine abgekürzte Schreibweise für die Summe $a_m + a_{m+1} + \ldots + a_n$,

d.h., es gilt: $\sum\limits_{i=m}^{n} a_i = a_m + a_{m+1} + \ldots + a_n$.

---

In der obigen Formel heißt $i$ *Summationsindex*, welcher bei der *Summationsuntergrenze* $m$ beginnt und dann schrittweise um 1 bis zur *Summationsobergrenze* $n$ erhöht wird. Für Rechnungen ist es oft günstig, den Summationsindex zu transformieren. So gilt z.B.

$$\sum_{i=2}^{5} \frac{1}{i-1} = \sum_{j=1}^{4} \frac{1}{j},$$

wobei der neue Summationsindex $j$ durch $j = i - 1$ eingeführt wurde. (Für die obige Indextransformation mussten sowohl unter dem Summenzeichen der alte Index $i$ durch $i = j + 1$ ersetzt als auch die Summationsgrenzen durch $j_{\text{unten}} = i_{\text{unten}} - 1 = 2 - 1 = 1$ und $j_{\text{oben}} = i_{\text{oben}} - 1 = 5 - 1 = 4$ transformiert werden.)

**Aufg. 3.30** Beweisen Sie, dass die Summe der Kuben (d.h. der 3. Potenzen) von drei aufeinander folgenden natürlichen Zahlen durch 9 teilbar ist.

**Aufg. 3.31** Beweisen Sie durch vollständige Induktion:

a) $\sum\limits_{j=1}^{n} j = \dfrac{n(n+1)}{2}$,   b) $\sum\limits_{j=1}^{n} j^3 = (\sum_{j=1}^{n} j)^2$,   c) $\sum\limits_{j=1}^{n} \dfrac{j}{2^j} = 2 - \dfrac{n+2}{2^n}$.

**Aufg. 3.32** Gegeben sei $S_n = \dfrac{1}{1 \cdot 2} + \dfrac{1}{2 \cdot 3} + \dfrac{1}{3 \cdot 4} + \ldots + \dfrac{1}{n(n+1)}$ für natürlichzahliges $n$.   a) Stellen Sie $S_n$ mit Hilfe des Summenzeichens dar.
b) Berechnen Sie $S_n$ (Hinweis: Berechnen Sie zunächst $S_1, S_2, S_3$, und leiten Sie daraus eine Hypothese (Vermutung) ab. Beweisen Sie Ihre Hypothese mittels vollständiger Induktion.)

**Aufg. 3.33** Berechnen Sie für beliebiges $n \in \mathbb{N}$ durch geeignete Transformation des Summationsindexes:

a) $\displaystyle\sum_{i=1}^{n} \frac{1}{2i} - \sum_{i=2}^{n+1} \frac{1}{2i-2}$,    b) $\displaystyle\sum_{k=1}^{n} \ln\left(\frac{k}{k+1}\right)$,    c) $\displaystyle\sum_{i=10}^{50} \frac{i^2-1}{i-1}$.

**Binomischer Lehrsatz**

Nachdem wir

$$n! := 1 \cdot 2 \cdot \ldots \cdot n \text{ (gelesen: } n \text{ Fakultät)}$$

erklärt haben, definieren wir die *Binomialkoeffizienten* $\binom{n}{k}$ (gelesen: $n$ über $k$) für $n \geq k$, $n, k \in \mathbb{N}$, durch

$$\binom{n}{k} := \frac{n}{1} \cdot \frac{n-1}{2} \cdot \ldots \cdot \frac{n-k+1}{k} = \frac{n(n-1)\ldots(n-k+1)}{k!} = \frac{n!}{k!(n-k)!}.$$

Es wird ferner $\binom{n}{0} = 1$ gesetzt.
Wir formulieren jetzt den *binomischen Lehrsatz*:

$$\text{Es gilt } (a+b)^n = \sum_{k=0}^{n} \binom{n}{k} a^{n-k} b^k \text{ für } a, b \in \mathbb{R} \text{ und } n \in \mathbb{N}.$$

**Aufg. 3.34** Beweisen Sie a) $\displaystyle\sum_{k=0}^{n} \binom{n}{k} = 2^n$, b) $\displaystyle\sum_{k=0}^{n} (-1)^k \binom{n}{k} = 0$,

c) $\binom{n+1}{k} = \binom{n}{k} + \binom{n}{k-1}$. d) Berechnen Sie nach dem binomischen Lehrsatz $(b^n - b^{-n})^n$ für $b \in \mathbb{R} \setminus \{0\}$, $n \in \mathbb{N}$.
e) Entwickeln Sie $(2+x)^5$ nach Potenzen von $x$.

**Aufg. 3.35** Beweisen Sie den binomischen Lehrsatz durch vollständige Induktion.

## 3.5  Kombinatorik

Als Anwendung der oben eingeführten Begriffe werden wir uns mit wichtigen Formeln der Kombinatorik[6] befassen.

---

[6]Teilgebiet der Mathematik, welches sich mit der Bestimmung der Anzahl möglicher Anordnungen oder möglicher Auswahlen von gegebenen Objekten beschäftigt.

## Permutationen

Jede Zusammenstellung einer endlichen Anzahl von unterscheidbaren Objekten in irgendeiner Anordnung, in der *sämtliche* Objekte verwendet werden, heißt *Permutation* der gegebenen Objekte. Es gilt:

> Die Anzahl der Permutationen von $n$ verschiedenen Objekten ist $n!$

**Aufg. 3.36** Beweisen Sie die obige Aussage durch vollständige Induktion.

**Aufg. 3.37** An einem Laufwettbewerb nehmen 10 Sportler teil. Wie viele verschiedenen Einläufe sind möglich?

Wir betrachten jetzt den Fall, dass unter den $n$ gegebenen Elementen $k$ Klassen $G_1, G_2, \ldots, G_k$ von Elementen sind, die nicht zu unterscheiden sind. Wir nehmen an, dass die Klasse $G_j$ genau $p_j$ Elemente enthält, $j = 1, 2, \ldots, k$. Es gilt dann $p_1 + p_2 + \ldots + p_k = n$, denn jedes der $n$ Elemente ist in genau einer der Klassen $G_1, \ldots, G_k$ enthalten. Für die Anzahl der möglichen Permutationen gilt jetzt:

$$\frac{n!}{p_1! \, p_2! \, \ldots p_k!} \quad \text{mit } p_1 + p_2 + \ldots + p_k = n$$

**Aufg. 3.38** Wie viele verschiedene Kartenverteilungen sind beim Skatspiel möglich?

## Variationen und Kombinationen

Aus einer gegebenen Grundgesamtheit von $n$ unterscheidbaren Objekten werden $k$ Objekte gezogen. Wir unterscheiden dabei, ob die Anordnung der gezogenen Objekte berücksichtigt oder nicht berücksichtigt wird. Wenn wir die Anordnung berücksichtigen (d.h., eine „geordnete Auswahl" ziehen), so sprechen wir von *Variationen* und im Falle der Nichtberücksichtigung der Anordnung (d.h. Ziehen einer „ungeordnete Auswahl") von *Kombinationen*. Sowohl für die Variationen als auch für die Kombinationen werden nun die folgenden beiden Möglichkeiten unterschieden:

1.) Das gezogene Objekt wird zurückgelegt und kann erneut gezogen werden; wir sprechen dann von Variationen bzw. Kombinationen *mit* Wiederholung.

2.) Das gezogene Objekt wird nicht zurückgelegt; wir sprechen dann von Variationen bzw. Kombinationen *ohne* Wiederholung.

Die Anzahl der möglichen Variationen bzw. Kombinationen von $k$ Objekten aus einer Grundgesamtheit von $n$ unterscheidbaren Objekten ist in der folgenden Tabelle gegeben.

|  | Variation | Kombination |
|---|---|---|
| mit Wiederholung | $n^k$ | $\binom{n+k-1}{k}$ |
| ohne Wiederholung | $\binom{n}{k} \cdot k!$ | $\binom{n}{k}$ |

**Aufg. 3.39** Beim Fußballtoto ist für 12 Spielen vorauszusagen, ob die Gastmannschaft gewinnt (Tipp 2), verliert (Tipp 1) oder ob das Spiel unentschieden ausgeht (Tipp 0). Wie viel verschiedene Tipps sind möglich?

**Aufg. 3.40** Beim Zahlenlotto „6 aus 49" wettet der Spielteilnehmer auf das Ziehen der sechs von ihm aus den Zahlen von 1 bis 49 ausgewählten Zahlen.
a) Wie viel verschiedenen Tipps sind möglich? b) Wie viel verschiedenen Tipps für genau drei Richtige, genau vier Richtige bzw. genau fünf Richtige gibt es?

**Aufg. 3.41** Auf wie viel verschiedenen Arten können 10 Gegenstände auf 5 verschiedene Fächer verteilt werden, wenn a) die Gegenstände alle untereinander verschieden sind, b) die Gegenstände nicht voneinander zu unterscheiden sind?

**Aufg. 3.42** Die Zeichen des Morsealphabets sind aus Punkten und Strichen zusammengesetzt, wobei bis zu 5 Elemente für ein Zeichen zugelassen sind. Wie viele verschiedene Zeichen kann man damit bilden?

## 3.6　Lösungen der Aufgaben aus Kapitel 3

**3.1** Es gilt $A \subset B \subset C$.　　**3.2** Es gilt c) nach der Teilbarkeitsregel für 3.

**3.3** Alle Teilmengen von $M$ sind: Leere Menge $\emptyset$, Einermengen: $\{a\}, \{b\}, \{c\}$, Mengen aus zwei Elementen: $\{a,b\}, \{a,c\}, \{b,c\}$ und $M = \{a,b,c\}$.

**3.4** $A \cap B$ ist die Menge aller Amphibien.

**3.5 a)** Es gilt: $A = \{1,3,5,15\}$, $B = \{2,3,5,7\}$, $C = \{1,3,5,7\}$.

**b)** $A \cup B = \{1,2,3,5,7,15\}$, $A \cup C = \{1,3,5,7,15\}$, $B \cup C = \{1,2,3,5,7\}$, $(A \cup B) \cap C = \{1,2,3,5,7,15\} \cap \{1,3,5,7\} = \{1,3,5,7\}$, $A \cap B \cap C = \{3,5\}$.

**3.6 a)** $A = \{x \in \mathbb{R} \mid x \leq 1\}$, $B = \{x \in \mathbb{R} \mid x > 1\}$. **b)** $A = B = \{1\}$.
**c)** $A = \mathbb{R}$, $B = \emptyset$.

**3.7** $A \setminus B$ ist die Menge aller Dreiecke, die nicht gleichseitig sind, d.h., die Menge aller ungleichseitigen Dreiecke.

**3.8 a)** $\mathbb{Z} \setminus \mathbb{N} = \{0, -1, -2, -3, \ldots\}$.    **b)** $\mathbb{R} \setminus \mathbb{Q}$ = Menge der irrationalen Zahlen.

**3.9 a)** $\emptyset$.  **b)** $M$.  **c)** $M$.  **d)** $M$.  **e)** $\emptyset$.

**3.10 a)** $\emptyset$.  **b)** $I_1$.  **c)** $[1, 7]$.  **d)** $I_1$.  **e)** $(-2, 3) \cup (7, 10)$.  **f)** $[1, 7]$.

**3.11 a)** $\alpha$ ist eindeutig, aber nicht eineindeutig, denn dem Bild $\square$ entsprechen die zwei Urbilder $a, c$. Die Abbildung $\beta$ ist eineindeutig, denn jedem der Bilder $\{*, \square, \Delta\}$ entspricht ein eindeutig bestimmtes Urbild.

**b)** Für die Umkehrabbildung gilt $\beta^{-1} = \{(*, a), (\square, c), (\Delta, g)\} \subset N \times M$.

**3.12 a)** Nein, denn für $x = 1$ werden die beiden verschiedenen $y$-Werte $y_1 = 1^2 + 1 = 2$, $y_2 = 4 \cdot 1 - 1 = 3$ zugeordnet. **b)** Nein, denn für $x = 1$ werden die beiden verschiedenen $y$-Werte $y_1 = 2$, $y_2 = 1$ zugeordnet. **c)** Nein, denn z.B. für $x = 2$ werden die beiden verschiedenen $y$-Werte $y_1 = \dfrac{\ln 2}{6}$, $y_2 = -\dfrac{\ln 2}{6}$ zugeordnet. **d)** Nein, denn z.B. für $x = 1$ werden die beiden verschiedenen $y$-Werte $y_1 = 1$, $y_2 = -1$ zugeordnet.

**3.13** Damit für den Radikanden $x + 1 \geq 0$ gilt, erhalten wir für den größtmöglichen Definitionsbereich $\mathcal{D}(f) = [-1, \infty)$. Es gilt weiterhin
$f(x) - 1 = x\sqrt{x + 1} - 1$, Verschiebung (Translation) von $G(f)$ um -1 in Richtung $y$-Achse; $-f(x) = -x\sqrt{x + 1}$, Spiegelung von $G(f)$ an der $x$-Achse;
$f(-x) = -x\sqrt{-x + 1}$, Spiegelung von $G(f)$ an der $y$-Achse;
$2f(x) = 2x\sqrt{x + 1}$, Streckung von $G(f)$ mit Faktor 2 entlang der $y$-Achse;
$f(2x) = 2x\sqrt{2x + 1}$, Streckung von $G(f)$ mit Faktor $k = \frac{1}{2}$ (d.h. Stauchung) entlang der $x$-Achse;
$f(x - 1) = (x - 1)\sqrt{x}$, Verschiebung von $G(f)$ um +1 in Richtung $x$-Achse.

**3.14** Der gesuchte Funktionsgraph wird in drei Schritten konstruiert.
*1. Schritt:* Aus dem Graphen der Funktion $y = \sin x$ erhalten wir den Graphen von $y = \sin 2x$ durch Stauchen des Graphen von $y = \sin x$ mit dem Stauchungsfaktor $k = \frac{1}{2}$ entlang der $x$-Achse.

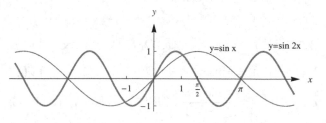

*2. Schritt:* Der gestrichelt ge-
zeichnete Graph der Funk-
tion

$$y = \sin(2x - \frac{\pi}{3})$$
$$= \sin 2(x - \frac{\pi}{6})$$

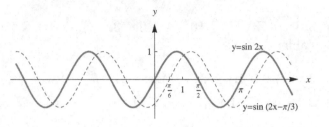

entsteht aus dem Graphen
der Funktion $y = \sin 2x$, indem dieser um $\frac{\pi}{6}$ entlang der
$x$-Achse verschoben wird.

*3. Schritt:* Aus dem gestrichelt gezeichneten Graphen
der Funktion $y = \sin(2x - \frac{\pi}{3})$
entsteht der gesuchte Graph
der Funktion

$$y = 3\sin(2x - \frac{\pi}{3}),$$

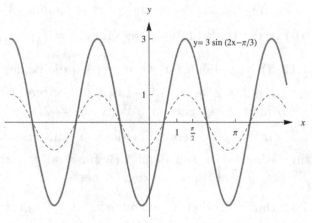

indem der gestrichelte Graph
mit dem Faktor 3 entlang der
$y$-Achse gestreckt wird.

**3.15 a)** Aus $y = e^{x^2 - 2x} - \frac{1}{e} = 0$ erhalten wir die äquivalenten Gleichungen,
$e^{x^2 - 2x + 1} = 1$ und $x^2 - 2x + 1 = 0$ mit der eindeutig bestimmten Lösung $x_0 = 1$.
**b)** Die Funktion hat genau zwei Nullstellen $x_1 = 0$, $x_2 = 2$, s. Aufg.2.15g).

**3.16 a)** $\mathcal{D}(f) = \mathbb{R}$; $f(x)$ ist gerade, denn
$f(-x) = 2|-x| + \cos(-x) = 2|x| + \cos x = f(x)$.
**b)** $\mathcal{D}(f) = \mathbb{R}$; gerade, denn $f(-x) = (-x)^4 - 3(-x)^2 + 1 = x^4 - 3x^2 + 1 = f(x)$.
**c)** $\mathcal{D}(f) = \mathbb{R} \setminus (-1, 1)$; gerade, denn $f(-x) = \sqrt{(-x)^2 - 1} = \sqrt{x^2 - 1} = f(x)$.
**d)** $\mathcal{D}(f) = \mathbb{R} \setminus \{(n + \frac{1}{2})\pi \mid n \in \mathbb{Z}\}$; $f(x)$ ist periodisch mit Fundamentalperiode
$p = \pi$ und ungerade, denn $f(-x) = 2\tan(-x) = -2\tan x = -f(x)$.
**e)** $\mathcal{D}(f) = \mathbb{R}$; ungerade, da
$f(-x) = (-x)(e^{-x} + e^{-(-x)}) = -x(e^{-x} + e^x) = -f(x)$.

**3.17 a)** $f^{-1}(x) = -\sqrt{x}$, $\mathcal{D}(f^{-1}) = [0, \infty)$, $\mathcal{W}(f^{-1}) = (-\infty, 0]$.

**b)** $f^{-1}(x) = (\ln x)^2 - 1$, $\mathcal{D}(f^{-1}) = [1, \infty)$, $\mathcal{W}(f^{-1}) = \mathcal{D}(f) = [-1, \infty)$.

**c)** $f^{-1}(x) = -\dfrac{4x + 2}{x - 1}$, $\mathcal{D}(f^{-1}) = \mathbb{R} \setminus \{1\}$, $\mathcal{W}(f^{-1}) = \mathcal{D}(f) = \mathbb{R} \setminus \{-4\}$.

**d)** Wir berechnen zunächst $\mathcal{W}(f)$. Für $x \in \mathcal{D}(f) = [2, \infty)$ gilt

$$y = \frac{\sqrt{x-2}}{\sqrt{x+4}} \overset{(*)}{=} \sqrt{\frac{x-2}{x+4}} \overset{(**)}{=} \sqrt{1 - \frac{6}{x+4}},$$

wobei (*) nach den Wurzelgesetzen (s. Abschn. 1.3, Wurzeln und Potenzen mit reellen Exponenten) gilt, denn für die beiden Radikanden gilt $x + 4 > 0$ und $x - 2 \geq 0$ für $x \in \mathcal{D}(f)$. (**) ergibt sich durch Polynomdivision.

Da für hinreichend großes $x$ der Bruch $\frac{6}{x+4}$ positiv ist und betragsmäßig beliebig klein wird, ist der Radikand $1 - \frac{6}{x+4}$ immer kleiner 1 und für hinreichend großes $x$ kommt er 1 beliebig nah. Da $g(x) = \sqrt{x}$ eine streng monoton wachsende Funktion ist und $\sqrt{1} = 1$ gilt, folgt $f(x) = \sqrt{1 - \frac{6}{x+4}} < 1$ und $f(x)$ kommt 1 beliebig nah für hinreichend großes $x$. Hieraus und aus $f(2) = 0$ folgt $\mathcal{W}(f) = [0, 1)$.

*1. Schritt:* Auflösen von $y = f(x)$ nach $x$.    *2. Schritt:* Austausch der Variablen.

$$y = \frac{\sqrt{x-2}}{\sqrt{x+4}}$$
$$y^2 = \frac{x-2}{x+4}$$
$$y^2(x+4) = x-2$$
$$x(y^2 - 1) = -2 - 4y^2$$
$$x = -\frac{2 + 4y^2}{y^2 - 1}$$

$$y = f^{-1}(x) = -\frac{2 + 4x^2}{x^2 - 1}$$

mit $\mathcal{D}(f^{-1}) = \mathcal{W}(f) = [0, 1)$, $\mathcal{W}(f^{-1}) = \mathcal{D}(f) = [2, \infty)$.

**e)** Es gilt $\mathcal{W}(f) = \mathbb{R}$.
*1. Schritt:* Auflösen von $y = f(x)$ nach $x$.

$$y = (x-1)^3$$
$$\sqrt[3]{y} = x - 1$$
$$x = \sqrt[3]{y} + 1$$

*2. Schritt:* Austausch der Variablen. $y = f^{-1}(x) = \sqrt[3]{x} + 1$ mit $\mathcal{D}(f^{-1}) = \mathcal{W}(f) = \mathbb{R}$, $\mathcal{W}(f^{-1}) = \mathcal{D}(f) = \mathbb{R}$.

**f)** Es gilt $\mathcal{W}(f) = (0, \infty)$.

*1. Schritt:* Auflösen von $y = f(x)$ nach $x$.

$$y = 3\mathrm{e}^{-2x}$$
$$\mathrm{e}^{-2x} = \frac{y}{3}$$
$$-2x = \ln\frac{y}{3}$$
$$x = -\frac{1}{2}\ln\frac{y}{3}$$

*2. Schritt:* Austausch der Variablen.

$$y = f^{-1}(x) = -\frac{1}{2}\ln\frac{x}{3}$$

mit $\mathcal{D}(f^{-1}) = \mathcal{W}(f) = (0, \infty)$, $\mathcal{W}(f^{-1}) = \mathcal{D}(f) = \mathbb{R}$.

**3.18**

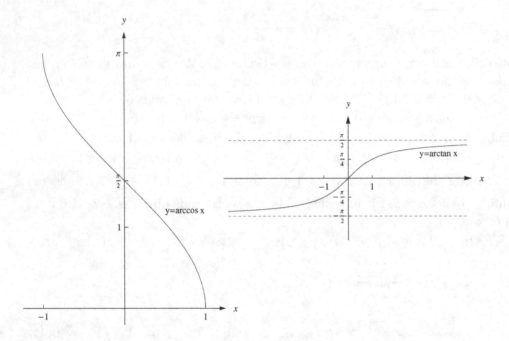

**3.19** Es gilt $\arcsin \frac{1}{2} = \frac{\pi}{6}$, da $\sin \frac{\pi}{6} = \frac{1}{2}$, siehe Tabelle Werte der Winkelfunktionen für spezielle Winkel $\alpha$ im Abschn. 2.3, Einführung der Winkelfunktionen. Analog folgt $\arcsin 1 = \frac{\pi}{2}$, $\arccos \frac{1}{2}\sqrt{2} = \frac{\pi}{4}$, $\arctan \frac{\pi}{4} = 1$.

**3.20** Mit Hilfe der im Abschn. 2.3, Additionstheoreme und Umrechnung zwischen den Winkelfunktionen, gegebenen Tabelle erhalten wir für $x \in [-1, 1]$:

**a)** $\sin(\arccos x) = \sqrt{1 - \cos^2(\arccos x)} = \sqrt{1 - (\cos(\arccos x))^2} = \sqrt{1 - x^2}$,

**b)** $\cos(\arcsin x) = \sqrt{1 - \sin^2(\arcsin x)} = \sqrt{1 - (\sin(\arcsin x))^2} = \sqrt{1 - x^2}$,

**c)** $\tan(\arcsin x) = \dfrac{\sin(\arcsin x)}{\sqrt{1 - \sin^2(\arcsin x)}} = \dfrac{x}{\sqrt{1 - x^2}}$.

**d)** $\tan(\arctan(3x) + \arctan(1/x)) = \dfrac{\tan(\arctan(3x)) + \tan(\arctan(1/x))}{1 - \tan(\arctan(3x) \cdot \tan(\arctan(1/x))}$

$= \dfrac{3x + (1/x)}{1 - 3x \cdot \frac{1}{x}} = -\frac{1}{2}(3x + \frac{1}{x}) = -\dfrac{3x^2 + 1}{2x}$.

**3.21** Es gilt $W(f) = (-\infty, \infty)$.
*1. Schritt:* Auflösen von $y = f(x)$ nach $x$.

*2. Schritt:* Austausch der Variablen.

$$
\begin{aligned}
y &= \frac{1}{2}\tan(3x+1) \\
2y &= \tan(3x+1) \\
\arctan(2y) &= 3x+1 \\
x &= \frac{1}{3}(\arctan(2y)-1)
\end{aligned}
$$

$$y = f^{-1}(x) = -\frac{1}{3}(\arctan(2x)-1))$$

mit $\mathcal{D}(f^{-1}) = W(f) = (-\infty, \infty)$,

$$W(f^{-1}) = \mathcal{D}(f) = \left[-\frac{\pi+2}{6}, \frac{\pi+2}{6}\right].$$

**3.22** Wir lösen das Zeit-Ort-Gesetz nach $t$ auf.
$\frac{y}{\hat{y}} = \sin(\omega t + \varphi)$, $\arcsin\left(\frac{y}{\hat{y}}\right) = \omega t + \varphi$, $t = \frac{1}{\omega}\left(\left(\arcsin\left(\frac{y}{\hat{y}}\right)\right) - \varphi\right)$.

**3.23 a)** Das Wasser ist nicht heiß. **b)** $(-5)$ ist nicht negativ. **c)** 8 ist nicht positiv. **d)** $(-4)$ ist negativ. **e)** 2 ist kleiner oder gleich $(-3)$.

**3.24 a)** Es gilt $A \Rightarrow B$, denn in einem Quadrat stehen die Diagonalen senkrecht aufeinander. Die umgekehrte Implikation $B \Rightarrow A$ ist falsch, denn es gibt Vierecke, deren Diagonalen senkrecht aufeinander stehen und die kein Quadrat sind (z.B. ein regelmäßiges Drachenviereck). Somit ist $A$ hinreichend für $B$, oder anders ausgedrückt: $B$ ist notwendig für $A$.
**b)** Mit der Aussage C: „*Alle vier Innenwinkel des Vierecks sind* 90°" gilt dann $A \Leftrightarrow (B \wedge C)$.

**3.25 a)**

| $w(A)$ | $w(B)$ | $w(A \wedge B)$ | $w(\overline{A \wedge B})$ | $w(\overline{A})$ | $w(\overline{B})$ | $w(\overline{A} \vee \overline{B})$ |
|---|---|---|---|---|---|---|
| 1 | 1 | 1 | 0 | 0 | 0 | 0 |
| 1 | 0 | 0 | 1 | 0 | 1 | 1 |
| 0 | 1 | 0 | 1 | 1 | 0 | 1 |
| 0 | 0 | 0 | 1 | 1 | 1 | 1 |

Aus der Gleichheit der Wahrheitswerte in den Spalten unter $\overline{(A \wedge B)}$ und $(\overline{A}) \vee (\overline{B})$ folgt die zu zeigende logische Gleichwertigkeit. **b)** ist analog zu a).
**c)**

| $w(A)$ | $w(B)$ | $w(A \Rightarrow B)$ | $w(\overline{A})$ | $w(\overline{B})$ | $w(\overline{B} \Rightarrow \overline{A})$ |
|---|---|---|---|---|---|
| 1 | 1 | 1 | 0 | 0 | 1 |
| 1 | 0 | 0 | 0 | 1 | 0 |
| 0 | 1 | 1 | 1 | 0 | 1 |
| 0 | 0 | 1 | 1 | 1 | 1 |

Aus der Gleichheit der Wahrheitswerte in den Spalten unter $A \Rightarrow B$ und $(\overline{B}) \Rightarrow (\overline{A})$ folgt die zu zeigende logische Gleichwertigkeit.

**3.26 a)** logisch gleichwertig. **b)** nicht logisch gleichwertig. **3.27** Aussage c).

**3.28 a)** Für positive spitze Winkel $\alpha, \beta$, d.h., für $0 < \alpha, \beta < 90°$, folgt

$$0 < \cos\alpha < 1, \quad 0 < \cos\beta < 1, \quad 0 < \sin\alpha < 1, \quad 0 < \sin\beta < 1. \quad (*)$$

Unter Verwendung des Additionstheorems der Sinusfunktion und $(*)$ folgt

$$\sin(\alpha + \beta) = \sin\alpha\cos\beta + \sin\beta\cos\alpha < \sin\alpha + \sin\beta,$$

was zu zeigen war.

**b)** Indirekter Beweis: Es wird angenommen, dass die Behauptung falsch ist, d.h., es gilt

$$\sin(\alpha + \beta) \geq \sin\alpha + \sin\beta \quad (**)$$

für positive spitze Winkel $\alpha, \beta$. Aus $(**)$, dem Additionstheorem für die Sinusfunktion und $(*)$ folgt

$$\begin{aligned} \sin\alpha + \sin\beta &\leq \sin(\alpha + \beta) = \sin\alpha\cos\beta + \sin\beta\cos\alpha \\ &< \sin\alpha + \sin\beta, \end{aligned}$$

was ein Widerspruch ist, denn die oben erhaltene Ungleichung: $\sin\alpha + \sin\beta < \sin\alpha + \sin\beta$ ist offensichtlich falsch. Somit ist die Annahme $(**)$ falsch, d.h., die zu zeigende Behauptung ist richtig.

**3.29 a)** Wir nehmen an, dass die Behauptung falsch ist, d.h., $\sqrt{2}$ ist rational. Somit existieren natürliche Zahlen $p, q$, so dass $\sqrt{2} = \frac{p}{q}$ gilt. Nachdem wir diese Gleichung quadriert und mit $q^2$ multipliziert haben, erhalten wir

$$2\,q^2 = p^2\,.$$

Wir betrachten nun die Zerlegungen von $p$ und $q$ in Primfaktoren und zählen wie oft der Primfaktor 2 auftritt, wobei diese Anzahlen wegen des in der Aufgabenstellung zitierten Satzes über die Eindeutigkeit der Zerlegung in Primfaktoren eindeutig bestimmt sind. Wenn wir dann $p^2$ und $q^2$ betrachten, so verdoppeln sich diese Anzahlen, d.h., in den Primzahlzerlegungen von $p^2$ und $q^2$ tritt der Primfaktor 2 entweder nicht auf, oder er kommt in einer geradzahligen Anzahl vor. In $2\,q^2$ kommt ein Primfaktor 2 dazu, und somit tritt der Primfaktor 2 in einer ungeradzahligen Anzahl auf. Aus der Gleichung $2\,q^2 = p^2$ erhalten wir einen Widerspruch, denn auf der linken Seite der Gleichung tritt der Primfaktor 2 in ungerader Anzahl auf und auf der rechten Seite tritt der Primfaktor 2 entweder nicht auf oder er tritt in einer geraden Anzahl auf. Wegen des Satzes über die Eindeutigkeit der Zerlegung in Primfaktoren ist das nicht möglich. Somit ist unsere Annahme „$\sqrt{2}$ ist rational" falsch und daher gilt, dass $\sqrt{2}$ irrational ist.

**b)** Es wird angenommen, dass die Behauptung falsch ist, d.h., $\lg 3$ ist rational. Somit existieren positive ganze und teilerfremde Zahlen $p$ und $q$, so dass $\lg 3 = \frac{p}{q}$ gilt. Aus der letzten Gleichung folgt nun $3^q = 10^p = 2^p \cdot 5^p$, was ein Widerspruch infolge des Satzes über die eindeutige Zerlegung natürlicher Zahlen in Primfaktoren ist, denn der Primfaktor 3 tritt auf der rechten Seite dieser Gleichung nicht auf. Somit gilt die Behauptung b).

**c)** Wir nehmen an , dass die Behauptung c):

$(\forall (x_1, x_2, y_1, y_2) \in \mathbb{R}) : \quad \sqrt{x_1^2 + y_1^2} + \sqrt{x_2^2 + y_2^2} \geq \sqrt{(x_1 + x_2)^2 + (y_1 + y_2)^2}\,)$

falsch ist und bilden deshalb die Negation der Behauptung c):

$$\exists \quad (\tilde{x}_1, \tilde{x}_2, \tilde{y}_1, \tilde{y}_2) \in \mathbb{R} :$$

$$\sqrt{\tilde{x}_1^2 + \tilde{y}_1^2} + \sqrt{\tilde{x}_2^2 + \tilde{y}_2^2} < \sqrt{(\tilde{x}_1 + \tilde{x}_2)^2 + (\tilde{y}_1 + \tilde{y}_2)^2} \tag{3.3}$$

(d.h., es existieren speziell gewählte Zahlen $\tilde{x}_1, \tilde{x}_2, \tilde{y}_1, \tilde{y}_2 \in \mathbb{R}$, so dass die Ungleichung (3.3) gilt). Da beide Seiten der Ungleichung (3.3) größer oder gleich 0 sind, quadrieren wir diese und erhalten nach einfachen Umformungen

$$\sqrt{\tilde{x}_1^2 + \tilde{y}_1^2}\,\sqrt{\tilde{x}_2^2 + \tilde{y}_2^2} < \tilde{x}_1 \tilde{x}_2 + \tilde{y}_1 \tilde{y}_2. \tag{3.4}$$

Da beide Seiten der Ungleichung (3.4) größer oder gleich 0 sind, quadrieren wir diese und erhalten die Ungleichung:
$(\tilde{x}_1^2 + \tilde{y}_1^2)\,(\tilde{x}_2^2 + \tilde{y}_2^2) < (\tilde{x}_1 \tilde{x}_2)^2 + (\tilde{y}_1 \tilde{y}_2)^2 + 2\tilde{x}_1 \tilde{x}_2 \tilde{y}_1 \tilde{y}_2$, welche nach einer einfachen Umformung übergeht in die Ungleichung: $(\tilde{x}_1^2 \tilde{y}_2^2 - \tilde{x}_2^2 \tilde{y}_1^2)^2 < 0$. Die letzte Ungleichung ist ein Widerspruch, denn das Quadrat einer reellen Zahl kann niemals echt kleiner als 0 sein. Somit ist die obige Annahme falsch, d.h., die Behauptung c) ist richtig.

*Bemerkung:* Mit Hilfe der Vektorrechnung erhalten wir aus Ungleichung (3.4) sofort einen Widerspruch, denn wenn die Vektoren $\vec{x}_1 = \begin{pmatrix} \tilde{x}_1 \\ \tilde{y}_1 \end{pmatrix}, \vec{x}_2 = \begin{pmatrix} \tilde{x}_2 \\ \tilde{y}_2 \end{pmatrix}$ betrachtet werden, so ist (3.4) ein Widerspruch zur Schwarzschen Ungleichung

$$|<\vec{x}_1|\vec{x}_2>| \leq |\vec{x}_1| \cdot |\vec{x}_2|,$$

die in Komponentenschreibweise lautet: $\tilde{x}_1 \tilde{x}_2 + \tilde{y}_1 \tilde{y}_2 \leq \sqrt{\tilde{x}_1^2 + \tilde{y}_1^2}\,\sqrt{\tilde{x}_2^2 + \tilde{y}_2^2}$, siehe Formel (6.5) in Abschn. 6.3.

**d)** Wir nehmen an, dass unsere Behauptung falsch ist, d.h., wir gehen aus von der Annahme:

*p: es gibt nur endlich viele Primzahlen $p_1, p_2, \ldots, p_n$ (also n Stück).*
Wir betrachten nun die natürliche Zahl $Z = p_1 \cdot p_2 \cdot \ldots \cdot p_n + 1$ und bemerken, dass $Z$ bei der Division durch jede der Primzahlen $p_1, p_2, \ldots, p_n$ immer den

Rest 1 lässt. Somit kann keine dieser Primzahlen $p_1, p_2, \ldots, p_n$ in der Primzahl-zerlegung von $Z$ auftreten. Da sich aber jede natürliche Zahl nach dem in der Aufgabenstellung zitierten Satz über die eindeutige Zerlegung in Primfaktoren als ein Produkt von Primfaktoren schreiben lässt, ist entweder $Z$ selbst eine Primzahl oder es gibt weitere Primzahlen, die verschieden von $p_1, p_2, \ldots, p_n$ sind. Das ist ein Widerspruch zu unserer Annahme $p$. Damit ist die Behauptung, dass es unendlich viele Primzahlen gibt, bewiesen.

*Bemerkung:* Dieser Beweis wurde von *Euklid*[7] angegeben.

**3.30** *Induktionsanfang:* Die Summe $1^3 + 2^3 + 3^3 = 36$ ist durch 9 teilbar. Folglich ist die Behauptung richtig, falls die erste der drei aufeinander folgenden natürlichen Zahlen gleich 1 ist.

*Induktionsschluss:* Es wird vorausgesetzt, dass die Behauptung für $n = k$ richtig ist, d.h., die Summe $k^3 + (k+1)^3 + (k+2)^3$ ist durch 9 teilbar. Es muss nun bewiesen werden, dass die Behauptung auch für $n = k+1$ richtig ist, d.h., wir müssen beweisen, dass $(k+1)^3 + (k+2)^3 + (k+3)^3$ durch 9 teilbar ist.

*Beweis der Induktionsbehauptung für $n = k + 1$:* Unter Verwendung von

$$(k+3)^3 = k^3 + 9k^2 + 27k + 27 = k^3 + 9\,(k^2 + 3k + 3) \text{ (nachrechnen!)}$$

zerlegen wir

$$(k+1)^3 + (k+2)^3 + (k+3)^3 = [k^3 + (k+1)^3 + (k+2)^3] + [9\,(k^2 + 3k + 3)]$$

in die beiden Summanden $[k^3 + (k+1)^3 + (k+2)^3]$ und $[9\,(k^2 + 3k + 3)]$, von denen jeder durch 9 teilbar ist (der erste ist nach Induktionsvoraussetzung durch 9 teilbar, und der zweite ist offensichtlich durch 9 teilbar, denn 9 wurde ausgeklammert). Somit gilt die Induktionsbehauptung, denn $(k+1)^3 + (k+2)^3 + (k+3)^3$ ist als Summe von zwei durch 9 teilbaren Summanden ebenfalls durch 9 teilbar.

**3.31 a)** *Induktionsanfang:* Die zu zeigende Aussage ist für $n = 1$ richtig, denn es gilt für die linke Seite der zu zeigenden Gleichung: $\sum_{j=1}^{1} j = 1$, und für die rechte Seite: $\dfrac{n(n+1)}{2} = \dfrac{1(1+1)}{2} = 1$.

*Induktionsschluss:* Unter der Voraussetzung, dass die Aussage für $n = k$ richtig ist, wird gezeigt, dass sie auch für $n = k + 1$ richtig ist. *Beweis:*

$$\sum_{j=1}^{k+1} j = \sum_{j=1}^{k} j + k + 1 = \frac{k(k+1)}{2} + k + 1 = \frac{k^2 + k + 2k + 2}{2} = \frac{(k+1)(k+2)}{2}.$$

---

[7]griechischer Mathematiker, 365 - 300 v.Chr.

**b)** *Induktionsanfang:* Die Formel ist für $n = 1$ richtig, denn für die linke Seite gilt: $1^3 = 1$ und für die rechte Seite: $(1)^2 = 1$.
*Induktionsschluss:* Induktionsvoraussetzung: $\sum_{j=1}^{k} j^3 = (\sum_{j=1}^{k} j)^2$.
Induktionsbehauptung: $\sum_{j=1}^{k+1} j^3 = (\sum_{j=1}^{k+1} j)^2$.
*Beweis* der Induktionsbehauptung: Es gilt

$$\left(\sum_{j=1}^{k+1} j\right)^2 = \left(\left(\sum_{j=1}^{k} j\right) + (k+1)\right)^2$$

$$= \left(\sum_{j=1}^{k} j\right)^2 + 2\left(\sum_{j=1}^{k} j\right)(k+1) + (k+1)^2$$

$$\stackrel{(*)}{=} \left(\sum_{j=1}^{k} j\right)^2 + k(k+1)^2 + (k+1)^2 \stackrel{(**)}{=} \sum_{j=1}^{k} j^3 + (k+1)^3 = \sum_{j=1}^{k+1} j^3.$$

*Erläuterungen:* In der Gleichung (*) wurde $\sum_{j=1}^{k} j = \dfrac{k(k+1)}{2}$, was in a) bewiesen worden ist, eingesetzt. In der Gleichung (**) wurde sowohl die Induktionsvoraussetzung als auch die Umformung:
$k(k+1)^2 + (k+1)^2 = (k+1)^2(k+1) = (k+1)^3$ verwendet.

**c)** *Induktionsanfang:* Die Formel ist für $n = 1$ richtig, denn für die linke Seite gilt: $\dfrac{1}{2^1} = \dfrac{1}{2}$ und für die rechte Seite: $2 - \dfrac{1+2}{2^1} = 2 - \dfrac{3}{2} = \dfrac{1}{2}$.

*Induktionsschluss:* Induktionsvoraussetzung ist $\sum_{j=1}^{k} \dfrac{j}{2^j} = 2 - \dfrac{k+2}{2^k}$.

Die Induktionsbehauptung ist $\sum_{j=1}^{k+1} \dfrac{j}{2^j} = 2 - \dfrac{k+3}{2^{k+1}}$.
*Beweis* der Induktionsbehauptung: Es gilt

$$\sum_{j=1}^{k+1} \frac{j}{2^j} = \sum_{j=1}^{k} \frac{j}{2^j} + \frac{k+1}{2^{k+1}} = 2 - \frac{k+2}{2^k} + \frac{k+1}{2^{k+1}}$$

$$= 2 - \frac{2(k+2) - (k+1)}{2^{k+1}} = 2 - \frac{k+3}{2^{k+1}}.$$

**3.32 a)** Es gilt $S_n = \sum_{i=1}^{n} \dfrac{1}{i(i+1)}$.  **b)** Nachdem wir $S_1 = \frac{1}{2}$, $S_2 = \frac{2}{3}$, $S_3 = \frac{3}{4}$ berechnet haben, stellen wir die Hypothese $S_n = \dfrac{n}{n+1}$ auf. Wir beweisen jetzt unsere Hypothese mittels vollständiger Induktion.

*Induktionsanfang:* Die Hypothese ist richtig für $n = 1$, da $S_1 = \frac{1}{2}$ gilt.

*Induktionsschluss:* Unter der Induktionsvoraussetzung, dass die Hypothese für $n = k$ richtig ist, (d.h., es gilt $S_k = \frac{k}{k+1}$,) müssen wir zeigen, dass die Hypothese auch für $n = k+1$ erfüllt ist, d.h., wir behaupten $S_{k+1} = \dfrac{k+1}{k+2}$.

*Beweis* der Induktionsbehauptung: Die Behauptung folgt aus

$$
\begin{aligned}
S_{k+1} &= S_k + \frac{1}{(k+1)(k+2)} \overset{(*)}{=} \frac{k}{k+1} + \frac{1}{(k+1)(k+2)} \\
&= \frac{k(k+2)+1}{(k+1)(k+2)} = \frac{k^2+2k+1}{(k+1)(k+2)} = \frac{(k+1)^2}{(k+1)(k+2)} = \frac{k+1}{k+2},
\end{aligned}
$$

wobei in der Gleichung (*) die Induktionsvoraussetzung $S_k = \dfrac{k}{k+1}$ verwendet worden ist.

**3.33 a)** $\displaystyle \sum_{i=1}^{n} \frac{1}{2i} - \sum_{i=2}^{n+1} \frac{1}{2i-2} = \frac{1}{2} \sum_{i=1}^{n} \frac{1}{i} - \frac{1}{2} \sum_{i=2}^{n+1} \frac{1}{i-1} \overset{(*)}{=} \frac{1}{2} \sum_{i=1}^{n} \frac{1}{i} - \frac{1}{2} \sum_{j=1}^{n} \frac{1}{j} = 0,$

wobei in $\overset{(*)}{=}$ die Indextransformation $j = i - 1$ ausgeführt worden ist.

**b)** $\displaystyle \sum_{k=1}^{n} \ln\left(\frac{k}{k+1}\right) = \sum_{k=1}^{n} (\ln k - \ln(k+1)) = \sum_{k=1}^{n} \ln k - \sum_{k=1}^{n} \ln(k+1) =$

$\displaystyle = \sum_{k=1}^{n} \ln k - \sum_{j=2}^{n+1} \ln j = \ln 1 - \ln(n+1) = -\ln(n+1).$

**c)** $\displaystyle \sum_{i=10}^{50} \frac{i^2 - 1}{i - 1} = \sum_{i=10}^{50} \frac{(i+1)(i-1)}{i-1} = \sum_{i=10}^{50} (i+1) = \sum_{j=11}^{51} j =$

$\displaystyle = \sum_{j=1}^{51} j - \sum_{j=1}^{10} j \overset{(**)}{=} \frac{51 \cdot 52}{2} - \frac{10 \cdot 11}{2} = 1271,$

wobei in $\overset{(**)}{=}$ die in Aufg. 3.31a) bewiesene Formel verwendet worden ist.

**3.34 a)** Für $a = b = 1$ folgt nach dem binomischen Lehrsatz

$\displaystyle \sum_{k=0}^{n} \binom{n}{k} = \sum_{k=0}^{n} \binom{n}{k} 1^{n-k} 1^k = (1+1)^n = 2^n.$

**b)** Für $a = 1, b = -1$ folgt $\displaystyle \sum_{k=0}^{n} (-1)^k \binom{n}{k} = \sum_{k=0}^{n} \binom{n}{k} 1^{n-k} (-1)^k = (1-1)^n = 0.$

**c)** $\displaystyle \binom{n}{k} + \binom{n}{k-1} = \frac{n!}{k!(n-k)!} + \frac{n!}{(k-1)!(n-(k-1))!} =$

$\displaystyle = \frac{n!(n-k+1)}{k!(n-k+1)!} + \frac{n!\,k}{k!(n-k+1)!} = \frac{n!(n-k+1+k)}{k!(n-k+1)!} =$

$\displaystyle = \frac{(n+1)!}{k!(n+1-k)!} = \binom{n+1}{k}.$

**d)** $(b^n - b^{-n})^n = \sum_{k=0}^{n} \binom{n}{k} (b^n)^{n-k} (-b^{-n})^k = \sum_{k=0}^{n} \binom{n}{k} b^{n(n-k)} (-1)^k b^{-nk} =$

$= \sum_{k=0}^{n} \binom{n}{k} (-1)^k b^{n^2 - 2nk}$.　　　**e)** $32 + 80x + 80x^2 + 40x^3 + 10x^4 + x^5$.

**3.35** *Induktionsanfang:* Die zu beweisenden Formel ist für $n = 1$ richtig, denn es gilt: $(a + b)^1 = a + b$ und $\sum_{j=0}^{1} \binom{1}{j} a^{1-j} b^j = \binom{1}{0} a + \binom{1}{1} b = a + b$.

*Induktionsschluss:* Unter der Voraussetzung, dass die zu beweisende Formel für $n = k$ gilt, folgt für $n = k + 1$:

$$(a + b)^{k+1} = (a + b)^k \cdot (a + b) = \left( \sum_{j=0}^{k} \binom{k}{j} a^{k-j} b^j \right) \cdot (a + b)$$

$$= \sum_{j=0}^{k} \binom{k}{j} a^{k+1-j} b^j + \sum_{j=0}^{k} \binom{k}{j} a^{k-j} b^{j+1} \overset{(*)}{=} \sum_{j=0}^{k} \binom{k}{j} a^{k+1-j} b^j + \sum_{i=1}^{k+1} \binom{k}{i-1} a^{k-i+1} b^i$$

$$= \binom{k}{0} a^{k+1} b^0 + \left( \sum_{\ell=1}^{k} \left( \binom{k}{\ell} + \binom{k}{\ell-1} \right) a^{k+1-\ell} b^\ell \right) + \binom{k}{k} a^0 b^{k+1}$$

$$\overset{(**)}{=} \binom{k+1}{0} a^{k+1} b^0 + \left( \sum_{\ell=1}^{k} \binom{k+1}{\ell} a^{k+1-\ell} b^\ell \right) + \binom{k+1}{k+1} a^0 b^{k+1} = \sum_{\ell=0}^{k+1} \binom{k+1}{\ell} a^{k+1-\ell} b^\ell \,,$$

wobei in $\overset{(*)}{=}$ die Indextransformation $i = j + 1$ und in $\overset{(**)}{=}$ die in Aufg. 3.34c) bewiesene Formel verwendet worden sind.

**3.36** *Induktionsanfang:* Die zu beweisende Formel ist für $n = 1$ richtig, den ein Element kann auf genau $1 = 1!$ verschiedene Arten angeordnet werden.

*Induktionsschluss:* Wir setzen voraus, dass $n$ verschiedene Objekte auf genau $n!$ verschiedene Arten anzuordnen sind. Wenn wir nun das $(n + 1)$-te Element in eine beliebige Permutation der $n$ Elemente eingefügt haben, so gibt es genau $n + 1$ Möglichkeiten, nämlich das dazugekommene Element steht an der ersten, zweiten, ... oder $(n + 1)$-ten Stelle. Somit erhalten wir für die Anzahl der Permutationen aus $n + 1$ Elementen $(n + 1) \cdot n! = (n + 1)!$.

**3.37** $10! = 3\,628\,800$.

**3.38** Wir stellen uns vor, dass die 32 Karten des Skatspiels nach dem Mischen der Reihe nach angeordnet werden, d.h., jeder der 32 Karten wird eineindeutig eine der natürlichen Zahlen von 1 bis 32 zugeordnet.

Diese Anordnung unterteilen wir nun in die nebenstehenden vier Klassen. (Hierbei bezeichnet z.B. Vorderhand den Spieler, der als erster eine Karte legen darf.)

| Klasse | Nr. der Karten | Karten für |
|:------:|---------------:|:-----------|
| 1 | 1 bis 10 | Vorderhand |
| 2 | 11 bis 20 | Mittelhand |
| 3 | 21 bis 30 | Hinterhand |
| 4 | 31, 32 | Skat |

Für die Anzahl der möglichen Kartenverteilungen folgt nun $\dfrac{32!}{10! \cdot 10! \cdot 10! \cdot 2!} =$ 2753294408504640, da die Permutationen innerhalb der zehn Karten eines jeden Spielers und innerhalb des Skates dasselbe Spiel bedeuten.

**3.39** Wir stellen uns vor, dass in einer Urne drei Kugeln mit den Aufschriften „0", „1" bzw. „2" liegen. Wir füllen nun unseren Totoschein aus, indem wir zwölf mal eine Kugel ziehen und der Reihe nach gemäß der Aufschrift der gezogenen Kugel auf dem Totoschein ankreuzen, wobei aber nach jeder Ziehung die gezogene Kugel in die Urne zurück gelegt wird. Es handelt sich somit um eine Variation von $k = 12$ Ziehungen aus einer Gesamtheit von $n = 3$ Elementen (Kugeln). Somit ist die Anzahl der möglichen Tipps $3^{12} = 531441$.

**3.40 a)** In der Urne befinden sich 46 Kugeln mit den Aufschriften von 1 bis 46. Es wird nun sechs mal ohne Zurücklegen gezogen, wobei die Reihenfolge der gezogenen Kugeln nicht berücksichtigt wird, (denn nach am Ende der Ziehung werden die Lottozahlen der Reihe nach von der kleinsten bis zur größten angeordnet). Somit handelt es sich um eine Kombination ohne Wiederholung mit $k = 6$ und $n = 49$. Für die Anzahl der möglichen Tipps folgt $\binom{49}{6} = 13983816$.

**b)** Wir stelle uns vor, dass nach der Ziehung die sechs gezogenen Kugeln in Urne A und die $49 - 6 = 43$ nicht gezogenen Kugeln in Urne B liegen. Um einen „Dreier" zu erhalten, müssen wir somit drei Kugeln aus Urne A und drei Kugeln aus Urne B ziehen. Die Ziehungen sind wieder ohne Berücksichtigung der Anordnung und ohne Zurücklegen. Somit folgt für die mögliche Anzahl der „Dreier": $\binom{6}{3} \cdot \binom{43}{3} = 20 \cdot 12341 = 246820$. Analog erhalten wir Anzahl der möglichen „Fünfer": $\binom{6}{5} \cdot \binom{43}{1} = 6 \cdot 43 = 258$.

**3.41 a)** Es handelt sich um eine Variation mit Wiederholung mit der Lösung $5^{10} = 9765625$.   **b)** Es handelt sich um eine Ziehung vom Umfang $k = 10$ aus $n = 5$ Elementen, wobei die Anordnung nicht berücksichtigt wird (d.h. Kombination) und nach jeder Ziehung zurückgelegt wird. Somit folgt $\binom{10+5-1}{10} = 1001$. (Erläuterung: In der Urne befinden sich 5 Kugeln mit den Aufschriften der Fächer. Es wird nun zehn mal mit Zurücklegen gezogen und die 10 Gegenstände werden gemäß den Aufschriften der gezogenen Kugeln auf die 5 Fächer verteilt. Da die Gegenstände nicht zu unterscheiden sind, spielt die Reihenfolge der gezogenen Kugeln keine Rolle.)

**3.42** Die Grundmenge besteht aus $n = 2$ Elementen (Punkt, Strich). Aus dieser Grundmenge sollen maximal 5 Elemente, d.h. $1 \leq k \leq 5$, ausgewählt und in einer bestimmten Reihenfolge angeordnet werden. Hierbei sind Wiederholungen möglich, denn das gleiche Element kann in einem Morsezeichen mehrfach auftreten. (Z.B., „ -.-. " ist das Morsezeichen für den Buchstaben „C".) Somit handelt es sich um Variationen mit Wiederholung. Die gesuchte Anzahl $N$ aller Möglichkeiten ist somit $N = \sum_{k=1}^{5} n^k = \sum_{k=1}^{5} 2^k = 2 + 2^2 + 2^3 + 2^4 + 2^5 = 62$.

# Kapitel 4

# Ungleichungen und nichtlineare Gleichungssysteme

Nachdem wir uns im Abschn. 3.1 mit den Grundbegriffen der Mengenlehre beschäftigt haben, werden wir diese jetzt anwenden, um die Lösungsmengen von Ungleichungen und einfachen nichtlinearen Gleichungssystemen zu bestimmen. Mit der Lösung von linearen Gleichungssystemen, wozu es eine vollständig ausgearbeitete Theorie gibt, werden wir uns im Kapitel 5 beschäftigen.

## 4.1 Ungleichungen

Ungleichungen haben die Form $T_1 < T_2$, $T_1 \leq T_2$, $T_1 > T_2$ oder $T_1 \geq T_2$, wobei $T_1, T_2$ Terme bezeichnen (siehe die Einleitung zum Kapitel 2). Für Ungleichungen gelten die beiden Gesetze:

> 1.) Wenn die beiden Seiten einer Ungleichung miteinander vertauscht werden, so ist das Ungleichheitszeichen umzukehren.
> 2.) Aus $T_1 < T_2$ und $T_2 < T_3$ folgt $T_1 < T_3$
> (*Transitivität* der Relation „<")

*Bemerkung:* Analoge Aussagen gelten auch für die anderen Relationszeichen „$\leq, >, \geq$".

Im Folgenden wollen wır Ungleichungen, in denen wenigstens einer der Terme $T_1, T_2$ mindestens eine Variable enthält, betrachten und dafür die Lösungsmenge ermitteln. Unter der *Lösungsmenge* einer Ungleichung verstehen wir die Menge aller Lösungen dieser Ungleichung, das ist die Menge aller reellen Zahlen, welche für die Variable eingesetzt, die Ungleichung erfüllen (oder mit anderen Worten: die Ungleichung zu einer wahren Aussage machen).

Die Lösungsmenge wird durch formales Umformen der Ungleichung ermittelt, wobei bei der Anwendung der folgenden *Umformungsregeln für Ungleichungen* die Ungleichung in eine äquivalente Ungleichung (d.h., beide Ungleichungen haben dieselbe Lösungsmenge) übergeht.

| vor der Umformung | nach der Umformung |
|---|---|
| $T_1 < T_2$ | $T_1 \pm T_3 < T_2 \pm T_3$ für beliebigen Term $T_3$ |
| $T_1 < T_2$ | $T_1 \cdot T_3 \begin{cases} < T_2 \cdot T_3 & \text{wenn} \quad T_3 > 0 \\ > T_2 \cdot T_3 & \text{wenn} \quad T_3 < 0 \end{cases}$ |
| $T_1 < T_2$ | $T_1 : T_3 \begin{cases} < T_2 : T_3 & \text{wenn} \quad T_3 > 0 \\ > T_2 : T_3 & \text{wenn} \quad T_3 < 0 \end{cases}$ |

Wir wollen als wichtige Merkregeln für das äquivalente Umformen von Ungleichungen, welche durch die letzten beiden Zeilen der obigen Tabelle gegeben sind, notieren:

> Bei Punktrechnung („·, :") **müssen** wir eine **Fallunterscheidung** machen:
> 1.) Wenn der Term $T_3$, mit dem wir die Ungleichung multiplizieren oder durch den wir dividieren, *echt größer* 0 ist, so bleibt das Ungleichheitszeichen erhalten.
> 2.) Wenn der Term $T_3$, mit dem wir die Ungleichung multiplizieren oder durch den wir dividieren, *echt kleiner* 0 ist, so *dreht* sich das Ungleichheitszeichen *um*.

Wir wollen noch anmerken, dass die entsprechenden Regeln auch für die anderen Ungleichheitsrelationen „$\leq$, $>$, $\geq$" gelten.

**Aufg. 4.1** Bestimmen Sie die Lösungsmengen der linearen Ungleichungen:

a) $x+2 \geq 2x+3$,　b) $\dfrac{3+x}{15} > \dfrac{2x+1}{25}$,　c) $\dfrac{x-5}{3} \leq 1-x$,　d) $\dfrac{2x-1}{2} \leq x+1$,

e) $\dfrac{2x-1}{2} \geq x+1$,　f) $\dfrac{2x-3}{2} < \dfrac{2x-1}{-3}$. (Geben Sie die Lösung in der Intervallschreibweise an, siehe Abschn. 3.1, Aufg. 3.10.)

## Quadratische Ungleichungen

Um die Lösungsmenge einer quadratischen Ungleichung (z.B. $x^2 \leq 3x - 2$) zu bestimmen, formen wir die Ungleichung äquivalent so um, dass auf einer Seite der Ungleichung 0 steht (in unserem Beispiel: $x^2 - 3x + 2 \leq 0$). Im nächsten Schritt wird der Term auf der anderen Seite, welcher ein quadratisches Polynom $P_2(x)$ ist, als Produkt der Faktoren „$x$ − Nullstelle" geschrieben. Gemäß Abschn. 2.1, Aufg. 2.1, haben wir drei Fälle zu unterscheiden:

1. Fall. Das quadratische Polynom $P_2(x)$ hat zwei voneinander verschiedene reelle Nullstellen $x_1 \neq x_2$, womit $P_2(x) = (x - x_1)(x - x_2)$ folgt. Wir verwenden jetzt die Eigenschaften reeller Zahlen:
1.) Ein Produkt aus zwei Faktoren ist genau dann $\geq 0$, wenn die beiden Faktoren $\geq 0$ sind oder aber wenn beide Faktoren $\leq 0$ sind.
2.) Ein Produkt aus zwei Faktoren ist genau dann $\leq 0$, wenn einer der beiden Faktoren $\leq 0$ ist und der andere $\geq 0$ ist.

In unserem Beispiel gilt $x_1 = 1, x_2 = 2$ und somit:
$x^2 - 3x + 2 = (x - 1)(x - 2)$. Wir erhalten damit die Ungleichung
$(x - 1)(x - 2) \leq 0$. Wegen der obigen Eigenschaft 2.) erhalten wir für die Lösungsmenge $L = L_1 \cup L_2$, wobei $L_1 = \{x \in \mathbb{R} | x - 1 \leq 0$ und $x - 2 \geq 0\}$ ist (d.h., der erste Faktor ist $\leq 0$ und der zweite $\geq 0$) und
$L_2 = \{x \in \mathbb{R} | x - 1 \geq 0$ und $x - 2 \leq 0\}$ gilt. Aus
$L_1 = \{x \in \mathbb{R} | x \leq 1$ und $x > 2\} = \emptyset$ und
$L_2 = \{x \in \mathbb{R} | x \geq 1$ und $x \leq 2\} = [1, 2]$ erhalten wir $L = L_1 \cup L_2 = [1, 2]$.

2. Fall. $P_2(x)$ hat eine reelle Doppelwurzel $x_1$, d.h. $P_2(x) = (x - x_1)^2$. Da unsere gegebene Ungleichung in $P_2(x) \geq 0$ äquivalent umgeformt worden ist, folgt für die Lösungsmenge $L = \mathbb{R}$, weil das Quadrat $(x - x_1)^2$ immer $\geq 0$ ist. Im Falle von $P_2(x) \leq 0$ folgt $L = \{x_1\}$ (warum?).

3. Fall. Das Polynom $P_2(x)$ hat keine reellen Nullstellen. In diesem Fall gilt entweder $P_2(x) > 0$ oder $P_2(x) < 0$ für alle $x \in \mathbb{R}$. Welche Alternative gilt, ermitteln wir einfach, indem wir für $x$ einen speziellen Wert (günstig ist, $x_0 = 0$ zu wählen) in $P_2$ einsetzen. Wenn $P_2(0) > 0$ (bzw. $P_2(0) < 0$) gilt, so folgt $P_2(x) > 0$ (bzw. $(P_2(x) < 0$) für alle $x \in \mathbb{R}$. Hieraus erhalten wir dann die gesuchte Lösungsmenge.

*Bemerkung:* Wenn in der gegebenen Ungleichung das Relationszeichen $<$ oder $>$ auftritt, so gehen wir ebenfalls wie oben beschrieben vor. Wir müssen dann aber an den betreffenden Stellen den Fall $= 0$ ausschließen, d.h., anstelle von $\geq 0$ wird dann $> 0$ gesetzt (bzw. anstelle von $\leq 0$ wird $< 0$ gesetzt).

**Aufg. 4.2** Ermitteln Sie die Lösungsmenge von: a) $x^2 > 5x - 6$,

b) $-2x^2 - 11x - 9 > x + 4$,    c) $-x^2 + 2x - 4 \geq 1$,    d) $x^2 + 1 > 2x$,

e) $-x^2 - 2x + 4 > 1$,    f) $-x^2 - 2x - 4 \leq 1$,    g) $x^2 - 4x \leq -4$,

h) $x^2 - 4x + 3 > \dfrac{1}{2} x + 1$.

**Bruchungleichungen**

Beim Lösen von Ungleichungen mit Brüchen multiplizieren wir beide Seiten der Ungleichung mit einem *Hauptnenner* der auftretenden Brüche. Da jedoch beim Multiplizieren der beiden Seiten einer Ungleichung beachtet werden muss, ob der Faktor positiv oder negativ ist (bei negativem Faktor ist das Relationszeichen umzudrehen), müssen wir eine Fallunterscheidung bezüglich des Vorzeichens des Hauptnenners machen. Wir betrachten hierzu ein

**Beispiel:** Ermitteln Sie die Lösungsmenge von $\dfrac{2}{x+1} \leq 1$.

*Lösung:* In Abhängigkeit vom Vorzeichen des Nenners $x+1$ auf der linken Seite der Ungleichung betrachten wir die folgenden beiden Fälle.

<u>1. Fall:</u> Wir setzen $x \in I_1 = (-1, \infty)$ voraus. Es gilt somit $x > -1$ und damit für den Nenner $x + 1 > 0$. Wir multiplizieren die gegebene Ungleichung mit $x + 1$ und erhalten $2 \leq x + 1$, woraus $1 \leq x$ und damit $x \in I_2 = [1, \infty)$ folgen. Als Lösungsmenge für den ersten Fall erhalten wir

$$L_1 = I_1 \cap I_2 = (-1, \infty) \cap [1, \infty) = [1, \infty),$$

denn es müssen sowohl die Voraussetzung $x \in I_1$ als auch die errechnete Bedingung $x \in I_2$ erfüllt sein.

<u>2. Fall:</u> Unter der Voraussetzung $x \in I_3 = (-\infty, -1)$ erhalten wir $x < -1$ und damit für den Nenner $x + 1 < 0$. Wir multiplizieren die gegebene Ungleichung mit $x + 1$ und drehen das Ungleicheitszeichen um: $2 \geq x + 1$. Hieraus folgen $1 \geq x$ und dann $x \in I_4 = (-\infty, 1]$. Als Lösungsmenge für den 2. Fall erhalten wir $L_2 = I_3 \cap I_4 = (-\infty, -1) \cap (-\infty, 1] = (-\infty, -1)$.

Als Gesamtlösung folgt somit $L = L_1 \cup L_2 = (-\infty, -1) \cup [1, \infty)$.

**Aufg. 4.3** Bestimmen Sie die Lösungsmengen von: a) $\dfrac{3x - 8}{2x - 1} > -5$,

b) $\dfrac{3x + 9}{2x - 3} > 6$,   c) $\dfrac{2x}{2x - 1} \leq \dfrac{x}{x + 2}$,   d) $\dfrac{x}{x - 1} + \dfrac{1}{x + 2} < \dfrac{9}{3x - 2}$,

e) $\dfrac{x + 1}{x - 1} \geq 3$,   f) $\dfrac{x^2 - 4x}{2x - 5} \geq 1$,   g) $\dfrac{x^2 - 9}{2x - 1} \leq 1$, h) g) $\dfrac{1 - x}{1 + x} \leq h$.

**Systeme von Ungleichungen in einer Variablen**

Wenn ein System von Ungleichungen gegeben ist (d.h., es sind mehrere Ungleichungen gegeben, die gleichzeitig gelten sollen), so ist die Lösungsmenge der Durchschnitt der Lösungsmengen der einzelnen Ungleichungen des Systems.

**Aufg. 4.4** Ermitteln Sie die Lösungsmengen der folgenden Ungleichungssy-

steme: a) $\begin{cases} \dfrac{x-1}{3} & < \quad 2 \\ x-1 & \geq \quad \dfrac{x+8}{5} \end{cases}$ b) $\begin{cases} 2,5\,(1-4x) & > \quad 2,5x - 10 \\ 5 - 0,2x & > \quad 3 - \dfrac{x}{3} \end{cases}$

c) $-1 < \dfrac{7x-3}{8x-5} < 1$.

**Aufg. 4.5** Für welche $x \in \mathbb{R}$ gilt
a) $\ln(4+2x) \leq 1$, b) $\sqrt{3x-4} < 1$,
c) $e^{2x-1} \leq 1$, d) $(x^2 - x - 2)(x^2 + x - 2) > 0$?

# 4.2 Ungleichungen mit Beträgen

Wir werden zwei Möglichkeiten zur Bestimmung der Lösungsmenge einer Ungleichung, in der auch Beträge auftreten, kennen lernen. Als erstes behandeln wir die analytische (d.h. rein rechnerische) Methode. Diese beruht auf einer Fallunterscheidung, um die auftretenden Beträge aufzulösen. Als zweites behandeln wir die halbgrafische Methode, in welcher wir anhand einer Skizze der auftretenden Funktionen die Lösungsmenge zuerst angenähert ermitteln, um diese dann nachträglich genau zu berechnen. Hierdurch können wir eine Fallunterscheidung vermeiden.

### Analytische Methode

Um auftretende Beträge auflösen (beseitigen) zu können, wollen wir uns zuerst an die Definition des Betrages $|x| = \begin{cases} x & \text{für } x \geq 0 \\ -x & \text{für } x < 0 \end{cases}$ einer reellen Zahl $x$ erinnern und als Folgerung die folgende Formel für reelle Zahlen $m, a, x \in \mathbb{R}$ mit $m \neq 0$ notieren:

| Voraussetzung | |
|---|---|
| $m > 0$ | $|mx - a| = \begin{cases} mx - a & \text{für } x \geq \dfrac{a}{m} \\ a - mx & \text{für } x < \dfrac{a}{m} \end{cases}$ |
| $m < 0$ | $|mx - a| = \begin{cases} mx - a & \text{für } x \leq \dfrac{a}{m} \\ a - mx & \text{für } x > \dfrac{a}{m} \end{cases}$ |

Um eine Ungleichung, in welcher Beträge auftreten, zu lösen, müssen zunächst mit Hilfe einer Fallunterscheidung und der oben gegebenen Formel für $|mx - a|$ die Beträge beseitigt werden. Wir veranschaulichen das an einem einfachen **Beispiel:** Für welche $x \in \mathbb{R}$ gilt $|3 - 5x| > 5$?

*Lösung:* Um das Betragszeichen auf der linken Seite der Ungleichung zu beseitigen, betrachten wir die beiden Fälle 1.) $x \leq \frac{3}{5}$ und 2.) $x > \frac{3}{5}$.

1. Fall: Voraussetzung $x \in I_1 = (-\infty, \frac{3}{5}]$. Aus der oben gegebenen Formel (mit $m = -5$, $a = -3$) erhalten wir aus $|3 - 5x| > 5$ die Ungleichung $3 - 5x > 5$ mit der zugehörigen Lösung $x < -\frac{2}{5}$, d.h. $x \in I_2 = (-\infty, -\frac{2}{5})$.

Für den 1. Fall erhalten wir die Lösungsmenge $L_1 = I_1 \cap I_2 = (-\infty, -\frac{2}{5})$.

2. Fall: Voraussetzung $x \in I_3 = (\frac{3}{5}, \infty)$. Aus der betrachteten Ungleichung folgt nun $5x - 3 > 5$ mit der Lösung $x > \frac{8}{5}$, d.h. $x \in I_4 = (\frac{8}{5}, \infty)$. Als Lösungsmenge im 2. Fall erhalten wir $L_2 = I_3 \cap I_4 = (\frac{8}{5}, \infty)$.

Für die Gesamtlösung gilt somit $L = L_1 \cup L_2 = (-\infty, -\frac{2}{5}) \cup (\frac{8}{5}, \infty)$.

**Aufg. 4.6** Berechnen Sie $|x - y| + |2x + y|$ für
a) $x = -2$, $y = -13$,    b) $x = 3$, $y = -6$,    c) $x = 4$, $y = -9$.

**Aufg. 4.7** Die folgenden Ausdrücke sind ohne Betragszeichen zu schreiben:

a) $\dfrac{x + |x|}{2}$,    b) $\dfrac{(x - y)^2 - x|x + y|}{|x - y|}$,    c) $\dfrac{|x + 3| + |x - 3|}{|x + 3| - |x - 3|}$.

**Aufg. 4.8** Bestimmen Sie die Lösungsmengen für die folgenden Ungleichungen:    a) $|2x - 5| > 2|x + 1|$,    b) $|3 - 2x| > 5$,    c) $|2x - 3| \leq 6$,
d) $-x^2 + |2x - 4| \geq 1$,    e) $-x^2 + |2x + 4| \geq 1$    f) $|x - 5| + |3 - x| > 2$.

**Aufg. 4.9** Für welche $(x, y) \in \mathbb{R} \times \mathbb{R} = \mathbb{R}^2$ sind die folgenden Ungleichungen erfüllt? Skizzieren Sie die zugehörigen Lösungsmengen in der $(x, y)$-Ebene.
a) $|x - 3| + |y + 4| \leq 2$,    b) $|x + y - 1| \leq |x - y + 1|$.

## Halbgrafische Methode

Wir lernen jetzt die halbgrafische Methode, welche besonders zur Lösung von Ungleichungen mit Beträgen geeignet ist, kennen. Diese Methode wird in zwei Schritten ausgeführt.

*1. Schritt:* Die gegebene Ungleichung wird äquivalent so umgeformt, dass die beiden Funktionen, welche auf der linken bzw. rechten Seite der Ungleichung stehen, „bequem" skizziert werden können. Beim Anfertigen der Skizze des Funktionsgraphen (oder des Funktionsbildes) einer Betragsfunktion $y = |f(x)|$ ist es zweckmäßig, zuerst die zugehörige Funktion $y = f(x)$ ohne Betragszeichen zu skizzieren und dann den Teil des Funktionsbildes, welcher unterhalb der $x$-Achse liegt, an der $x$-Achse „nach oben" zu spiegeln. Hierdurch erhalten wir das Bild der Funktion $y = |f(x)|$. Anhand der Skizze ermitteln wir grob die Lage des Lösungsintervalls.

*2. Schritt:* Das Lösungsintervall wird jetzt genau berechnet, wobei wir die Abszissen ($x$-Werte) von den im 1. Schritt ermittelten Schnittpunkten zwischen den betreffenden Funktionsgraphen berechnen.

Zur Veranschaulichung der obigen zwei Schritte lösen wir die in Aufg. 4.8a) gegebene Ungleichung halbgrafisch.

**Beispiel:** Bestimmen Sie halbgrafisch die Lösungsmenge von
$|2x - 5| > 2|x + 1|$.

*1. Schritt:* Die rechte Seite der gegebenen Ungleichung formen wir äquivalent mittels $2|x+1| = |2x+2|$ um und erhalten die Ungleichung $|2x-5| > |2x+2|$. Es werden jetzt die Bilder der Funktionen $y = |2x - 5|$ und $y = |2x + 2|$ skizziert:

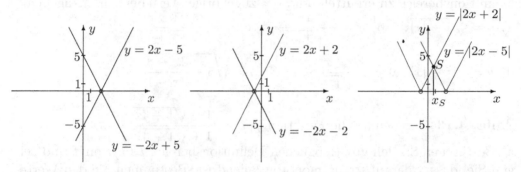

Um $y = |2x - 5|$ zu skizzieren, zeichnen wir zunächst die Gerade $y = 2x - 5$ und spiegeln dann den Teil des Graphen, welcher unterhalb der $x$-Achse liegt, an der $x$-Achse nach „oben". In gleicher Weise zeichnen wir $y = |2x + 2|$. Um die gegebene Ungleichung zu lösen, bemerken wir, dass die Ungleichung für ein spezielles $x_1$ genau dann erfüllt ist, wenn der Graph von $y = |2x + 2|$ an der Stelle $x = x_1$ „echt unterhalb" des Graphen von $y = |2x - 5|$ liegt (d.h., es gilt $|2x_1+2| < |2x_1-5|$). Aus der dritten obigen Skizze ersehen wir, dass das genau dann der Fall ist, wenn $x < x_S$ gilt, wobei $x_S$ die Abszisse des Schnittpunktes $S$ der beiden Funktionsgraphen $y = |2x - 5|$, $y = |2x + 2|$ bezeichnet.

*2. Schritt:* Um die Abszisse des Schnittpunktes $S$ zu berechnen, bemerken wir anhand der ersten beiden obigen Skizzen, dass $S$ der Schnittpunkt der beiden Geraden $y = 2x + 2$ und $y = -2x + 5$ ist. Durch Gleichsetzen erhalten wir $2x + 2 = -2x + 5$, woraus $x_S = \frac{3}{4}$ folgt. Somit erhalten wir die Lösungsmenge $L = (-\infty, \frac{3}{4})$.

**Aufg. 4.10** Für welche reellen $x$ gelten die folgenden Ungleichungen? Wenden Sie die halbgrafische Methode an.     a) $|x^2 - 16| < 2x - 1$,

b) $|x^2 - 5x| \le x$,     c) $\dfrac{|x^2 - 16|}{2x - 1} < 1$,     d) $|(x-1)(x-2)| \le \dfrac{1}{8}$,     e) $\left|\dfrac{7x - 3}{8x - 5}\right| < 1$,

f) $|\sin x| > |\cos x|$.

**Aufg. 4.11** Lösen Sie Aufg. 4.8 halbgrafisch und vergleichen Sie die Ergebnisse.

### Anwendungen

Die folgenden beiden Aufgaben beinhalten eine Anwendung des Rechnens mit Ungleichungen auf Fragestellungen zu Funktionen (s. Abschn. 3.2).

**Aufg. 4.12** Von folgenden Funktionen $y = f(x)$ sind in $\mathbb{R}$ der größtmögliche Definitionsbereich zu ermitteln und der zugehörige Wertebereich anzugeben:

a) $y = \sqrt{1 - |x|}$,     b) $y = \dfrac{1}{\sqrt{|x| - x}}$,     c) $y = \dfrac{1}{\sqrt{x - |x|}}$,

d) $y = 3x^2 + |x|$, e) $y = \dfrac{x}{\sqrt{1 - x^2}}$,     f) $y = \sqrt{5 + \dfrac{3x - 8}{2x - 1}}$.

**Aufg. 4.13** Gegeben sei die Funktion $f(x) = \dfrac{1 - \sqrt{1 + 4x}}{1 + \sqrt{1 + 4x}}$.

a) Bestimmen Sie den größtmöglichen Definitionsbereich $\mathcal{D}(f)$ von $f$ und zeigen Sie, dass $f$ darauf streng monoton fallend ist. Bestimmen Sie den Wertebereich $\mathcal{W}(f)$. b) Bestimmen Sie die Umkehrfunktion $f^{-1}$ von $f$.

## 4.3   Nichtlineare Gleichungssysteme

In diesem Abschnitt beschäftigen wir uns mit der Lösung von Gleichungssystemen, die aus zwei nichtlinearen Gleichungen mit zwei Unbekannten $x, y$ bestehen. Als *Lösung* bezeichnen wir die Menge derjenigen Zahlenpaare $x_0, y_0$, für welche die beiden gegebenen Gleichungen (gleichzeitig) erfüllt sind. Weiterhin werden zwei Gleichungssysteme *äquivalent* genannt, wenn sie die gleichen Lösungsmengen besitzen.

   Die Lösung wird in vier Schritten ausgeführt.
*1. Schritt:* Eine Variable wird in einer der beiden gegebenen Gleichungen mit Hilfe der anderen Gleichung eliminiert (d.h. beseitigt), so dass wir dann eine Gleichung, die nur noch eine Variable (entweder $x$ oder $y$) enthält, erhalten. Hierzu gibt es die folgenden drei Möglichkeiten:

a) *Einsetzungsverfahren.* Hierbei wird eine der gegebenen Gleichungen nach $x$ oder $y$ aufgelöst und das Ergebnis dann in die andere Gleichung eingesetzt, wodurch diese Variable dann in dieser Gleichung eliminiert wird.

b) *Gleichsetzungsverfahren.* Es werden die beiden gegebenen Gleichungen so äquivalent umgeformt, dass auf den linken Seiten jeweils der gleiche Term $T_1$ steht und auf den rechten Seiten Terme $T_2$ und $T_3$ stehen, die eine der Variablen (entweder $x$ oder $y$) nicht mehr enthalten. Unser gegebenes Gleichungssystem wird somit in das äquivalente Gleichungssystem $T_1 = T_2$, $T_1 = T_3$ umgeformt. Durch Gleichsetzen der rechten Seiten erhalten wir die Gleichung $T_2 = T_3$, in der eine der Variablen $x, y$ nicht mehr auftritt.

c) *Additionsverfahren.* Die Lösungsmenge eines Gleichungssystems verändert sich nicht, wenn ein reellzahliges Vielfaches einer Gleichung zu einer anderen addiert und diese Gleichung dann durch das Ergebnis dieser Addition ersetzt wird. Hierdurch kann es möglich sein, eine der Variablen $x$ oder $y$ aus einer der gegebenen Gleichungen zu eliminieren.

*2. Schritt:* Die im 1. Schritt erhaltene Gleichung einer Variablen wird nach dieser Variablen aufgelöst, wobei je nach Typ dieser Gleichung die im Kapitel 2 behandelten Methoden angewendet werden.

*3. Schritt:* Die im 2. Schritt errechneten Lösungen werden in eine der beiden Gleichungen des gegebenen Gleichungssystems eingesetzt und daraus die zugehörige zweite Variable errechnet.

*4. Schritt:* Wenn wir in einem der obigen Schritte nichtäquivalente Umformungen vorgenommen haben, so *müssen* wir eine Probe machen, um mögliche Scheinlösungen auszusondern.

*Bemerkung:* Während lineare Gleichungssyteme immer lösbar sind (siehe Abschn. 5.2), kann die Lösung nur für spezielle nichtlineare Gleichungssysteme berechnet werden, denn die obigen Schritte 1 bis 3 sind nur in Spezialfällen ausführbar.

Wir veranschaulichen jetzt die oben gegebenen Lösungsschritte an einem

**Beispiel:** Lösen Sie das Gleichungssystem $\begin{cases} \sin^2 x + \cos^2 y &= 1,5 \\ \cos^2 x - \sin^2 y &= 0,5 \end{cases}$ .

*1. Schritt:* Wir wenden das in c) gegebene Additionsverfahren an und ersetzen die erste Gleichung des Systems durch:
1. Gleichung + 2. Gleichung : $(\sin^2 x + \cos^2 x) + (\cos^2 y - \sin^2 y) = 2$.
Da $\sin^2 x + \cos^2 x = 1$ und $\cos^2 y - \sin^2 y = \cos 2y$ gilt[1], erhalten wir aus der letzten Gleichung die Gleichung $1 + \cos 2y = 2$ und dann $\cos 2y = 1$, welche

---

[1]Es wird $\alpha = \beta = y$ im Additionstheorem $\cos(\alpha + \beta) = \cos\alpha\cos\beta - \sin\alpha\sin\beta$ gesetzt, s. Abschn. 2.3

nur noch die Variable $y$ enthält.

*2. Schritt:* Aus der Gleichung $\cos 2y = 1$ erhalten wir sofort die Lösungsmenge $2y_k = 2k\pi$ und damit $y_k = k\pi$, $k = 0, \pm 1, \pm 2, \ldots$.

*3. Schritt:* Wir setzen $y_k = k\pi$, $k = 0, \pm 1, \pm 2, \ldots$, in die erste Gleichung des gegebenen Gleichungssystems ein und erhalten $\sin^2 x + \cos^2(k\pi) = \frac{3}{2}$, woraus wegen $\cos^2(k\pi) = 1$ folgt: $\sin^2 x = \frac{1}{2}$. Wir ziehen aus der letzten Gleichung die Quadratwurzel und erhalten die beiden Gleichungen $\sin x = \pm\frac{1}{2}\sqrt{2}$ (wir erinnern uns, dass $\sqrt{\frac{1}{2}} = \frac{1}{2}\sqrt{2}$ gilt, siehe Aufg. 1.31a)). Für die erste Gleichung $\sin x = \frac{1}{2}\sqrt{2}$ erhalten wir die beiden Lösungsserien:

$$x_{1,s} = \frac{\pi}{4} + 2s\pi, \quad x_{2,s} = \frac{3}{4}\pi + 2s\pi, \quad s = 0, \pm 1, \pm 2, \ldots,$$

und für die zweite Gleichung $\sin x = -\frac{1}{2}\sqrt{2}$ die beiden Lösungsserien:

$$x_{3,s} = \frac{5}{4}\pi + 2s\pi, \quad x_{4,s} = \frac{7}{4}\pi + 2s\pi, \quad s = 0, \pm 1, \pm 2, \ldots.$$

Wenn wir in den vier Serien jeweils $\frac{\pi}{4}$ ausklammern, so erhalten wir:

$$x_{1,s} = (8s+1)\,\frac{\pi}{4}, \; x_{2,s} = (8s+3)\,\frac{\pi}{4}, \; x_{3,s} = (8s+5)\,\frac{\pi}{4}, \; x_{4,s} = (8s+7)\,\frac{\pi}{4}$$

und sehen, dass alle ungeradzahligen Vielfachen von $\frac{\pi}{4}$ auftreten. Wir können somit die vier Serien zu einer Serie zusammenfassen:

$$x_n = (2n+1)\,\frac{\pi}{4}, \quad n = 0, \pm 1, \pm 2, \ldots$$

*4. Schritt:* Als Lösung hatten wir im 2. und 3. Schritt die Menge der Paare

$$\begin{aligned} L &= \{(x_n, y_k)|\, n = 0, \pm 1, \pm 2, \ldots; \, k = 0, \pm 1, \pm 2, \ldots\} \\ &= \{(x_n, y_k)|\, n \in \mathbb{Z}, k \in \mathbb{Z}\} \end{aligned}$$

erhalten. Wir setzen $x_n, y_k$ in die linke Seite der ersten Gleichung des gegebenen Gleichungssystems ein und erhalten:

$$\sin^2\left((2n+1)\,\frac{\pi}{4}\right) + \cos^2(k\pi) = \left(\pm\frac{1}{2}\sqrt{2}\right)^2 + (\pm 1)^2 = \frac{1}{2} + 1 = \frac{3}{2},$$

was mit der rechten Seite der ersten Gleichung übereinstimmt. Wir setzen dann $x_n, y_k$ in die linke Seite der zweiten Gleichung ein und erhalten:

$$\cos^2\left((2n+1)\,\frac{\pi}{4}\right) - \sin^2(k\pi) = \left(\pm\frac{1}{2}\sqrt{2}\right)^2 + 0^2 = \frac{1}{2},$$

was mit der rechten Seite der zweiten Gleichung übereinstimmt. Somit existieren keine Scheinlösungen und die obige Menge $L$ ist die gesuchte Lösungsmenge.

**Aufg. 4.14** Lösen Sie die folgenden Gleichungssysteme:

a) $\begin{cases} 6x^2 + 4y &= 0 \\ 4x - 6y^2 &= 0 \end{cases}$     b) $\begin{cases} x^2 + y^2 &= 5 \\ xy &= 2 \end{cases}$     c) $\begin{cases} x^2 + y^2 &= a \\ xy &= b \end{cases}$

($a, b$ sind reelle Parameter)     d) $\begin{cases} x^2 + 2xy + y^2 &= 31 \\ x^2 - 3xy + y^2 &= 1 \end{cases}$

**Aufg. 4.15** Bestimmen Sie reelle Zahlen $A, \varphi$, so dass die Gleichung $3 \sin x + 4 \cos x = A \sin(x + \varphi)$ für alle $x \in \mathbb{R}$ gilt.
(*Hinweis:* Zwei Funktionen $f(x), g(x)$ heißen *linear unabhängig*, wenn zwischen ihnen nur die triviale Nullrelation besteht, d.h., aus $c_1 f(x) + c_2 g(x) = 0$ für alle $x \in \mathbb{R}$ mit Konstanten $c_1, c_2 \in \mathbb{R}$ folgt notwendig $c_1 = c_2 = 0$.
Verwenden Sie, dass $f(x) = \sin x$ und $g(x) = \cos x$ linear unabhängig sind, und stellen Sie das Gleichungssystem $c_1 = 0, c_2 = 0$ auf, indem Sie $c_1$ und $c_2$ berechnen. Wenden Sie hierzu das Additionstheorem der Sinusfunktion auf der rechten Seite der gegebenen Gleichung an.)

## 4.4  Lösungen der Aufgaben aus Kapitel 4

**4.1 a)** $L = (-\infty, -1]$.     **b)** $L = (-\infty, 12)$.     **c)** $(-\infty, 2]$.

**d)** Wir multiplizieren die gegebene Ungleichung mit 2 und erhalten $2x - 1 \leq 2x + 2$, woraus die richtige Aussage $-1 \leq 2$ folgt. Die gegebene Ungleichung ist somit für alle $x \in \mathbb{R}$ erfüllt, d.h., die Lösungsmenge ist $\mathbb{R}$.

**e)** Wenn wir die gleichen Rechenschritte wie in d) anwenden, erhalten wir die falsche Aussage $-1 \geq 2$. Somit ist die Ungleichung für kein $x \in \mathbb{R}$ erfüllt, d.h., für die Lösungsmenge gilt $L = \emptyset$.

**f)** Wir multiplizieren beide Seiten der gegebenen Ungleichung mit $2 \cdot (-3) = -6$ und müssen beachten, dass sich das Ungleichheitszeichen „*umdreht*", da $-6 < 0$ gilt: $-3 \cdot (2x - 3) > 2 \cdot (2x - 1)$. Wir lösen die Klammern auf beiden Seiten der Ungleichung auf und erhalten: $-6x + 9 > 4x - 2$. Wir addieren zu beiden Seiten der Ungleichung den Term $6x + 2$ und erhalten: $11 > 10x$. Wir dividieren die letzte Ungleichung durch 10, wobei das Ungleichheitszeichen „erhalten" bleibt, da $10 > 0$ gilt: $1,1 > x$. Somit erhalten wir die Lösungsmenge $L = \{x \in \mathbb{R} \mid x < 1,1\} = (-\infty, \frac{11}{10}) = (-\infty; 1,1)$.

**4.2 a)** Aus $x^2 - 5x + 6 = 0$ erhalten wir die Nullstellen $x_1 = 2$, $x_2 = 3$, womit die gegebene Ungleichung äquivalent umgeformt wird in: $(x - 2)(x - 3) > 0$. Nach dem 1. Fall des Lösungsschemas für quadratische Ungleichungen erhalten wir als Lösungsmenge $L = L_1 \cup L_2$ mit

$L_1 = \{x \in \mathbb{R} \mid x - 2 > 0 \text{ und } x - 3 > 0\} = (3, \infty)$ und

$L_2 = \{x \in \mathbb{R} \mid x - 2 < 0 \text{ und } x - 3 < 0\} = (-\infty, 2)$.
Somit gilt $L = (-\infty, 2) \cup (3, \infty)$.

**b)** Die gegebene Ungleichung wird äquivalent umgeformt in: $x^2 + 6x + \frac{13}{2} < 0$.
Als Nullstellen von $P_2(x) = x^2 + 6x + \frac{13}{2}$ finden wir $x_{1,2} = -3 \pm \sqrt{2,5}$. Somit ist die Ausgangsungleichung äquivalent zu:
$$\left[x - \left(-3 + \sqrt{2,5}\right)\right]\left[x - \left(-3 - \sqrt{2,5}\right)\right] < 0.$$
Als Lösungsmenge erhalten wir $L = L_1 \cup L_2$
mit $L_1 = \{x \in \mathbb{R} \mid x > -3 + \sqrt{2,5} \text{ und } x < -3 - \sqrt{2,5}\} = \emptyset$ und
$L_2 = \{x \in \mathbb{R} \mid x < -3 + \sqrt{2,5} \text{ und } x > -3 - \sqrt{2,5}\} = (-3 - \sqrt{2,5}\,;\, -3 + \sqrt{2,5})$.
Somit gilt $L = (-3 - \sqrt{2,5}\,;\, -3 + \sqrt{2,5})$.

**c)** Die gegebene Ungleichung wird äquivalent umgeformt in: $x^2 - 2x + 5 \leq 0$.
Da $P_2(x) = x^2 - 2x + 5 = 0$ keine reellen Lösungen hat, wird der 3. Fall unseres Lösungsschemas betrachtet. Aus $P_2(0) = 5$ erhalten wir den Widerspruch $5 \leq 0$, und somit hat die betrachtete Ungleichung keine reellen Lösungen, d.h. $L = \emptyset$.

**d)** Die gegebene Ungleichung wird äquivalent umgeformt in $(x - 1)^2 > 0$. Als Lösungsmenge erhalten wir somit $L = \{x \in \mathbb{R} \mid x \neq 1\} = \mathbb{R} \setminus \{1\}$.

**e)** $L = (-3, 1)$. **f)** $L = \mathbb{R} = (-\infty, \infty)$. **g)** $L = \{2\}$. **h)** $L = (-\infty, \frac{1}{2}) \cup (4, \infty)$.

**4.3 a)** 1. Fall: Voraussetzung ist $x \in I_1 = (\frac{1}{2}, \infty)$. Hieraus folgt $2x - 1 > 0$, und nach Multiplikation beider Seiten der gegebenen Ungleichung mit $2x - 1$ erhalten wir: $3x - 8 > -5(2x - 1)$. Aus der letzten Ungleichung folgt $x > 1$ und damit $x \in I_2 = (1, \infty)$. Als Lösungsmenge im 1. Fall erhalten wir:
$L_1 = I_1 \cap I_2 = (\frac{1}{2}, \infty) \cap (1, \infty) = (1, \infty)$.
2. Fall: Voraussetzung ist $x \in I_3 = (-\infty, \frac{1}{2})$. Aus $x \in I_3$ folgt $2x - 1 < 0$ und somit dreht sich das Ungleichheitszeichen nach der Multiplikation beider Seiten der gegebenen Ungleichung mit $2x - 1$ um. Wir erhalten: $3x - 8 < -5(2x - 1)$. Hieraus folgt $x < 1$, d.h. $x \in I_4 = (-\infty, 1)$. Die Lösungsmenge im 2. Fall ist somit $L_2 = I_3 \cap I_4 = (-\infty, \frac{1}{2}) \cap (-\infty, 1) = (-\infty, \frac{1}{2})$.
Gesamtlösung: $L = L_1 \cup L_2 = (-\infty, \frac{1}{2}) \cup (1, \infty)$.     **b)** $L = (\frac{3}{2}, 3)$.

**c)** Da wir mit dem Hauptnenner $(2x - 1)(x + 2)$ die gegebene Ungleichung multiplizieren wollen, müssen wir zunächst bestimmen, in welchem Intervall dieser positiv und in welchem dieser negativ ist.

*1. Schritt:* Vorzeichen des Hauptnenners $(2x - 1)(x + 2)$. Wir betrachten die beiden Faktoren des Hauptnenners und finden:

Es gilt $2x - 1 > 0$, genau dann wenn $x > 0,5$ gilt, d.h. $x \in I_1 = (\frac{1}{2}, \infty)$.
Es gilt $2x - 1 < 0$, genau dann wenn $x < 0,5$ gilt, d.h. $x \in I_2 = (-\infty, \frac{1}{2})$.
Es gilt $x + 2 > 0$, genau dann wenn $x > -2$ gilt, d.h. $x \in I_3 = (-2, \infty)$.

Es gilt $x + 2 < 0$, genau dann wenn $x < -2$ gilt, d.h. $x \in I_4 = (-\infty, -2)$.
Da das Produkt $(2x - 1)(x + 2)$ genau dann positiv ist, wenn beide Faktoren positiv oder beide Faktoren negativ sind, hat der Hauptnenner genau dann positives Vorzeichen, wenn $x \in (I_1 \cap I_3) \cup (I_2 \cap I_4) = (\frac{1}{2}, \infty) \cup (-\infty, -2)$ gilt.
Da das Produkt $(2x - 1)(x + 2)$ genau dann negativ ist, wenn einer der Faktoren positiv und der andere negativ ist, hat der Hauptnenner negatives Vorzeichen, genau dann wenn $x \in (I_1 \cap I_4) \cup (I_2 \cap I_3) = \emptyset \cup (-2, \frac{1}{2})$ gilt.

*2. Schritt:* Fallunterscheidung.
1. Fall: Voraussetzung $x \in (-\infty, -2) \cup (\frac{1}{2}, \infty)$. Wir multiplizieren die beiden Seiten der gegebenen Ungleichung mit dem Hauptnenner $(2x - 1)(x + 2)$ und erhalten: $2x(x + 2) \leq x(2x - 1)$, woraus $x \leq 0$ und $x \in I_5 = (-\infty, 0]$ folgen. Als Lösungsmenge für den 1. Fall erhalten wir somit:

$$L_1 = \left((-\infty, -2) \cup (\tfrac{1}{2}, \infty)\right) \cap I_5 \overset{(*)}{=} \left((-\infty, -2) \cap I_5\right) \cup \left((\tfrac{1}{2}, \infty) \cap I_5\right)$$
$$= (-\infty, -2) \cup \emptyset \overset{(**)}{=} (-\infty, -2),$$

wobei die Gleichung (*) aus einem Distributivgesetz für $\cup$ und $\cap$ folgt (siehe Abschn. 3.1), und (**) aus dem Rechnen mit $\emptyset$, siehe Aufg. 3.9.
2. Fall: Voraussetzung ist $x \in I_6 = (-2, \frac{1}{2})$. Nachdem wir beide Seiten der gegebenen Ungleichung mit dem Hauptnenner $(2x - 1)(x + 2)$ multipliziert haben, erhalten wir $x \in I_7 = [0, \infty)$ und damit die Lösung des 2. Falles:
$L_2 = I_6 \cap I_7 = [0, \frac{1}{2})$.
Als Gesamtlösung ergibt sich $L = L_1 \cup L_2 = (-\infty, -2) \cup [0, \frac{1}{2})$.

**d)** $L = (-2, 61; -2) \cup (0, 67; 1) \cup (1, 28; 2)$. (Auf zwei Dezimalstellen gerundet!)

**e)** 1. Fall: Voraussetzung ist $x \in I_1 = (1, \infty)$. Die Ungleichung ergibt $I_2 = (-\infty, 2]$ und damit die Lösung $L_1 = I_1 \cap I_2 = (1, 2]$.
2. Fall: Voraussetzung ist $x \in I_3 = (-\infty, 1)$. Die Ungleichung ergibt $I_4 = [2, \infty)$ und damit die Lösung $L_2 = I_3 \cap I_4 = \emptyset$.
Als Gesamtlösung erhalten wir $L = L_1 \cup L_2 = (1, 2]$.

**f)** 1. Fall: Voraussetzung ist $2x - 5 > 0$, d.h. $x \in I_1 = (\frac{5}{2}, \infty)$. Aus der zu untersuchenden Ungleichung folgt $x^2 - 4x \geq 2x - 5$ und dann

$$x^2 - 6x + 5 \geq 0. \tag{4.1}$$

Aus $P_2(x) = x^2 - 6x + 5 = 0$ erhalten wir $x_{1,2} = 3 \pm \sqrt{9 - 5}$ und dann $x_1 = 5$, $x_2 = 1$. Damit ist (4.1) äquivalent zu $(x - 5)(x - 1) \geq 0$ mit der Lösung $I_2 = [5, \infty) \cup (-\infty, 1]$ (beide Faktoren sind $\geq 0$ oder beide Faktoren sind $\leq 0$). Als Lösungsmenge des 1. Falles erhalten wir $L_1 = I_1 \cap I_2 = [5, \infty)$.
2. Fall: Voraussetzung ist $2x - 5 < 0$, d.h. $x \in I_3 = (-\infty, \frac{5}{2})$. Aus der zu untersuchenden Ungleichung folgt $x^2 - 4x \leq 2x - 5$ und dann analog zum 1.

Fall $(x-5)(x-1) \leq 0$ mit der Lösung $I_4 = [1,5]$ (ein Faktor ist $\leq 0$ und der andere $\geq 0$). Als Lösungsmenge des 2. Falles erhalten wir $L_2 = I_3 \cap I_4 = [1, \frac{5}{2})$ und somit für die Gesamtlösung $L = L_1 \cup L_2 = [1, \frac{5}{2}) \cup [5, \infty)$.

**g)** $L = (-\infty, -2] \cup (\frac{1}{2}, 4]$.     **h)** $L = (-1, 1]$.

**4.4 a)** Es werden die Lösungsmenge $L_I$ der Ungleichung I) $\dfrac{x-1}{3} < 2$ und

$L_{II}$ der Ungleichung II) $x - 1 \geq \dfrac{x+8}{5}$ bestimmt. Es gilt $L_I = (-\infty, 7)$ und

$L_{II} = [\frac{13}{4}, \infty)$, woraus die Lösung des Ungleichungssystems folgt:
$L = L_I \cap L_{II} = [\frac{13}{4}, 7)$.

**b)** $L = (-15, 1)$.   **c)** $L = (-\infty, \frac{8}{15}) \cup (2, \infty)$ (siehe auch Aufg. 4.10e)).

**4.5 a)** $\ln(4 + 2x) \leq 1$ gilt genau dann, wenn $0 \leq 4 + 2x \leq 1$ erfüllt ist. Aus $0 < 4+2x \Leftrightarrow x > -2$ und $4+2x \leq 1 \Leftrightarrow x \leq -\frac{3}{2}$ erhalten wir die Lösungsmenge $L = (-2, -\frac{3}{2}]$.

**b)** $\sqrt{3x - 4} < 1$ gilt genau dann, wenn $0 \leq 3x-4 < 1$ erfüllt ist. Aus $0 \leq 3x-4 \Leftrightarrow x \geq \frac{4}{3}$ und $3x-4 < 1 \Leftrightarrow x < \frac{5}{3}$ erhalten wir die Lösungsmenge $L = [\frac{4}{3}, \frac{5}{3})$.

**c)** $e^{2x-1} \leq 1$ gilt genau dann, wenn $2x - 1 \leq 0$ gilt. Somit erhalten wir die Lösungsmenge $L = (-\infty, \frac{1}{2}]$.

**d)** Es gilt genau dann $(x^2-x-2)(x^2+x-2) > 0$, wenn das Ungleichungssytem

(I) $\begin{cases} x^2 - x - 2 > 0 \\ x^2 + x - 2 > 0 \end{cases}$ oder (II) $\begin{cases} x^2 - x - 2 < 0 \\ x^2 + x - 2 < 0 \end{cases}$ erfüllt ist, denn ein Pro-

dukt zweier Faktoren ist genau dann positiv, wenn beide Faktoren positiv oder beide Faktoren negativ sind. Zur Lösung des Systems (I) sehen wir, dass $x^2 - x - 2 > 0$ genau dann gilt, wenn $x \in I_1 = (-\infty, -1) \cup (1, \infty)$ erfüllt ist. Weiter gilt $x^2+x-2 > 0$ genau dann, wenn $x \in I_2 = (-\infty, -2) \cup (2, \infty)$ erfüllt ist. Somit gilt (I) genau dann, wenn $x \in L_1 = I_1 \cap I_2 = (-\infty, -2) \cup (2, \infty)$. Analog erhalten wir, dass (II) genau dann gilt, wenn $x \in L_2 = (-1, 2) \cap (-2, 1) = (-1, 1)$. Als Lösung erhalten wir $L = L_1 \cup L_2 = (-\infty, -2) \cup (-1, 1) \cup (2, \infty)$.

**4.6 a)** Es gilt $x - y = -2 - (-13) = 11$ und somit $|x - y| = 11$. Weiterhin gilt $2x + y = 2 \cdot (-2) + (-13) = -17$ und damit $|2x + y| = 17$. Somit folgt $|x - y| + |2x + y| = 11 + 17 = 28$.     **b)** 9.   **c)** 14.

**4.7 a)** $\frac{1}{2}(x + |x|) = \begin{cases} \frac{1}{2}(x+x) & \text{für} \quad x \geq 0 \\ \frac{1}{2}(x-x) & \text{für} \quad x < 0 \end{cases} = \begin{cases} x & \text{für} \quad x \geq 0 \\ 0 & \text{für} \quad x < 0 \end{cases}$

**b)** Aus der oben gegebenen Folgerung aus der Definition des Betrages erhalten wir: $|x - y| = \begin{cases} x - y & \text{für } x \geq y \\ y - x & \text{für } x < y \end{cases}$ und $|x + y| = \begin{cases} x + y & \text{für } x \geq -y \\ -(x + y) & \text{für } x < -y \end{cases}$

Damit der Nenner des gegebenen Ausdrucks verschieden von 0 ist, muss noch $x \neq y$ gefordert werden. Um die Beträge aufzulösen, erhalten wir aus den

obigen Erklärungen für $|x - y|$, $|x + y|$ die vier Fälle:
1) $x > y$, $x \geq -y$;   2) $x > y$, $x < -y$;   3) $x < y$, $x \geq -y$;   4) $x < y$, $x < -y$.
Es gilt dann:

$$\frac{(x - y)^2 - x|x + y|}{|x - y|} = \begin{cases} \dfrac{(x - y)^2 - x(x + y)}{x - y} & \text{für} \quad x > y, \, x \geq -y \\[2ex] \dfrac{(x - y)^2 + x(x + y)}{x - y} & \text{für} \quad x > y, \, x < -y \\[2ex] \dfrac{(x - y)^2 - x(x + y)}{y - x} & \text{für} \quad x < y, \, x \geq -y \\[2ex] \dfrac{(x - y)^2 + x(x + y)}{y - x} & \text{für} \quad x < y, \, x < -y \end{cases}$$

$$= \begin{cases} \dfrac{-3xy + y^2}{x - y} & \text{für} \quad x > y, \, x \geq -y \\[2ex] \dfrac{2x^2 - xy + y^2}{x - y} & \text{für} \quad x > y, \, x < -y \\[2ex] \dfrac{-3xy + y^2}{y - x} & \text{für} \quad x < y, \, x \geq -y \\[2ex] \dfrac{2x^2 - xy + y^2}{y - x} & \text{für} \quad x < y, \, x < -y \end{cases}$$

**c)** $\begin{cases} \dfrac{x}{3} & \text{für} \quad x \in (-\infty, -3) \cup [3, \infty) \\[2ex] \dfrac{3}{x} & \text{für} \quad x \in [-3, 0) \cup (0, 3) \end{cases}$

**4.8 a)** Aus der Definition des Betrages und der Folgerung erhalten wir:

$$|2x - 5| = \begin{cases} 2x - 5 & \text{für} \quad 2x - 5 \geq 0 \\ -(2x - 5) & \text{für} \quad 2x - 5 < 0 \end{cases} = \begin{cases} 2x - 5 & \text{für} \quad x \geq 2{,}5 \\ -(2x - 5) & \text{für} \quad x < 2{,}5 \end{cases}$$

und $|x + 1| = \begin{cases} x + 1 & \text{für} \quad x + 1 \geq 0 \\ -(x + 1) & \text{für} \quad x + 1 < 0 \end{cases} = \begin{cases} x + 1 & \text{für} \quad x \geq -1 \\ -(x + 1) & \text{für} \quad x < -1 \end{cases}$

Hieraus ergibt sich, dass die folgenden drei Fälle zu betrachten sind:
   1.) $x < -1$,   2.) $-1 \leq x < 2{,}5$,   3.) $x \geq 2{,}5$.

<u>1. Fall:</u> Voraussetzung ist $x \in I_1 = (-\infty, -1)$. Aus der gegebenen Ungleichung ergibt sich somit die Ungleichung $-(2x - 5) > -2(x + 1)$, die äquivalent in $-2x + 5 > -2x - 2$ und dann in $5 > -2$ umgeformt wird. Da die letzte

Ungleichung für alle $x \in \mathbb{R}$ richtig ist (denn $x$ tritt ja gar nicht auf), erhalten wir $I_2 = \mathbb{R}$ und als Lösungsmenge des 1. Falles $L_1 = I_1 \cap I_2 = (-\infty, -1)$.

2. Fall: Unter der Voraussetzung $x \in I_3 = [-1, \frac{5}{2})$ folgt für die gegebene Ungleichung nach Auflösen der Beträge die Ungleichung $-(2x-5) > 2(x+1)$, welche dann äquivalent in $\frac{3}{4} > x$ umgeformt wird. Somit folgt $x \in I_4 = (-\infty, \frac{3}{4})$, und wir erhalten die Lösungsmenge des 2. Falles $L_2 = I_3 \cap I_4 = [-1, \frac{3}{4})$.

3. Fall: Voraussetzung ist $x \in I_5 = [\frac{5}{2}, \infty)$. Die gegebene Ungleichung geht jetzt über in $2x - 5 > 2(x+1)$. Die letzte Ungleichung wird äquivalent in $-5 > 2$, was ein Widerspruch ist, umgeformt. Somit ist die Ungleichung für kein $x \in \mathbb{R}$ erfüllbar, und als Lösungsmenge des 3. Falles ergibt sich $L_3 = I_5 \cap \emptyset = \emptyset$.
Als Gesamtlösung erhalten wir: $L = L_1 \cup L_2 \cup L_3 = (-\infty, \frac{3}{4})$.

**b)** $L = (-\infty, -1) \cup (4, \infty)$.

**c)** 1. Fall: Unter der Voraussetzung $x \in I_1 = [\frac{3}{2}, \infty)$ (d.h., es gilt $2x - 3 \geq 0$) folgt aus der betrachteten Betragsungleichung $x \in I_2 = (-\infty, \frac{9}{2}]$ und somit als Lösung im 1. Fall: $L_1 = I_1 \cap I_2 = [\frac{3}{2}, \frac{9}{2}]$.

2. Fall: Unter der Voraussetzung $x \in I_3 = (-\infty, \frac{3}{2})$ (d.h., es gilt $2x - 3 < 0$) folgt aus der betrachteten Betragsungleichung $x \in I_4 = (-\frac{3}{2}, \infty)$ und somit als Lösung im 2. Fall: $L_2 = I_3 \cap I_4 = [-\frac{3}{2}, \frac{3}{2}]$.

Als Gesamtlösung erhalten wir: $L = L_1 \cup L_2 = [-\frac{3}{2}, \frac{9}{2}]$.

**d)** Wegen $|2x - 4| = \begin{cases} 2x - 4 & \text{für } x \geq 2 \\ -(2x - 4) & \text{für } x < 2 \end{cases}$ betrachten wir die beiden

Fälle: 1.) $x \geq 2$,   2.) $x < 2$.
1. Fall: Voraussetzung ist $x \in I_1 = [2, \infty)$. Aus der gegebenen Ungleichung folgt $-x^2 + 2x - 4 \geq 1$ und dann nach Multiplikation beider Seiten mit $-1$ die Ungleichung $x^2 - 2x + 5 \leq 0$. Aus $P_2(x) = x^2 - 2x + 5 = 0$ folgt $x_{1,2} = 1 \pm \sqrt{1 - 5} \notin \mathbb{R}$. Somit hat $P_2(x)$ keine reellen Nullstellen, und $P_2(0) = 5 > 0$ impliziert, dass die betrachtete Ungleichung keine Lösungen hat. Die Lösungsmenge des 1. Falles ist somit $L_1 = I_1 \cap \emptyset = [2, \infty) \cap \emptyset = \emptyset$.

2. Fall: Voraussetzung ist $x \in I_2 = (-\infty, 2)$. Aus der gegebenen Ungleichung erhalten wir $-x^2 - 2x + 4 \geq 1$, was äquivalent in $x^2 + 2x - 3 \leq 0$ umgeformt wird. Da $x^2 + 2x - 3 = 0$ die Lösungen $x_1 = -3$ und $x_2 = 1$ hat, erhalten wir die Ungleichung $(x + 3)(x - 1) \leq 0$. Diese Ungleichung gilt genau dann, wenn ein Faktor $\geq 0$ und der andere $\leq 0$ ist. Aus $x + 3 \geq 0$ und $x - 1 \leq 0$ erhalten wir $x \in I_3 = [-3, 1]$. Der andere Fall $x + 3 \leq 0$ und $x - 1 \geq 0$ ergibt einen Widerspruch und somit keine Lösungsmenge. Als Lösung für den 2. Fall erhalten wir somit $L_2 = I_2 \cap I_3 = [-3, 1]$.
Für die Gesamtlösung gilt: $L = L_1 \cup L_2 = [-3, 1]$.

**e)** $L_1 = [-1, 3]$, $L_2 = \emptyset$, $L = L_1 \cup L_2 = [-1, 3]$.

**f)** $L = (-\infty, 3) \cup (5, \infty)$.

**4.9 a)** Da zwei Beträge auftreten, sind $2 \cdot 2 = 4$ Fälle zu betrachten.

*1. Fall:* $x - 3 \geq 0 \Leftrightarrow x \geq 3$ und $y + 4 \geq 0 \Leftrightarrow y \geq -4$. Es folgt die Ungleichung $x - 3 + y + 4 \leq 2$, die äquivalent zu $x + y \leq 1$ bzw. $y \leq -x + 1$ ist. Hierbei beschreibt die letzte Ungleichung alle Punkte der $(x, y)$-Ebene, die auf der Geraden $y = -x + 1$ oder unterhalb dieser Geraden liegen. (Um festzustellen, ob die Ungleichung $y \leq -x + 1$ die Punkte oberhalb oder unterhalb der Geraden $y = -x + 1$ beschreibt, betrachten wir einen Punkt $P$, der nicht auf dieser Geraden liegt, und ermitteln, ob die Koordinaten von $P$ der Ungleichung genügen oder nicht genügen. Wir wählen für $P$ den Koordinatenursprung $O = (0, 0)$ und stellen fest, dass $0 \leq -0 + 1$ eine wahre Aussage ist und somit beschreibt $y \leq -x + 1$ die Halbebene, welche den Koordinatenursprung $O$ enthält.)
Es folgt $L_1 = \{(x, y) \in \mathbb{R}^2 \mid x \geq 3 \wedge y \geq 4 \wedge x + y \leq 1\}$.

*2. Fall:* Für $x - 3 \geq 0 \Leftrightarrow x \geq 3$ und $y + 4 < 0 \Leftrightarrow y < -4$ folgt die Ungleichung $x - 3 - (y + 4) \leq 2$, die äquivalent zu $x - y \leq 9$ ist. Es folgt
$L_2 = \{(x, y) \in \mathbb{R}^2 \mid x \geq 3 \wedge y < 4 \wedge x - y \leq 9\}$.

*3. Fall:* Für $x - 3 < 0 \Leftrightarrow x < 3$ und $y + 4 \geq 0 \Leftrightarrow y \geq -4$ folgt die Ungleichung $-(x - 3) + (y + 4) \leq 2$, die äquivalent zu $-x + y \leq -5$ ist. Es folgt
$L_3 = \{(x, y) \in \mathbb{R}^2 \mid x < 3 \wedge y \geq 4 \wedge -x + y \leq -5\}$.

*4. Fall:* Für $x - 3 < 0 \Leftrightarrow x < 3$ und $y + 4 < 0 \Leftrightarrow y < -4$ folgt die Ungleichung $-(x - 3) - (y + 4) \leq 2$, die äquivalent zu $x + y \geq -3$ ist. Es folgt
$L_4 = \{(x, y) \in \mathbb{R}^2 \mid x < 3 \wedge y < -4 \wedge x + y \geq -3\}$.

Für die Gesamtlösung gilt
$L = L_1 \cup L_3 \cup L_3 \cup L_4$.

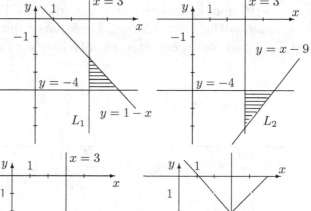

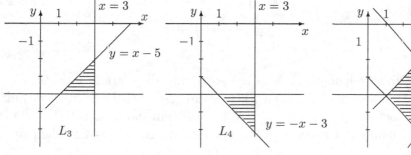

**b)** *1. Fall:* Für $x + y - 1 \geq 0$ und $x - y + 1 \geq 0$ gilt $x + y - 1 \leq x - y + 1 \Leftrightarrow$ $y \leq 1$ und damit $L_1 = \{(x.y) \in \mathbb{R}^2 \,|\, x + y \geq 1 \wedge x - y \geq -1 \wedge y \leq 1\}$.

*2. Fall:* Für $x + y - 1 \geq 0$ und $x - y + 1 < 0$ gilt $x + y - 1 \leq -(x - y + 1) \Leftrightarrow$ $x \leq 0$ und damit $L_2 = \{(x.y) \in \mathbb{R}^2 \,|\, x + y \geq 1 \wedge x - y < -1 \wedge x \leq 0\}$.

*3. Fall:* Für $x + y - 1 < 0$ und $x - y + 1 \geq 0$ gilt $-(x + y - 1) \leq x - y + 1 \Leftrightarrow$ $x \geq 0$ und damit $L_3 = \{(x.y) \in \mathbb{R}^2 \,|\, x + y < 1 \wedge x - y \geq -1 \wedge x \geq 0\}$.

*4. Fall:* Für $x + y - 1 < 0$ und $x - y + 1 < 0$ gilt $-(x + y - 1) \leq -x - y + 1)$ $\Leftrightarrow y \geq 1$ und damit $L_4 = \{(x.y) \in \mathbb{R}^2 \,|\, x + y < 1 \wedge x - y < -1 \wedge y \geq 1\}$. Für die Gesamtlösung gilt $L = L_1 \cup L_3 \cup L_3 \cup L_4$.

In der ersten neben- stehenden Skizze sind die Quadranten ge- kennzeichnet, in denen die Voraussetzungen der Fälle 1 bis 4 erfüllt sind. In der 2. Skizze sind die Lösungs- mengen $L_1, \ldots, L_4$ konstruiert.

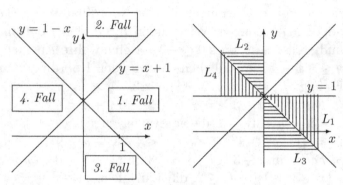

Für die Lösungsmenge erhalten wir $L = L_1 \cup \ldots \cup L_4 = (L_1 \cup L_3) \cup (L_2 \cup L_4)$
$$= \{(x, y) \in \mathbb{R}^2 \,|\, x \geq 0 \wedge y \leq 1\} \cup \{(x, y) \in \mathbb{R}^2 \,|\, x \leq 0 \wedge y \geq 1\}.$$

**4.10 a)** *1. Schritt:* Wir skizzieren die Funktionsgraphen von $y = |x^2 - 16|$ und $y = 2x - 1$. Hierzu zeichnen wir zunächst die nach oben geöffnete Parabel $y = x^2 - 16$ und die an der $x$-Achse gespiegelte Parabel $y = -x^2 + 16$, welche nach unten geöffnet ist. (Zu den Funktionsgraphen von Parabeln siehe Aufg. 7.33, 7.34 und die Übersichten unmittelbar vor diesen Aufgaben.)

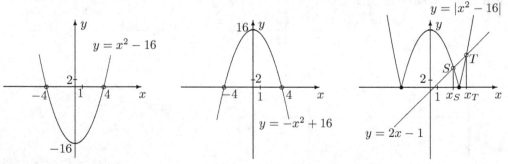

In der dritten Skizze zeichnen wir $y = |x^2 - 16|$ und die Gerade $y = 2x - 1$. Beachten Sie, dass wir in den obigen Skizzen unterschiedliche Einheiten auf den Koordinatenachsen gewählt haben. Wir ermitteln dann den Teil der $x$- Achse, über welchem die Gerade $y = 2x - 1$ echt oberhalb des Graphen der

Funktion $y = |x^2 - 16|$ liegt. Hierzu betrachten wir die beiden Schnittpunkte $S, T$ und erhalten die Lösungsmenge $L = (x_S, x_T)$.

*2. Schritt:* Um $x_S$ zu bestimmen, betrachten wir die beiden Schnittpunkte der Geraden $y = 2x - 1$ mit der Parabel $y = -x^2 + 16$ und bestimmen ihre $x$-Koordinaten, indem wir die rechten Seiten der beiden Gleichungen gleichsetzen: $2x - 1 = -x^2 + 16$. Die letzte Gleichung formen wir in die Normalform der quadratischen Gleichung um:

$$x^2 + 2x - 17 = 0$$

und erhalten die Lösungen $x_{1,2} = -1 \pm \sqrt{1 + 17} = -1 \pm 3\sqrt{2}$. Da $S$ derjenige der beiden Schnittpunkte ist, welcher die größere $x$-Koordinate hat, folgt
$$x_S = 3\sqrt{2} - 1.$$
Um $x_T$ zu berechnen, betrachten wir die beiden Schnittpunkte zwischen der Geraden $y = 2x - 1$ und der Parabel $y = x^2 - 16$. Durch Gleichsetzen der letzten beiden Gleichungen erhalten wir $2x - 1 = x^2 - 16$, woraus die quadratische Gleichung $x^2 - 2x - 15 = 0$ mit den beiden Lösungen
$x_{3,4} = 1 \pm \sqrt{1 + 15} = 1 \pm 4$ folgt. Da $T$ die größere $x$-Koordinate hat, folgt $x_T = 5$. Die gesuchte Lösungsmenge ist somit $L = (3\sqrt{2} - 1, 5)$.

**b)** *1. Schritt:* Um die Funktion $y = |x^2 - 5x|$ zu skizzieren, betrachten wir zunächst die Funktion $y = x^2 - 5x$, die eine nach oben geöffnete Parabel ist.

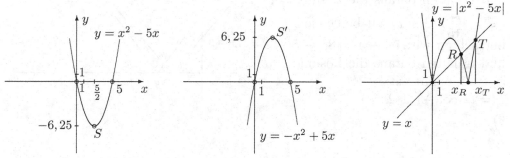

Wegen $x^2 - 5x = x(x - 5)$ erhalten wir sofort die beiden Nullstellen $x_1 = 0$ und $x_2 = 5$ von $y = x^2 - 5x$. Die Koordinaten des Scheitels $S$ dieser Parabel erhalten wir aus $x_S = \frac{1}{2}(x_1 + x_2) = \frac{0 + 5}{2} = 2,5$, $y_S = (x_S)^2 - 5x_S = -6,25$.
Durch Spiegelung der Parabel $y = x^2 - 5x$ an der $x$-Achse erhalten wir die nach unten geöffnete Parabel $y = -x^2 + 5x$. Im dritten Bild skizzieren wir $y = |x^2 - 5x|$ und die Gerade $y = x$. Als Schnittpunkte ermitteln wir den Koordinatenursprung $O$ und die Punkte $R, T$. Die gesuchte Lösungsmenge sind alle Werte für $x$, für die die Gerade $y = x$ oberhalb des Funktionsbildes von $y = |x^2 - 5x|$ oder auf dem Funktionsbild von $y = |x^2 - 5x|$ liegt (denn wir betrachten ja $y = |x^2 - 5x| \leq x$, d.h., Gleichheit ist zugelassen). Somit folgt $L = \{0\} \cup [x_R, x_T]$.

*2. Schritt:* Zur Berechnung von $x_R$ betrachten wir $-x^2 + 5x = x$, und erhalten die Lösungen $x_0 = 0$ und $x_R = 4$. $x_T$ erhalten wir aus $x^2 - 5x = x$ mit den Lösungen $x_0 = 0$ und $x_S = 6$. Damit erhalten wir $L = \{0\} \cup [4, 6]$.

**c)** $L = (-\infty, \frac{1}{2}) \cup (3\sqrt{2} - 1, 5)$.

**d)** Anhand der Skizze von $y = |(x-1)(x-2)|$ und $y = \frac{1}{8}$ sehen wir, dass die Schnittpunkte sowohl von $y = (x-1)(x-2)$ mit $y = \frac{1}{8}$ als auch die von $y = -(x-1)(x-2)$ mit $y = \frac{1}{8}$ zu berechnen sind. Im ersten Fall erhalten wir $x^2 - 3x + 2 = \frac{1}{8}$ mit der Lösung $x_{1,2} = \frac{3}{2} \pm \sqrt{\frac{9}{4} - \frac{15}{8}} = \frac{3}{2} \pm \frac{1}{4}\sqrt{6}$. Im zweiten Fall folgt $-x^2 + 3x - 2 = \frac{1}{8}$ mit der Lösung $x_{3,4} = \frac{3}{2} \pm \sqrt{\frac{9}{4} - \frac{17}{8}} = \frac{3}{2} \pm \frac{1}{4}\sqrt{2}$.

Als Lösungsmenge erhalten wir $L = [\frac{3}{2} - \frac{1}{4}\sqrt{6}, \frac{3}{2} - \frac{1}{4}\sqrt{2}] \cup [\frac{3}{2} + \frac{1}{4}\sqrt{2}, \frac{3}{2} + \frac{1}{4}\sqrt{6}]$.

**e)** Wir formen die gegebene Ungleichung äquivalent um in: $|7x - 3| < |8x - 5|$.

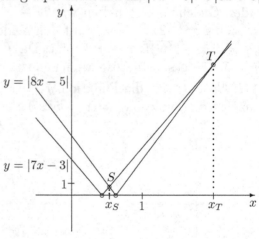

*1. Schritt:* Aus der nebenstehenden Skizze ersehen wir, dass für das gesuchte Lösungsintervall gilt: $L = (-\infty, x_S) \cup (x_T, \infty)$.
*2. Schritt:* Um $x_S$ zu berechnen, betrachten wir: $7x - 3 = -(8x - 5)$ und erhalten daraus die Lösung: $x_S = \dfrac{8}{15}$. Um $x_T$ zu berechnen, betrachten wir: $7x - 3 = 8x - 5$ und erhalten daraus die Lösung: $x_T = 2$. Somit gilt: $L = (-\infty, \frac{8}{15}) \cup (2, \infty)$.

**f)**

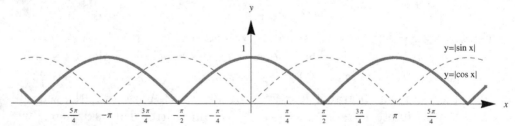

Aus der obigen Skizze erkennen wir, dass der gestrichelt gezeichnete Funktionsgraph der Funktion $y = |\sin x|$ echt oberhalb des Funktionsgraphen von $y = |\cos x|$ über dem Intervall $L = \{(\frac{4k+1}{4}\pi, \frac{4k+3}{4}\pi) \mid k \in \mathbb{Z}\}$ liegt. $L$ ist somit die gesuchte Lösungsmenge.

**4.12 a) a)** Aus $1 - |x| \geq 0$ folgt $\mathcal{D}(f) = [-1, 1]$, $\mathcal{W}(f) = [0, \infty)$.

**b)** Aus $|x| - x > 0$ folgt $\mathcal{D}(f) = (-\infty, 0)$, $\mathcal{W}(f) = (0, \infty)$.

**c)** Aus $x - |x| > 0$ folgt $\mathcal{D}(f) = \emptyset$, $\mathcal{W}(f) = \emptyset$. **d)** $\mathcal{D}(f) = \mathbb{R}$, $\mathcal{W}(f) = [0, \infty)$.

**e)** Aus $1 - x^2 > 0$ folgt $\mathcal{D}(f) = (-1, 1)$. Es gilt $y(0) = 0$, $y(x) > 0$ für $x \in (0, 1)$ und $y(x) < 0$ für $x \in (-1, 0)$. Weiterhin sehen wir, dass $y(x)$ beliebig groß wird, wenn $x \in (0, 1)$ hinreichend nah an 1 ist, denn dann wird der Nenner $\sqrt{1 - x^2}$ von $y(x)$ betragsmäßig beliebig klein. Analog folgt, dass für $x \in (-1, 0)$ die Funktion $y(x)$ für $x$ sehr nah an $-1$ immer kleiner wird (gegen $-\infty$ strebt). Somit gilt $\mathcal{W}(f) = \mathbb{R}$.

**f)** Aus $5 + \dfrac{3x - 8}{2x - 1} \geq 0$ folgt $\mathcal{D}(f) = (-\infty, \tfrac{1}{2}) \cup [1, \infty)$, vgl. Aufg. 4.3a). Es gilt $y(1) = 0$, und der Radikand $5 + \dfrac{3x - 8}{2x - 1}$ wird beliebig groß, wenn $x$ immer größer wird ($x \in \mathcal{D}(f)$ strebt gegen $\infty$). Somit folgt $\mathcal{W}(f) = [0, \infty)$.

**4.13 a)** $\mathcal{D}(f) = [-\tfrac{1}{4}, \infty)$. Es wird gezeigt, dass $f$ auf $\mathcal{D}(f)$ streng monoton fallend ist: Es sei $x_1 < x_2$ für $x_1, x_2 \in D(f)$. Hieraus folgen die Ungleichungen

$$
\begin{array}{rcl}
0 \leq 1 + 4x_1 & < & 1 + 4x_2 \\[4pt]
\sqrt{1 + 4x_1} & < & \sqrt{1 + 4x_2} \\[4pt]
2\sqrt{1 + 4x_1} & < & 2\sqrt{1 + 4x_2} \\[4pt]
\sqrt{1 + 4x_1} - \sqrt{1 + 4x_2} & < & \sqrt{1 + 4x_2} - \sqrt{1 + 4x_1} \\[4pt]
\left.\begin{array}{l} 1 + \sqrt{1 + 4x_1} - \sqrt{1 + 4x_2} \\ + \sqrt{(1 + 4x_1)(1 + 4x_2)} \end{array}\right\} & < & \left\{\begin{array}{l} 1 + \sqrt{1 + 4x_2} - \sqrt{1 + 4x_1} \\ + \sqrt{(1 + 4x_1)(1 + 4x_2)} \end{array}\right. \\[4pt]
(1 - \sqrt{1 + 4x_2})(1 + \sqrt{1 + 4x_1}) & < & (1 - \sqrt{1 + 4x_1})(1 + \sqrt{1 + 4x_2}) \\[4pt]
\dfrac{1 - \sqrt{1 + 4x_2}}{1 + \sqrt{1 + 4x_2}} & < & \dfrac{1 - \sqrt{1 + 4x_1}}{1 + \sqrt{1 + 4x_1}} \\[4pt]
f(x_2) & < & f(x_1)
\end{array}
$$

woraus folgt, dass $f$ streng monoton fallend ist.

**b)** *1. Schritt:* Es soll $y = \dfrac{1 - \sqrt{1 + 4x}}{1 + \sqrt{1 + 4x}}$ nach $x$ aufgelöst werden.. Hierzu wird zunächst $z := \sqrt{1 + 4x} \geq 0$ gesetzt und nach $z$ aufgelöst:

$$
\begin{array}{rcl}
y & = & \dfrac{1 - z}{1 + z} \\[4pt]
y + yz & = & 1 - z \\[4pt]
(y + 1)z & = & 1 - y \\[4pt]
z & = & \dfrac{1 - y}{1 + y}
\end{array}
$$

Es gilt $z = \dfrac{1 - y}{1 + y} \geq 0$ genau dann, wenn $y \in (-1, 1]$ (s. Aufg. 4.3h)). Durch Quadrieren erhalten wir $z^2 = 1 + 4x = \left(\dfrac{1 - y}{1 + y}\right)^2$, woraus

$$
x = \frac{1}{4}\left(\left(\frac{1 - y}{1 + y}\right)^2 - 1\right) \text{ folgt.}
$$

*2. Schritt:* Austausch der Variablen. Es folgt $y = f^{-1}(x) = \frac{1}{4}\left(\left(\frac{1-x}{1+x}\right)^2 - 1\right)$

mit $\mathcal{D}(f^{-1}) = \mathcal{W}(f) = (-1, 1]$, $\mathcal{W}(f^{-1}) = \mathcal{D}(f) = [-\frac{1}{4}, \infty)$.

**4.14 a)** *1. Schritt:* Wir lösen die 2. Gleichung nach $x$ auf und setzen das Ergebnis $x = \frac{3}{2}y^2$ in die 1. Gleichung ein: $6\left(\frac{3}{2}y^2\right)^2 + 4y = 0$ (Einsetzungsverfahren). Die letzte Gleichung vereinfachen wir zu $\frac{27}{2}y^4 + 4y = 0$.

*2. Schritt:* Um die letzte Gleichung zu lösen, klammern wir $y$ aus und erhalten $y\left(\frac{27}{2}y^3 + 4\right) = 0$. Da ein Produkt genau dann 0 ist, wenn wenigstens einer der Faktoren 0 ist, erhalten wir die Lösung $y_1 = 0$ und die Lösungen der

Gleichung $\frac{27}{2}y^3 + 4 = 0$, welche sich als $y_2 = \sqrt[3]{-\frac{8}{27}} = -\frac{2}{3}$ berechnet.

*3. Schritt:* Wir setzen $y_1$ und $y_2$ in die zweite Gleichung ein und erhalten damit $x_1 = \frac{3}{2}y_1^2 = \frac{3}{2} \cdot 0 = 0$, $x_2 = \frac{3}{2}y_2^2 = \frac{3}{2}\left(-\frac{2}{3}\right)^2 = \frac{2}{3}$.

*4. Schritt:* Probe. Für $x_1 = 0, y_1 = 0$ sind die beiden Gleichungen des gegebenen Systems offensichtlich erfüllt. Wir setzen jetzt $x_2 = \frac{2}{3}$, $y_2 = -\frac{2}{3}$ in die linken Seiten der gegebenen Gleichungen ein:

1. Gleichung: $6x_2^2 + 4y_2 = 6\left(\frac{2}{3}\right)^2 + 4\left(-\frac{2}{3}\right) = \frac{6 \cdot 4}{9} - \frac{4 \cdot 2}{3} = 0$,

2. Gleichung: $4x_2 - 6y_2^2 = 4\frac{2}{3} - 6\left(-\frac{2}{3}\right)^2 = \frac{4 \cdot 2}{3} - \frac{6 \cdot 4}{9} = 0$.

Somit sind beide Gleichungen erfüllt, und wir erhalten die Lösungsmenge $L = \{(x_1, y_1), (x_2, y_2)\} = \{(0, 0), (\frac{2}{3}, -\frac{2}{3})\}$.

**b)** $L = \{(2, 1), (-2, -1), (1, 2), (-1, -2)\}$.

**c)** Für $a < 0$ ist die erste Gleichung nicht erfüllbar, und als Lösungsmenge folgt dann $L = \emptyset$. Wir setzen jetzt $a \geq 0$ voraus.

*1. Schritt:* Wir lösen die 2. Gleichung nach $y$ auf und erhalten $y = \frac{b}{x}$ mit $x \neq 0$, was wir in die 1. Gleichung einsetzen: $x^2 + \left(\frac{b}{x}\right)^2 = a$. Hieraus erhalten wir die biquadratische Gleichung: $x^4 - ax^2 + b^2 = 0$.

*2. Schritt:* Wir setzen $z = x^2$ in die biquadratische Gleichung ein und erhalten:

$$z^2 - az + b^2 = 0. \tag{4.2}$$

In Abhängigkeit von der Diskriminante $D = a^2 - 4b^2$ dieser quadratischen Gleichung (siehe Abschn. 2.1) machen wir eine Fallunterscheidung:

<u>1. Fall:</u> $D = a^2 - 4b^2 < 0$. Die Gleichung (4.2) hat keine reelle Lösung, und somit folgt für die gesuchte Lösungsmenge $L = \emptyset$.

<u>2. Fall:</u> $D = a^2 - 4b^2 = 0$. Die Gleichung (4.2) hat die Doppelwurzel $z_0 = \frac{a}{2}$.

Wegen $z = x^2$ erhalten wir die beiden Lösungen $x_{1,2} = \pm\sqrt{\frac{a}{2}}$.

<u>3. Fall:</u> $D = a^2 - 4b^2 > 0$. Die Gleichung (4.2) hat zwei verschiedene reelle Lösungen $z_{1,2} = \dfrac{a}{2} \pm \dfrac{1}{2}\sqrt{a^2 - 4b^2}$. Hieraus erhalten wir nun wegen $z = x^2$ die

vier Lösungen: $x_{3,4} = \pm\sqrt{\dfrac{a + \sqrt{a^2 - 4b^2}}{2}}$, $\quad x_{5,6} = \pm\sqrt{\dfrac{a - \sqrt{a^2 - 4b^2}}{2}}$ .

*3. Schritt:* Aus der 2. Gleichung erhalten wir $y = \dfrac{b}{x}$ und damit:

<u>2. Fall:</u> $y_{1,2} = \pm b\sqrt{\dfrac{2}{a}}$.

<u>3. Fall:</u> $y_{3,4} = \pm b\sqrt{\dfrac{2}{a + \sqrt{a^2 - 4b^2}}}$, $\quad y_{5,6} = \pm b\sqrt{\dfrac{2}{a - \sqrt{a^2 - 4b^2}}}$ .

Wir wollen bemerken, dass alle oben auftretenden Wurzeln existieren, da alle Radikanden nicht negativ sind.

*4. Schritt:* Probe. <u>2. Fall:</u> Wir setzen $(x_1, y_1)$ in die linken Seiten der beiden gegebenen Gleichungen ein, verwenden $a^2 - 4b^2 = 0$ (Voraussetzung des 2. Falles) und erhalten:

$$x_1^2 + y_1^2 - \frac{a}{2} + b^2 \frac{2}{a} = \frac{a}{2} + \frac{a^2}{4} \cdot \frac{2}{a} = a, \quad x_1 y_1 = \sqrt{\frac{a}{2}} \cdot b\sqrt{\frac{2}{a}} = b,$$

was mit den rechten Seiten der gegebenen Gleichungen übereinstimmt. Die Probe für $(x_2, y_2)$ ist analog.

<u>3. Fall:</u> Wir setzen $(x_3, y_3)$ in die linken Seiten der gegebenen Gleichungen ein:

$$x_3^2 + y_3^2 = \frac{a + \sqrt{a^2 - 4b^2}}{2} + \frac{2b^2}{a + \sqrt{a^2 - 4b^2}}$$

$$= \frac{a^2 + 2a\sqrt{a^2 - 4b^2} + a^2 - 4b^2 + 4b^2}{2(a + \sqrt{a^2 - 4b^2})} = \frac{2a(a + \sqrt{a^2 - 4b^2})}{2(a + \sqrt{a^2 - 4b^2})} = a$$

und $x_3 y_3 = \sqrt{\dfrac{a + \sqrt{a^2 - 4b^2}}{2}} \cdot b\sqrt{\dfrac{2}{a + \sqrt{a^2 - 4b^2}}} = b$, was mit den rechten Seiten übereinstimmt. Die weiteren Proben werden dem Leser überlassen.

$$L = \begin{cases} \emptyset & \text{für} \quad a < 0 \quad (\text{s. Vorbetrachtung}) \\ \emptyset & \text{für} \quad a^2 - 4b^2 < 0 \quad (1.\ \text{Fall}) \\ \{(x_1, y_1), (x_2, y_2)\} & \text{für} \quad a \geq 0 \ \text{und}\ a^2 - 4b^2 = 0 \\ \{(x_3, y_3), (x_4, y_4), (x_5, y_5), (x_6, y_6)\} & \text{für} \quad a \geq 0 \ \text{und}\ a^2 - 4b^2 > 0 \end{cases}$$

ist somit die Lösungsmenge, welche von den Parametern $a, b$ abhängt.

**d)** Wir formen das gegebene Gleichungssystem äquivalent so um (d.h., die Lösungsmenge des umgeformten Gleichungssystems stimmt mit der des gegebenen überein), dass wir unser Ergebnis aus c) anwenden können. Deshalb bilden wir „1. Gleichung - 2. Gleichung" und „3· (1. Gleichung) - 2· (2. Gleichung)", wodurch wir das äquivalente Gleichungssystem $\begin{cases} 5xy & = & 30 \\ 5x^2 + 5y^2 & = & 95 \end{cases}$ erhalten. Wenn wir beide Gleichungen durch 5 dividieren, so erhalten wir $a = 19$ und $b = 6$ in den Bezeichnungen von c). Da $a \geq 0$ und $D = a^2 - 4b^2 = 19^2 - 4 \cdot 6^2 = 117 > 0$ gilt, wenden wir den 3. Fall an und erhalten die Lösungsmenge $L = \{(x_3, y_3), (x_4, y_4), (x_5, y_5), (x_6, y_6)\}$ mit

$$x_{3,4} = \pm\sqrt{\frac{19+\sqrt{117}}{2}}, \quad y_{3,4} = \pm 6\sqrt{\frac{2}{19+\sqrt{117}}},$$

$$x_{5,6} = \pm\sqrt{\frac{19-\sqrt{117}}{2}}, \quad y_{5,6} = \pm 6\sqrt{\frac{2}{19-\sqrt{117}}}.$$

**4.15** Aus dem Additionstheorem für die Sinusfunktion erhalten wir: $\sin(x+\varphi) = \sin x \cos \varphi + \sin \varphi \cos x$, was wir in die rechte Seite der Ausgangsgleichung einsetzen. Es folgt dann: $(3 - A\cos\varphi)\sin x + (4 - A\sin\varphi)\cos x = 0$. Da die Funktionen $f(x) = \sin x$ und $g(x) = \cos x$ linear unabhängig sind, ergibt sich das nebenstehende Gleichungssystem mit den Unbekannten $A$ und $\varphi$: $\begin{cases} 3 - A\cos\varphi & = & 0 \\ 4 - A\sin\varphi & = & 0 \end{cases}$

*1. Schritt:* Wir lösen die 1. Gleichung nach $A$ auf und erhalten $A = \dfrac{3}{\cos\varphi}$, was wir in die 2. Gleichung einsetzen: $4 - \dfrac{3}{\cos\varphi}\sin\varphi = 0$, woraus $\tan\varphi = \frac{4}{3}$ folgt.

*2. Schritt:* Aus der letzten Gleichung des 1. Schrittes erhalten wir $\varphi_k = \arctan\frac{4}{3} \approx 53,13° + k \cdot 180°$, $k = 0, \pm1, \pm2, \ldots$.

*3. Schritt:* Aus der 1. Gleichung des obigen Gleichungssystems erhalten wir:

$$A = \frac{3}{\cos\varphi_k} = \begin{cases} 5 & \text{für } k \text{ geradzahlig} \\ -5 & \text{für } k \text{ ungeradzahlig} \end{cases}$$

*4. Schritt:* Probe. Wir setzen 1.) $\varphi_0 = 53,13°$ und $A = 5$ in die linken Seiten der beiden Gleichungen des obigen Gleichungssystems ein: $3 - 5\cos 53,13° = 0$, $4 - 5\sin 53,13° = 0$, was mit den rechten Seiten übereinstimmt. Wir setzen 2.) $\varphi_0 = 53,13° + 180° = 233,13°$ und $A = -5$ in die linken Seiten der beiden Gleichungen des obigen Gleichungssystems ein: $3 + 5\cos 233,13° = 0$, $4 + 5\sin 233,13° = 0$, was mit den rechten Seiten übereinstimmt. Somit erhalten wir die Lösungsmenge:

$$L = \{(53,13° + n \cdot 360°, 5), (233,13° + n \cdot 360°, -5) \mid n = 0, \pm1, \pm2, \ldots\}.$$

# Kapitel 5

# Lineare Gleichungssysteme

Nachdem wir uns im Abschn. 4.3 mit der Lösung von nichtlinearen Gleichungssystemen beschäftigt haben, werden wir uns in diesem Kapitel mit linearen Gleichungssystemen beschäftigen und im Abschn. 5.2 ein Lösungsverfahren - den Gaußschen Algorithmus[1] - kennen lernen, womit wir immer die gesamte Lösungsmenge berechnen können.

## 5.1 Begriffserklärungen

Wir beginnen mit einem einfachen

**Beispiel 1:** Lösen Sie das lineare Gleichungssystem $\begin{cases} 3x_1 + 4x_2 &= 7 \\ 2x_1 + x_2 &= 3 \end{cases}$.

Wir bemerken, dass das gegebene Gleichungssystem aus zwei linearen Gleichungen mit den Unbekannten $x_1, x_2$ besteht. Die gesuchte Lösungsmenge sind alle geordneten Paare reeller Zahlen, so dass die beiden Gleichungen gleichzeitig erfüllt sind, wenn wir die gefundenen Lösungen in diese einsetzen.

Die gesuchte Lösungsmenge finden wir, wenn wir die zweite Gleichung nach $x_2$ umstellen: $x_2 = 3 - 2x_1$, und dieses Ergebnis für $x_2$ in die erste Gleichung einsetzen. Damit erhalten wir die Gleichung $3x_1 + 4 \cdot (3 - 2x_1) = 7$, die nur noch die Unbekannte $x_1$ erhält. Aus dieser Gleichung erhalten wir die Lösung $x_1 = 1$. Wir setzen nun $x_1 = 1$ in eine Gleichung des gegebenen Gleichungssystems ein und erhalten dann $x_2 = 1$. Somit hat das gegebene lineare Gleichungssystem die eindeutig bestimmte Lösung $x_1 = 1, x_2 = 1$.

Wir wollen zunächst an die allgemeine Gestalt einer *linearen Gleichung* mit den $n$ Variablen $x_1, x_2, \ldots, x_n$ erinnern:

$$a_1 x_1 + a_2 x_2 + \ldots + a_n x_n = b,$$

---

[1]benannt nach Carl Friedrich Gauß, deutscher Mathematiker, 1777 - 1855

wobei $a_1, a_2, \ldots, a_n \in \mathbb{R}$ die vorgegebenen *Koeffizienten* sind, und $b \in \mathbb{R}$ als *inhomogenes Glied* bezeichnet wird.

Wir betrachten jetzt allgemein ein *lineares Gleichungssystem*

$$
\begin{aligned}
a_{11}x_1 + a_{12}x_2 + \cdots + a_{1n}x_n &= b_1 \\
a_{21}x_1 + a_{22}x_2 + \ldots + a_{2n}x_n &= b_2 \\
\cdots\cdots\cdots\cdots\cdots\cdots\cdots\cdots\cdots\cdots\cdots \\
a_{m1}x_1 + a_{m2}x_2 + \ldots + a_{mn}x_n &= b_m
\end{aligned}
\tag{5.1}
$$

welches aus $m$ Gleichungen mit den $n$ Unbekannten $x_1, x_2, \ldots, x_n$ besteht. (Im obigen Beispiel 1 galt $m = n = 2$.) In (5.1) sind $a_{ij}$ und $b_i$ ($i = 1, 2, \ldots, m$; $j = 1, 2, \ldots, n$) vorgegebene reelle Zahlen. Die reellen Zahlen $a_{ij}$ werden als *Koeffizienten* des linearen Gleichungssystems bezeichnet. Die reellen Zahlen $b_1, b_2, \ldots, b_m$ werden *inhomogene Glieder* des linearen Gleichungssystems genannt.

Weiterhin heißt ein lineares Gleichungssystem *homogen*, wenn für alle inhomogenen Glieder $b_i = 0$ ($i = 1, 2, \ldots, m$) gilt (d.h., die gesamte rechte Seite des Gleichungssystems ist 0). Anderenfalls (d.h., es gibt inhomogene Glieder, die verschieden von 0 sind) nennen wir das lineare Gleichungssystem *inhomogen*.

Als *Lösungsmenge* des gegebenen Gleichungssystems (5.1) wird die Menge aller geordneten $n-$Tupel reeller Zahlen $(\tilde{x}_1, \tilde{x}_2, \ldots, \tilde{x}_n)$ bezeichnet, für welche alle $m$ Gleichungen gleichzeitig erfüllt sind, wenn wir die reellen Zahlen $\tilde{x}_1, \tilde{x}_2, \ldots, \tilde{x}_n$ für die Variablen $x_1, x_2, \ldots, x_n$ einsetzen.

Als Lösungsmengen sind die folgenden drei Fälle möglich:

| 1) | Es existiert eine eindeutig bestimmte Lösung. |
|----|-----------------------------------------------|
| 2) | Es gibt unendlich viele Lösungen, d.h., wir erhalten eine mehrparametrige Lösungsschar. |
| 3) | Es gibt keine Lösung, d.h., im Gleichungssystem ist ein Widerspruch enthalten. |

## 5.2   Der Gaußsche Algorithmus

Der Gaußsche Algorithmus wird in zwei Schritten ausgeführt und liefert immer die vollständige Lösungsmenge für ein gegebenes lineares Gleichungssystem.

Das Ziel des 1. Schrittes besteht darin, ein zum Ausgangssystem äquivalentes *"gestaffeltes"* System zu konstruieren:

$$
\begin{aligned}
a'_{11}x_1 + \quad a'_{12}x_2 + \quad \cdots + a'_{1r}x_r + \cdots + a'_{1n}x_n &= b'_1 \\
a'_{22}x_2 + \quad \cdots + a'_{2r}x_r + \cdots + a'_{2n}x_n &= b'_2 \\
\ddots \qquad\qquad \vdots \qquad\qquad \vdots \qquad\qquad &\quad\vdots \\
a'_{rr}x_r + \cdots + a'_{rn}x_n &= b'_r
\end{aligned}
\tag{5.2}
$$

wobei $r \leq m$, $a'_{ij} \in \mathbb{R}$, $b'_j \in \mathbb{R}$ und $a'_{jj} \neq 0$ für $i = 1, 2, \ldots, n$; $j = 1, 2, \ldots, r$ gilt. (Wir wollen anmerken, dass im gestaffelten System (5.2) die Variablen $x_1, x_2, \ldots, x_n$ eventuell umnummeriert worden sind.)

Aus dem äquivalenten gestaffelten System (5.2) wird dann im 2. Schritt die Lösungsmenge durch Rückwärtssubstitution berechnet.

*Bemerkung:* Wir erinnern, dass zwei Gleichungssysteme als *äquivalent* bezeichnet werden, wenn sie die gleichen Lösungsmengen besitzen.

## 1. Schritt: Konstruktion eines äquivalenten gestaffelten Systems

Der 1. Schritt verwendet das Additionsverfahren, welches auf dem folgenden Lehrsatz beruht.

Die Lösungsmenge eines Gleichungssystems verändert sich nicht, wenn:

| | |
|---|---|
| 1.) | Eine Gleichung mit einem reellen Faktor $\mu \neq 0$ multipliziert wird. |
| 2.) | Zwei Gleichungen miteinander vertauscht werden. |
| 3.) | Das Vielfache einer Gleichung zu einer anderen addiert wird. |

*Bemerkung:* Wenn wir 1.) und 3.) der obigen Tabelle kombinieren, so erhalten wir die theoretische Fundierung des Additionsverfahrens:

*Die Lösungsmenge eines Gleichungssystems ändert sich nicht, wenn das $\lambda$-fache einer Gleichung zum $\mu$-fachen einer anderen Gleichung des Gleichungssystems addiert wird, wobei $\lambda, \mu \in \mathbb{R}$ und $\mu \neq 0$ gilt.*

## Das Rechenschema

Im folgenden Rechenschema wird das Gleichungssystem in ein äquivalentes gestaffeltes System überführt.

Um die Rechnung übersichtlich zu gestalten, schreiben wir zunächst unser zu lösendes Gleichungssystem (5.1) als nebenstehendes Schema.

| $x_1$ | $x_2$ | $\ldots$ | $x_n$ | $b_i$ |
|---|---|---|---|---|
| $a_{11}$ | $a_{12}$ | $\ldots$ | $a_{1n}$ | $b_1$ |
| $a_{21}$ | $a_{22}$ | $\ldots$ | $a_{2n}$ | $b_2$ |
| $\ldots\ldots\ldots\ldots\ldots\ldots\ldots\ldots\ldots$ | | | | |
| $a_{m1}$ | $a_{m2}$ | $\ldots$ | $a_{mn}$ | $b_m$ |

**a)** Unter den Koeffizienten wird ein *Pivotelement* (das ist ein beliebiger Koeffizient, der aber *verschieden von* 0 sein muss) ausgezeichnet.

**b)** Wir erzeugen oberhalb und unterhalb vom Pivotelement Nullen. Das erreichen wir schrittweise für jede einzelne Zeile, indem wir ein geeignet gewähltes Vielfaches der Pivotzeile (das ist die Zeile, in welcher das Pivotelement ausgezeichnet worden ist) zu einem geeigneten Vielfachen der Zeile addieren, in welcher oberhalb bzw. unterhalb des Pivotelementes eine 0 erzeugt werden soll. Das Ergebnis schreiben wir unter unser Schema in ein neues Schema, in welchem aber die Pivotzeile *nicht mehr enthalten* ist. Wenn hierbei eine Zeile nur aus Nullen besteht, so wird diese Zeile gestrichen. Mit diesem so erhaltenen neuen Schema verfahren wir weiter gemäß der obigen Schritte a), b) und erhalten wiederum ein neues Schema.

Das Verfahren *bricht ab*, wenn wir entweder kein Pivotelement mehr wählen können (d.h., alle unter den Variablen $x_1, x_2, \ldots, x_n$ stehenden Koeffizienten sind 0) oder wenn nur noch eine Zeile im Schema steht (es wird dann ein beliebiger Koeffizient, der verschieden von 0 ist, als Pivotelement ausgezeichnet).

Wir wollen den 1. Schritt anhand des folgenden Beispiels erläutern.

**Beispiel 2:** Lösen Sie $\begin{cases} 3x_1 - 2x_2 + 5x_3 &=& 5 \\ -2x_1 + 3x_2 - 6x_3 &=& -7 \\ 5x_1 - 7x_2 + 4x_3 &=& -4 \end{cases}$

Wir führen jetzt den *1. Schritt* zur Lösung aus.

| $x_1$ | $x_2$ | $x_3$ | $b_i$ | | |
|---|---|---|---|---|---|
| 3 | $-2$ | 5 | 5 | $\mid \cdot 2$ | $\uparrow +$ |
| $\boxed{-2}$ | 3 | $-6$ | $-7$ | $\mid \cdot 3$ | $\mid \cdot 5$ $\downarrow +$ |
| 5 | $-7$ | 4 | $-4$ | $\mid \cdot 2$ | |
| 0 | 5 | $-8$ | $-11$ | | |
| 0 | $\boxed{1}$ | $-22$ | $-43$ | $\mid \cdot (-5)$ $\uparrow +$ | |
| 0 | 0 | $\boxed{102}$ | 204 | | |

(5.3)

Das Verfahren bricht ab, da nur noch eine Zeile im Schema enthalten ist.

*Erläuterung des obigen Schemas:* Nachdem wir die Koeffizienten und inhomogenen Glieder des gegebenen Gleichungssystems als erstes Schema geschrieben haben, zeichnen wir ein Pivotelement aus. Wir haben $\boxed{-2}$ in der zweiten Zeile gewählt. (Es könnte natürlich auch ein anderes von $\overline{0}$ verschiedenes Element gewählt werden.) Es sollen nun Nullen oberhalb und unterhalb des Pivotelementes erzeugt werden. Hierzu wird zuerst das 3-fache der Pivotzeile (d.h. der zweiten Zeile) zum 2-fachen der ersten Zeile addiert, denn es gilt ja

$(-2) \cdot 3 + 3 \cdot 2 = 0.$

Um die Rechnungen übersichtlich zu gestalten, notieren wir rechts in unserem Schema jeweils den Faktor, mit dem die entsprechende Zeile multipliziert worden ist und deuten durch einen Pfeil an, welche Zeile zu welcher Zeile addiert wird.

Das Ergebnis wird als Zeile eines neues Schemas unter unser Schema geschrieben. Wir berechnen dazu: $(-2) \cdot 3 + 3 \cdot 2 = 0$, $3 \cdot 3 + (-2) \cdot 2 = 5$, $(-6) \cdot 3 + 5 \cdot 2 = -8$, $(-7) \cdot 3 + 5 \cdot 2 = -11$. Um als nächstes unterhalb vom Pivotelement $\boxed{-2}$ eine 0 zu erzeugen, addieren wir das 5-fache der Pivotzeile zum 2-fachen der dritten Zeile, und schreiben das Ergebnis $(0, 1, -22, -43)$ als zweite Zeile in unser neues Schema.

Als nächstes wählen wir ein Pivotelement im neuen Schema. Wir zeichnen $\boxed{1}$ in der zweiten Zeile als Pivotelement aus. Um oberhalb des Pivotelementes eine Null zu erzeugen, addieren wir das $(-5)$-fache der Pivotzeile zur ersten Zeile und erhalten das Ergebnis $(0, 0, 102, 204)$, welches wir als drittes Schema notieren. Das Verfahren bricht jetzt ab, da nur noch eine Zeile als neues Schema in unserem Schema enthalten ist. Am Ende des 2. Schrittes werden wir dieses Beispiel erneut betrachten und die Lösung berechnen.

## 2. Schritt: Rückwärtssubstitution

Um die Lösungsmenge zu berechnen, betrachten wir die im 1. Schritt berechneten Schemata von unten nach oben, d.h. vom letzten Schema rückwärts bis zum ersten. Hierauf beruht die Bezeichnung *Rückwärtssubstitution*.

Wir untersuchen zunächst die beiden möglichen Fälle, wodurch das Verfahren im 1. Schritt abbricht.

<u>Fall 1</u>: Das Verfahren bricht ab, weil alle Koeffizienten unter den Variablen $x_1, x_2, \ldots, x_n$ gleich 0 sind. Es gibt jetzt zwei Möglichkeiten.

<u>Fall 1.1</u>: Es gibt inhomogene Glieder unter den $b_i$, welche verschieden von 0 sind. In diesem Fall enthält das Gleichungssystem einen *Widerspruch* und somit hat das Gleichungssystem *keine* Lösung.

<u>Fall 1.2</u>: Alle inhomogenen Glieder sind ebenfalls gleich 0. Wir betrachten dann die Pivotzeile des vorletzten Schemas und verfahren weiter wie im Fall 2 beschrieben werden wird.

<u>Fall 2</u>: Das Verfahren bricht ab, weil nur noch eine Zeile im Schema steht, wobei aber Koeffizienten unter den $x_1, x_2, \ldots, x_n$ verschieden von 0 sind. Wir zeichnen jetzt in dieser Zeile ein Pivotelement, welches verschieden von 0 sein muss, aus und lösen diese Gleichung nach der Variablen des Pivotelementes auf. Falls hierbei Variable auf der rechten Seite der aufgelösten Gleichung stehen, so werden diese als *frei wählbare reelle Parameter* (oder kurz: freie Parameter) gesetzt. Diese freien Parameter bezeichnen wir mit $t_1, t_2, \ldots$.

Zur *Erläuterung* betrachten wir das folgende

**Beispiel 3:** Das letzte Schema habe die Gestalt $\overline{0\ 2\ 4\ 0}\mid 6$. Wir wählen 2 als Pivotelement und setzen zunächst die Variablen in diese Zeile ein. Damit erhalten wir die Gleichung:

$$0 \cdot x_1 + \boxed{2} \cdot x_2 + 4 \cdot x_3 + 0 \cdot x_4 = 6.$$

Die obige Gleichung wird nach der Variablen des Pivotelementes, also nach $x_2$, aufgelöst. Hierdurch erhalten wir $x_2 = 3 - 2x_3$. Es wird $x_3 = t_1$ gesetzt und $x_2 = 3 - 2t_1$ berechnet, wobei $t_1 \in \mathbb{R}$ ein freier Parameter ist.

Als nächstes wird die Pivotzeile des vorletzten Schemas betrachtet und als lineare Gleichung, in welcher die Variablen $x_1, x_2, \ldots, x_n$ wieder eingesetzt wurden, notiert. Diese Gleichung wird dann nach der Variablen des Pivotelementes aufgelöst, und es werden dann alle bereits berechneten Variablen auf der rechten Seite der aufgelösten Gleichung eingesetzt. Falls immer noch einige der Variablen $x_1, x_2, \ldots, x_n$ auf der rechten Seite der aufgelösten Gleichung stehen, so werden diese als frei wählbare Parameter gesetzt.

Dieses Vorgehen wiederholen wir schrittweise von Schema zu Schema, wobei wir von unten nach oben bis zum Ausgangsschema vorgehen. Zum Schluss fassen wir die in den einzelnen Schritten der Rückwärtssubstitution erhaltenen Ergebnisse zur Gesamtlösung zusammen.

Fortsetzung von **Beispiel 2:** Wir betrachten das letzte Schema von (8.9) und stellen fest, dass das im 1. Schritt beschriebene Verfahren abbrach, da nur noch eine Zeile im Schema enthalten war. Es liegt also der oben beschriebene Fall 2 vor. Zur letzten Zeile von (8.9) gehört die lineare Gleichung $102\,x_3 = 204$, welche die Lösung $\underline{x_3 = 2}$ hat.

Wir betrachten als nächstes die Pivotzeile des vorletzten Schemas und schreiben diese als lineare Gleichung: $1 \cdot x_2 - 22 \cdot x_3 = -43$. Wir lösen diese Gleichung nach der Variablen des Pivotelementes $x_2$ auf und erhalten: $x_2 = 22x_3 - 43$. In die letzte Gleichung setzten wir die bereits berechneten Variablen, nämlich $x_3 = 2$, ein und erhalten das Ergebnis $x_2 = 22 \cdot 2 - 43 = \underline{1}$.

Wir betrachten die Pivotzeile des vorangehenden Schemas, welches gleichzeitig unser Ausgangsschema war, und schreiben diese Zeile als lineare Gleichung: $-2 \cdot x_1 + 3 \cdot x_2 - 6 \cdot x_3 = -7$. Es wird nach der Variablen des Pivotelementes $x_1$ aufgelöst und dann werden die bereits berechneten Variablen eingesetzt:

$$x_1 = -\tfrac{1}{2}(-7 - 3x_2 + 6x_3) = -\tfrac{1}{2}(-7 - 3 \cdot 1 + 6 \cdot 2) = \underline{-1}.$$

Wir haben somit die eindeutig bestimmte Lösung $x_1 = -1$, $x_2 = 1$, $x_3 = 2$,

für welche wir auch $\begin{pmatrix} x_1 \\ x_2 \\ x_3 \end{pmatrix} = \begin{pmatrix} -1 \\ 1 \\ 2 \end{pmatrix}$ schreiben, erhalten.

**Beispiel 4:** Lösen Sie $\begin{cases} x_1 + x_2 + x_3 + x_4 = 4 \\ x_1 + x_2 - x_3 - x_4 = 0 \\ 3x_1 + 3x_2 + x_3 + x_4 = 8 \end{cases}$

|       | $x_1$ | $x_2$ | $x_3$ | $x_4$ | $b_i$ |           |              |
|-------|-------|-------|-------|-------|-------|-----------|--------------|
|       | $|1|$ | $1$   | $1$   | $1$   | $4$   | $|\cdot(-1)$  $\downarrow$ | $|\cdot(-3)$ |
|       | $1$   | $1$   | $-1$  | $-1$  | $0$   | $|$       | $\downarrow +$ |
| *1. Schritt:* | $3$   | $3$   | $1$   | $1$   | $8$   | $|$       |              |
|       | $0$   | $0$   | $|-2|$| $-2$  | $-4$  | $|\cdot(-1)$  $\downarrow$ |  |
|       | $0$   | $0$   | $-2$  | $-2$  | $-4$  | $|$       |              |
|       | $0$   | $0$   | $0$   | $0$   | $0$   |           |              |

*2.Schritt:* Das Verfahren im 1. Schritt brach mit dem Fall 1.2 ab, denn das letzte Schema besteht nur aus Nullen. Somit betrachten wir nun die Pivotzeile des vorletzten Schemas und notieren die zugehörige lineare Gleichung: $-2x_3 - 2x_4 = -4$. Wir lösen diese Gleichung nach der Variablen des Pivotelementes $x_3$ auf:

$$x_3 = 2 - x_4. \tag{5.4}$$

Für die Variable $x_4$, welche auf der rechten Seite der Gleichung (5.4) steht, wird ein freier Parameter $\underline{x_4 = t_1}$ gesetzt. Hiermit erhalten wir aus (5.4) die Lösung $x_3 = 2 - t_1$.

Wir betrachten jetzt die Pivotzeile des vorhergehenden Schemas, welches unser Ausgangsschema war, und notieren die zugehörige lineare Gleichung: $x_1 + x_2 + x_3 + x_4 = 4$. Diese Gleichung wird nach der Variablen des Pivotelementes aufgelöst, und dann werden alle bisher berechneten Lösungen eingesetzt:

$$x_1 = 4 - x_2 - x_3 - x_4 = 4 - x_2 - (2 - t_1) - t_1 = 2 - x_2. \tag{5.5}$$

Da die letzte Gleichung von (5.5) noch die Variable $x_2$ auf der rechten Seite enthält, setzen wir $\underline{x_2 = t_2}$ mit einem weiteren freien Parameter $t_2 \in \mathbb{R}$ und erhalten aus (5.5) die Lösung $\underline{x_1 = 2 - t_2}$.

Somit erhalten wir als Lösungsmenge eine zweiparametrige Lösungsschar mit den freien Parametern $t_1, t_2 \in \mathbb{R}$, welche durch

$$\left\{ \begin{array}{rl} x_1 = & 2 - t_2 \\ x_2 = & t_2 \\ x_3 = & 2 - t_1 \\ x_4 = & t_1 \end{array} \right\} \quad \text{oder} \quad \begin{pmatrix} x_1 \\ x_2 \\ x_3 \\ x_4 \end{pmatrix} = \begin{pmatrix} 2 \\ 0 \\ 2 \\ 0 \end{pmatrix} + t_1 \begin{pmatrix} 0 \\ 0 \\ -1 \\ 1 \end{pmatrix} + t_2 \begin{pmatrix} -1 \\ 1 \\ 0 \\ 0 \end{pmatrix}$$

gegeben wird. (Die Interpretation der letzten obigen Schreibweise werden wir im Abschn. 6.2 erläutern.)

*Bemerkung:* Wir wollen anmerken, dass wir bei einer anderen Wahl der Pivotelemente im 1. Schritt eine andere Parametrisierung der *gleichen* Lösungsmenge erhalten hätten.

**Beispiel 5:** Lösen Sie: $\left\{\begin{array}{rrrr} x_1 - & x_2 + & x_3 = & 2 \\ 2x_1 + & x_2 - & x_3 = & 1 \\ 5x_1 + & x_2 - & x_3 = & 0 \end{array}\right.$

*1. Schritt:*

$$\begin{array}{rrrr|l|l} x_1 & x_2 & x_3 & b_i & & \\ \hline 1 & \boxed{-1} & 1 & 2 & \mid \cdot 1 \quad \downarrow + & \mid \cdot 1 \quad \downarrow + \\ 2 & 1 & -1 & 1 & \mid & \\ 5 & 1 & -1 & 0 & & \mid \\ \hline \boxed{3} & 0 & 0 & 3 & \mid \cdot (-2) \quad \downarrow + & \\ 6 & 0 & 0 & 2 & \mid & \\ \hline 0 & 0 & 0 & -4 & & \end{array}$$

*2. Schritt:* Wir bemerken, dass das Verfahren im 1. Schritt gemäß Fall 1.1 abbrach. Das Gleichungssystem enthält wegen $0x_1 + 0x_2 + 0x_3 = -4$ einen Widerspruch und hat somit keine Lösung.

**Aufg. 5.1** Lösen Sie a) $\left\{\begin{array}{rrrrr} x_1 + & x_2 + & x_3 + & x_4 = & 4 \\ x_1 + & x_2 - & x_3 - & x_4 = & 0 \\ 3x_1 + & 3x_2 + & x_3 + & x_4 = & 2 \end{array}\right.$

b) $\left\{\begin{array}{rrrrr} 2x_1 - & 3x_2 - & 2x_3 + & 3x_4 = & 12 \\ 3x_1 + & 5x_2 - & 3x_3 - & 5x_4 = & -1 \\ 4x_1 + & 2x_2 - & 4x_3 - & 2x_4 = & 8 \\ -5x_1 + & 4x_2 + & 5x_3 - & 4x_4 = & -23 \end{array}\right.$

c) $\left\{\begin{array}{rrrrr} 2x_1 - & 2x_2 + & 3x_3 + & 5x_4 = & 7 \\ 3x_1 + & 3x_2 - & 4x_3 - & 2x_4 = & 8 \end{array}\right.$

d) $\left\{\begin{array}{rrrrr} 2x_1 - & 2x_2 + & 3x_3 + & 5x_4 = & 10 \\ 3x_1 + & 3x_2 - & 4x_3 - & 2x_4 = & -3 \\ 3x_1 + & 3x_2 - & x_3 - & x_4 = & 1 \\ x_1 + & 3x_2 - & x_3 - & x_4 = & -1 \end{array}\right.$ e) $\left\{\begin{array}{rcr} 2x_1 - 3x_2 - 2x_3 & = & 12 \\ 3x_1 + 5x_2 - 3x_3 & = & -1 \\ 4x_1 + 2x_2 - 4x_3 & = & 8 \end{array}\right.$

**Aufg. 5.2** Für welche reellen $\lambda$ ist das nebenstehende lineare Gleichungssystem lösbar? Ermitteln Sie die zugehörigen Lösungen.

$$\left\{\begin{array}{rrrl} x+ & y+ & z & = 3 \\ 3x+ & 5y+ & z & = 9 \\ 2x+ & 3y+ & z & = \lambda^2 - 4\lambda + 6 \\ 5x+ & 6y+ & \lambda z & = 15 \end{array}\right.$$

**Aufg. 5.3** Ein Benzinkessel kann durch zwei Zuleitungen gefüllt werden. Ist die erste 6 Minuten und die zweite 3 Minuten geöffnet, so werden 5/6 des Behälters gefüllt. Ist die erste 3 Minuten und die zweite 6 Minuten geöffnet, so bleibt 1/12 des Behälters leer. a) Wie lange muss jede Zuleitung geöffnet sein, damit sie einzeln den Behälter füllt? b) Wie lange müssen sie zusammen in Betrieb genommen werden, um den Kessel zu füllen?

**Aufg. 5.4** Drei Zahnräder eines Getriebes haben zusammen 80 Zähne. Bei 10 Umdrehungen des ersten Rades drehen sich das zweite 18 und das dritte 45 mal. Wie viele Zähne hat jedes Rad?

## 5.3 Zur Struktur der Lösungsmenge

Nachdem wir im vorangegangenen Abschnitt ein Verfahren kennen gelernt haben, mit welchem die allgemeine Lösung (d.h. die gesamte Lösungsmenge) für jedes lineare Gleichungssystem berechnet werden kann, beschäftigen wir uns in diesem Abschnitt mit der allgemeinen Struktur der Lösungsmenge.

### Das Superpositionsprinzip

Wir betrachten erneut ein lineares Gleichungssystem mit $m$ Gleichungen und $n$ Unbekannten $x_1, x_2, \ldots, x_n$:

$$
\begin{aligned}
a_{11}x_1 + a_{12}x_2 + \cdots + a_{1n}x_n &= b_1 \\
a_{21}x_1 + a_{22}x_2 + \ldots + a_{2n}x_n &= b_2 \\
&\cdots\cdots\cdots\cdots \\
a_{m1}x_1 + a_{m2}x_2 + \ldots + a_{mn}x_n &= b_m
\end{aligned}
\tag{5.6}
$$

und erinnern uns an die Definition von homogenen und inhomogenen linearen Gleichungssystemen (s. Abschn. 5.1).

Für homogene lineare Gleichungssysteme (d.h., für die rechte Seite gilt $b_1 = b_2 = \ldots = b_m = 0$) sind die folgenden Eigenschaften erfüllt:

| | |
|---|---|
| 1) | Wenn $(x_1, x_2, \ldots, x_n)$ eine Lösung eines homogenen linearen Gleichungssystems ist, so ist auch $(tx_1, tx_2, \ldots, tx_n)$ für jede reelle Zahl $t$ eine Lösung dieses Gleichungssystems. |
| 2) | Wenn $(x_1, x_2, \ldots, x_n)$ und $(y_1, y_2, \ldots, y_n)$ zwei Lösungen eines homogenen linearen Gleichungssystems sind, so ist auch $(x_1+y_1, x_2+y_2, \ldots, x_n+y_n)$ eine Lösung dieses Gleichungssystems. |
| 3) | Insbesondere ist $(x_1 = 0, x_2 = 0, \ldots, x_n = 0)$ immer eine Lösung eines homogenen linearen Gleichungssystems. |

Zum inhomogenen linearen Gleichungssystem (5.6) betrachten wir jetzt das *zugehörige homogene lineare* Gleichungssystem:

$$
\begin{aligned}
a_{11}x_1 + a_{12}x_2 + \cdots + a_{1n}x_n &= 0 \\
a_{21}x_1 + a_{22}x_2 + \ldots + a_{2n}x_n &= 0 \\
&\cdots\cdots\cdots\cdots \\
a_{m1}x_1 + a_{m2}x_2 + \ldots + a_{mn}x_n &= 0
\end{aligned}
\tag{5.7}
$$

welches wir erhalten, indem wir die rechte Seite des Gleichungssystems (5.6) gleich 0 setzen (d.h. $b_1 = b_2 = \ldots = b_m = 0$). Für die allgemeine Lösung des Gleichungssystems (5.6) gilt das wichtige Superpositionsprinzip:

$$
\left.\begin{array}{l}
\text{Allgemeine Lösung des} \\
\text{inhomogenen Gleichungs-} \\
\text{systems (5.6)}
\end{array}\right\} = \left\{\begin{array}{l}
\text{Eine spezielle Lösung des} \\
\text{inhomogenen Gleichungssystems (5.6)} \\
+ \\
\text{Allgemeine Lösung des zugehörigen} \\
\text{homogenen Gleichungssystems (5.7)}
\end{array}\right.
$$

*Bemerkung:* Die obige Eigenschaft besagt: Wenn wir *eine spezielle* Lösung des inhomogenen Gleichungssystems (5.6) und die allgemeine Lösung (d.h. die gesamte Lösungsmenge) des zugehörigen homogenen Gleichungssystems (5.7) kennen, so erhalten wir die allgemeine Lösung des inhomogenen Gleichungssystems (5.6) als Summe dieser beiden Lösungen.

**Beispiel 6:** Wir wollen die oben gegebene Struktureigenschaft anhand des Beispiels 4 aus Abschn. 5.2 erläutern. In diesem Beispiel hatten wir das nebenstehende inhomogene lineare Glei-

$$
\left\{\begin{array}{rrrrr}
x_1 + & x_2 + & x_3 + & x_4 = & 4 \\
x_1 + & x_2 - & x_3 - & x_4 = & 0 \\
3x_1 + & 3x_2 + & x_3 + & x_4 = & 8
\end{array}\right.
$$

chungssystem betrachtet und die allgemeine Lösung gefunden:

$$
\begin{pmatrix} x_1 \\ x_2 \\ x_3 \\ x_4 \end{pmatrix} = \begin{pmatrix} 2 \\ 0 \\ 2 \\ 0 \end{pmatrix} + t_1 \begin{pmatrix} 0 \\ 0 \\ -1 \\ 1 \end{pmatrix} + t_2 \begin{pmatrix} -1 \\ 1 \\ 0 \\ 0 \end{pmatrix} \text{ mit } t_1, t_2 \in \mathbb{R}.
$$

In der obigen Lösung beschreibt die erste Spalte, d.h. $x_1 = 2, x_2 = 0$, $x_3 = 2, x_4 = 0$, eine spezielle Lösung des gegebenen inhomogenen Systems. Hiervon können wir uns sofort überzeugen, indem wir diese Lösung in das gegebene Gleichungssystem einsetzen. Die beiden letzten Spalten dieser Gleichung, d.h., $x_1 = -t_2$, $x_2 = t_2$, $x_3 = -t_1$, $x_4 = t_1$ mit $t_1, t_2 \in \mathbb{R}$, sind die allgemeine Lösung des zugehörigen homogenen Gleichungssystems.

## Das Rangkriterium

Wir hatten im Abschn. 5.2 gesehen, dass wir anhand des letzten Schemas des 1. Schrittes entscheiden können, ob das betrachtete lineare Gleichungssystem lösbar ist. Weiterhin sahen wir, dass im Falle der Lösbarkeit die Anzahl der im 1. Schritt gewählten Pivotelemente die Anzahl der bei der Rückwärtssubstitution im 2. Schritt einzuführenden, frei wählbaren Parameter fest legte. Diese beiden Sachverhalte wollen wir jetzt mathematisch formulieren.

Zum linearen Gleichungssystem (5.6) betrachten wir das Anfangsschema des 1. Schrittes aus Abschn. 5.2 und bezeichnen die linke Seite des Schemas als *Koeffizientenmatrix A* und das vollständige Schema als *erweiterte Koeffizientenmatrix* $(A|\,b)$, d.h., es gilt

$$A = \begin{pmatrix} a_{11} & a_{12} & \ldots & a_{1n} \\ a_{21} & a_{22} & \ldots & a_{2n} \\ \ldots\ldots\ldots\ldots\ldots\ldots \\ a_{m1} & a_{m2} & \ldots & a_{mn} \end{pmatrix} \quad \text{und} \quad (A|\,b) = \begin{pmatrix} a_{11} & a_{12} & \ldots & a_{1n} & b_1 \\ a_{21} & a_{22} & \ldots & a_{2n} & b_2 \\ \ldots\ldots\ldots\ldots\ldots\ldots\ldots \\ a_{m1} & a_{m2} & \ldots & a_{mn} & b_m \end{pmatrix}.$$

Wenn wir dann den 1. Schritt des Gaußalgorithmus abgeschlossen haben, so wird die Gesamtzahl der gewählten Pivotelemente als *Rang der Koeffizientenmatrix*[2] $r = \text{Rang}\,(A)$ bezeichnet. Um den *Rang der erweiterten Koeffizientenmatrix* $r^* = \text{Rang}\,(A|\,b)$ zu erklären, betrachten wir das letzte Schema des 1. Schrittes und bezeichnen mit $k$ die Anzahl der rechten Seiten mit $b_i \neq 0$, wobei aber alle Koeffizienten der linken Seite in der zugehörigen Zeile gleich 0 sein müssen. Wir setzen dann $r^* = r + k$.

Aus den Betrachtungen im Abschn. 5.2 ergibt sich nun das *Rangkriterium* für die Lösbarkeit von linearen Gleichungssystemen:

a) Das lineare Gleichungssystem (5.6) besitzt genau dann eine Lösung, wenn der Rang der Koeffizientenmatrix gleich dem Rang der erweiterten Koeffizientenmatrix ist, d.h., es gilt $r = r^*$.
b) Wenn das Gleichungssystem lösbar ist, dann hängt die allgemeine Lösung von $n - r$ reellen Parametern ab, wobei $n$ die Anzahl der Unbekannten bezeichnet.

**Aufg. 5.5** Gegeben sind die folgenden linearen Gleichungssysteme, welche von einem reellen Parameter $a$ abhängen. i) Entscheiden Sie anhand des Rangkriteriums, für welche Werte von $a$ diese Systeme eindeutig lösbar, mehrdeutig lösbar bzw. unlösbar sind. ii) Im Falle der Lösbarkeit sind die Lösungen zu berechnen.

a) $\begin{cases} (a-2)\,x_1 + x_2 + x_3 &= 1 \\ x_1 + (a-2)\,x_2 + x_3 &= 1 \\ x_1 + x_2 + (a-2)\,x_3 &= 1 \end{cases}$  b) $\begin{cases} x_1 - x_2 + 4x_3 + 11x_4 &= 6 \\ -2x_1 - 3x_2 - 3x_3 - 2x_4 &= -7 \\ 3x_1 + 2x_2 + x_3 - 5x_4 &= a \\ -4x_1 - 5x_2 - 3x_3 + 4x_4 &= -7 \end{cases}$

---

[2]Die allgemeine Definition der Begriffe Matrix und Rang einer Matrix geben wir im Kapitel 8.

## 5.4  Lösungen der Aufgaben aus Kapitel 5

**5.1 a)** *1. Schritt:*

| $x_1$ | $x_2$ | $x_3$ | $x_4$ | $b_i$ | | | |
|---|---|---|---|---|---|---|---|
| 1 | 1 | $\lfloor 1 \rfloor$ | 1 | 4 | $\mid \cdot 1$ | $\mid \cdot (-1)$ | |
| 1 | 1 | $-1$ | $-1$ | 0 | $\mid$ | | |
| 3 | 3 | 1 | 1 | 2 | $\mid$ | | |
| $\lfloor 2 \rfloor$ | 2 | 0 | 0 | 4 | $\mid \cdot (-1)$ | | |
| 2 | 2 | 0 | 0 | $-2$ | $\mid$ | | |
| 0 | 0 | 0 | 0 | $-6$ | | | |

*2. Schritt:* Wir bemerken, dass das Verfahren im 1. Schritt gemäß Fall 1.1 abbrach. Das Gleichungssystem enthält wegen $0x_1 + 0x_2 + 0x_3 + 0x_4 = -6$ einen Widerspruch und hat somit keine Lösung.

**b)** *1. Schritt:*

| $x_1$ | $x_2$ | $x_3$ | $x_4$ | $b_i$ | | | |
|---|---|---|---|---|---|---|---|
| $\lfloor 2 \rfloor$ | $-3$ | $-2$ | 3 | 12 | $\mid \cdot (-3)$ | $\mid \cdot (-2)$ | $\mid \cdot 5$ |
| 3 | 5 | $-3$ | $-5$ | $-1$ | $\mid \cdot 2$ | | |
| 4 | 2 | $-4$ | $-2$ | 8 | $\mid$ | | |
| $-5$ | 4 | 5 | $-4$ | $-23$ | | | $\mid \cdot 2$ |
| 0 | 19 | 0 | $-19$ | $-38$ | $\mid \cdot 7$ | | |
| 0 | 8 | 0 | $-8$ | $-16$ | | $\mid \cdot 7$ | |
| 0 | $-7$ | 0 | $\lfloor 7 \rfloor$ | 14 | $\mid \cdot 19$ | $\mid \cdot 8$ | |
| 0 | 0 | 0 | 0 | 0 | | | |
| 0 | 0 | 0 | 0 | 0 | | | |

*2. Schritt:* Aus der Pivotzeile des vorletzten Schemas erhalten wir $-7x_2 + 7x_4 = 14$. Wir lösen nach der Variablen des Pivotelementes auf und erhalten $x_4 = 2 + x_2 = 2 + t_1$, wobei wir für die Variable $x_2$ auf der rechten Seite $\underline{x_2 = t_1}$ gesetzt haben. Aus der Pivotzeile des vorangehenden Schemas erhalten wir $2x_1 - 3x_2 - 2x_3 + 3x_4 = 12$. Wir lösen wiederum nach der Variablen des Pivotelementes auf, setzen die bereits berechneten Lösungen ein und führen für die auf der rechten Seite noch verbliebenen Variablen Parameter ein:

$$x_1 = 6 + \frac{3}{2}x_2 + x_3 - \frac{3}{2}x_4 = 6 + \frac{3}{2}t_1 + x_3 - \frac{3}{2}(2 + t_1) = 3 + x_3 = \underline{3 + t_2}\,,$$

wobei wir $\underline{x_3 = t_2}$ gesetzt haben.

Wir erhalten somit eine zweiparametrige Lösungsschar mit den freien Parametern $t_1, t_2 \in \mathbb{R}$:

$$\begin{cases} x_1 = 3 + t_2 \\ x_2 = t_1 \\ x_3 = t_2 \\ x_4 = 2 + t_1 \end{cases} \quad \text{oder} \quad \begin{pmatrix} x_1 \\ x_2 \\ x_3 \\ x_4 \end{pmatrix} = \begin{pmatrix} 3 \\ 0 \\ 0 \\ 2 \end{pmatrix} + t_1 \begin{pmatrix} 0 \\ 1 \\ 0 \\ 1 \end{pmatrix} + t_2 \begin{pmatrix} 1 \\ 0 \\ 1 \\ 0 \end{pmatrix}.$$

**c)** *1. Schritt:*

| $x_1$ | $x_2$ | $x_3$ | $x_4$ | $b_i$ | |
|-------|-------|-------|-------|-------|--------|
| 2 | $\lfloor-2\rfloor$ | 3 | 5 | 7 | $\mid \cdot 3$ |
| 3 | 3 | $-4$ | $-2$ | 8 | $\mid \cdot 2$ $\quad \downarrow +$ |
| 12 | 0 | $\lfloor 1 \rfloor$ | 11 | 37 | |

*2. Schritt:* Aus der letzten Zeile erhalten wir:

$12x_1 + x_3 + 11x_4 = 37$ und dann $x_3 = 37 - 12x_1 - 11x_4 = 37 - 12t_1 - 11t_2$ mit $x_1 = t_1$, $x_4 = t_2$.

Aus der 1. Zeile folgt $2x_1 - 2x_2 + 3x_3 + 5x_4 = 7$ und dann:

$$x_2 = -\frac{7}{2} + x_1 + \frac{3}{2}x_3 + \frac{5}{2}x_4 = -\frac{7}{2} + t_1 + \frac{3}{2}(37 - 12t_1 - 11t_2) + \frac{5}{2}t_2$$
$$= \underline{52 - 17t_1 - 14t_1}\,.$$

Wir erhalten somit die Lösungsmenge:
$x_1 = t_1$, $x_2 = 52 - 17t_1 - 14t_2$, $x_3 = 37 - 12t_1 - 11t_2$, $x_4 = t_2$ mit den freien Parametern $t_1, t_2 \in \mathbb{R}$.

**d)** $x_1 = 1, x_2 = 0, x_3 = 1, x_4 = 1$.

**e)** *1. Schritt:*

| $x_1$ | $x_2$ | $x_3$ | $b_i$ | | | |
|-------|-------|-------|-------|--------------|----------|-------------|
| $\lfloor 2 \rfloor$ | $-3$ | $-2$ | 12 | $\mid \cdot (-3)$ | | $\mid \cdot (-2)$ |
| 3 | 5 | $-3$ | $-1$ | $\mid \cdot 2$ $\quad \downarrow +$ | | $\downarrow +$ |
| 4 | 2 | $-4$ | 8 | $\mid$ | | $\mid$ |
| 0 | 19 | 0 | $-38$ | $\mid \cdot 8$ | | |
| 0 | $\lfloor 8 \rfloor$ | 0 | $-16$ | $\mid \cdot (-19)$ $\quad \uparrow +$ | | |
| 0 | 0 | 0 | 0 | | | |

*2. Schritt:*

Aus $8x_2 = -16$ folgt $x_2 = -2$. Aus der Pivotzeile des Ausgangsschemas erhalten wir

$x_1 = 6 + \frac{3}{2}x_2 + x_3 = 6 - 3 + x_3 = \underline{3 + t}$

mit $x_3 = t$.

Somit erhalten wir die einparametrige Lösungsschar $x_1 = 3 + t$, $x_2 = -2$, $x_3 = t$ mit dem freien Parameter $t \in \mathbb{R}$.

**5.2** *1. Schritt:*

| $x$ | $y$ | $z$ | $b_i$ | | | | |
|-----|-----|-----|-------|---|---|---|---|
| $\lvert 1\rvert$ | 1 | 1 | 3 | $\lvert\cdot(-3)$    $\downarrow+$ | $\lvert\cdot(-2)$    $\downarrow+$ | $\lvert\cdot(-5)$ | |
| 3 | 5 | 1 | 9 | $\lvert$ | | | $\downarrow+$ |
| 2 | 3 | 1 | $\lambda^2-4\lambda+6$ | | $\lvert$ | | |
| 5 | 6 | $\lambda$ | 15 | | | $\lvert$ | |
| 0 | $\lvert 2\rvert$ | $-2$ | 0 | $\lvert\cdot(-\frac{1}{2})$    $\downarrow+$ | $\lvert\cdot(-\frac{1}{2})$    $\downarrow+$ | | |
| 0 | 1 | $-1$ | $\lambda^2-4\lambda$ | $\lvert$ | | | |
| 0 | 1 | $\lambda-5$ | 0 | | $\lvert$ | | |
| 0 | 0 | 0 | $\lambda^2-4\lambda$ | | | | |
| 0 | 0 | $\lambda-4$ | 0 | | | | |

*2. Schritt:* Aus der vorletzten Zeile des letzten Schemas im 1. Schritt erkennen
wir, dass das Gleichungssystem genau dann lösbar ist, wenn für das inhomogene Glied $\lambda^2-4\lambda=0$ gilt (denn anderenfalls enthält das Gleichungssystem
einen Widerspruch und somit keine Lösung). Aus $\lambda^2-4\lambda=0$ erhalten wir die
beiden Lösungen $\lambda_1=0$ und $\lambda_2=4$. Somit ist das gegebene Gleichungssystem
genau dann lösbar, wenn $\lambda=0$ oder $\lambda=4$ gilt.

Lösung für $\lambda=0$: Die vorletzte Zeile des letzten Schemas aus dem 1. Schritt
enthält nur Nullen und wird deshalb gestrichen. Aus der letzten Zeile erhalten
wir $(0-4)z=0$ und damit $\underline{z=0}$. Aus der Pivotzeile des vorletzten Schemas
erhalten wir $2y-2z=0$. Wir setzen $z=0$ ein und erhalten damit $\underline{y=0}$. Aus
der Pivotzeile des Ausgangsschemas erhalten wir $x+y+z=3$, woraus wegen
$y=0$ und $z=0$ das Ergebnis $\underline{x=3}$ folgt. Somit erhalten wir die eindeutig
bestimmte Lösung $x=3$, $y=0$, $z=0$.

Lösung für $\lambda=4$: Beide Zeilen des letzten Schemas aus dem 1. Schritt werden
gestrichen, denn sie enthalten nur Nullen. Aus der Pivotzeile des vorletzten
Schemas erhalten wir $2y-2z=0$, woraus $\underline{y=z}=t$ mit $\underline{z=t}$ folgt, wobei
$t\in\mathbb{R}$ ein freier Parameter ist. Die Pivotzeile des Ausgangsschemas liefert
$x+y+z=3$, woraus dann $\underline{x}=3-y-z=3-t-t=\underline{3-2t}$ folgt. Wir
erhalten somit die einparametrige Lösungsschar $x=3-2t$, $y=t$, $z=t$ mit
$t\in\mathbb{R}$ als Ergebnis.

**5.3 a)** Mit $x_j$ bezeichnen wir den Teil des Behälters,
welchen die Zuleitung $j$ in einer Minute füllt, $j=1,2$.
Damit erhalten wir das nebenstehende lineare Gleichungssystem mit der eindeutig bestimmten Lösung
$x_1=\frac{1}{12}$, $x_2=\frac{1}{9}$.

$$\begin{cases} 6x_1+3x_2 &=& \dfrac{5}{6} \\[2mm] 3x_1+6x_2 &=& \dfrac{11}{12} \end{cases}$$

Somit erhalten wir, dass die erste Zuleitung 12 Minuten geöffnet sein muss,
um den Behälter zu füllen. Die zweite Zuleitung muss 9 Minuten geöffnet sein,

um den Behälter zu füllen.

**b)** Mit $z$ bezeichnen wir die Anzahl der Minuten, die beide Zuleitungen geöffnet sein müssen, um den Behälter gemeinsam zu füllen. Es gilt dann die Gleichung $z(x_1 + x_2) = 1$. Wir setzen die in a) erhaltene Lösung ein und erhalten $z(\frac{1}{12} + \frac{1}{9}) = 1$, woraus dann $\frac{3+4}{36}z = 1$ mit der Lösung $z = \frac{36}{7}$ folgt. Beide Zuleitungen müssen gemeinsam 5 und $\frac{1}{7}$ Minuten, d.h. 5 Minuten und $\approx 9$ Sekunden, geöffnet sein, um gemeinsam den Kessel zu füllen.

**5.4** Wenn wir mit $z_j$ die Anzahl der Zähne des $j$-ten Zahnrades bezeichnen, so erhalten wir das nebenstehende Gleichungssystem:

$$\left\{\begin{array}{rcl} z_1 + z_2 + z_3 &=& 80 \\ 10z_1 &=& 18z_2 \\ 10z_1 &=& 45z_3 \end{array}\right.$$

mit der eindeutig bestimmten Lösung $z_1 = 45, z_2 = 25, z_3 = 10$.

**5.5 a)** *1. Schritt:* Transformation auf Trapezgestalt.

| $x_1$ | $x_2$ | $x_3$ | $b_i$ | | |
|---|---|---|---|---|---|
| $a-2$ | $1$ | $\boxed{1}$ | $1$ | $\mid \cdot (-1)$ $\qquad \downarrow +$ | $\mid \cdot (-a+2)$ $\qquad \downarrow +$ |
| $1$ | $a-2$ | $1$ | $1$ | $\mid$ | |
| $1$ | $1$ | $a-2$ | $1$ | | $\mid$ |
| $3-a$ | $\boxed{a-3}$ | $0$ | $0$ | $\mid$ $\qquad \downarrow +$ | |
| $-a^2 + 4a - 3$ | $3-a$ | $0$ | $-a+3$ | $\mid$ | |
| $\boxed{-a^2 + 3a}$ | $0$ | $0$ | $-a+3$ | | |

*2. Schritt:* Rangbestimmungen. Wir betrachten das letzte Pivotelement, setzen $-a^2 + 3a = 0$ und finden die Lösungen $a_1 = 3, a_2 = 0$. Hieraus folgt für den Rang der Koeffizientenmatrix und den der erweiterten Koeffizientenmatrix

$$r = \left\{\begin{array}{lll} 1 & \text{für} & a = 3 \\ 2 & \text{für} & a = 0 \\ 3 & \text{für} & a \neq 0 \wedge a \neq 3 \end{array}\right. \quad \text{und } r^* = \left\{\begin{array}{lll} 1 & \text{für} & a = 3 \\ 3 & \text{für} & a = 0 \\ 3 & \text{für} & a \neq 0 \wedge a \neq 3. \end{array}\right.$$

Nach dem Rangkriterium folgt somit, dass für $a = 0$ keine Lösung, für $a = 3$ eine zweiparametrige Lösungsschar und für $a \neq 0 \wedge a \neq 3$ eine eindeutig bestimmte Lösung existiert.

**b)** Wir führen die Rückwärtssubstitution für das Schema des 1. Schrittes aus.

1. Fall: $a = 3$. Es gibt nur eine Pivotzeile: $x_1 + x_2 + \boxed{1} \, x_3 - 1$ mit der Lösung $x_1 = s, x_2 = t, x_3 = 1 - s - t, \ s, t \in \mathbb{R}$.

2. Fall: $a \neq 0 \wedge a \neq 3$.

Aus der letzten Pivotzeile folgt $x_1 = \dfrac{-a+3}{-a^2+3a} = \dfrac{1}{a}$. Die darüber liegende Pivotzeile gibt $x_2 = x_1 = \dfrac{1}{a}$. Aus der ersten Pivotzeile folgt schließlich

$$x_3 = 1 - (a-2)x_1 - x_2 = 1 - (a-1)x_1 = 1 - \frac{a-1}{a} = \frac{1}{a}.$$

b)

| $x_1$ | $x_2$ | $x_3$ | $x_4$ | $b_i$ | | | |
|---|---|---|---|---|---|---|---|
| $\lfloor 1 \rfloor$ | $-1$ | $4$ | $11$ | $6$ | $\mid \cdot 2 \quad \downarrow +$ | $\mid \cdot (-3) \quad \downarrow +$ | $\mid \cdot 4 \quad \downarrow +$ |
| $-2$ | $-3$ | $-3$ | $-2$ | $-7$ | $\mid$ | | |
| $3$ | $2$ | $1$ | $-5$ | $a$ | $\mid$ | | |
| $-4$ | $-5$ | $-3$ | $4$ | $-7$ | $\mid$ | | |
| $0$ | $-5$ | $5$ | $20$ | $5$ | $\mid : 5$ | | |
| $0$ | $5$ | $-11$ | $-38$ | $-18+a$ | | | |
| $0$ | $-9$ | $13$ | $48$ | $-17$ | | | |
| $0$ | $\lfloor -1 \rfloor$ | $1$ | $4$ | $1$ | $\mid \cdot 5 \quad \downarrow +$ | $\mid \cdot (-9) \quad \downarrow +$ | |
| $0$ | $5$ | $-11$ | $-38$ | $-18+a$ | $\mid$ | | |
| $0$ | $-9$ | $13$ | $48$ | $17$ | $\mid$ | | |
| $0$ | $0$ | $-6$ | $-18$ | $-13+a$ | $\mid \cdot 4 \quad \uparrow +$ | | |
| $0$ | $0$ | $\lfloor 4 \rfloor$ | $12$ | $8$ | $\mid \cdot 6$ | | |
| $0$ | $0$ | $0$ | $0$ | $4a-4$ | | | |

Es folgt Rang$(A)=3$ und Rang$(A\,|\,b)=\begin{cases} 3 & \text{für} \quad a = 1 \\ 4 & \text{für} \quad a \neq 1 \end{cases}$ . Somit ist das System genau dann lösbar, wenn $a = 1$ gilt, und die Lösung ist dann von 4-3=1 Parameter abhängig.

Durch Rückwätssubstitution finden wir die Lösung $x_4 = t$, $x_3 = 2 - 3t$, $x_2 = 1 + t$, $x_1 = -1 + 2t$ mit dem freien Parameter $t \in \mathbb{R}$.

# Kapitel 6

# Vektorrechnung

Die Vektorrechnung ist ein viel verwendetes Hilfsmittel in der Mathematik und hat vielfältige Anwendungen z.B. in Physik und Technik.

## 6.1   Der Begriff des Vektors und Grundoperationen mit Vektoren

Während Größen, die allein durch Angabe eines Zahlenwertes charakterisiert sind (z.B. Masse, Temperatur, Energie, Wellenlänge), als *Skalare* bezeichnet werden, sind *Vektoren* hingegen solche Größen, zu deren vollständiger Beschreibung neben dem zahlenmäßigen Wert (d.h. dem Betrag des Vektors) noch die Angabe einer Richtung erforderlich ist. Beispiele für Vektoren sind: Geschwindigkeit, Beschleunigung, Drehmoment.

### Zum Begriff des Vektors

Im Folgenden betrachten wir Vektoren in der Ebene $\mathbb{R}^2$ oder im Raum $\mathbb{R}^3$. Ein Vektor lässt sich anschaulich durch einen Pfeil (d.h. eine gerichtete Strecke) darstellen. Im Folgenden bezeichnen wir Vektoren durch kleine lateinische Buchstaben mit einem darüber gesetzten Pfeil oder aber auch durch Angabe von Anfangs- und Endpunkt eines den Vektor beschreibenden Pfeils, wobei über den Anfangs- und Endpunkt ebenfalls ein Pfeil gesetzt wird.

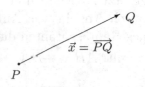

Bild eines Vektors

Unter einem Vektor verstehen wir die Menge aller Pfeile mit gleicher Länge und gleicher Richtung. Jeder Pfeil eines gegebenen Vektors ist ein *Repräsentant* dieses Vektors.

Die Länge eines den Vektor $\vec{x}$ beschreibenden Pfeils (d.h., eines Repräsentanten von $\vec{x}$) heißt *Betrag* von $\vec{x}$ und wird mit $|\vec{x}|$ bezeichnet. Zwei Vektoren $\vec{x}$, $\vec{y}$ sind genau dann *gleich*, wenn sie in Betrag und Richtung übereinstimmen, d.h.,

$$\vec{x} = \vec{y}\text{ gilt genau dann, wenn} \quad \begin{cases} 1.)\ |\vec{x}| = |\vec{y}|\text{ und} \\ 2.)\ \vec{x}\text{ und }\vec{y}\text{ sind gleichgerichtet} \end{cases}$$

Es sind somit alle gleich langen und gleichgerichteten Pfeile gleichberechtigte Darstellungen ein und desselben Vektors. Solche Vektoren werden als *freie* Vektoren bezeichnet, denn der sie darstellende Pfeil darf im Raum beliebig parallel verschoben werden.

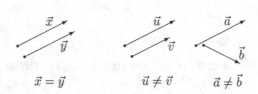

$$\vec{x} = \vec{y} \qquad \vec{u} \neq \vec{v} \qquad \vec{a} \neq \vec{b}$$

Zur Gleichheit von Vektoren

Neben den freien Vektoren werden auch *gebundene* Vektoren, die auch als *Ortsvektoren* bezeichnet werden, betrachtet. Bei einem Ortsvektor ist der Angriffspunkt nicht frei wählbar, sondern fest vorgegeben. So heißt der Vektor $\overrightarrow{OP}$ von einem Festpunkt $O$ zum Punkt $P$ Ortsvektor von $P$ bezüglich $O$.

## Spezielle Vektoren

1) Ein Vektor $\vec{e}$ mit dem Betrag $|\vec{e}| = 1$ heißt *Einheitsvektor*.

2) Der *Nullvektor* $\vec{o}$ hat den Betrag 0 (d.h. $|\vec{o}| = 0$) und ist richtungslos.

3) Unter dem zu $\vec{x}$ *entgegengesetzten* Vektor $-\vec{x}$ verstehen wir den Vektor mit gleichem Betrag wie $\vec{x}$ (d.h. $|-\vec{x}| = |\vec{x}|$), welcher aber entgegengesetzt zu $\vec{x}$ gerichtet ist. Wenn ein Vektor $\overrightarrow{AB}$ durch Angabe von Anfangs- und Endpunkt eines Repräsentanten dieses Vektors gegeben ist, so gilt: $\overrightarrow{AB} = -\overrightarrow{BA}$.

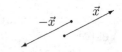

Entgegengesetzte Vektoren

Zwei gegebene Vektoren $\vec{x}$ und $\vec{y}$ heißen *kollinear*, wenn sie parallel zu ein und derselben Geraden $g$ sind, d.h., $\vec{x}$ und $\vec{y}$ sind gleich- oder entgegengesetzt gerichtet.

*Bemerkung:* Der Begriff „komplanar" wird in Aufg. 6.13 erläutert.

## Addition und Subtraktion von Vektoren

Zwei Vektoren $\vec{x}$, $\vec{y}$ werden addiert, indem man durch Parallelverschiebung den Anfangspunkt des Vektors $\vec{y}$ in den Endpunkt des Vektors $\vec{x}$ bringt. Die Summe $\vec{x} + \vec{y}$ ist dann derjenige Vektor, der vom Anfangspunkt von $\vec{x}$ zum Endpunkt des parallel verschobenen Vektors $\vec{y}$ zeigt.

Vektoraddition

Für die Vektoraddition gelten die folgenden *Rechengesetze:*

| Kommutativgesetz | $\vec{x} + \vec{y} = \vec{y} + \vec{x}$ |
|---|---|
| Assoziativgesetz | $(\vec{x} + \vec{y}) + \vec{z} = \vec{x} + (\vec{y} + \vec{z}) = \vec{x} + \vec{y} + \vec{z}$ |
| Dreiecksungleichung | $|\vec{x} + \vec{y}| \leq |\vec{x}| + |\vec{y}|$ |

Die *Subtraktion* $\vec{x} - \vec{y}$ zweier Vektoren $\vec{x}$, $\vec{y}$ wird erklärt als die Addition von $\vec{x}$ und dem zu $\vec{y}$ entgegengesetzten Vektor $-\vec{y}$, d.h., es gilt:

$$\vec{x} - \vec{y} = \vec{x} + (-\vec{y}) \, .$$

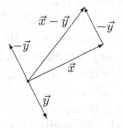

Vektorsubtraktion

## Multiplikation von Vektor und Skalar

Die Multiplikation eines Vektors $\vec{x}$ mit einem Skalar $\lambda \in \mathbb{R}$ ist wie folgt erklärt:

$$\lambda\vec{x} = \begin{cases} \text{der Vektor mit dem } \lambda\text{-fachen des Betrages von } \vec{x}, \\ \quad \text{der gleichgerichtet mit } \vec{x} \text{ ist,} \qquad \text{falls} \quad \lambda > 0 \\[1mm] \hline \text{der Vektor mit dem } \lambda\text{-fachen des Betrages von } \vec{x}, \\ \quad \text{der zu } \vec{x} \text{ entgegengesetzt gerichtet ist,} \qquad \text{falls} \quad \lambda < 0 \\[1mm] \hline \qquad\qquad \vec{o} \qquad\qquad\qquad \text{falls} \quad \lambda = 0 \end{cases}$$

Für gegebene Vektoren $\vec{x}, \vec{y}$ und Skalare $\lambda, \mu \in \mathbb{R}$ gelten die folgenden *Rechengesetze* bezüglich der Vektoraddition und Multiplikation mit Skalaren:

| Kommutativgesetz | $\lambda\vec{x} = \vec{x}\lambda$ |
|---|---|
| Assoziativgesetz | $\lambda(\mu\vec{x}) = (\lambda\mu)\vec{x} = \lambda\mu\vec{x}$ |
| Zwei Distributivgesetze | 1) $(\lambda + \mu)\vec{x} = \lambda\vec{x} + \mu\vec{x}$ <br> 2) $\lambda(\vec{x} + \vec{y}) = \lambda\vec{x} + \lambda\vec{y}$ |

**Linearkombinationen und lineare Abhängigkeit**

Es sei ein System von $n$ Vektoren $\vec{x}_1, \vec{x}_2, \ldots, \vec{x}_n$ gegeben. Wenn es zu einem Vektor $\vec{a}$ Skalare $\lambda_i \in \mathbb{R}$ ($i = 1, 2, \ldots, n$) gibt, so dass $\vec{a} = \lambda_1 \vec{x}_1 + \lambda_2 \vec{x}_2 + \ldots + \lambda_n \vec{x}_n$ gilt, dann ist $\vec{a}$ eine *Linearkombination* aus den Vektoren $\vec{x}_1, \vec{x}_2, \ldots, \vec{x}_n$. Die Menge aller Linearkombinationen

$$\mathcal{L}(\vec{x}_1, \vec{x}_2, \ldots, \vec{x}_n) = \left\{ \vec{a} = \sum_{i=1}^{n} \lambda_i \vec{x}_i \mid \lambda_i \in \mathbb{R} \right\}$$

bezeichnen wir als die *lineare Hülle* der Vektoren $\vec{x}_1, \vec{x}_2, \ldots, \vec{x}_n$.

Wir betrachten jetzt eine *Nullrelation* der Vektoren $\vec{x}_1, \vec{x}_2, \ldots, \vec{x}_n$:

$$\vec{o} = \lambda_1 \vec{x}_1 + \lambda_2 \vec{x}_2 + \ldots + \lambda_n \vec{x}_n \,, \tag{6.1}$$

d.h., eine Linearkombination des Nullvektors $\vec{o}$ aus den Vektoren $\vec{x}_1, \vec{x}_2, \ldots, \vec{x}_n$. Offensichtlich ist die Nullrelation (6.1) immer für $\lambda_1 = \lambda_2 = \ldots = \lambda_n = 0$ erfüllt (denn es gilt ja $0\vec{x}_1 + 0\vec{x}_2 + \ldots + 0\vec{x}_n = \vec{o} + \vec{o} + \ldots + \vec{o} = \vec{o}$). Diese Nullrelation nennen wir die *triviale Nullrelation*. Eine Nullrelation wird hingegen als *nichttrivial* bezeichnet, wenn es $\lambda_i \neq 0$ für Indizes $i \in \{1, 2, \ldots, n\}$ gibt, so dass die Nullrelation (6.1) erfüllt ist. Wir definieren dann:

> Die Vektoren $\vec{x}_1, \vec{x}_2, \ldots, \vec{x}_n$ heißen *linear unabhängig*, wenn es nur die triviale Nullrelation mit diesen Vektoren gibt. Wenn anderenfalls eine nichttriviale Nullrelation existiert, dann sind die Vektoren $\vec{x}_1, \vec{x}_2, \ldots, \vec{x}_n$ *linear abhängig*.

## 6.2   Die Komponentenzerlegung

Um geometrische Probleme analytisch (d.h. rechnerisch) lösen zu können, werden Koordinatensysteme eingeführt. Im Folgenden betrachten wir immer ein *rechtsorientiertes kartesisches Koordinatensystem*, d.h.,

1.) die Koordinatenachsen (die $x_1$-, $x_2$- und $x_3$-Achse) stehen paarweise senkrecht aufeinander,
2.) auf den Koordinatenachsen werden die gleichen Längeneinheiten gewählt,
3.) die Koordinatenachsen sind nach der *Rechte-Hand-Regel* orientiert.

> Die *Rechte-Hand-Regel* besagt: Wenn die $x_1$-Achse dem Daumen und die $x_2$-Achse dem Zeigefinger der *rechten* Hand zugeordnet sind, so weist der Mittelfinger in Richtung der $x_3$-Achse, wobei die beiden Finger und der Daumen jeweils rechtwinklig zueinander stehen.

Die Einheitsvektoren in Richtung der positiven $x_j$-Achse heißen *Basisvektoren* und werden mit $\vec{e}_j$ bezeichnet, $j = 1, 2, 3$.

Für einen beliebig gegebenen Vektor $\vec{a}$ betrachten wir jetzt seine *Komponentenzerlegung*, indem wir den Anfangspunkt des Vektors $\vec{a}$ in den Ursprung des Koordinatensystems $O$ parallel verschieben und dann seine senkrechten Projektionen $\vec{a}_j$ auf die $x_j$-Koordinatenachsen betrachten. $\vec{a}_j$ werden als *Komponenten* des Vektors $\vec{a}$ bezeichnet. Jede der Komponenten $\vec{a}_j$ können wir als Vielfaches des Basisvektors $\vec{e}_j$ schreiben und erhalten damit $\vec{a}_j = a_j \vec{e}_j$, wobei die reelle Zahl $a_j$ als *j-te Koordinate* des Vektors $\vec{a}$ bezeichnet wird, $j = 1, 2, 3$.

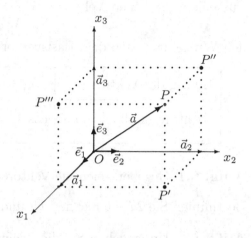

Komponentenzerlegung von $\vec{a} = \overrightarrow{OP}$

| Komponenten und Koordinaten eines Vektors | $\vec{a} = \vec{a}_1 + \vec{a}_2 + \vec{a}_3$ $= a_1 \vec{e}_1 + a_2 \vec{e}_2 + a_3 \vec{e}_3$ |
| --- | --- |

Da der Vektor $\vec{a}$ *eindeutig* durch seine Koordinaten $a_j$ bestimmt ist, schreiben wir $\vec{a} = \begin{pmatrix} a_1 \\ a_2 \\ a_3 \end{pmatrix}$. Wir erhalten $-\vec{a} = \begin{pmatrix} -a_1 \\ -a_2 \\ -a_3 \end{pmatrix}$ und $\vec{o} = \begin{pmatrix} 0 \\ 0 \\ 0 \end{pmatrix}$ für die in Abschn. 6.1 betrachteten speziellen Vektoren.

## Vektoraddition und Multiplikation mit Skalaren in Koordinatenschreibweise

Für Vektoren $\vec{a}, \vec{b}$, deren Koordinaten gegeben sind, und einen Skalar $\lambda \in \mathbb{R}$ gilt:

| | |
| --- | --- |
| $\vec{a} + \vec{b} = \begin{pmatrix} a_1 \\ a_2 \\ a_3 \end{pmatrix} + \begin{pmatrix} b_1 \\ b_2 \\ b_3 \end{pmatrix} = \begin{pmatrix} a_1 + b_1 \\ a_2 + b_2 \\ a_3 + b_3 \end{pmatrix}$ | $\lambda \vec{a} = \lambda \begin{pmatrix} a_1 \\ a_2 \\ a_3 \end{pmatrix} = \begin{pmatrix} \lambda a_1 \\ \lambda a_2 \\ \lambda a_3 \end{pmatrix}$ |

**Betrag und Richtungskosinus**

Für einen gegebenen Vektor $\vec{a} = \begin{pmatrix} a_1 \\ a_2 \\ a_3 \end{pmatrix}$ bezeichnen wir mit $\alpha_j = \angle(\vec{e}_j, \vec{a})$

den Winkel zwischen dem Basisvektor $\vec{e}_j$ und $\vec{a}$, $j = 1, 2, 3$. Es gilt dann:

| Betrag des Vektors $\vec{a}$ | $|\vec{a}| = \sqrt{a_1^2 + a_2^2 + a_3^2}$ |
|---|---|
| Richtungskosinus von $\vec{a}$ | $\cos\alpha_j = \dfrac{a_j}{|\vec{a}|}, j = 1, 2, 3$ |

**Aufg. 6.1** Gegeben seien die Vektoren $\vec{a} = \begin{pmatrix} 2 \\ 1 \end{pmatrix}, \vec{b} = \begin{pmatrix} 1 \\ 3 \end{pmatrix}$ in der Ebene.
Bestimmen Sie $2\vec{a} - \vec{b}$ rechnerisch und zeichnerisch.

**Aufg. 6.2** Untersuchen Sie die folgenden Vektorsysteme auf lineare Abhängigkeit: a) $\vec{x}_1 = \begin{pmatrix} 1 \\ 1 \\ 1 \end{pmatrix}, \vec{x}_2 = \begin{pmatrix} 1 \\ 2 \\ 1 \end{pmatrix}, \vec{x}_3 = \begin{pmatrix} 3 \\ 5 \\ 3 \end{pmatrix},$

b) $\vec{x}_1 = \begin{pmatrix} 1 \\ 0 \\ 1 \end{pmatrix}, \vec{x}_2 = \begin{pmatrix} 1 \\ 2 \\ 0 \end{pmatrix}, \vec{x}_3 = \begin{pmatrix} 0 \\ 5 \\ 3 \end{pmatrix},$

c) $\vec{x}_1 = \begin{pmatrix} 1 \\ 1 \end{pmatrix}, \vec{x}_2 = \begin{pmatrix} 1 \\ 2 \end{pmatrix}, \vec{x}_3 = \begin{pmatrix} 3 \\ 5 \end{pmatrix}, \vec{x}_4 = \begin{pmatrix} -1 \\ -2 \end{pmatrix}.$

# 6.3 Skalarprodukt, Vektorprodukt und Spatprodukt

**Das Skalarprodukt**

Für zwei Vektoren definieren wir das *Skalarprodukt* $\langle\vec{a}|\vec{b}\rangle$ als die reelle Zahl, welche das Produkt aus den Beträgen der Vektoren $\vec{a}, \vec{b}$ und dem Kosinus des von den Vektoren eingeschlossenen Winkels ist, d.h. als Formel:

$$\langle\vec{a}|\vec{b}\rangle = |\vec{a}| \cdot |\vec{b}| \cdot \cos(\angle(\vec{a}, \vec{b})), \tag{6.2}$$

wobei $\angle(\vec{a}, \vec{b})$ den zwischen den Vektoren $\vec{a}$ und $\vec{b}$ eingeschlossenen Winkel, für den $0° \leq \angle(\vec{a}, \vec{b}) \leq 180°$ gilt, bezeichnet. Wenn einer der Vektoren $\vec{a}$ oder $\vec{b}$ der Nullvektor ist, so ist das Skalarprodukt $\langle\vec{a}|\vec{b}\rangle = 0$.

Wir ziehen jetzt vier wichtige Folgerungen aus der Formel (6.2).

*1. Folgerung:* Da $\cos(\angle(\vec{a}, \vec{b})) = 0$ genau dann gilt, wenn $\angle(\vec{a}, \vec{b}) = 90°$ erfüllt ist, erhalten wir aus (6.2) den wichtigen Satz: Für vom Nullvektor verschiedene Vektoren $\vec{a}, \vec{b}$ ist das Skalarprodukt $\langle \vec{a}|\vec{b} \rangle$ genau dann gleich 0, wenn die beiden Vektoren $\vec{a}$ und $\vec{b}$ *orthogonal* aufeinander stehen, d.h. formelmäßig:

$$\boxed{\text{Für } \vec{a}, \vec{b} \neq \vec{o} \text{ gilt } \langle \vec{a} \,|\, \vec{b} \rangle = 0 \text{ genau dann, wenn } \vec{a} \perp \vec{b}} \qquad (6.3)$$

*2. Folgerung:* Wegen $\cos 0° = 1$ liefert (6.2) sofort:

$$\boxed{\langle \vec{a}|\vec{a} \rangle = |\vec{a}|^2} \qquad (6.4)$$

*3. Folgerung:* Da in der Formel (6.2) immer $|\cos(\angle(\vec{a}, \vec{b}))| \leq 1$ gilt, erhalten wir für beliebige Vektoren $\vec{a}, \vec{b}$ die *Schwarzsche Ungleichung*:

$$\boxed{\left| \langle \vec{a}|\vec{b} \rangle \right| \leq |\vec{a}| \, |\vec{b}|} \qquad (6.5)$$

*4. Folgerung:* Wenn wir mit $a_{\vec{b}}$ die Länge der orthogonalen Projektion vom Vektor $\vec{a}$ auf den Vektor $\vec{b}$ bezeichnen (wobei beide Vektoren im Koordinatenursprung $O$ angeheftet sind), so erhalten wir

$$\cos(\angle(\vec{a}, \vec{b})) = \frac{\text{Ankathete}}{\text{Hypotenuse}} = \frac{a_{\vec{b}}}{|\vec{a}|}.$$

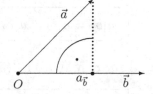

Orthogonale Projektion von $\vec{a}$ auf $\vec{b}$

Wenn wir die obige Gleichung auf der rechten Seite der Gleichung (6.2) einsetzen, so erhalten wir:

$$\boxed{\langle \vec{a}|\vec{b} \rangle = |\vec{b}| \cdot a_{\vec{b}}} \qquad (6.6)$$

d.h., das Skalarprodukt aus zwei Vektoren ist gleich dem Produkt aus der Länge eines der beiden Vektoren multipliziert mit der Länge der orthogonalen Projektion des anderen Vektors auf diesen.

Für das Skalarprodukt gelten die folgenden **Rechengesetze**:

| Symmetrie | $\langle \vec{a}|\vec{b} \rangle = \langle \vec{b}|\vec{a} \rangle$ | |
|---|---|---|
| Linearität bezüglich des 1. Faktors | 1) | $\langle \vec{a} + \vec{b}|\vec{c} \rangle = \langle \vec{a}|\vec{c} \rangle + \langle \vec{b}|\vec{c} \rangle$ |
| | 2) | $\langle \lambda\vec{a}|\vec{b} \rangle = \lambda\langle \vec{a}|\vec{b} \rangle$ |

(Hierbei sind $\vec{a}, \vec{b}, \vec{c}$ gegebene Vektoren und $\lambda \in \mathbb{R}$ ist ein Skalar.)

*Bemerkung:* Wegen der Symmetrie des Skalarproduktes gilt auch die Linearität bezüglich des zweiten Faktors.

**Aufg. 6.3** Gegeben seien Vektoren $\vec{a}, \vec{b}$ mit den Eigenschaften $|\vec{a}| = 2$, $|\vec{b}| = 4$ und $\angle(\vec{a}, \vec{b}) = 30°$. Bestimmen Sie $|\vec{a} + \vec{b}|$ grafisch und rechnerisch!

**Aufg. 6.4** Unter welcher Bedingungen ist das Skalarprodukt $\langle \vec{a} \,|\, \vec{b} \rangle$ negativ?

**Aufg. 6.5** Für die Vektoren $\vec{a}$, $\vec{b}$ und $\vec{c}$ gelte $\langle \vec{b} \,|\, \vec{a} \rangle = \langle \vec{c} \,|\, \vec{a} \rangle$. Was folgt für $\vec{b}$ und $\vec{c}$ ?

## Skalarprodukt und Winkel zwischen Vektoren in Koordinatendarstellung

Wenn die Koordinaten der Vektoren $\vec{a} = \begin{pmatrix} a_1 \\ a_2 \\ a_3 \end{pmatrix}$, $\vec{b} = \begin{pmatrix} b_1 \\ b_2 \\ b_3 \end{pmatrix}$ gegeben sind,

so berechnet sich das Skalarprodukt nach der Formel:

$$\boxed{\langle \vec{a} | \vec{b} \rangle = a_1 b_1 + a_2 b_2 + a_3 b_3} \tag{6.7}$$

und für den Winkel $\angle(\vec{a}, \vec{b})$ folgt damit bei Anwendung von (6.2) und (6.4):

$$\boxed{\cos(\angle(\vec{a}, \vec{b})) = \frac{a_1 b_1 + a_2 b_2 + a_3 b_3}{\sqrt{a_1^2 + a_2^2 + a_3^2}\,\sqrt{b_1^2 + b_2^2 + b_3^2}}} \tag{6.8}$$

**Aufg. 6.6** Bestimmen Sie alle Vektoren vom Betrag 3, die auf dem Vektor $\vec{a} = \begin{pmatrix} -4 \\ 3 \end{pmatrix}$ senkrecht stehen.

**Aufg. 6.7** Der Vektor $\vec{a} = \begin{pmatrix} -3 \\ 2 \\ -4 \end{pmatrix}$ wird auf den Vektor $\vec{x} = \begin{pmatrix} 1 \\ 1 \\ 1 \end{pmatrix}$ orthogonal projiziert. Wie lang ist seine Projektion $a_{\vec{x}}$?

**Aufg. 6.8** Gegeben seien $\vec{a} = \begin{pmatrix} 6 \\ 1 \\ 1 \end{pmatrix}$, $\vec{b} = \begin{pmatrix} 0 \\ 6 \\ -2 \end{pmatrix}$, $\vec{c} = \begin{pmatrix} -2 \\ 3 \\ 5 \end{pmatrix}$. Zu dem Vektor $\vec{a}$ soll ein Vielfaches des Vektors $\vec{b}$ addiert werden, so dass die Summe $\vec{a} + \lambda \vec{b}$ auf dem Vektor $\vec{c}$ senkrecht steht. Wie ist $\lambda$ zu wählen?

**Aufg. 6.9** Gegeben seien $\vec{a} = \begin{pmatrix} 2 \\ y \\ z \end{pmatrix}, \vec{b} = \begin{pmatrix} -1 \\ 4 \\ 2 \end{pmatrix}, \vec{c} = \begin{pmatrix} 3 \\ -3 \\ -1 \end{pmatrix}$. Bestimmen Sie $y$ und $z$, so dass der Vektor $\vec{a}$ auf den Vektoren $\vec{b}$ und $\vec{c}$ senkrecht steht. Welchen Betrag hat der Vektor $\vec{a}$, und welchen Winkel bildet er mit den Vektoren $\vec{b} + \vec{c}$ und $\vec{a} + \vec{b} + \vec{c}$?

## Das Vektorprodukt

Das Vektorprodukt $\vec{a} \times \vec{b}$ (gelesen: $\vec{a}$ *Kreuz* $\vec{b}$) ist nur für Vektoren im **dreidimensionalen** Raum definiert und ergibt als Ergebnis einen Vektor.

Für Vektoren $\vec{a}, \vec{b}$ im dreidimensionalen Raum wird $\vec{a} \times \vec{b}$ erklärt durch:

1.) Der Betrag $|\vec{a} \times \vec{b}|$ ist gleich der Maßzahl der Fläche des von $\vec{a}$ und $\vec{b}$ aufgespannten Parallelogramms; es gilt also:

$$|\vec{a} \times \vec{b}| = |\vec{a}| \cdot |\vec{b}| \cdot \sin(\angle(\vec{a}, \vec{b})) \qquad (6.9)$$

mit $0° \leq \angle(\vec{a}, \vec{b}) \leq 180°$,

2.) der Vektor $\vec{a} \times \vec{b}$ steht senkrecht auf der von $\vec{a}$ und $\vec{b}$ aufgespannten Fläche.

3.) $\vec{a}, \vec{b}, \vec{a} \times \vec{b}$ bilden in dieser Reihenfolge ein Rechtssystem, d.h., die Rechte-Hand-Regel gilt (siehe Abschn. 6.2).

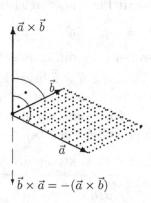

Das Vektorprodukt

Aus der obigen Definition des Vektorproduktes erhalten wir sofort die für das Vektorprodukt geltenden *Eigenschaften:*

| Antikommutativität | $\vec{a} \times \vec{b} = -\vec{b} \times \vec{a}$ |
|---|---|
| Distributivität | $\vec{a} \times (\vec{b} + \vec{c}) = \vec{a} \times \vec{b} + \vec{a} \times \vec{c}$ |
| | $\lambda(\vec{a} \times \vec{b}) = (\lambda\vec{a}) \times \vec{b} = \vec{a} \times (\lambda\vec{b})$ |

(Hierbei sind $\vec{a}, \vec{b}, \vec{c}$ gegebene Vektoren und $\lambda \in \mathbb{R}$ ist ein Skalar.)

Wir erhalten weiterhin: Für Vektoren $\vec{a}, \vec{b} \neq \vec{o}$ gilt genau dann $\vec{a} \times \vec{b} = \vec{o}$, wenn $\vec{a}$ und $\vec{b}$ parallel sind (d.h., $\vec{a}, \vec{b}$ sind entweder gleichgerichtet ($\uparrow\uparrow$) oder entgegengesetzt gerichtet ($\uparrow\downarrow$)).

**Aufg. 6.10** Beweisen Sie, dass für beliebige Vektoren $\vec{a}, \vec{b}$ des $\mathbb{R}^3$ die Formel

$$\tan(\angle(\vec{a}, \vec{b})) = \frac{|\vec{a} \times \vec{b}|}{\langle \vec{a} \,|\, \vec{b} \,\rangle} \text{ gilt.}$$

## Das Spatprodukt

Drei Vektoren $\vec{a}, \vec{b}, \vec{c}$ bestimmen einen *Spat* (welcher auch als *Parallelepiped* bezeichnet wird).

Für das vorzeichenlose Volumen des Spates gilt $|V| = Gh$, wobei $h$ die Höhe des Spates und $G$ den Flächeninhalt der markierten Grundfläche, welche das von $\vec{a}$ und $\vec{b}$ aufgespannte Parallelogramm ist, bezeichnet. Wir erhalten somit für das vorzeichenlose Volumen

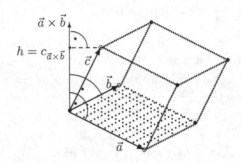

$$V = Gh = |\vec{a} \times \vec{b}| \cdot c_{\vec{a} \times \vec{b}} \stackrel{(*)}{=} |\langle \vec{c} \,|\, \vec{a} \times \vec{b} \rangle|,$$

wobei $c_{\vec{a} \times \vec{b}}$ die orthogonale Projektion von $\vec{c}$ auf $\vec{a} \times \vec{b}$ bezeichnet. (Wenn wir in der Gleichung (6.6) $\vec{a} \times \vec{b}$ für $\vec{b}$ und $c_{\vec{a} \times \vec{b}}$ für $a_{\vec{b}}$ einsetzen, so erhalten wir die obige Gleichung $(*)$.)

Zum Spatprodukt

Für drei Vektoren $\vec{a}, \vec{b}, \vec{c}$ erklären wir das *Spatprodukt* als den Skalar:

$$\boxed{\left[\vec{a}, \vec{b}, \vec{c}\right] = \langle \vec{c} \,|\, \vec{a} \times \vec{b} \,\rangle}$$

Wenn wir uns die Vektoren $\vec{a}, \vec{b}, \vec{c}$ in einem gemeinsamen Punkt angeheftet denken, beschreibt somit das Spatprodukt $\left[\vec{a}, \vec{b}, \vec{c}\right]$ das Volumen $V$ des von $\vec{a}, \vec{b}, \vec{c}$ aufgespannten Spates, und bezüglich des Vorzeichens von $V$ gilt:

$$V \text{ ist} \begin{cases} > 0 & \text{falls} \quad \vec{a}, \vec{b}, \vec{c} \text{ ein Rechtssystem bilden} \\ = 0 & \text{falls} \quad \vec{a}, \vec{b}, \vec{c} \text{ in einer Ebene liegen} \\ < 0 & \text{falls} \quad \vec{a}, \vec{b}, \vec{c} \text{ ein Linksssystem bilden} \end{cases}$$

Wir erinnern: $\vec{a}, \vec{b}, \vec{c}$ bilden ein Rechtssystem, falls die Rechte-Hand-Regel gilt, siehe Abschn. 6.2. Falls die Rechte-Hand-Regel für $\vec{a}, \vec{b}, \vec{c}$ nicht gilt, so bilden diese Vektoren ein *Linkssystem*.

Es gilt, dass das Spatprodukt bei zyklischer Vertauschung der Vektoren $\vec{a}, \vec{b}, \vec{c}$ unverändert bleibt, und wir notieren somit:

$$\boxed{\left[\vec{a}, \vec{b}, \vec{c}\right] = \left[\vec{c}, \vec{a}, \vec{b}\right] = \left[\vec{b}, \vec{c}, \vec{a}\right]} \tag{6.10}$$

*Erläuterung:* Da mit $\vec{a}, \vec{b}, \vec{c}$ auch die Systeme $\vec{c}, \vec{a}, \vec{b}$ und $\vec{b}, \vec{c}, \vec{a}$ Rechtssysteme bilden und es außerdem gleichgültig ist, welche Fläche als Grundfläche des von $\vec{a}, \vec{b}, \vec{c}$ gebildeten Spates angesehen wird, gelten die Gleichungen in (6.10).

## Vektor- und Spatprodukt in Koordinatendarstellung

Wenn die Koordinaten der Vektoren $\vec{a}, \vec{b}, \vec{c}$ gegeben sind, so gilt:

$$\vec{a} \times \vec{b} = \begin{vmatrix} \vec{e}_1 & a_1 & b_1 \\ \vec{e}_2 & a_2 & b_2 \\ \vec{e}_3 & a_3 & b_3 \end{vmatrix} = \begin{matrix} \vec{e}_1(a_2 b_3 - a_3 b_2) \\ -\vec{e}_2(a_1 b_3 - a_3 b_1) \\ +\vec{e}_3(a_1 b_2 - a_2 b_1) \end{matrix}$$

$$\left[\vec{a}, \vec{b}, \vec{c}\right] = \begin{vmatrix} a_1 & b_1 & c_1 \\ a_2 & b_2 & c_2 \\ a_3 & b_3 & c_3 \end{vmatrix} = \begin{matrix} a_1(b_2 c_3 - b_3 c_2) \\ -a_2(b_1 c_3 - b_3 c_1) \\ +a_3(b_1 c_2 - b_2 c_1) \end{matrix}$$

Die mittleren Beschreibungen mit Hilfe der Determinanten dienen dazu, sich die betreffenden Gleichungen besser merken zu können, und werden später im Abschn. 8.4, Aufg. 8.16, näher erläutert.

**Aufg. 6.11** Berechnen Sie $\vec{a} \times \vec{b}$ für a) $\vec{a} = 3\vec{e}_1 - 2\vec{e}_2 + 4\vec{e}_3$, $\vec{b} = -\vec{e}_1 + 3\vec{e}_2 - 3\vec{e}_3$;
b) $\vec{a} = 2\vec{e}_1 + \frac{1}{2}\vec{e}_2 - \vec{e}_3$, $\vec{b} = \frac{1}{2}\vec{e}_1 - 2\vec{e}_2 + \vec{e}_3$;
c) $\vec{a} = 3\vec{e}_1 + 2\frac{1}{2}\vec{e}_2 - \frac{1}{2}\vec{e}_3$, $\vec{b} = -3\vec{e}_1 - 2\vec{e}_2 + \frac{1}{2}\vec{e}_3$.

**Aufg. 6.12** Berechnen Sie $\vec{a} + \vec{b}$, $\vec{a} - \vec{b}$, $\vec{b} - \vec{a}$, $-2\vec{a} + 3\vec{b}$, $\langle\vec{a}|\vec{b}\rangle$, $\vec{a} \times \vec{b}$, $\angle(\vec{a}, \vec{b})$
für $\vec{a} = \begin{pmatrix} -3 \\ 2 \\ -1 \end{pmatrix}$ und $\vec{b} = \begin{pmatrix} 5 \\ -3 \\ 2 \end{pmatrix}$.

**Aufg. 6.13** Drei Vektoren $\vec{a}, \vec{b}, \vec{c}$ im dreidimensionalen Raum heißen *komplanar*, wenn sie zu einer Ebene $E$ parallel sind. Das bedeutet, dass wenn wir für jeden dieser Vektoren einen solchen Repräsentanten betrachten, dessen Anfangspunkt sich in der Ebene $E$ befindet, so liegen diese drei Repräsentanten der Vektoren $\vec{a}, \vec{b}, \vec{c}$ in der Ebene $E$. Es gilt: Die Vektoren $\vec{a}, \vec{b}, \vec{c}$ sind genau dann komplanar, wenn für das Spatprodukt $\left[\vec{a}, \vec{b}, \vec{c}\right] = 0$ gilt.

a) Zeigen Sie, dass die Vektoren $\vec{a} = \begin{pmatrix} -1 \\ 3 \\ 2 \end{pmatrix}$, $\vec{b} = \begin{pmatrix} -3 \\ 12 \\ 6 \end{pmatrix}$, $\vec{c} = \begin{pmatrix} 2 \\ -3 \\ -4 \end{pmatrix}$

komplanar sind.
b) Stellen Sie $\vec{b}$ als Linearkombination der Vektoren $\vec{a}$ und $\vec{c}$ dar.

**Aufg. 6.14** a) Gesucht ist das Volumen des Spates, welcher von den Vektoren
$\vec{a} = \begin{pmatrix} 12 \\ -1 \\ 3 \end{pmatrix}$, $\vec{b} = \begin{pmatrix} -9 \\ -2 \\ -2 \end{pmatrix}$, $\vec{c} = \begin{pmatrix} 2 \\ 1 \\ 0 \end{pmatrix}$ aufgespannt wird. b) $\vec{d} = \begin{pmatrix} 5 \\ -2 \\ 1 \end{pmatrix}$
ist als Linearkombination der Vektoren $\vec{a}$, $\vec{b}$, $\vec{c}$ darzustellen.

**Aufg. 6.15** Berechnen Sie das Volumen des Körpers mit den Eckpunkten
$A(2; 2; 1)$, $B(0; 2; 1)$, $C(2; 0; 1)$ und $D(2; 2; 0)$.

*Hinweis:* Wir betrachten den Körper, welcher von den drei Vektoren $\vec{a}$, $\vec{b}$ und
$\vec{c}$, die in einem gemeinsamen Punkt $P$ angeheftet sind, aufgespannt wird. Das
Volumen $V$ dieses Körpers ist dann ein Sechstel des von diesen Vektoren aufge-
spannten Spates, d.h., es gilt $V = \frac{1}{6} \|[\vec{a}, \vec{b}, \vec{c}]\|$. (Diese Aussage folgt sofort aus der
Formel für das Volumen einer Pyramide $V_{\text{Pyramide}} = \frac{1}{3}$ Grundfläche · Höhe.)

## Mehrfache Produkte

Für Vektoren $\vec{a}, \vec{b}, \vec{c}, \vec{d}$ gelten die folgenden Formeln:

| Entwicklungssatz | 1) $\quad \vec{a} \times (\vec{b} \times \vec{c}) \; = \; \langle \vec{a}|\vec{c}\rangle \cdot \vec{b} - \langle \vec{a}|\vec{b}\rangle \cdot \vec{c}$ <br> 2) $\quad (\vec{a} \times \vec{b}) \times \vec{c} \; = \; \langle \vec{a}|\vec{c}\rangle \cdot \vec{b} - \langle \vec{b}|\vec{c}\rangle \cdot \vec{a}$ |
|---|---|
| Vektorprodukt zweier Vektorprodukte | $(\vec{a} \times \vec{b}) \times (\vec{c} \times \vec{d}) \; = \; [\vec{a}, \vec{c}, \vec{d}] \cdot \vec{b} - [\vec{b}, \vec{c}, \vec{d}] \cdot \vec{a}$ <br> $\qquad\qquad\qquad\quad = \; [\vec{a}, \vec{b}, \vec{d}] \cdot \vec{c} - [\vec{a}, \vec{b}, \vec{c}] \cdot \vec{d}$ |
| Skalarprodukt zweier Vektorprodukte | $\langle \vec{a} \times \vec{b} \mid \vec{c} \times \vec{d}\rangle = \langle \vec{a}|\vec{c}\rangle \cdot \langle \vec{b}|\vec{d}\rangle - \langle \vec{a}|\vec{d}\rangle \cdot \langle \vec{b}|\vec{c}\rangle$ |

**Aufg. 6.16** Beweisen Sie den oben gegebenen Entwicklungssatz 1) für die
erste Koordinate.

# 6.4  Anwendungen der Vektorrechnung in der Elementargeometrie und der Physik

In diesem Abschnitt betrachten wir einige typische Anwendungen der Vektorrechnung.

**Beweise von Sätzen der Elementargeometrie mittels Vektorrechnung**

**Satz des Thales[1]:** *Im Halbkreis ist jeder Peripheriewinkel gleich 90°.*

*Beweis.* Wir betrachten die Vektoren $\vec{a} = \overrightarrow{AM} = \overrightarrow{MB}$ und $\vec{b} = \overrightarrow{MC}$ (siehe die nebenstehende Skizze!). Es folgt dann $\overrightarrow{AC} = \vec{a} + \vec{b}$ und $\overrightarrow{BC} = \vec{b} - \vec{a}$. Wenn wir mit $r$ den Radius des betrachteten Kreises bezeichnen, so folgt $\langle \vec{a}|\vec{a}\rangle = |\vec{a}|^2 = r^2$ und $\langle \vec{b}|\vec{b}\rangle = |\vec{b}|^2 = r^2$. Wir berechnen nun des Skalarprodukt:

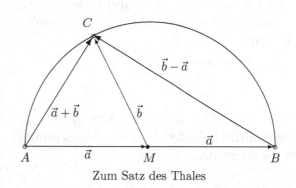

Zum Satz des Thales

$$\langle \overrightarrow{AC}|\overrightarrow{BC}\rangle = \langle \vec{a} + \vec{b}|\vec{b} - \vec{a}\rangle = \langle \vec{a}|\vec{b}\rangle - \langle \vec{a}|\vec{a}\rangle + \langle \vec{b}|\vec{b}\rangle - \langle \vec{b}|\vec{a}\rangle$$
$$\stackrel{(*)}{=} -\langle \vec{a}|\vec{a}\rangle + \langle \vec{b}|\vec{b}\rangle = -r^2 + r^2 = 0.$$

(Hierbei folgt die Gleichung (*) aus der Symmetrie des Skalarproduktes $\langle \vec{a}|\vec{b}\rangle = \langle \vec{b}|\vec{a}\rangle$.) Aus $\langle \overrightarrow{AC}|\overrightarrow{BC}\rangle = 0$ folgt $\overrightarrow{AC} \perp \overrightarrow{BC}$ nach Formel (6.3), d.h., für den Peripheriewinkel gilt $\angle(ACB) = 90°$. q.e.d. (was zu zeigen war)

**Aufg. 6.17** Beweisen Sie den *Kosinussatz* der ebenen Trigonometrie: Im Dreieck $\triangle ABC$ mit den Seiten $a, b, c$ gilt $c^2 = a^2 + b^2 - 2ab\cos\gamma$, wobei $\gamma$ der Innenwinkel ist, welcher der Seite $\overline{AB} = c$ gegenüberliegt.

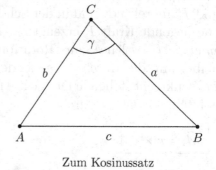

Zum Kosinussatz

**Aufg. 6.18** Beweisen Sie: In einem beliebigen (nicht notwendigerweise ebenen) Viereck des Raumes bilden die Verbindungslinien der Mittelpunkte von je zwei benachbarten Seiten ein Parallelogramm.

---

[1]Thales von Milet, 624 v. Chr. - 547 v. Chr., antiker griechischer Philosoph, Mathematiker und Astronom

## Mechanische Arbeit

Wenn ein Massepunkt im Raum verschoben wird, so wird *mechanische Arbeit* $W$ verrichtet.
Bei konstanter Kraft $\vec{F}$ und geradliniger, gleichförmiger Bewegung des Massepunktes gilt

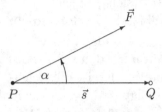

$$\boxed{W = \langle \vec{F} \mid \vec{s} \rangle}$$

wobei der Verschiebungsvektor $\vec{s} = \overrightarrow{PQ}$ den zurückgelegten Weg des Massepunktes beschreibt.

Mechanische Arbeit

**Aufg. 6.19** Eine konstante Kraft $\vec{F} = \begin{pmatrix} -10\,\text{N} \\ 2\,\text{N} \\ 5\,\text{N} \end{pmatrix}$ verschiebe einen

Massepunkt von $P$ mit den Koordinaten $(1\,\text{m}, -5\,\text{m}, 3\,\text{m})$ aus geradlinig in den Punkt $Q$ mit den Koordinaten $(0\,\text{m}, 1\,\text{m}, 4\,\text{m})$. Welche Arbeit wird dabei verrichtet? Wie groß ist der Winkel $\alpha$ zwischen dem Kraftvektor $\vec{F}$ und dem Verschiebungsvektor?

## Das Drehmoment

Wir betrachten eine um den Punkt $O$ drehbar gelagerte Kreisscheibe $\mathcal{K}$. Eine im Punkt $P$ angreifende und in der Scheibenebene liegende Kraft $\vec{F}$ erzeugt ein *Drehmoment* $\vec{M}$, welches zur Rotation der Scheibe um die durch $O$ gehende und auf $\mathcal{K}$ senkrecht stehende Drehachse führt. Das Drehmoment ist durch

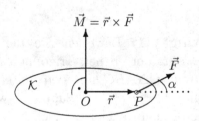

$$\boxed{\vec{M} = \vec{r} \times \vec{F}}$$

Das Drehmoment $\vec{M}$

gegeben, wobei $\vec{r} = \overrightarrow{OP}$ den Ortsvektor des Angriffspunktes der Kraft $\vec{F}$ bezüglich des Drehpunktes $O$ bezeichnet. Der Drehmomentenvektor $\vec{M}$ liegt in der Drehachse und ist so orientiert, dass die Vektoren $\vec{r}, \vec{F}, \vec{M}$ in dieser Reihenfolge ein Rechtssystem bilden.
Für den *Betrag des Drehmomentes* erhalten wir:

$$M = |\vec{M}| = |\vec{r}| \cdot |\vec{F}| \cdot \sin \alpha,$$

wobei $\alpha = \angle(\vec{r}, \vec{F})$ den Winkel zwischen dem Ortsvektor $\vec{r}$ und der angreifenden Kraft $\vec{F}$ bezeichnet.

Es seien $n$ Kräfte $\vec{F}_1, \vec{F}_2, \ldots, \vec{F}_n$, die in den Punkten $P_1, P_2, \ldots, P_n$ der Kreisscheibe $\mathcal{K}$ angreifen und in der Scheibenebene liegen, gegeben. Wir erhalten dann den *Gesamtdrehimpuls*:

$$\vec{M} = \vec{M}_1 + \vec{M}_2 + \ldots + \vec{M}_n = (\vec{r}_1 \times \vec{F}_1) + (\vec{r}_2 \times \vec{F}_2) + \ldots + (\vec{r}_n \times \vec{F}_n),$$

wobei $\vec{r}_i = \overrightarrow{OP_i}$ die Ortsvektoren von $P_i$ bezüglich des Drehpunktes $O$ bezeichnen, $i = 1, 2, \ldots, n$. Falls insbesondere $\vec{M} = \vec{o}$ (d.h. $M = 0$) gilt, so folgt, dass sich die Kreisscheibe nicht dreht. Unser betrachtetes System ist in Ruhelage.

**Aufg. 6.20** a) Eine 5 m lange Fahnenstange mit einem Eigengewicht von 12 kp ist im Anfangspunkt $O$ an einer Hauswand drehbar gelagert und im Endpunkt $A$, welcher 3 m höher als $O$ ist, wird eine Last von 10 kp angehangen. Im Mittelpunkt $B$ der Fahnenstange ist ein Halteseil befestigt, welches an der Hauswand im Punkt $C$ in einer Höhe von 2,5 m senkrecht über $O$ verankert ist. Wie groß ist der Betrag der Zugkraft $\vec{F}$, die im Halteseil $\overline{BC}$ wirkt?

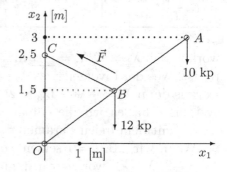

(Hinweis: Das Eigengewicht der Fahnenstange können wir als ein im Schwerpunkt $B$ der Fahnenstange angebrachtes Gewicht von 12 kp beschreiben.)

b) Wie groß ist der Betrag der Zugkraft im Halteseil, wenn dieses im Punkt $A$ befestigt wird?

# 6.5 Lösungen der Aufgaben aus Kapitel 6

**6.1** $2\vec{a} - \vec{b} = 2 \begin{pmatrix} 2 \\ 1 \end{pmatrix} - \begin{pmatrix} 1 \\ 3 \end{pmatrix} = \begin{pmatrix} 2 \cdot 2 - 1 \\ 2 \cdot 1 - 3 \end{pmatrix} = \begin{pmatrix} 3 \\ -1 \end{pmatrix}.$

**6.2 a)** Wir betrachten die Nullrelation $\lambda_1 \vec{x}_1 + \lambda_2 \vec{x}_2 + \lambda_3 \vec{x}_3 = \vec{o}$, welche unter Verwendung der Formeln für die Vektoraddition und Multiplikation mit Skalaren in Koordinatendarstellung übergeht in $\begin{pmatrix} \lambda_1 + \lambda_2 + 3\lambda_3 \\ \lambda_1 + 2\lambda_2 + 5\lambda_3 \\ \lambda_1 + \lambda_2 + 3\lambda_3 \end{pmatrix} = \begin{pmatrix} 0 \\ 0 \\ 0 \end{pmatrix}.$

Die letzte Gleichung ist äquivalent zum homogenen linearen Gleichungssystem

$$\begin{cases} \lambda_1 + \lambda_2 + 3\lambda_3 &= 0 \\ \lambda_1 + 2\lambda_2 + 5\lambda_3 &= 0 \\ \lambda_1 + \lambda_2 + 3\lambda_3 &= 0 \end{cases} \text{ mit den Unbekannten } \lambda_1, \lambda_2, \lambda_3, \text{ welches wir mit-}$$

tels Gaußschem Algorithmus lösen.

*1. Schritt:*

| $\lambda_1$ | $\lambda_2$ | $\lambda_3$ | $b_i$ | | |
|---|---|---|---|---|---|
| $\underline{|1|}$ | 1 | 3 | 0 | $|\cdot(-1)$    $\downarrow +$ | $|\cdot(-1)$ |
| 1 | 2 | 5 | 0 | $|$ | $\downarrow +$ |
| 1 | 1 | 3 | 0 | | $|$ |
| 0 | $\underline{|1|}$ | 2 | 0 | | |
| 0 | 0 | 0 | 0 | | |

*2. Schritt:* Das Verfahren des 1. Schrittes brach ab, da nur noch eine Zeile im Schema vorhanden ist (die 2. Zeile des letzten Schemas wurde gestrichen, da sie nur aus Nullen besteht!). Aus dem letzten Schema erhalten wir $\lambda_2 + 2\lambda_3 = 0$,

woraus sich $\underline{\lambda_2} = -2\lambda_3 = \underline{-2t}$ für $\lambda_3 = t$ ergibt, wobei $t \in \mathbb{R}$ ein freier Parameter ist. Aus der Pivotzeile des Ausgangsschemas erhalten wir $\lambda_1 + \lambda_2 + 3\lambda_3 = 0$, woraus dann $\underline{\lambda_1} = -\lambda_2 - 3\lambda_3 = 2t - 3t = \underline{-t}$ folgt. Als Lösung des Gleichungssystems erhalten wir die einparametrige Lösungsschar $\lambda_1 = -t$, $\lambda_2 = -2t$, $\lambda_3 = t$ mit dem freien Parameter $t \in \mathbb{R}$.

Wenn wir z.B. $t = 1$ setzen, so erhalten wir die spezielle Lösung $\lambda_1 = -1$, $\lambda_2 = -2$, $\lambda_3 = 1$, woraus wir dann die nichttriviale Nullrelation

$$-\vec{x}_1 - 2\vec{x}_2 + \vec{x}_3 = \vec{o}$$

erhalten. Die gegebenen Vektoren $\vec{x}_1, \vec{x}_2, \vec{x}_3$ sind somit linear abhängig.

**b)** Wir betrachten die Nullrelation $\lambda_1\vec{x}_1 + \lambda_2\vec{x}_2 + \lambda_3\vec{x}_3 = \vec{o}$,

welche zum nebenstehenden homogenen linearen Gleichungssystem mit den Unbekannten $\lambda_1$, $\lambda_2$, $\lambda_3$ äquivalent ist.

$$\begin{cases} \lambda_1 &+\lambda_2 & &= 0 \\ & 2\lambda_2 &+5\lambda_3 &= 0 \\ \lambda_1 & &+3\lambda_3 &= 0 \end{cases}$$

Dieses Gleichungssystem lösen wir mittels Gaußschem Algorithmus und erhalten die eindeutig bestimmte Lösung $\lambda_1 = \lambda_2 = \lambda_3 = 0$ (nachrechnen!). Hieraus folgt, dass nur die triviale Nullrelation zwischen den Vektoren $\vec{x}_1, \vec{x}_2, \vec{x}_3$ besteht. Somit sind die gegebenen Vektoren $\vec{x}_1, \vec{x}_2, \vec{x}_3$ linear unabhängig.

**c)** Die gegebenen Vektoren $\vec{x}_1, \vec{x}_2, \vec{x}_3, \vec{x}_4$ sind linear abhängig.

**6.3** Wir berechnen zunächst $\langle \vec{a}|\vec{b} \rangle = |\vec{a}| \cdot |\vec{b}| \cdot \cos(\angle(\vec{a}, \vec{b})) = 2 \cdot 4 \cdot \frac{1}{2}\sqrt{3} = 4\sqrt{3}$. Aus der Linearität und Symmetrie des Skalarproduktes erhalten wir

$$\begin{aligned} \langle \vec{a} + \vec{b} \,|\, \vec{a} + \vec{b} \rangle &= \langle \vec{a}|\vec{a} \rangle + \langle \vec{a}|\vec{b} \rangle + \langle \vec{b}|\vec{a} \rangle + \langle \vec{b}|\vec{b} \rangle \\ &= \langle \vec{a}|\vec{a} \rangle + 2\langle \vec{a}|\vec{b} \rangle + \langle \vec{b}|\vec{b} \rangle = |\vec{a}|^2 + 2\langle \vec{a}|\vec{b} \rangle + |\vec{b}|^2 \end{aligned}$$

$$= 4 + 8\sqrt{3} + 16 = 20 + 8\sqrt{3},$$

woraus dann das Ergebnis $|\vec{a} + \vec{b}| = \sqrt{\langle \vec{a} + \vec{b} \,|\, \vec{a} + \vec{b} \rangle} = \sqrt{20 + 8\sqrt{3}}$
$= 2\sqrt{5 + 2\sqrt{3}} \approx 5,82$ folgt.

**6.4** Aus Formel (6.2) ergibt sich $\cos(\angle(\vec{a}, \vec{b})) < 0$, woraus $90° < \angle(\vec{a}, \vec{b}) \leq 180°$ folgt.

**6.5** Nach Formel (6.6) folgt $|\vec{a}|\, b_{\vec{a}} = |\vec{a}|\, c_{\vec{a}}$, woraus sich ergibt, dass die orthogonalen Projektionen der Vektoren $\vec{b}$ und $\vec{c}$ auf den Vektor $\vec{a}$ zusammenfallen.

**6.6** *1. Schritt:* Bestimmen der Vektoren, die orthogonal zu $\vec{a}$ sind.
Wir bestimmen zunächst alle Vektoren $\vec{b} = \begin{pmatrix} b_1 \\ b_2 \end{pmatrix}$, für die $\vec{a} \perp \vec{b}$ gilt. Diese Orthogonalitätsrelation ist äquivalent zu $\langle \vec{a} | \vec{b} \rangle = 0$. Hieraus folgt nun

$$0 = \langle \vec{a} | \vec{b} \rangle = \left\langle \begin{pmatrix} -4 \\ 3 \end{pmatrix} \middle| \begin{pmatrix} b_1 \\ b_2 \end{pmatrix} \right\rangle = -4b_1 + 3b_2$$

mit der Lösung $b_2 = \frac{4}{3}b_1$. Wir setzen $b_1 = t$ mit einem freien Parameter $t \in \mathbb{R}$ und erhalten damit $b_2 = \frac{4}{3}t$ und schließlich

$$\vec{b} = \begin{pmatrix} b_1 \\ b_2 \end{pmatrix} = \begin{pmatrix} t \\ \frac{4}{3}t \end{pmatrix} = t \begin{pmatrix} 1 \\ \frac{4}{3} \end{pmatrix}. \tag{6.11}$$

*2. Schritt:* Bestimmen der Vektoren, die orthogonal zu $\vec{a}$ sind und den Betrag 3 haben.
Wir bestimmen den Parameter $t$ in (6.11) derart, dass $\vec{b}$ den Betrag 3 hat. Dazu berechnen wir

$$|\vec{b}| = \left| \begin{pmatrix} t \\ \frac{4}{3}t \end{pmatrix} \right| = \sqrt{t^2 + \left(\frac{4}{3}t\right)^2} = \sqrt{\frac{25}{9}t^2} = \frac{5}{3}|t|$$

und setzen das Ergebnis gleich 3, d.h., $\frac{5}{3}|t| = 3$. Hieraus erhalten wir die Lösungen $t_1 - \frac{9}{5}$ und $t_2 - -\frac{9}{5}$.
*Ergebnis:* Die Menge aller Vektoren vom Betrag 3, die auf $\vec{a}$ senkrecht stehen, besteht aus den beiden Vektoren $\vec{b}^{(1)} = t_1 \begin{pmatrix} 1 \\ \frac{4}{3} \end{pmatrix} = \frac{9}{5} \begin{pmatrix} 1 \\ \frac{4}{3} \end{pmatrix} = \frac{3}{5} \begin{pmatrix} 3 \\ 4 \end{pmatrix}$ und

$$\vec{b}^{(2)} = -\frac{9}{5} \begin{pmatrix} 1 \\ \frac{4}{3} \end{pmatrix} = -\frac{3}{5} \begin{pmatrix} 3 \\ 4 \end{pmatrix} = -\vec{b}^{(1)}.$$

**6.7** Wenn wir $\vec{b}$ durch $\vec{x}$ in der Formel (6.6) ersetzten und diese nach $a_{\vec{x}}$ auflösen, so erhalten wir für $|a_{\vec{x}}|$ (da nach der Länge der Projektion gefragt ist, berechnen wir den Betrag von $a_{\vec{x}}$):

$$|a_{\vec{x}}| = \left| \frac{\langle \vec{a} \mid \vec{x} \rangle}{|\vec{x}|} \right| = \left| \frac{-3 \cdot 1 + 2 \cdot 1 - 4 \cdot 1}{\sqrt{1^2 + 1^2 + 1^2}} \right| = \frac{5}{\sqrt{3}} = \frac{5}{3}\sqrt{3}.$$

**6.8** Es ist $\lambda \in \mathbb{R}$ zu berechnen, so dass $\langle \vec{a} + \lambda\vec{b} \mid \vec{c} \rangle = 0$ gilt. Somit folgt aus

$$\langle \vec{a} + \lambda\vec{b} \mid \vec{c} \rangle = \left\langle \left( \begin{array}{c} 6 \\ 1 \\ 1 \end{array} \right) + \lambda \left( \begin{array}{c} 0 \\ 6 \\ -2 \end{array} \right) \middle| \left( \begin{array}{c} -2 \\ 3 \\ 5 \end{array} \right) \right\rangle$$

$$= \left\langle \left( \begin{array}{c} 6 \\ 1 + 6\lambda \\ 1 - 2\lambda \end{array} \right) \middle| \left( \begin{array}{c} -2 \\ 3 \\ 5 \end{array} \right) \right\rangle$$

$$= 6 \cdot (-2) + (1 + 6\lambda) \cdot 3 + (1 - 2\lambda) \cdot 5 = 8\lambda - 4$$

die Gleichung $8\lambda - 4 = 0$ mit der Lösung $\lambda = \frac{1}{2}$.

**6.9** $\vec{a} = \left( \begin{array}{c} 2 \\ 5 \\ -9 \end{array} \right)$, $\quad |\vec{a}| = \sqrt{110}$, $\quad \angle(\vec{a}, \vec{b} + \vec{c}) = 90°$,

$\angle(\vec{a}, \vec{a} + \vec{b} + \vec{c}) = 13,15°$.

*Lösung:* Die in der Aufgabenstellung geforderten Orthogonalitätsrelationen sind genau dann erfüllt, wenn $\langle \vec{a}|\vec{b} \rangle = 0$ und $\langle \vec{a}|\vec{c} \rangle = 0$ gelten. Hieraus erhalten

wir das lineare Gleichungssystem $\left\{ \begin{array}{rrr} 4y & +2z & = & 2 \\ -3y & -z & = & -6 \end{array} \right.$, welches die eindeu-

tig bestimmte Lösung $y = 5$, $z = -9$ hat. Somit erhalten wir $\vec{a} = \left( \begin{array}{c} 2 \\ 5 \\ -9 \end{array} \right)$

und $|\vec{a}| = \sqrt{2^2 + 5^2 + (-9)^2} = \sqrt{110}$.

Da $\langle \vec{a}|\vec{b} + \vec{c} \rangle = \langle \vec{a}|\vec{b} \rangle + \langle \vec{a}|\vec{c} \rangle = 0 + 0 = 0$ gilt, erhalten wir $\angle(\vec{a}, \vec{b} + \vec{c}) = 90°$.
Weiterhin gilt:

$$\cos(\angle(\vec{a}, \vec{a} + \vec{b} + \vec{c})) = \frac{\langle \vec{a}|\vec{a} + \vec{b} + \vec{c} \rangle}{|\vec{a}| \cdot |\vec{a} + \vec{b} + \vec{c}|} = \frac{\langle \vec{a}|\vec{a} \rangle + \langle \vec{a}|\vec{b} \rangle + \langle \vec{a}|\vec{c} \rangle}{|\vec{a}| \cdot |\vec{a} + \vec{b} + \vec{c}|}$$

$$= \frac{|\vec{a}|^2 + 0 + 0}{|\vec{a}| \cdot |\vec{a} + \vec{b} + \vec{c}|} = \frac{|\vec{a}|}{|\vec{a} + \vec{b} + \vec{c}|} \stackrel{(*)}{=} \frac{\sqrt{110}}{\sqrt{116}} = \sqrt{\frac{55}{58}} \approx 0,9738.$$

In (*) haben wir $\vec{a}+\vec{b}+\vec{c} = \begin{pmatrix} 4 \\ 6 \\ -8 \end{pmatrix}$ und $|\vec{a}+\vec{b}+\vec{c}| = \sqrt{4^2+6^2+(-8)^2} = \sqrt{116}$ verwendet. Aus $\cos(\angle(\vec{a},\vec{a}+\vec{b}+\vec{c})) \approx 0,9738$ erhalten wir das Ergebnis: $\angle(\vec{a},\vec{a}+\vec{b}+\vec{c}) \approx 13,15°$.

**6.10** Aus $\sin(\angle(\vec{a},\vec{b})) = \dfrac{|\vec{a}\times\vec{b}|}{|\vec{a}|\cdot|\vec{b}|}$ und $\cos(\angle(\vec{a},\vec{b})) = \dfrac{\langle\vec{a}\,|\,\vec{b}\rangle}{|\vec{a}|\cdot|\vec{b}|}$ folgt

$$\tan(\angle(\vec{a},\vec{b})) = \frac{\sin(\angle(\vec{a},\vec{b}))}{\cos(\angle(\vec{a},\vec{b}))} = \frac{|\vec{a}\times\vec{b}|}{\langle\vec{a}\,|\,\vec{b}\rangle}.$$

**6.11 a)** Es gilt: $\vec{a}\times\vec{b} = \begin{vmatrix} \vec{e}_1 & 3 & -1 \\ \vec{e}_2 & -2 & 3 \\ \vec{e}_3 & 4 & -3 \end{vmatrix} =$

$\vec{e}_1(6-12) - \vec{e}_2(-9+4) + \vec{e}_3(9-2) = -6\vec{e}_1 + 5\vec{e}_2 + 7\vec{e}_3.$

**b)** $-\frac{3}{2}\vec{e}_1 - \frac{5}{2}\vec{e}_2 - \frac{17}{4}\vec{e}_3.$

**c)** $0\vec{e}_1 + 0\vec{e}_2 + 0\vec{e}_3 = \vec{o}.$ (Da $\vec{a} = -\vec{b}$ gilt, folgt sofort $\vec{a}\times\vec{b} = \vec{o}.$)

**6.12** $\vec{a}+\vec{b} = \begin{pmatrix} 2 \\ -1 \\ 1 \end{pmatrix}$, $\vec{a}-\vec{b} = \begin{pmatrix} -8 \\ 5 \\ -3 \end{pmatrix}$, $\vec{b}-\vec{a} = -(\vec{a}-\vec{b}) = \begin{pmatrix} 8 \\ -5 \\ 3 \end{pmatrix}$,

$-2\vec{a}+3\vec{b} = \begin{pmatrix} 21 \\ -13 \\ 8 \end{pmatrix}$, $\langle\vec{a}|\vec{b}\rangle = -23$, $\vec{a}\times\vec{b} = \begin{pmatrix} 1 \\ 1 \\ -1 \end{pmatrix}$, $\angle(\vec{a},\vec{b}) = 175,7°.$

**6.13 a)** Aus der Formel der Koordinatendarstellung des Spatproduktes erhalten wir:

$[\vec{a},\vec{b},\vec{c}] = -1(12\cdot(-4)-6\cdot(-3)) - 3(-3\cdot(-4)-6\cdot2) + 2(-3\cdot(-3)-12\cdot2) =$

$30 - 3\cdot0 + 2\cdot(-15) = 0$, woraus folgt, dass die Vektoren $\vec{a}, \vec{b}, \vec{c}$ komplanar sind.

**b)** Wir betrachten $\vec{b} = \lambda_1\vec{a} + \lambda_2\vec{c}$ und erhalten daraus das nebenstehende lineare Gleichungssystem in den Unbekannten $\lambda_1, \lambda_2$.

$$\left\{ \begin{array}{rcr} -\lambda_1 + 2\lambda_2 & = & -3 \\ 3\lambda_1 - 3\lambda_2 & = & 12 \\ 2\lambda_1 - 4\lambda_2 & = & 6 \end{array} \right.$$

Dieses Gleichungssystem hat die eindeutig bestimmte Lösung $\lambda_1 = 5$, $\lambda_2 = 1$. Somit gilt $\vec{b} = 5\vec{a} + \vec{c}.$

**6.14 a)** $V = [\vec{a},\vec{b},\vec{c}] = 13$. **b)** $\vec{d} = \vec{a}+\vec{b}+\vec{c}.$

**6.15** Wir betrachten die Vektoren

$$\vec{a} = \overrightarrow{AB} = \begin{pmatrix} -2 \\ 0 \\ 0 \end{pmatrix}, \ \vec{b} = \overrightarrow{AC} = \begin{pmatrix} 0 \\ -2 \\ 0 \end{pmatrix}, \ \vec{c} = \overrightarrow{AD} = \begin{pmatrix} 0 \\ 0 \\ -1 \end{pmatrix} \text{ und erhalten}$$

damit $V = \frac{1}{6}|[\vec{a}, \vec{b}, \vec{c}]| = \frac{1}{6} \cdot 4 = \frac{2}{3}$.

**6.16** Wir berechnen die 1. Komponente von $\vec{a} \times (\vec{b} \times \vec{c})$.

Hierzu setzen wir die Koordinatendarstellung von $\vec{b} \times \vec{c} = \begin{pmatrix} b_2c_3 - b_3c_2 \\ b_3c_1 - b_1c_3 \\ b_1c_2 - b_2c_1 \end{pmatrix}$ in

die Koordinatenbeschreibung von $\vec{a} \times (\vec{b} \times \vec{c})$ ein und erhalten damit für die 1. Komponente:

$$\vec{a} \times (\vec{b} \times \vec{c}) = \begin{vmatrix} \vec{e}_1 & a_1 & b_2c_3 - b_3c_2 \\ \vec{e}_2 & a_2 & b_3c_1 - b_1c_3 \\ \vec{e}_3 & a_3 & b_1c_2 - b_2c_1 \end{vmatrix}$$

$$= \underline{(a_2(b_1c_2 - b_2c_1) - a_3(b_3c_1 - b_1c_3)\vec{e}_1} + \dots$$

Für die 1. Komponente der rechten Seite des Entwicklungssatzes gilt:

$$\langle \vec{a}|\vec{c}\rangle \cdot \vec{b} - \langle \vec{a}|\vec{b}\rangle \cdot \vec{c} = (a_1c_1 + a_2c_2 + a_3c_3)b_1\vec{e}_1 - (a_1b_1 + a_2b_2 + a_3b_3)c_1\vec{e}_1$$

$$= \underline{(a_2b_1c_2 + a_3b_1c_3 - a_2b_2c_1 - a_3b_3c_1)\vec{e}_1}$$

Wir sehen, dass die ersten Komponenten der linken und der rechten Seite des 1. Entwicklungssatzes übereinstimmen.

**6.17** Wir betrachten die Vektoren $\vec{c} = \overrightarrow{BA}$, $\vec{b} = \overrightarrow{CA}$, $\vec{a} = \overrightarrow{CB}$ und bemerken, dass $\vec{c} = \vec{b} - \vec{a}$ gilt. Es gilt auch $a = |\vec{a}|$, $b = |\vec{b}|$, $c = |\vec{c}|$. Der Kosinussatz folgt dann aus

$$\begin{aligned} c^2 &= \langle \vec{c}|\vec{c}\rangle = \langle \vec{a} - \vec{b} \,|\, \vec{a} - \vec{b}\rangle \\ &= \langle \vec{a}|\vec{a}\rangle - \langle \vec{a}|\vec{b}\rangle - \langle \vec{b}|\vec{a}\rangle + \langle \vec{b}|\vec{b}\rangle \\ &= a^2 - 2\langle \vec{a}|\vec{b}\rangle + b^2 \\ &= a^2 + b^2 - 2|\vec{a}| \cdot |\vec{b}| \cos\gamma \\ &= a^2 + b^2 - 2ab\cos\gamma. \end{aligned}$$

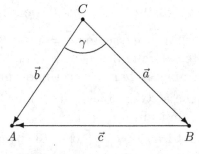

Zum Beweis des Kosinussatzes

**6.18** Wir betrachten ein Viereck $A, B, C, D$ und die Vektoren $\vec{a} = \overrightarrow{AB}$, $\vec{b} = \overrightarrow{BC}$, $\vec{c} = \overrightarrow{CD}$, $\vec{d} = \overrightarrow{DA}$.

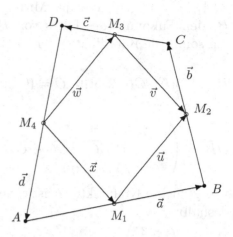

Weiterhin bezeichnen $M_1, M_2, M_3, M_4$ entsprechend der nebenstehenden Skizze die Halbierungspunkte der Seiten des betrachteten Vierecks. Wir betrachten nun die Vektoren $\vec{u} = \overrightarrow{M_1 M_2}$, $\vec{v} = \overrightarrow{M_3 M_2}$, $\vec{w} = \overrightarrow{M_4 M_3}$, $\vec{x} = \overrightarrow{M_4 M_1}$.

Es gelten die beiden Eigenschaften:

a) Da $A, B, C, D$ die Ecken eines Vierecks sind, folgt

$$\vec{a} + \vec{b} + \vec{c} + \vec{d} = \vec{o}. \tag{6.12}$$

b) Das Viereck $M_1, M_2, M_3, M_4$ ist genau dann ein Parallelogramm, wenn $\vec{u} = \vec{w}$ gilt.

Es gilt $\vec{u} = \frac{1}{2}\vec{a} + \frac{1}{2}\vec{b} = \frac{1}{2}(\vec{a} + \vec{b})$ und $-\vec{w} = \frac{1}{2}\vec{c} + \frac{1}{2}\vec{d} = \frac{1}{2}(\vec{c} + \vec{d})$, woraus

$$\vec{u} - \vec{w} = \frac{1}{2}(\vec{a} + \vec{b}) + \frac{1}{2}(\vec{c} + \vec{d}) = \frac{1}{2}(\vec{a} + \vec{b} + \vec{c} + \vec{d}) \overset{(6.12)}{=} \vec{o}$$

folgt. Aus der obigen Eigenschaft b) ergibt sich, dass das Viereck $M_1, M_2, M_3, M_4$ ein Parallelogramm ist. q.e.d.

**6.19** Wir berechnen zunächst $\vec{s} = \overrightarrow{PQ} = \begin{pmatrix} 0 \\ 1 \\ 4 \end{pmatrix} - \begin{pmatrix} 1 \\ -5 \\ 3 \end{pmatrix} = \begin{pmatrix} -1 \\ 6 \\ 1 \end{pmatrix}$ und

erhalten damit $W = \langle \vec{F} | \vec{s} \rangle = -10 \cdot (-1) + 2 \cdot 6 + 5 \cdot 1 = 27 \ Nm$ (Newtonmeter).

Weiter folgt: $\cos \alpha = \dfrac{\langle \vec{F} | \vec{s} \rangle}{|\vec{F}| \cdot |\vec{s}|} = \dfrac{27}{\sqrt{(-10)^2 + 2^2 + 5^2} \cdot \sqrt{(-1)^2 + 6^2 + 1^2}} =$

$\dfrac{27}{\sqrt{129} \cdot \sqrt{38}} \approx 0,38556$, woraus wir $\alpha = \arccos(0,3856) = 67,32°$ erhalten.

**6.20 a)** *1. Schritt:* Berechnen der Koordinaten der interessierenden Vektoren. Wir berechnen zunächst die $x_1$-Koordinaten der Punkte $A, B$. Nach dem Satz des Pythagoras gilt im rechtwinkligen Dreieck $\Delta OA_1 A$ ($A_1$ bezeichnet den Fußpunkt des Lotes von $A$ auf die $x_1$-Achse): $|OA_1|^2 + 3^2 = 5^2$, woraus

$|OA_1| = 4$ folgt. Da $B$ der Mittelpunkt von $\overline{OA}$ ist, folgt $|OB_1| = 2$, wobei $B_1$ den Fußpunkt des Lotes von $B$ auf die $x_1$-Achse bezeichnet. Wir erhalten somit die Koordinaten der Punkte im dreidimensionalen Raum: $A(4; 3; 0)$,

$B(2; 1, 5; 0)$, $C(0; 2, 5; 0)$, $O = (0, 0, 0)$ und die Vektoren $\overrightarrow{OA} = \begin{pmatrix} 4 \\ 3 \\ 0 \end{pmatrix}$,

$$\overrightarrow{OB} = \begin{pmatrix} 2 \\ 1, 5 \\ 0 \end{pmatrix}, \ \overrightarrow{BC} = \overrightarrow{OC} - \overrightarrow{OB} = \begin{pmatrix} 0 \\ 2, 5 \\ 0 \end{pmatrix} - \begin{pmatrix} 2 \\ 1, 5 \\ 0 \end{pmatrix} = \begin{pmatrix} -2 \\ 1 \\ 0 \end{pmatrix}.$$

Der gesuchte Kraftvektor $\vec{F}$ ist gleichgerichtet zum Vektor $\overrightarrow{BC}$, und wir setzen deshalb:

$$\vec{F} = \lambda \begin{pmatrix} -2 \\ 1 \\ 0 \end{pmatrix} \ \text{mit noch zu bestimmendem } \lambda \in \mathbb{R}. \text{ Die in } A \text{ und } B \text{ angrei-}$$

fenden Kräfte sind gegeben durch $\vec{F}_A = \begin{pmatrix} 0 \\ -10 \\ 0 \end{pmatrix}$ und $\vec{F}_B = \begin{pmatrix} 0 \\ -12 \\ 0 \end{pmatrix}$.

*2. Schritt:* Berechnen des Gesamtdrehimpulses.
Wir berechnen nun den Gesamtdrehimpuls unseres mechanischen Systems und setzen diesen gleich 0, denn unser System soll sich in Ruhelage befinden. Somit folgt: $(\overrightarrow{OB} \times \vec{F}_B) + (\overrightarrow{OA} \times \vec{F}_A) + (\overrightarrow{OB} \times \vec{F}) = \vec{o}$ und dann mittels der Formel für die Koordinatendarstellung des Vektorproduktes:

$$\begin{pmatrix} 0 \\ 0 \\ -24 \end{pmatrix} + \begin{pmatrix} 0 \\ 0 \\ -40 \end{pmatrix} + \begin{pmatrix} 0 \\ 0 \\ 5\lambda \end{pmatrix} = \vec{o}.$$

Für die $x_3$-Koordinate folgt $-24 - 40 + 5\lambda = 0$ und damit $\lambda = 12, 8$. Damit erhalten wir das Ergebnis $|\vec{F}| = \sqrt{(-2 \cdot 12, 8)^2 + 12, 8^2} \approx 28, 62$. Somit ist der Betrag der Zugkraft im Halteseil 28,62 kp.

**b)** $|\vec{F}| \approx 25, 80$ kp.

# Kapitel 7

# Analytische Geometrie

Der Grundgedanke der analytischen Geometrie besteht darin, dass geometrische Untersuchungen mit rechnerischen Methoden durchgeführt werden. Dies wird durch das Einführen eines Koordinatensystems, wodurch den Punkten eineindeutig ihre Koordinaten zugeordnet werden, ermöglicht. Im Folgenden werden wir uns wie im Kapitel 6 immer auf kartesische Koordinatensysteme beschränken.

## 7.1 Punkte und Geraden in der Ebene

Wir betrachten ein kartesisches rechtsorientiertes $(x; y)$-Koordinatensystem (d.h., die $y$-Achse geht durch Drehung der $x$-Achse um $90°$ entgegen dem Uhrzeigersinn um den Koordinatenursprung $O$ hervor). Wir ordnen einem Punkt $P_0$ seine Koordinaten $(x_0; y_0)$ zu, welche wir durch Orthogonalprojektion von $P_0$ auf die Koordinatenachsen erhalten. Wir schreiben dafür $P_0(x_0; y_0)$.

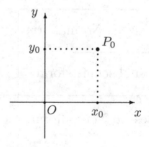

Der Punkt $P_0(x_0; y_0)$

**Aufg. 7.1** Berechnen Sie den Abstand $d$ zwischen den Punkten $P(1; 2)$ und $Q(2; 4)$.

**Aufg. 7.2** Welche Punkte $Q$ der $x$-Achse haben vom Punkt $P(6; -4)$ den Abstand $d = \sqrt{65}$ LE (Längeneinheiten)?

**Aufg. 7.3** Berechnen Sie die Mittelpunkte der folgenden durch die Punkte $A$ und $B$ begrenzten Strecken:
a) $A(1; 2)$, $B(3; 4)$,   b) $A(-4; 5)$, $B(4; 7)$,   c) $A(5; 9)$, $B(-3; 7)$.

## Geradengleichungen in der Ebene

Wir betrachten eine Gerade $g$, welche durch die beiden Punkte $P_1(x_1; y_1)$ und $P_2(x_2; y_2)$ verläuft und mit der $x$-Achse den Winkel $\alpha$ bildet,

wobei $0 \leq \alpha < 180°$ gilt. Mit

$$\boxed{m = \tan \alpha}$$

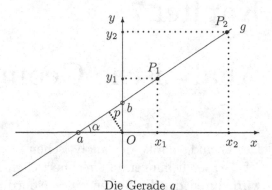

bezeichnen wir den *Anstieg* der Geraden $g$. Weiterhin bezeichne $a$ die $x$-Koordinate des Schnittpunktes von $g$ mit der $x$-Achse und $b$ die $y$-Koordinate des Schnittpunktes von $g$ mit der $y$-Achse. Den Abstand des Koordinatenursprungs $O$ von $g$ bezeichnen wir mit $p$.

Die Gerade $g$

| Name | Formel | zur Berechnung |
|---|---|---|
| Zweipunkteform | $\dfrac{y - y_1}{x - x_1} = \dfrac{y_2 - y_1}{x_2 - x_1}$ | für $P_1 \neq P_2$ |
| Punktrichtungsform | $y - y_1 = m(x - x_1)$ | $m = \tan \alpha = \dfrac{y_2 - y_1}{x_2 - x_1}$ |
| kartesische Normalform | $y = mx + b$ | $b = y_1 - mx_1$ |
| Achsenabschnittsform | $\dfrac{x}{a} + \dfrac{y}{b} = 1$ | für $a, b \neq 0$, $a = -\dfrac{b}{m}$ |
| Hessesche Normalform | $x \cos \alpha + y \sin \alpha + p = 0$ | $\lvert p \rvert$ ist der Abstand von $g$ zu $O$ |
| Skalarform (allgemeine Form) | $Ax + By + C = 0$ | $A = -\varrho m$, $B = \varrho$, $C = -\varrho b$ mit beliebigem $0 \neq \varrho \in \mathbb{R}$ |

*Bemerkungen:* a) Wir wollen anmerken, dass die obigen Formen der Geradengleichungen zueinander äquivalent sind, d.h., sie besitzen dieselbe Lösungsmenge (nämlich die Koordinaten der Punkte von $g$) und gehen auseinander durch äquivalente Umformungen hervor.

b) Um die allgemeine Form $Ax + By + C = 0$ der Geradengleichung in die Hessesche Normalform überzuführen, dividieren wir diese Gleichung durch

$\sqrt{A^2 + B^2}$ und erhalten dann die *Hessesche Normalform*

$$\frac{A}{\sqrt{A^2 + B^2}}\, x + \frac{B}{\sqrt{A^2 + B^2}}\, y + \frac{C}{\sqrt{A^2 + B^2}} = 0\,, \tag{7.1}$$

wobei $\cos\alpha = \dfrac{A}{\sqrt{A^2 + B^2}}$, $\sin\alpha = \dfrac{B}{\sqrt{A^2 + B^2}}$ und $p = \dfrac{C}{\sqrt{A^2 + B^2}}$ gelten.

c) Wir wollen noch anmerken, dass das Vorzeichen von $p$ abhängig ist von:

1.) der Orientierung der Geraden $g$ und

2.) von der Seite, in welcher der Koordinatenursprung $O$ liegt (links oder rechts von $g$), wenn $g$ in positiver Richtung durchlaufen wird.

Hierauf wollen wir aber im weiteren nicht eingehen und nur den vorzeichenlosen Abstand $|p|$ betrachten.

**Aufg. 7.4** Bestimmen Sie die Gleichung der Geraden $g$, welche

a) die $y$-Achse im Punkt $P(0; b)$ schneidet und parallel zur $x$-Achse ist,

b) die $x$-Achse im Punkt $Q(a; 0)$ schneidet und parallel zur $y$-Achse ist,

c) die $x$-Achse im Punkt $Q(a; 0)$ und die $y$-Achse im Punkt $P(0; b)$ schneidet.

**Aufg. 7.5** Welchen Abstand hat die Gerade $g$, die durch den Punkt $P(1; 2)$ läuft und den Anstieg $m = -3$ hat, vom Koordinatenursprung $O$. Bestimmen Sie die Schnittpunkte von $g$ mit den Koordinatenachsen und geben Sie die Achsenabschnittsform von $g$ an.

### Inzidenz von Punkt und Gerade

Wir untersuchen jetzt, ob ein Punkt $P_1$ auf einer gegebenen Geraden $g$ liegt. Dazu bemerken wir, dass in den obigen Geradengleichungen $y$ eine lineare Funktion von $x$ ist. Wenn wir somit einen beliebigen Wert $x_1$ für $x$ in eine der Geradengleichungen einsetzen, so gilt für den sich ergebenden $y$-Wert $y_1$, dass der Punkt $P_1(x_1; y_1)$ auf der Geraden $g$ liegt.

Für einen beliebigen Punkt $P_1(x_1; y_1)$ und eine Gerade $g$ gilt:

> Der Punkt $P_1(x_1; y_1)$ liegt genau dann auf der Geraden $g$, wenn seine Koordinaten die Gleichung der Geraden erfüllen.

### Abstand von Punkt und Gerade

Um den Abstand $d$ eines Punktes $P_1(x_1; y_1)$ von einer Geraden $g$ zu bestimmen, setzen wir die Koordinaten in die linke Seite der Hesseschen Normalform (7.1) ein. Wir erhalten dann:

$$d = \frac{A}{\sqrt{A^2 + B^2}}\, x_1 + \frac{B}{\sqrt{A^2 + B^2}}\, y_1 + \frac{C}{\sqrt{A^2 + B^2}}\,.$$

Bezüglich des Vorzeichens von $d$ gilt analog zu Bemerkung 3) nach (7.1), dass dieses von der Orientierung von $g$ und von der Halbebene, in welcher $P_1$ bezüglich $g$ liegt, abhängt. Im weiteren berechnen wir aber nur den vorzeichenlosen Abstand $|d|$.

**Aufg. 7.6** a) Gesucht sind alle Geraden, welche durch den Punkt $P(2;3)$ gehen und vom Punkt $Q(-1;2)$ den Abstand $|d| = 1$ haben.
b) Lösen Sie a) für $P(6;4)$, $Q(3;-5)$ und $|d| = 3$.

**Aufg. 7.7** Welche der folgenden Punkte $R_j$ ($j = 1, 2, 3, 4$) liegen auf der Geraden $g$, die durch die Punkte $P(1;2)$ und $Q(0;\frac{4}{3})$ läuft?
a) $R_1(1;1)$,   b) $R_2(2;\frac{8}{3})$,   c) $R_3(3;0)$,   d) $R_4(-1;1)$.

**Aufg. 7.8** Bestimmen Sie den Abstand $|d|$ der Punkte $R_j$ ($j = 1, \dots, 4$) von der Geraden $g$, wobei $R_j$ und $g$ in Aufg. 7.7 gegeben sind.

## Parameterform der Geradengleichung

Mit Hilfe der Vektorrechnung können wir ebenfalls eine Gerade $g$ beschreiben. Wir betrachten dazu Einheitsvektoren $\vec{e}_1, \vec{e}_2$ in Richtung der positiven $x$- bzw. $y$-Achse. Die *Parameterform* der Geradengleichung wird dann durch

$$\boxed{\vec{x} = \overrightarrow{OP} + \lambda\,\vec{a},\ \lambda \in \mathbb{R}}$$

gegeben, wobei $P \in g$ einen fest gewählten Punkt auf der Geraden $g$, $\overrightarrow{OP}$ den Ortsvektor von $P$ bezüglich des Koordinatenursprungs $O$ und $\vec{a}$ einen (freien) Vektor mit der Richtung der Geraden $g$ bezeichnen. Für jeden Parameter $\lambda \in \mathbb{R}$ erhalten wir dann den Ortsvektor $\vec{x}$ eines Punktes $Q$ der Geraden $g$ bezüglich des Koordinatenursprungs $O$.

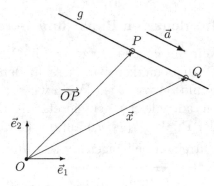

Parameterform der Geradengleichung

**Aufg. 7.9** Wandeln Sie die folgenden Geradengleichungen in eine Parameterform um: a) $2x - 3y = -4$,   b) $x + y = 7$,   c) $x + 3y = 2$.

**Aufg. 7.10** Wandeln Sie die Parameterform
$$\vec{x} = \begin{pmatrix} x \\ y \end{pmatrix} = \begin{pmatrix} 7 \\ 1 \end{pmatrix} + \lambda \begin{pmatrix} -1 \\ 1 \end{pmatrix} \text{ mit } \lambda \in \mathbb{R} \text{ in eine Skalarform der Geraden-}$$
gleichung um.

## Schnittpunkt und Schnittwinkel zweier Geraden

Wir betrachten zwei Geraden $g_j : A_j x + B_j y + C_j = 0$, $j = 1, 2$, deren Geradengleichungen in Skalarform gegeben sind. Um die Koordinaten des Schnittpunktes $S(x; y) = g_1 \cap g_2$ zu bestimmen, lösen wir das lineare Gleichungssystem:

$$A_1 x + B_1 y = -C_1$$
$$A_2 x + B_2 y = -C_2 \qquad (7.2)$$

Gemäß den im Abschn. 5.1 durchgeführten Betrachtungen gibt es die folgenden drei Fälle:

| Das Gleichungssystem (7.2): | geometrische Bedeutung: | Formel: |
|---|---|---|
| ist eindeutig lösbar | $g_1$ und $g_2$ schneiden sich in genau einem Punkt $S$ | $S = g_1 \cap g_2$ |
| besitzt eine einparametrige Lösungsschar | $g_1$ und $g_2$ fallen zusammen | $g_1 = g_2$ |
| besitzt keine Lösung | $g_1$ und $g_2$ sind parallel und verschieden | $g_1 \| g_2$ und $g_1 \neq g_2$ |

Der *Schnittwinkel* $\psi$ von zwei sich schneidenden Geraden $g_j : y = m_j x + n_j$, $j = 1, 2$, deren Geradengleichungen in der kartesischen Normalform gegeben sind, berechnet sich nach der Formel:

$$\boxed{\tan \psi = \frac{m_1 - m_2}{1 + m_1 m_2}} \qquad (7.3)$$

Die Formel (7.3) folgt sofort aus dem Additionstherorem der Tangensfunktion (s. Abschn. 2.3) und $\tan \alpha_j = m_j$:

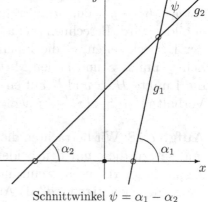

Schnittwinkel $\psi = \alpha_1 - \alpha_2$

$$\tan \psi = \tan(\alpha_1 - \alpha_2) = \frac{\tan \alpha_1 - \tan \alpha_2}{1 + \tan \alpha_1 \tan \alpha_2} = \frac{m_1 - m_2}{1 + m_1 m_2}.$$

Für $\psi = 90°$ erhalten wir, dass die beiden Geraden $g_1, g_2$ senkrecht aufeinander stehen. Da $|\tan 90°| = \infty$, muss für den Nenner $1 + m_1 m_2 = 0$ in der Formel (7.3) gelten. Hieraus folgt unmittelbar die

| Bedingung für Orthogonalität | $m_1 \cdot m_2 = -1$ |
|---|---|

**Aufg. 7.11** Für die folgenden Geradenpaare ist der Schnittpunkt $S$ zu bestimmen. Falls die Geraden parallel sind, so ist ihr Abstand zu berechnen.

a) $-3x + 3y - 6 = 0$, $2x + 3y + 9 = 0$,   b) $y = -3x + 14$, $y = -x - 1$,
c) $2x - 3y + 5 = 0$, $-x + \frac{3}{2}y + 1 = 0$,   d) $x + 2y + 8 = 0$, $-2x - 4y - 16 = 0$.

**Aufg. 7.12** Gesucht ist die Gleichung der Geraden $g_1$, die durch $P(1; 2)$ läuft und zur Geraden $g_2 : y = 3x + 5$ parallel ist.

**Aufg. 7.13** Gesucht ist der Schnittwinkel $\psi$ zwischen den beiden Geraden $g_1 : 2x - y = 3$ und $g_2 : x - 2y = 2$.

**Aufg. 7.14** Gesucht sind die Gleichungen der beiden Geraden $h_1$ und $h_2$, welche die Gerade $g$ mit der Gleichung $y = 4x - 1$ im Punkt $P(1; 3)$ unter einem Winkel von 45° schneiden.

**Aufg. 7.15** Welche Geraden haben von der Geraden $g : 4y = 3x + 5$ den Abstand 2?

**Aufg. 7.16** Bestimmen Sie die Gerade $g_2$, welche durch den Punkt $P(1; 1)$ geht und auf der Geraden $g_1 : y = -\frac{2}{3}x + 3$ senkrecht steht.

**Aufg. 7.17** Gegeben sei das Dreieck, welches von den Geraden
$\quad g_1 : 6x - y = 26$, $\quad g_2 : 5x + 6y = 8$ und $\quad g_3 : x - 7y = -23$
gebildet wird. Berechnen Sie: a) die Koordinaten der Eckpunkte, b) die Länge der Dreiecksseiten, c) die Innenwinkel, d) den Höhenschnittpunkt $H$, e) den Schwerpunkt $S$ und f) den Mittelpunkt $U$ des Umkreises. g) Zeigen Sie, dass die Punkte $H$, $S$ und $U$ auf einer Geraden $g$ liegen und h) berechnen Sie das Verhältnis $|\overline{HS}| : |\overline{SU}|$. ($g$ heißt *Eulersche Gerade*.)

**Aufg. 7.18** Wir betrachten die gleiche Aufgabenstellung wie in Aufgabe 6.20 und setzen diese mit den beiden Fragen fort: c) Wie groß ist der Betrag der Zugkraft im Halteseil, wenn dieses unter einem Winkel von 90° an der Fahnenstange befestigt wird? d) An welchem Punkt müsste das Halteseil an der Fahnenstange befestigt werden, damit der Betrag der Zugkraft minimal ist?

## 7.2 Kegelschnitte

Wir beschränken vorerst unsere Betrachtungen auf solche Kegelschnitte, deren Achsen parallel zu den Koordinatenachsen liegen[1]. Die zugehörigen Kurvengleichungen lassen sich auf die allgemeine Form:

$$Ax^2 + By^2 + Cx + Dy + E = 0 \tag{7.4}$$

---

[1]Der allgemeine Fall wird im Abschn. 8.8 betrachtet.

bringen, wobei $A, B, C, D, E$ reelle Koeffizienten sind. Wegen der getroffenen Beschränkung auf solche Kegelschnitte, deren Achsen parallel zu den Koordinatenachsen sind, tritt in der Gleichung (7.4) kein Summand auf, welcher das Produkt $xy$ der Variablen enthält.

### Kreis-, Tangenten- und Polarengleichung

Unter einem *Kreis* $\mathcal{K}$ verstehen wir den geometrischen Ort aller Punkte einer Ebene, die von einem festen Punkt, dem Mittelpunkt $M$, den gleichen Abstand $r$ haben. Dabei wird $r$ als *Radius* des Kreises bezeichnet.

| Gleichung des Kreises | |
|---|---|
| mit Mittelpunkt $M(0;0)$ und Radius $r$ | $x^2 + y^2 = r^2$ |
| mit Mittelpunkt $M(c;d)$ und Radius $r$ | $(x-c)^2 + (y-d)^2 = r^2$ |

Wir betrachten jetzt die *Tangente $t$* und die *Normale $n$* in einem Punkt $P(x_1; y_1)$ des Kreises $\mathcal{K}$ mit der Gleichung

$$(x-c)^2 + (y-d)^2 = r^2 \,.$$

Die Normale durch den Punkt $P(x_1; y_1)$ ist die Gerade, auf welcher die Strecke $\overline{MP}$ (der Berührungsradius zum Punkt $P$) liegt. Aus der Elementargeometrie ist bekannt, dass der Berührungsradius und damit auch die Normale senkrecht auf der Tangenten stehen.

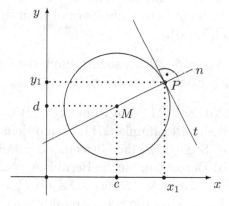

Tangente $t$ und Normale $n$ eines Kreises

Die Tangente $t$ und die Normale $n$ im Punkt $P(x_1; y_1)$ des Kreises $\mathcal{K}$ mit der Gleichung $(x-c)^2 + (y-d)^2 = r^2$ werden durch die folgenden Gleichungen beschrieben:

| Polarengleichung | Punktrichtungsform |
|---|---|
| $t: \quad (x-c)(x_1-c) + (y-d)(y_1-d) = r^2$ | $y - y_1 = -\dfrac{x_1-c}{y_1-d}\,(x-x_1)$ |
| $n:$ | $y - y_1 = \dfrac{y_1-d}{x_1-c}\,(x-x_1)$ |

Wir betrachten jetzt die beiden Tangenten $t_1$, $t_2$ von einem Punkt $Q(\xi; \eta)$ außerhalb des Kreises $\mathcal{K}$ mit der Gleichung

$$\mathcal{K}: \quad (x-c)^2 + (y-d)^2 = r^2$$

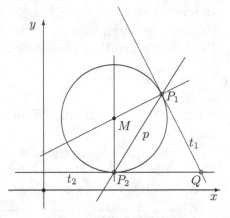

an diesen Kreis, wobei wir die beiden Berührungspunkte mit $P_1$, $P_2$ bezeichnen. Der Punkt $Q(\xi; \eta)$ wird *Pol* genannt. Die Gerade $p$ durch die beiden Berührungspunkte $P_1$, $P_2$ wird als *Polare p* bezeichnet. Die obige Polarengleichung gilt auch für die Polare $p$ eines beliebigen Punktes $Q(\xi; \eta)$ außerhalb des Kreises $\mathcal{K}$, d.h., es wird $(x_1; y_1)$ durch $(\xi; \eta)$ ersetzt, und wir erhalten die Gleichung der Polaren $p$:

Polare $p$ des Pols $Q(y_1; y_2)$

$$\boxed{(x-c)(\xi-c) + (y-d)(\eta-d) = r^2}$$

**Aufg. 7.19** Bestimmen Sie die kartesische Normalform der Gleichung der Tangenten und der Normalen an den Kreis $(x-2)^2 + (y-1)^2 = 25$ im Punkt $P(5; -3)$.

**Aufg. 7.20** Was wird durch die Gleichung $x^2 - 4x + y^2 - 2y - 20 = 0$ in der $xy$-Ebene beschrieben?

**Aufg. 7.21** Vom Punkt $Q(5; 6)$ werden die Tangenten $t_1$, $t_2$ an den Kreis mit dem Mittelpunkt $M(1; 2)$ und dem Radius $r = 2$ gelegt.
a) Stellen Sie die Gleichung der Polaren $p$ zum Pol $Q$ auf.
b) Berechnen Sie die Berührungspunkte $P_1$, $P_2$ der beiden Tangenten $t_1$, $t_2$ mit dem Kreis $\mathcal{K}$. (*Hinweis:* Es gilt $P_j = p \cap \mathcal{K}$, $j = 1, 2$, d.h., die Berührungspunkte $P_1$, $P_2$ sind die Schnittpunkte der Polaren $p$ mit der Kreislinie $\mathcal{K}$.)
c) Ermitteln Sie die Gleichungen der beiden Tangenten $t_1$, $t_2$.

**Aufg. 7.22** An den Kreis mit dem Mittelpunkt $M = (-2; 0)$ und dem Radius $r = \sqrt{5}$ werden die Tangenten vom Punkt $Q(3; 5)$ gelegt. Bestimmen Sie die kartesischen Normalformen der Geradengleichungen dieser Tangenten.

## Ellipsen

Unter einer *Ellipse* $\mathcal{E}$ verstehen wir den geometrischen Ort aller Punkte einer Ebene, für die die Summe der Abstände von zwei festen Punkten dieser Ebene, den *Brennpunkten* $F_1$, $F_2$ der Ellipse, konstant ist.

Wir betrachten zunächst eine Ellipse $\mathcal{E}$
mit den Brennpunkten $F_1$, $F_2$ in Mittelpunktslage, d.h., der Mittelpunkt $M$
von $\mathcal{E}$ liegt im Koordinatenursprung $O$
und die beiden Achsen $\overline{S_1 S_2}$, $\overline{T_1 T_2}$ liegen auf den Koordinatenachsen. Es gilt,
dass die beiden Brennpunkte $F_1$, $F_2$ auf
der längeren der beiden Achsen liegen.
Mit $a = |\overline{MS_1}|$ und $b = |\overline{MT_1}|$ wer-
den die Längen der beiden Halbachsen
bezeichnet.

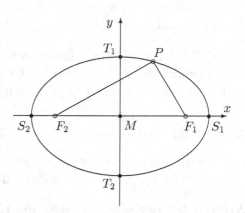

Ellipse $\mathcal{E}$ in Mittelpunktslage

Für jeden Punkt $P(x; y)$ der Ellipse $\mathcal{E}$
gilt dann, dass die Summe der Abstän-
de
von $P$ zu den beiden Brennpunkten $F_1$, $F_2$ gleich der vorgegebenen Konstanten
$2a$ (die Länge der größeren Achse) ist, d.h., es gilt:

$$\boxed{|\overline{F_1 P}| + |\overline{F_2 P}| = 2a} \tag{7.5}$$

Wir betrachten jetzt die Gleichung einer Ellipse $\mathcal{E}$ mit den Längen der Halbachsen $a$ in $x$-Richtung und $b$ in $y$-Richtung, wobei diese Ellipse in Mittelpunktslage ist oder durch Parallelverschiebung einer Ellipse in Mittelpunktslage entstanden ist:

| Gleichung der Ellipse $\mathcal{E}$ | |
|---|---|
| mit Mittelpunkt $M(0; 0)$ und Längen $a, b$ der Halbachsen | $\dfrac{x^2}{a^2} + \dfrac{y^2}{b^2} = 1$ |
| mit Mittelpunkt $M(c; d)$ und Längen $a, b$ der Halbachsen | $\dfrac{(x - c)^2}{a^2} + \dfrac{(y - d)^2}{b^2} = 1$ |

**Aufg. 7.23** Berechnen Sie die Koordinaten der Brennpunkte $F_1$, $F_2$ der El-
lipse mit der Gleichung $\dfrac{x^2}{a^2} + \dfrac{y^2}{b^2} = 1$, wobei $a > b$ gilt. (*Hinweis:* Wenden Sie
den Satz des Pythagoras im Dreieck $\triangle MF_1 T_1$, welches aus der obigen Abbildung (Ellipse $\mathcal{E}$ in Mittelpunktslage) zu entnehmen ist, an und beachten Sie
die Gleichung (7.5).)

**Aufg. 7.24** Berechnen Sie die Koordinaten der Brennpunkte $F_1$, $F_2$ der El-
lipsen mit den Gleichungen:  a) $\dfrac{x^2}{16} + \dfrac{y^2}{9} = 1$,  b) $\dfrac{x^2}{9} + \dfrac{y^2}{16} = 1$,

c) $\dfrac{(x - 2)^2}{16} + \dfrac{(y - 3)^2}{25} = 1$,  d) $\dfrac{(x - 2)^2}{25} + \dfrac{(y - 3)^2}{16} = 1$.

**Aufg. 7.25** Von einer Ellipse in Mittelpunktslage sind die große Halbachse $a = 5$ sowie ein Punkt $P(3; 2, 4)$ gegeben. Wie lautet ihre Gleichung?

**Aufg. 7.26** Eine Ellipse, deren Achsen parallel zu den Koordinatenachsen sind, berührt die $x$-Achse in $P_1(4; 0)$ und schneidet die $y$-Achse in $P_2(0; 4, 8)$ und $P_3(0; 1, 2)$. Wie heißt die Ellipsengleichung?

**Aufg. 7.27** In die Ellipse $\dfrac{x^2}{a^2} + \dfrac{y^2}{b^2} = 1$ wird ein Quadrat eingezeichnet, dessen Eckpunkte auf der Ellipse liegen und dessen Seiten parallel zu den Ellipsenachsen sind. Wie groß ist die Fläche des Quadrates?

**Aufg. 7.28** Beweisen Sie, dass für Konstanten $a, b > 0$ die Punkte $P(x; y)$ mit $x = a \cos t$, $y = b \sin t$, wobei $t$ ein reeller Parameter mit $0 \leq t < 2\pi$ ist, die Ellipse $\dfrac{x^2}{a^2} + \dfrac{y^2}{b^2} = 1$ beschreiben.

## Hyperbeln

Unter einer *Hyperbel* $\mathcal{H}$ verstehen wir den geometrischen Ort aller Punkte einer Ebene, für die der Betrag der Differenz der Abstände von zwei festen Punkten dieser Ebene, den *Brennpunkten* $F_1$ und $F_2$, konstant ist.

Wir betrachten jetzt eine Hyperbel $\mathcal{H}$ mit den beiden Brennpunkten

$$\boxed{F_1(e; 0) \text{ und } F_2(-e; 0)}$$

in Mittelpunktslage (d.h., ihr Mittelpunkt $M$ befindet sich im Koordinatenursprung $O$ und die Brennpunkte $F_1$, $F_2$ liegen auf der $x$-Achse). Die $x$-Koordinate $e$ des Brennpunktes $F_1$ wird als *lineare Exzentrizität* bezeichnet. Die beiden Scheitel, das sind die Schnittpunkte der Hyperbel mit der $x$-Achse, haben die Koordinaten:

Hyperbel $\mathcal{H}$ mit Asymptoten in Mittelpunktslage

$$\boxed{S_1(a; 0) \text{ und } S_2(-a; 0)}$$

Es gilt immer $e > a > 0$. Für die Punkte $P$ dieser Hyperbel $\mathcal{H}$ gilt somit:

$$\boxed{|\overline{F_2P}| - |\overline{F_1P}| = \pm 2a}$$

Für betragsmäßig große $x$-Werte (d.h., für sehr große bzw. sehr kleine $x$-Werte) schmiegt sich die Hyperbel an ihre Asymptoten an, wobei die Asymptoten ein sich im Mittelpunkt der Hyperbel schneidendes Geradenpaar sind. Es gilt, dass die beiden Hyperbeläste den Asymptoten beliebig nahe kommen, ohne sie jedoch zu berühren.

Wir setzen $b = \sqrt{e^2 - a^2}$, d.h., es gilt

$$\boxed{e^2 = a^2 + b^2}$$

und erhalten damit die Gleichungen einer Hyperbel und ihrer Asymptoten in Mittelpunktslage bzw. die einer Hyperbel, welche durch Parallelverschiebung einer Hyperbel in Mittelpunktslage entstanden ist:

| Mittel-punkt | Gleichung | Scheitel | Brennpunkte | Asympto-ten |
|---|---|---|---|---|
| $M(0;0)$ | $\dfrac{x^2}{a^2} - \dfrac{y^2}{b^2} = 1$ | $S_{1,2}(\pm a; 0)$ | $F_{1,2}(\pm e; 0)$ | $y = \pm \dfrac{b}{a}x$ |
| $M(c;d)$ | $\dfrac{(x-c)^2}{a^2} - \dfrac{(y-d)^2}{b^2} = 1$ | $S_{1,2}(c \pm a; d)$ | $F_{1,2}(c \pm e; d)$ | $y - d = \pm \dfrac{b}{a}(x-c)$ |

Wir wollen jetzt Hyperbeln betrachten, welche durch Drehung um $90°$ um den Mittelpunkt $M(0;0)$ bzw. $M(c;d)$ aus den oben behandelten Hyperbeln entstanden sind. Die Scheitel- und Brennpunkte dieser gedrehten Hyperbeln liegen dann auf der $y$-Achse bzw. auf einer zur $y$-Achse parallelen Geraden.

| Mittel-punkt | Gleichung | Scheitel | Brennpunkte | Asympto-ten |
|---|---|---|---|---|
| $M(0;0)$ | $\dfrac{y^2}{a^2} - \dfrac{x^2}{b^2} = 1$ | $S_{1,2}(0; \pm a)$ | $F_{1,2}(0; \pm e)$ | $y = \pm \dfrac{a}{b}x$ |
| $M(c;d)$ | $\dfrac{(y-d)^2}{a^2} - \dfrac{(x-c)^2}{b^2} = 1$ | $S_{1,2}(c; d \pm a)$ | $F_{1,2}(c; d \pm e)$ | $y - d = \pm \dfrac{a}{b}(x-c)$ |

**Aufg. 7.29** Berechnen Sie die Scheitelpunkte, Brennpunkte und Asymptoten der folgenden Hyperbeln:

a) $\dfrac{x^2}{25} - \dfrac{y^2}{9} = 1$,  b) $\dfrac{y^2}{25} - \dfrac{x^2}{9} = 1$,  c) $\dfrac{x^2}{9} - \dfrac{y^2}{25} = 1$,  d) $-\dfrac{x^2}{25} + \dfrac{y^2}{9} = 1$.

**Aufg. 7.30** Bestimmen Sie die Asymptotengleichungen und den Schnittwinkel der Asymptoten für: a) $16x^2 - 36y^2 = 576$,  b) $225x^2 - 64y^2 + 14400 = 0$,

c) $4x^2 - 4y^2 + 32x + 20y = 25$,    d) $9x^2 - 36x - 16y^2 - 96y = 252$.

**Aufg. 7.31** Eine Hyperbel in Mittelpunktslage geht durch die beiden Punkte $P_1(15; 4,5)$ und $P_2(13; -2,5)$. Wie lautet die Hyperbelgleichung?

**Aufg. 7.32** Bestimmen Sie die Abstände des Punktes $P(3; 2)$ von den Asymptoten der Hyperbel $9x^2 - 16y^2 - 36x - 128y = 364$.

## Parabeln

Unter einer *Parabel* $\mathcal{P}$ verstehen wir den geometrischen Ort für alle Punkte einer Ebene, für die der Abstand von einem festen Punkt dieser Ebene, dem *Brennpunkt* $F$ der Parabel $\mathcal{P}$, jeweis gleich dem Abstand von einer festen Geraden $l$ dieser Ebene ist. Diese Gerade $l$ heißt *Leitlinie* der Parabel $\mathcal{P}$.

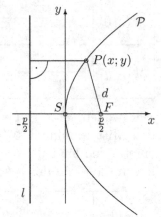

Wir betrachten zunächst eine Parabel $\mathcal{P}$, deren Scheitel $S$ im Koordinatenursprung $O$ liegt, deren Parabelachse mit der $x$-Achse und deren Scheiteltangente mit der $y$-Achse zusammenfällt. Der Brennpunkt $F(\frac{p}{2}; 0)$ liegt auf der $x$-Achse mit dem Abszissenwert $\frac{p}{2} > 0$. Die Leitlinie $l$ ist parallel zur $y$-Achse und schneidet die $x$-Achse bei $x = -\frac{p}{2}$. Wir betrachten jetzt einen beliebigen Punkt $P(x; y)$, welcher auf der Parabel $\mathcal{P}$ liegt und berechnen den Abstand von $P(x; y)$ zum Brennpunkt $F(\frac{p}{2}; 0)$ nach dem Satz des Pythagoras:

$$|\overline{FP}| = \sqrt{\left(\frac{p}{2} - x\right)^2 + y^2}.$$

Parabel $\mathcal{P}$ in Scheitellage

Für den Abstand $d$ von $P(x; y)$ zur Leitlinie $l$ erhalten wir sofort: $d = \frac{p}{2} + x$.

Da der Punkt $P(x; y)$ genau dann auf der Parabel $\mathcal{P}$ liegt, wenn $d = |\overline{PF}|$ gilt, erhalten wir die Gleichung:

$$\frac{p}{2} + x = \sqrt{\left(\frac{p}{2} - x\right)^2 + y^2}.$$

Durch Quadrieren der letzten Gleichung folgt: $\left(\frac{p}{2} + x\right)^2 = \left(\frac{p}{2} - x\right)^2 + y^2$ und dann nach einer einfachen Rechnung die Parabelgleichung:

$$\boxed{y^2 = 2px}$$

Wir betrachten jetzt allgemeiner solche Parabeln, welche durch Parallelverschiebung des Scheitels nach $S(c;d)$ und dann durch Drehung der Parabel um $0°$, $90°$, $180°$ oder $270°$ um den Scheitel $S(c;d)$ aus der oben betrachteten Parabel $y^2 = 2px$ hervorgegangen sind:

| Drehwinkel: 0° | 90° | 180° | 270° |
|---|---|---|---|

Für diese Parabeln gelten die folgenden Parabelgleichungen, wobei immer für den Parameter $p > 0$ gilt:

| Drehwinkel | Scheitel | Brennpunkt | Leitlinie | Parabelgleichung |
|---|---|---|---|---|
| 0° | $S(0;0)$ | $F(\frac{p}{2};0)$ | $x = -\frac{p}{2}$ | $y^2 = 2px$ |
|  | $S(c;d)$ | $F(\frac{p}{2}+c;d)$ | $x = -\frac{p}{2}+c$ | $(y-d)^2 = 2p(x-c)$ |
| 90° | $S(0;0)$ | $F(0;\frac{p}{2})$ | $y = -\frac{p}{2}$ | $x^2 = 2py$ |
|  | $S(c;d)$ | $F(c;\frac{p}{2}+d)$ | $y = -\frac{p}{2}+d$ | $(x-c)^2 = 2p(y-d)$ |
| 180° | $S(0;0)$ | $F(-\frac{p}{2};0)$ | $x = \frac{p}{2}$ | $y^2 = -2px$ |
|  | $S(c;d)$ | $F(c-\frac{p}{2};d)$ | $x = c+\frac{p}{2}$ | $(y-d)^2 = -2p(x-c)$ |
| 270° | $S(0;0)$ | $F(0;-\frac{p}{2})$ | $y = \frac{p}{2}$ | $x^2 = -2py$ |
|  | $S(c;d)$ | $F(c;d-\frac{p}{2})$ | $y = d+\frac{p}{2}$ | $(x-c)^2 = -2p(y-d)$ |

**Aufg. 7.33** Gesucht ist die Gleichung der Parabel in Scheitellage mit der $x$-Achse als Parabelachse, wobei der Punkt $P_0(1;2)$ auf der Parabel liegt. Bestimmen sie ferner den Brennpunkt $F$ und die Gleichung der Leitlinie $l$.

**Aufg. 7.34** Bestimmen Sie die Gleichung der Parabel, die ihren Scheitel in $S(2;3)$ hat, nach unten offen ist und deren Achse parallel zur $y$-Achse verläuft. Außerdem liege der Punkt $P_0(1;2)$ auf der Parabel. Bestimmen Sie auch den Brennpunkt und die Leitlinie.

**Aufg. 7.35** Klassifizieren Sie die durch die folgenden Gleichungen gegebenen Kegelschnitte und bestimmen Sie die charakterisierenden geometrischen Ob-

jekte (Mittelpunkt, Scheitel- und Brennpunkte, Leitlinie).
a) $x^2 - y^2 + 2(x - y) - 2 = 0$,　b) $6x - y^2 - 4y - 16 = 0$,
c) $x^2 + y^2 - 8x + 2y + 13 = 0$.

# 7.3　Punkte, Ebenen und Geraden im Raum

In diesem Abschnitt betrachten wir immer ein kartesisches (rechtwinkliges) $x, y, z$-Koordinatensystem, d.h., die Koordinatenachsen stehen paarweise senkrecht aufeinander, sie schneiden sich im Koordinatenursprung $O$ und auf ihnen wurde die gleiche Längeneinheit gewählt. Weiterhin sind die Koordinatenachsen rechtshändig orientiert (s. Rechte-Hand-Regel im Abschn. 6.2).

## Punkte im Raum

Wenn ein (kartesisches) Koordinatensystem im Raum eingeführt worden ist, so kann jedem Punkt $P_1$ des Raumes eindeutig ein Tripel reeller Zahlen $(x_1, y_1, z_1)$, welche wir als (kartesische) Koordinaten von $P_1$ bezeichnen, zugeordnet werden. Umgekehrt kann auch jedem Tripel reeller Zahlen eindeutig ein Punkt des Raumes zugeordnet werden.

Wenn ein Punkt $P_1$ des Raumes gegeben ist, so erhalten wir seine kartesischen Koordinaten, indem wir von $P_1$ je ein Lot $l_x$, $l_y$ und $l_z$ auf die Koordinatenachsen fällen. Die zugehörigen Fußpunkte $Q_x, Q_y, Q_z$ ergeben dann die kartesischen Koordinaten $(x_1, y_1, z_1)$ von $P_1$. So ist z.B. $x_1$ die Koordinate des Fußpunktes $Q_x$ auf der $x$-Achse, oder anders ausgedrückt: $x_1$ ist der orientierte Abstand des Fußpunktes $Q_x$ vom Koordinatenursprung $O$ gemessen in Vielfachen des auf der $x$-Achse liegenden Einheitsvektors $\vec{e}_x$. Wir schreiben dann kurz:

$$\boxed{P_1(x_1; y_1; z_1)}$$

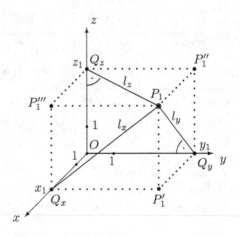

Koordinaten des Punktes $P_1(x_1; y_1; z_1)$

Eine zweite Möglichkeit die Koordinaten $(x_1, y_1, z_1)$ des Punktes $P_1$ zu erhalten, besteht darin, den Quader mit der rechteckigen Grundfläche $OQ_xP_1'Q_y$, welche in der $(x, y)$-Ebene liegt, und der Deckfläche $Q_z P_1''' P_1 P_1''$ zu betrachten. Hierbei sind $P_1'$ (bzw. $P_1''$ oder $P_1''$) die orthogonalen Projektionen von $P_1$ in die $(x, y)$-Ebene (bzw. in die $(y, z)$-Ebene oder $(x, z)$-Ebene).

**Aufg. 7.36** Bestimmen Sie den Abstand $d$ des Punktes $P_1(3; 2; 1)$ vom Koordinatenursprung $O$. (*Hinweis:* Berechnen Sie zunächst die Länge der Strecke $\overline{OP_1'}$ nach dem Satz des Pythagoras im rechtwinkligen Dreieck $\Delta OQ_x P_1'$. Berechnen Sie dann die Länge der Strecke $\overline{OP_1}$, welche mit dem gesuchten Abstand von $P_1$ zu $O$ übereinstimmt, nach dem Satz des Pythagoras im rechtwinkligen Dreieck $\Delta OP_1' P_1$, s. Abbildung: Koordinaten eines Punktes.)

**Abstand zweier Punkte**

Die geradlinige Verbindung zweier Punkte $P_1(x_1; y_1; z_1)$ und $P_2(x_2; y_2; z_2)$ wird als *Strecke* $\overline{P_1 P_2}$ bezeichnet. Die Länge der Strecke $\overline{P_1 P_2}$, die gleich dem Abstand der Punkte $P_1$ und $P_2$ ist, berechnet sich nach der Formel:

$$\boxed{|\overline{P_1 P_2}| = \sqrt{(x_1 - x_2)^2 + (y_1 - y_2)^2 + (z_1 - z_2)^2}}$$

Diese Formel folgt sofort aus dem Satz des Pythagoras.

**Aufg. 7.37** Berechnen Sie den Abstand der Punkte $P_1(1; 2; 3)$ und $P_2(6; 5; 4)$.

**Parameter- und Koordinatenform der Geradengleichung**

Eine Gerade $g$ wird durch eine

$$\boxed{\text{Parameterform} \quad \vec{x} = \vec{x}_1 + \lambda \vec{a}, \quad \lambda \in \mathbb{R}} \tag{7.6}$$

der Geradengleichung beschrieben, wobei $\vec{x}_1 = \overrightarrow{OP_1}$ den Ortsvektor eines Punktes $P_1$ der Geraden $g$ bezüglich des Koordinatenursprungs $O$ und $\vec{a}$ einen *Richtungsvektor* der Geraden $g$ bezeichnet. Es gilt dann, dass für jeden Parameter $\lambda \in \mathbb{R}$ durch (7.6) der Ortsvektor $\vec{x} = \overrightarrow{OP}$ eines Punktes $P$, welcher auf der Geraden $g$ liegt, gegeben wird. Weiterhin gilt umgekehrt, dass für jeden Punkt $P_0$ der Geraden $g$ ein Parameter $\lambda_0 \in \mathbb{R}$ existiert, so dass $\vec{x}_0 = \overrightarrow{OP_0} = \vec{x}_1 + \lambda_0 \vec{a}$ gilt.

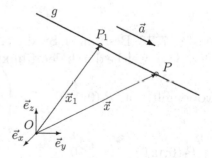

Parameterform der Geradengleichung

(Die Parameterform der Geradengleichung wird auch als Vektorform bezeichnet.)

Wenn zwei Punkte $P_1(x_1; y_1; z_1)$ und $P_2(x_1; y_2; z_2)$ der Geraden $g$ gegeben sind, so wird $g$ durch die

$$\boxed{\text{Zweipunkteform} \quad \vec{x} = \vec{x}_1 + \lambda\,(\vec{x}_2 - \vec{x}_1), \quad \lambda \in \mathbb{R}} \qquad (7.7)$$

der Geradengleichung gegeben, wobei $\vec{x}_1 = \overrightarrow{OP_1}$ und $\vec{x}_2 = \overrightarrow{OP_2}$ die Ortsvektoren von $P_1$ und $P_2$ bezüglich des Koordinatenursprungs $O$ bezeichnen.

Wenn ein Punkt $P_1(x_1; y_1; z_1)$ und ein Richtungsvektor $\vec{a} = \begin{pmatrix} a_x \\ a_y \\ a_z \end{pmatrix}$ der Geraden $g$ gegeben sind, so erhalten wir die Koordinaten $(x; y; z)$ für jeden Punkt $P$ der Geraden $g$ als Lösung der

$$\boxed{\text{Koordinatenform} \quad \frac{x - x_1}{a_x} = \frac{y - y_1}{a_y} = \frac{z - z_1}{a_z}}$$

der Geradengleichung. Für den Fall, dass ein Nenner in der obigen Koordinatenform der Geradengleichung gleich 0 ist, vereinbaren wir, anstelle dieses Bruches die Gleichung „Zähler = 0" zu betrachten.
(Wenn z.B. $a_x = 0$ und $a_y \neq 0$, $a_z \neq 0$ gelten, so lautet die Koordinatenform der Geradengleichung: $x - x_1 = 0$, $\dfrac{y - y_1}{a_y} = \dfrac{z - z_1}{a_z}$.)

Wir wollen weiterhin anmerken, dass die obige Koordinatenform der Geradengleichung ein aus drei Gleichungen bestehendes lineares Gleichungssystem mit den Unbekannten $x, y, z$ ist und sich äquivalent umformen läßt in:

$$\begin{aligned} a_y x &- a_x y & &= a_y x_1 - a_x y_1 \\ a_z x &- & a_x z &= a_z x_1 - a_x z_1 \\ & a_z y &- a_y z &= a_z y_1 - a_y z_1 \end{aligned} \qquad (7.8)$$

**Aufg. 7.38** Bestimmen Sie die Koordinatenform der Geradengleichung für die Gerade $g$, welche durch den Punkt $P_1$ geht und den Richtungsvektor $\vec{a}$ besitzt,

wobei gilt:  a) $P_1(0; 1; 2)$, $\vec{a} = \begin{pmatrix} 4 \\ 2 \\ 3 \end{pmatrix}$, b) $P_1(2; 1; 3)$, $\vec{a} = \begin{pmatrix} 1 \\ 2 \\ 0 \end{pmatrix}$,

c) $P_1(0; 0; 0)$, $\vec{a} = \begin{pmatrix} 1 \\ 0 \\ 0 \end{pmatrix}$.

**Aufg. 7.39** Eine Gerade $g$ geht durch die Punkte $P_1(-1; 8; 6)$, $P_2(11; -1; -9)$. Untersuchen Sie, welcher der Punkte $P_3(1; 2; 3)$, $P_4(5; -1; 10)$, $P_5(23; -10; -24)$ auf $g$ liegt.

**Aufg. 7.40** In welchem Punkt durchstößt die Gerade

$$g: \quad \vec{x} = \begin{pmatrix} 1 \\ 2 \\ 3 \end{pmatrix} + \lambda \begin{pmatrix} 4 \\ 6 \\ 6 \end{pmatrix}, \ \lambda \in \mathbb{R},$$

a) die $(x, y)$-Ebene und b) die $(y, z)$-Ebene?

### Abstand zwischen Punkt und Gerade

Wenn die Gerade $g: \quad \vec{x} = \vec{x}_1 + \lambda \vec{a}$, $\lambda \in \mathbb{R}$, in Vektorschreibweise gegeben ist, so berechnet sich der Abstand $d$ eines Punktes $P_3$ nach der Formel:

$$\boxed{d = \frac{|(\vec{x}_3 - \vec{x}_1) \times \vec{a}|}{|\vec{a}|}} \tag{7.9}$$

(Hierbei bezeichnet $\vec{x}_3 = \overrightarrow{OP_3}$ den Ortsvektor von $P_3$ bezüglich des Koordinatenursprungs $O$.)

**Beweis** für Formel (7.9): Wir fällen das Lot von $P_3$ auf $g$ und bezeichnen den Fußpunkt des Lotes mit $Q$. Der zu berechnende Abstand von $P_3$ zu $g$ ist die Länge des Lotes, d.h., es gilt $d = |\overrightarrow{QP_3}|$. Im rechtwinkligen Dreieck $\triangle P_1 Q P_3$ gilt für den Winkel $\varphi = \angle Q P_1 P_3$ die Beziehung $\sin\varphi = \dfrac{d}{|\vec{x}_3 - \vec{x}_1|}$ und damit

$$d = |\vec{x}_3 - \vec{x}_1| \cdot \sin\varphi. \tag{7.10}$$

Andererseits gilt

$$|(\vec{x}_3 - \vec{x}_1) \times \vec{a}| = |\vec{x}_3 - \vec{x}_1| \cdot |\vec{a}| \cdot \sin\varphi$$

nach Formel (6.9), woraus

$$|\vec{x}_3 - \vec{x}_1| \cdot \sin\varphi = \frac{|(\vec{x}_3 - \vec{x}_1) \times \vec{a}|}{|\vec{a}|}$$

folgt. Wenn wir die letzte Gleichung in (7.10) einsetzen, erhalten wir die zu beweisende Formel (7.9). q.e.d.

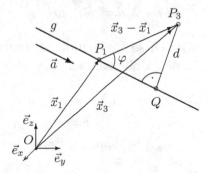

Abstand $d = |\overrightarrow{QP_3}|$

**Aufg. 7.41** Berechnen Sie den Abstand $d$ des Punktes $P_3(3; 1; 5)$ von der Geraden $g$, die durch den Punkt $P_1(2; -3; 4)$ läuft und den Richtungsvektor

$\vec{a} = \begin{pmatrix} 3 \\ -4 \\ 12 \end{pmatrix}$ hat.

**Aufg. 7.42** Gegeben sei eine Gerade $g$, welche durch die Punkte $P_1(1; 2; -1)$ und $P_2(3; -1; 2)$ läuft. Berechnen Sie die Koordinaten des Fußpunktes des Lotes vom Punkt $P_3$ auf die Gerade $g$. Welchen Abstand hat $P_3$ von $g$? Es sei a) $P_3 = O = (0; 0; 0)$,   b) $P_3 = (1; 2; 3)$.

### Zwei Geraden $g_1$, $g_2$ im Raum

Es seien jetzt zwei Geraden $g_1$ :    $\vec{x} = \vec{x}_1 + \lambda \vec{a}$ und $g_2$ :    $\vec{x} = \vec{x}_2 + \mu \vec{b}$, $\lambda, \mu \in \mathbb{R}$ gegeben, wobei $\vec{x}_j = \overrightarrow{OP_j}$ mit $j = 1, 2$ den Ortsvektor eines Punktes $P_j$ der Geraden $g_j$ bezüglich des Koordinatenursprungs $O$ bezeichnet, und $\vec{a}$ ein Richtungsvektor von $g_1$ und $\vec{b}$ ein solcher von $g_2$ ist. Wir setzen $\vec{x}_j = \begin{pmatrix} x_j \\ y_j \\ z_j \end{pmatrix}$ für

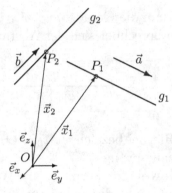

$j = 1, 2$ und $\vec{a} = \begin{pmatrix} a_x \\ a_y \\ a_z \end{pmatrix}, \vec{b} = \begin{pmatrix} b_x \\ b_y \\ b_z \end{pmatrix}$.

Zwei Geraden $g_1, g_2$ im Raum

Es gilt dann, dass die Geraden $g_1$ und $g_2$ genau dann einen gemeinsamen Punkt $S(s_x; s_y; s_z)$ besitzen, wenn es Parameter $\lambda_0, \mu_0 \in \mathbb{R}$ gibt, so dass

$$\vec{x}_1 + \lambda_0 \vec{a} = \vec{x}_2 + \mu_0 \vec{b} \tag{7.11}$$

gilt. Diese Bedingung ist äquivalent dazu, dass das lineare Gleichungssystem in den Unbekannten $\lambda, \mu$

$$\begin{aligned} a_x \lambda \;-\; b_x \mu &=\; x_2 - x_1 \\ a_y \lambda \;-\; b_y \mu &=\; y_2 - y_1 \\ a_z \lambda \;-\; b_z \mu &=\; z_2 - z_1 \end{aligned} \tag{7.12}$$

lösbar ist (d.h., es enthält keinen Widerspruch).

Wenn das lineare Gleichungssystem (7.12) eindeutig lösbar ist, so schneiden sich die Geraden $g_1$ und $g_2$ in genau einem Punkt $S$. Wir erhalten dann den Ortsvektor $\overrightarrow{OS}$ von $S = g_1 \cap g_2$ bezüglich des Koordinatenursprungs $O$, indem wir die Lösung $\lambda_0$ (oder $\mu_0$) von (7.12) in (7.11) einsetzen.

Für den Fall, wenn das lineare Gleichungssystem (7.12) nicht eindeutig lösbar ist und somit eine einparametrige Lösungsschar besitzt, gilt, dass die beiden Geraden $g_1$ und $g_2$ zusammenfallen (d.h. $g_1 = g_2$).

Es gilt weiterhin, dass die beiden Geraden $g_1$ und $g_2$ genau dann zueinander parallel sind, wenn ihre Richtungsvektoren $\vec{a}$ und $\vec{b}$ Vielfache voneinander sind. Diese Bedingung ist äquivalent zu:

$$\frac{a_x}{b_x} = \frac{a_y}{b_y} = \frac{a_z}{b_z} \qquad (7.13)$$

Für zwei gegebene Geraden $g_1$, $g_2$ des Raumes tritt genau eine der folgenden vier Möglichkeiten ein:

|     | verbale Beschreibung | Formel | äquivalente Bedingung |
| --- | --- | --- | --- |
| 1) | $g_1$ und $g_2$ fallen zusammen | $g_1 = g_2$ | (7.12) ist lösbar und (7.13) gilt |
| 2) | $g_1$ und $g_2$ sind parallel zueinander und fallen nicht zusammen | $g_1 \| g_2$ und $g_1 \cap g_2 = \emptyset$ | (7.12) ist nicht lösbar und (7.13) gilt |
| 3) | $g_1$ und $g_2$ schneiden sich in genau einem Punkt $S$ | $g_1 \cap g_2 = S$ und $g_1 \neq g_2$ | (7.12) ist lösbar und (7.13) gilt nicht |
| 4) | $g_1$ und $g_2$ sind *windschief* | $g_1 \cap g_2 = \emptyset$ und $g_1 \not\| g_2$ | (7.12) ist nicht lösbar und (7.13) gilt nicht |

Zur Erläuterung der 4. Möglichkeit merken wir an, dass zwei Geraden $g_1$ und $g_2$ genau dann windschief zueinander sind, wenn sie weder parallel zueinander liegen noch einen gemeinsamen Punkt besitzen.

## Abstand windschiefer Geraden

Der (vorzeichenlose) Abstand $|d|$ (d.h. die kleinste Entfernung) von zwei in Parameterform gegebenen windschiefen Geraden $g_1: \quad \vec{x} = \vec{x}_1 + \lambda \vec{a}$, $\lambda \in \mathbb{R}$, und $g_2: \quad \vec{x} = \vec{x}_2 + \mu \vec{b}$, $\mu \in \mathbb{R}$, wird durch

$$|d| = \frac{\left| \left\langle \vec{x}_2 - \vec{x}_1 \mid \vec{a} \times \vec{b} \right\rangle \right|}{|\vec{a} \times \vec{b}|} = \frac{\left| \left[ \vec{x}_2 - \vec{x}_1, \vec{a}, \vec{b} \right] \right|}{|\vec{a} \times \vec{b}|} \qquad (7.14)$$

berechnet, wobei die in Abschn. 6.3 definierten Produkte zwischen Vektoren verwendet worden sind. Aus der Gleichung (7.14) erhalten wir sofort die interessante Folgerung:

Die Geraden $g_1$ und $g_2$ schneiden sich dann und nur dann in genau einem Punkt $S$, wenn die beiden Bedingungen $\vec{a} \times \vec{b} \neq \vec{o}$ und $\left\langle \vec{x}_2 - \vec{x}_1 \mid \vec{a} \times \vec{b} \right\rangle = 0$ erfüllt sind.

*Bemerkung:* Die erste Bedingung $\vec{a} \times \vec{b} \neq \vec{o}$ ist genau dann erfüllt, wenn $g_1$ und $g_2$ weder parallel noch antiparallel zueinander sind. Somit können $g_1$ und $g_2$ weder zusammenfallen noch parallel zueinander liegen. Aus der zweiten Bedingung $\left\langle \vec{x}_2 - \vec{x}_1 \mid \vec{a} \times \vec{b} \right\rangle = 0$ folgt nun wegen Formel (7.14), dass $g_1$ und $g_2$ den Abstand 0 haben und sich somit schneiden müssen.

**Beweis** für Formel (7.14): Für zwei Punkte $R_1$ auf $g_1$ und $R_2$ auf $g_2$ gilt, dass die Länge der Strecke $|\overline{R_1 R_2}|$, welche die Entfernung dieser beiden Punkte beschreibt, genau dann minimal ist, wenn die Strecke $\overline{R_1 R_2}$ sowohl orthogonal auf der Geraden $g_1$ als auch auf der Geraden $g_2$ steht. Die Endpunkte dieser Strecke bezeichnen wir mit $Q_1$ und $Q_2$, d.h., es gilt $\overline{Q_1 Q_2} \perp g_1$ und $\overline{Q_1 Q_2} \perp g_2$, was gleichbedeutend mit $\overline{Q_1 Q_2} \perp \vec{a}$ und $\overline{Q_1 Q_2} \perp \vec{b}$ ist. Aus diesen Orthogonalitätsbeziehungen erhalten wir

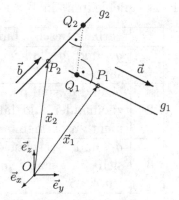

Abstand windschiefer Geraden

$$\overrightarrow{Q_1 Q_2} = d\, \frac{\vec{a} \times \vec{b}}{|\vec{a} \times \vec{b}|}, \tag{7.15}$$

denn der Vektor $\dfrac{\vec{a} \times \vec{b}}{|\vec{a} \times \vec{b}|}$ hat die Länge 1 und steht orthogonal sowohl auf $\vec{a}$ als auch auf $\vec{b}$, und $d$ bezeichnet den noch zu berechnenden Abstand der Punkte $Q_1$ und $Q_2$. Da die Punkte $Q_j$ auf $g_j$ liegen ($j = 1, 2$), existieren Parameter $\lambda_1, \mu_1 \in \mathbb{R}$, so dass $\overrightarrow{OQ_1} = \vec{x}_1 + \lambda_1 \vec{a}$ und $\overrightarrow{OQ_2} = \vec{x}_2 + \mu_1 \vec{b}$ gilt. Hieraus erhalten wir

$$\overrightarrow{Q_1 Q_2} = \overrightarrow{OQ_2} - \overrightarrow{OQ_1} = \vec{x}_2 - \vec{x}_1 + \mu_1 \vec{b} - \lambda_1 \vec{a}.$$

Mit (7.15) folgt somit

$$\vec{x}_2 - \vec{x}_1 + \mu_1 \vec{b} - \lambda_1 \vec{a} = d\, \frac{\vec{a} \times \vec{b}}{|\vec{a} \times \vec{b}|}. \tag{7.16}$$

Auf beiden Seiten der Gleichung (7.16) bilden wir nun das Skalarprodukt mit dem Vektor $\vec{a} \times \vec{b}$ und erhalten dann

$$\left\langle \vec{x}_2 - \vec{x}_1 \mid \vec{a} \times \vec{b} \right\rangle = d \frac{|\vec{a} \times \vec{b}|^2}{|\vec{a} \times \vec{b}|} = d\,|\vec{a} \times \vec{b}|, \tag{7.17}$$

wobei wir auf der linken Seite der obigen Gleichung $\left\langle \mu_1 \vec{b} \mid \vec{a} \times \vec{b} \right\rangle = 0$ und $\left\langle \lambda_1 \vec{a} \mid \vec{a} \times \vec{b} \right\rangle = 0$ verwendet haben (denn es gilt $\lambda_1 \vec{a} \perp \vec{a} \times \vec{b}$, $\mu_1 \vec{b} \perp \vec{a} \times \vec{b}$), und auf der rechten Seite haben wir $\left\langle \vec{a} \times \vec{b} \mid \vec{a} \times \vec{b} \right\rangle = |\vec{a} \times \vec{b}|^2$ eingesetzt. Wenn wir die Gleichung (7.17) nach $d$ auflösen, so erhalten wir die zu beweisende Formel (7.14).     q.e.d.

**Aufg. 7.43** Untersuchen Sie, ob sich die beiden Geraden

$$g_1 : \ \vec{x} = \begin{pmatrix} 3 \\ -2 \\ 8 \end{pmatrix} + \lambda \begin{pmatrix} -2 \\ 9 \\ -9 \end{pmatrix} \ \text{und} \ g_2 : \ \vec{x} = \begin{pmatrix} 3 \\ 3 \\ 1 \end{pmatrix} + \mu \begin{pmatrix} -5 \\ -2,5 \\ 12,5 \end{pmatrix} \ \text{mit}$$

$\lambda, \mu \in \mathbb{R}$ einander schneiden.

**Aufg. 7.44** Gegeben seien die folgenden Geradenpaare $g_1$, $g_2$. Wie liegen diese Geraden zueinander? Wenn die Geraden weder parallel zueinander sind noch zusammenfallen, dann ist der Schnittpunkt bzw. der Abstand zu bestimmen.

a) $g_1 : \ \vec{x} = \begin{pmatrix} 2 \\ -1 \\ 3 \end{pmatrix} + \lambda \begin{pmatrix} 4 \\ 2 \\ -1 \end{pmatrix}$, $\ g_2 : \ \vec{x} = \begin{pmatrix} 1 \\ 2 \\ 2 \end{pmatrix} + \mu \begin{pmatrix} 2 \\ -1 \\ 3 \end{pmatrix}$, $\lambda, \mu \in \mathbb{R}$,

b) $g_1 : \ \vec{x} = \begin{pmatrix} 3 \\ -1 \\ 2 \end{pmatrix} + \lambda \begin{pmatrix} 2 \\ 4 \\ 3 \end{pmatrix}$, $\ g_2 : \ \vec{x} = \begin{pmatrix} -1 \\ 5 \\ 10 \end{pmatrix} + \mu \begin{pmatrix} -4 \\ 4 \\ 6 \end{pmatrix}$, $\lambda, \mu \in \mathbb{R}$,

c) $g_1 : \ \vec{x} = \begin{pmatrix} 2 + 2\sqrt{3} \\ -3 \\ 7 \end{pmatrix} + \lambda \begin{pmatrix} 2\sqrt{3} \\ -2 \\ 4 \end{pmatrix}$, $\ g_2 : \ \vec{x} = \begin{pmatrix} 2 - \sqrt{3} \\ 0 \\ 1 \end{pmatrix} + \mu \begin{pmatrix} -\sqrt{3} \\ 1 \\ -2 \end{pmatrix}$,

$\lambda, \mu \in \mathbb{R}$.

## Ebenengleichungen

Jede Ebene $E$ im (dreidimensionalen) Raum kann durch eine lineare Gleichung der Koordinaten in der Form

$$E : \quad Ax + By + Cz + D = 0 \tag{7.18}$$

beschrieben werden, wobei die reellen Konstanten $A, B, C, D$ nicht alle gleich 0 sind. Das bedeutet, dass ein Punkt $P_1(x_1; y_1; z_1)$ des Raumes genau dann auf der Ebene $E$ liegt, wenn seine Koordinaten $(x_1; y_1; z_1)$ die Gleichung (7.18) erfüllen.

Die Gleichung (7.18) kann auch in Vektorschreibweise gegeben werden:

$$\boxed{\langle \vec{a} | \vec{x} \rangle + D = 0} \qquad\qquad (7.19)$$

wobei für die Vektoren $\vec{a} = \begin{pmatrix} A \\ B \\ C \end{pmatrix}$ und $\vec{x} = \begin{pmatrix} x \\ y \\ z \end{pmatrix}$ gilt. Die Gleichung

(7.19) folgt sofort aus (7.18), wenn wir die Definition für das Skalarprodukt beachten, siehe Abschn. 6.3, Formel (6.7).

Es gilt weiterhin, dass der Vektor $\vec{a}$ senkrecht auf der Ebene $E$ steht. Wir normieren den Vektor $\vec{a}$ auf die Länge 1, indem wir

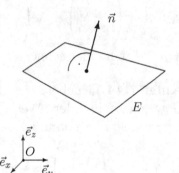

$$\vec{n} = \begin{pmatrix} n_x \\ n_y \\ n_z \end{pmatrix} = \frac{\vec{a}}{|\vec{a}|}$$

$$= \frac{1}{\sqrt{A^2 + B^2 + C^2}} \begin{pmatrix} A \\ B \\ C \end{pmatrix}$$

bilden. Es gilt also:

Ebene $E$ und Normalenvektor $\vec{n}$

$$n_x = \frac{A}{\sqrt{A^2 + B^2 + C^2}}, \; n_y = \frac{B}{\sqrt{A^2 + B^2 + C^2}}, \; n_z = \frac{C}{\sqrt{A^2 + B^2 + C^2}}.$$

Der Vektor $\vec{n}$ wird als *Normalenvektor* der Ebene $E$ bezeichnet.

Wenn wir die Gleichung (7.18) bzw. (7.19) durch $|\vec{a}| = \sqrt{A^2 + B^2 + C^2}$ dividieren, so erhalten wir die *Hessesche Normalform der Ebenengleichung*, wobei

$$p = \frac{D}{\sqrt{A^2 + B^2 + C^2}}$$ den Abstand der Ebene $E$ vom Koordinatenursprung $O$

angibt:

| Schreibweise in: | Hessesche Normalform |
|---|---|
| Koordinaten | $n_x x + n_y y + n_z z + p = 0$ |
| Vektoren | $\langle \vec{n} | \vec{x} \rangle + p = 0$ |

Den *Abstand d* eines Punktes $P_1(x_1; y_1; z_1)$ *von der Ebene E* berechnen wir, indem wir die Koordinaten $(x_1; y_1; z_1)$ von $P_1$ für $(x; y; z)$ in die Hessesche Normalform von $E$ einsetzen. Im Folgenden wollen wir immer den vorzeichenlosen Abstand $|d|$ betrachten.

Wenn die Schnittpunkte $S_x = (a; 0; 0)$, $S_y = (0; b; 0)$, $S_z = (0; 0; c)$ einer Ebene $E$ mit den Koordinatenachsen gegeben sind, so kann $E$ sofort durch die

$$\boxed{\text{Achsenabschnittsform} \quad \frac{x}{a} + \frac{y}{b} + \frac{z}{c} = 1}$$

der Ebenengleichung beschrieben werden.

Es seien jetzt ein Punkt $P_1(x_1; y_1; z_1)$ einer Ebene $E$ und zwei linear unabhängige (d.h. nicht parallele) Vektoren

$$\vec{b} = \begin{pmatrix} b_x \\ b_y \\ b_z \end{pmatrix} \quad \text{und} \quad \vec{c} = \begin{pmatrix} c_x \\ c_y \\ c_z \end{pmatrix} \quad \text{dieser}$$

Ebene $E$ gegeben (d.h., wenn die Anfangspunkte der Vektoren $\vec{b}$, $\vec{c}$ in der Ebene $E$ liegen, so liegen auch die Endpunkte dieser Vektoren in $E$). Dann wird $E$ beschrieben durch die

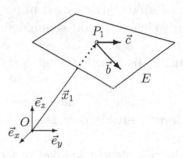

Parameterform der Ebenengleichung

$$\boxed{\text{Parameterform} \quad \vec{x} = \vec{x}_1 + \lambda\vec{b} + \mu\vec{c}, \quad \lambda, \mu \in \mathbb{R}} \qquad (7.20)$$

der Ebenengleichung, wobei $\vec{x}_1 = \overrightarrow{OP_1}$ den Ortsvektor von $P_1$ bezüglich des Koordinatenursprungs $O$ bezeichnet. Die Gleichung (7.20) besagt, dass wir für jedes Paar reeller Zahlen $\lambda, \mu$ den Ortsvektor $\vec{x}$ eines Punktes $P$ der Ebene E bezüglich $O$ erhalten. Umgekehrt existieren zu jedem Punkt $Q$ der Ebene $E$ eindeutig bestimmte reelle Parameter $\lambda_0, \mu_0$, so dass dann durch (7.20) der Ortsvektor von $Q$ bezüglich $O$ gegeben wird.

**Aufg. 7.45** Berechnen Sie die Abstände:
a) des Punktes $P(1; 2; 3)$ von der Ebene $E_1 : 2x + y + 3z - 4 = 0$,
b) des Punktes $Q(2; -1; -4)$ von der Ebene $E_2 : 2x - 2y - z = 1$.

**Aufg. 7.46** Gegeben sind die Punkte $P_1(2; 5; -3)$, $P_2(7; 2; 1)$ und $P_3(1; 1; 1)$. Bestimmen Sie:
a) die Gleichung der Ebene $E$, auf welcher die Punkte $P_1$, $P_2$ und $P_3$ liegen, in Parameterform, Skalarform und Hessescher Normalform,
b) den Abstand des Punktes $P_4(3; 2; 1)$ von der Ebene $E$.

**Aufg. 7.47** Bestimmen Sie eine Skalarform der Ebenengleichung für die Ebene $E$, deren Schnittgeraden mit der $(x, y)$-Ebene $2x + 3y = 6$ und mit der $(x, z)$-Ebene $x + 2z = 3$ sind.

**Aufg. 7.48** Gegeben sind die beiden parallelen Geraden:

$$g_1 : \vec{x} = \begin{pmatrix} -2 \\ 5 \\ 2 \end{pmatrix} + \lambda \begin{pmatrix} 1 \\ 0 \\ -1 \end{pmatrix} \text{ und } g_2 : \vec{x} = \begin{pmatrix} 2 \\ -4 \\ 2 \end{pmatrix} + \mu \begin{pmatrix} 1 \\ 0 \\ -1 \end{pmatrix}, \lambda, \mu \in \mathbb{R}.$$

a) Bestimmen Sie die Gleichung der Ebene $E$, welche die Geraden $g_1$ und $g_2$ enthält, in Skalarform.

b) Welchen Abstand hat der Punkt $Q(3; -2; 6)$ von $E$?

c) Wie lautet die Gleichung der Geraden $g_3$, die in $E$ liegt, und die die Gerade $g_1$ im Punkt $P_2(x_2; y_2; z_2)$ mit $x_2 = -1$ orthogonal schneidet?

d) In welchem Punkt schneiden sich $g_2$ und $g_3$?

**Aufg. 7.49** Gegeben sind eine Gerade $g : \vec{x} = \begin{pmatrix} 1 \\ 3 \\ -2 \end{pmatrix} + \lambda \begin{pmatrix} 2 \\ 2 \\ -1 \end{pmatrix}, \lambda \in \mathbb{R},$

und eine Ebene $E : 2x - 3y - z = -1$.

a) Berechnen Sie den *Durchstoßpunkt* $S = g \cap E$ der Geraden g durch die Ebene $E$.

b) Unter welchem Winkel $\alpha$ schneidet die Gerade $g$ die Ebene $E$? (*Hinweis:* Betrachten Sie eine auf $E$ senkrecht stehende Gerade $h$ und berechnen Sie den Schnittwinkel $\beta = \angle(g, h)$ zwischen den Geraden $g$ und $h$. Es gilt dann $\alpha = 90° - \beta$. Beachten Sie, dass $0° \leq \alpha \leq 90°$ gilt.)

**Aufg. 7.50** Unter welchem Winkel wird die Ebene $E : 2x + 3y + 4z = 6$ von

der Geraden $g : \vec{x} = \begin{pmatrix} 2 \\ 0 \\ -3 \end{pmatrix} + \lambda \begin{pmatrix} -2 \\ 5 \\ 1 \end{pmatrix}, \lambda \in \mathbb{R},$ geschnitten?

**Aufg. 7.51** Bestimmen Sie den *Spiegelpunkt* $P_2$ zum Punkt $P_1(2; 3; 4)$ in Bezug auf die Ebene $E : x - 3y + 5z = -22$.

### Schnitt zweier Ebenen

Zwei Ebenen $E_1 : A_1x + B_1y + C_1z + D_1 = 0$ und $E_2 : A_2x + B_2y + C_2z + D_2 = 0$, die weder zusammenfallen noch zueinander parallel sind, schneiden einander stets in einer Geraden $g$, d.h. $g = E_1 \cap E_2$. $g$ wird als *Schnittgerade* von $E_1$ und $E_2$ bezeichnet. Die Schnittgerade $g$ wird durch das lineare Gleichungssystem

$$\begin{aligned} E_1 : A_1x + B_1y + C_1z &= -D_1 \\ E_2 : A_2x + B_2y + C_2z &= -D_2 \end{aligned} \qquad (7.21)$$

beschrieben, d.h., die Koordinaten der Punkte von $g$ erfüllen das obige lineare Gleichungssystem; und umgekehrt, jede Lösung $(x_1; y_1; z_1)$ dieses Gleichungssystems beschreibt die Koordinaten eines Punktes von $g$. Wenn wir das Gleichungssystem (7.21) lösen, so erhalten wir eine Parameterdarstellung von $g$.

Wir wollen jetzt den *Schnittwinkel* $\alpha$ von zwei sich schneidenden Ebenen $E_1: A_1x + B_1y + C_1z = -D_1$ und $E_2: A_2x + B_2y + C_2z = -D_2$ berechnen.

Da der Vektor $\vec{a_1} = \begin{pmatrix} A_1 \\ B_1 \\ C_1 \end{pmatrix}$ senkrecht auf $E_1$ und der Vektor $\vec{a_2} = \begin{pmatrix} A_2 \\ B_2 \\ C_2 \end{pmatrix}$

senkrecht auf $E_2$ steht (siehe Gleichung (7.19)), gilt Schnittwinkel $\alpha = \angle(\vec{a_1}, \vec{a_2})$. Aus den Formeln (6.2) und (6.8) erhalten wir:

$$\boxed{\cos\alpha = \frac{\langle \vec{a_1} \mid \vec{a_2} \rangle}{|\vec{a_1}| \, |\vec{a_2}|} = \frac{A_1A_2 + B_1B_2 + C_1C_2}{\sqrt{A_1^2 + B_1^2 + C_1^2} \, \sqrt{A_2^2 + B_2^2 + C_2^2}}} \tag{7.22}$$

**Aufg. 7.52** Berechnen Sie den Schnittwinkel zwischen den beiden Ebenen $E_1: 2x + y - 2z = 4$ und $E_2: 3x + 6y - 2z = 12$.

**Aufg. 7.53** Berechnen Sie die Schnittgerade $g$ der beiden Ebenen $E_1: 2x - y + 3z = 1$ und $E_2: x + y - z = 2$.

# 7.4   Lösungen der Aufgaben aus Kapitel 7

**7.1** Nach dem Satz des Pythagoras gilt: $d = \sqrt{(2-1)^2 + (4-2)^2} = \sqrt{5}$.

**7.2** Der Punkt $Q(x; 0)$ der $x$-Achse hat von $P$ den Abstand $d = \sqrt{(x-6)^2 + (0+4)^2} = \sqrt{x^2 - 12x + 52}$, welcher $d = \sqrt{65}$ erfüllen soll. Aus $\sqrt{x^2 - 12x + 52} = \sqrt{65}$ erhalten wir die quadratische Gleichung
$x^2 - 12x - 13 = 0$
mit den Lösungen $x_{1,2} = 6 \pm \sqrt{49}$, d.h. $x_1 = 13$ und $x_2 = -1$. Somit sind die gesuchten Punkte $Q_1 = (13; 0)$ und $Q_2 = (-1; 0)$.

**7.3 a)** Für die Abszisse des Mittelpunktes $M$ gilt $x_M = \dfrac{1+3}{2} = 2$ und für die Ordinate $y_M = \dfrac{2+4}{2} = 3$. Somit folgt $M = (2; 3)$.

**b)** $M(0; 6)$.   **c)** $M = (1; 8)$.

**7.4 a)** $y = b$.   **b)** $x = a$.   **c)** $\dfrac{x}{a} + \dfrac{y}{b} = 1$.

**7.5** Die Punktrichtungsform der Geradengleichung für $g$ lautet:
$y - 2 = -3(x - 1)$. Um den Abstand von $g$ zum Koordinatenursprung $O$ zu bestimmen, wandeln wir die Punktrichtungsform in die Hessesche Normalform um. Dazu betrachten wir zunächst die zu $g$ gehörige allgemeine Geradengleichung $3x + y - 5 = 0$ und dividieren diese durch $\sqrt{1^2 + 3^2} = \sqrt{10}$. Somit lautet die Hessesche Normalform von $g$: $\dfrac{3}{\sqrt{10}}\,x + \dfrac{1}{\sqrt{10}}\,y - \dfrac{5}{\sqrt{10}} = 0$,

und der Abstand von $g$ zu $O$ beträgt: $|p| = \dfrac{5}{\sqrt{10}} = \dfrac{\sqrt{5}}{\sqrt{2}} = \dfrac{1}{2}\sqrt{10}$.

Um den Schnittpunkt von $g$ mit der $x$-Achse zu bestimmen, setzen wir $y = 0$ in eine der obigen Geradengleichungen von $g$ ein und erhalten $x = \dfrac{5}{3}$. Wenn wir $x = 0$ einsetzen, so erhalten wir $y = 5$ als Ordinate (d.h. $y$-Wert) des Schnittpunktes von $g$ mit der $y$-Achse. Somit folgt die Achsenabschnittsgleichung für $g$: $\dfrac{3x}{5} + \dfrac{y}{5} = 1$.

**7.6 a)** *1. Schritt:* Hessesche Normalform der gesuchten Geradengleichungen. Wir schreiben die Punktrichtungsform für die gesuchten Geraden:
$y - 3 = m(x - 2)$, wobei der Anstieg $m$ noch zu bestimmen ist. Als Hessesche Normalform (7.1) erhalten wir

$$-\frac{m}{\sqrt{1 + m^2}}\,x + \frac{1}{\sqrt{1 + m^2}}\,y + \frac{-3 + 2m}{\sqrt{1 + m^2}} = 0\,.$$

*2. Schritt:* Lösen der Hesseschen Normalform für $Q(-1; 2)$ und $|d| = 1$. Wir setzen die Koordinaten von $Q(-1; 2)$ in die linke Seite der Hesseschen Normalform ein. Aus $|d| = 1$ folgen dann die beiden Gleichungen

$$\frac{m}{\sqrt{1 + m^2}} + \frac{2}{\sqrt{1 + m^2}} + \frac{-3 + 2m}{\sqrt{1 + m^2}} = \pm 1$$

mit den Lösungen $m_1 = 0$, $m_2 = \dfrac{3}{4}$.
Somit erfüllen die beiden Geraden

$g_1 : y = 3$, $\quad g_2 : y = \dfrac{3}{4}(x - 2) + 3$ die in der Aufgabenstellung geforderten Bedingungen.

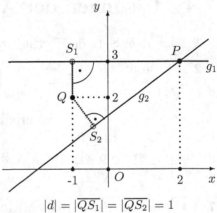

$|d| = |\overline{QS_1}| = |\overline{QS_2}| = 1$

**b)** $g_1 : y = \frac{4}{3}x - 4$;

$g_2 : x = 6$ (Parallele zur $y$-Achse, die die $x$-Achse in $x = 6$ schneidet).

**7.7** Geradengleichung $g : -2x + 3y - 4 = 0$.
**a)** nein.   **b)** ja.   **c)** nein.   **d)** nein.

**7.8** Die Hessesche Normalform (siehe (7.1)) von $g$ ist $\dfrac{-2}{\sqrt{13}}\,x + \dfrac{3}{\sqrt{13}}\,y - \dfrac{4}{\sqrt{13}} = 0$.

Es folgt nun: Abstand von $R_1$: $|d_1| = \left| \dfrac{-2}{\sqrt{13}} + \dfrac{3}{\sqrt{13}} - \dfrac{4}{\sqrt{13}} \right| = \dfrac{3}{\sqrt{13}}$.

Abstand von $R_2$: $|d_2| = 0$, da $R_2$ auf $g$ liegt.

Abstand von $R_3$: $|d_3| = \left| \dfrac{-2}{\sqrt{13}} \cdot 3 + \dfrac{3}{\sqrt{13}} \cdot 0 - \dfrac{4}{\sqrt{13}} \right| = \dfrac{10}{\sqrt{13}}$.

Abstand von $R_4$: $|d_4| = \left| \dfrac{-2}{\sqrt{13}} \cdot (-1) + \dfrac{3}{\sqrt{13}} \cdot 1 - \dfrac{4}{\sqrt{13}} \right| = \dfrac{1}{\sqrt{13}}$.

**7.9 a)** Wir setzen $y = \lambda$ und lösen die gegebene Geradengleichung nach $x$ auf: $x = 1{,}5y - 2 = 1{,}5\lambda - 2$. Somit erhalten wir:

$$\vec{x} = \begin{pmatrix} x \\ y \end{pmatrix} = \begin{pmatrix} -2 \\ 0 \end{pmatrix} + \lambda \begin{pmatrix} 1{,}5 \\ 1 \end{pmatrix} \text{ mit } \lambda \in \mathbb{R}.$$

**b)** $\vec{x} = \begin{pmatrix} x \\ y \end{pmatrix} = \begin{pmatrix} 7 \\ 0 \end{pmatrix} + \lambda \begin{pmatrix} -1 \\ 1 \end{pmatrix}$ mit $\lambda \in \mathbb{R}$.

**c)** $\vec{x} = \begin{pmatrix} x \\ y \end{pmatrix} = \begin{pmatrix} 2 \\ 0 \end{pmatrix} + \lambda \begin{pmatrix} -3 \\ 1 \end{pmatrix}$ mit $\lambda \in \mathbb{R}$.

**7.10** Wir eliminieren den Parameter $\lambda$ aus den beiden Gleichungen: $x = 7 - \lambda$, $y = 1 + \lambda$, indem wir beide Gleichungen addieren, und erhalten eine Skalarform der Geradengleichung: $x + y = 8$.

**7.11 a)** Wir betrachten das lineare Gleichungssystem $\left. \begin{array}{rcr} -3x + 3y &=& 6 \\ 2x + 3y &=& -9 \end{array} \right\}$,

welches die eindeutig bestimmte Lösung $x = -3$, $y = -1$ hat. Somit erhalten wir den Schnittpunkt $S(-3; -1)$.      **b)** $S(7{,}5; -8{,}5)$.

**c)** *1. Schritt:* Die Geraden sind parallel zueinander, denn das nebenstehende zugehörige lineare Gleichungssystem beinhaltet einen Widerspruch, da der nebenstehende Gaußalgorithmus einen Widerspruch ergibt (die letzte Zeile $0x + 0y = -7$ beinhaltet einen Widerspruch!).

| $x$ | $y$ | $b_i$ | | |
|:---:|:---:|:---:|:---:|:---:|
| 2 | $-3$ | $-5$ | $\mid$ | $\uparrow$ |
| $\lfloor -1 \rfloor$ | $\frac{3}{2}$ | $-1$ | $\mid \cdot 2$ | |
| 0 | 0 | $-7$ | $\parallel$ | |

*2. Schritt:* Abstand von zwei parallelen Geraden.
Wir berechnen den Abstand zweier paralleler Geraden, indem wir für eine der beiden Geraden die Hessesche Normalform der Geradengleichung bestimmen und in diese einen beliebigen Punkt, der auf der anderen Geraden liegt, einsetzen. Als Hessesche Normalform für die erste Gerade erhalten wir:

$\dfrac{2}{\sqrt{13}}\,x + \dfrac{-3}{\sqrt{13}}\,y + \dfrac{5}{\sqrt{13}} = 0$. Um einen Punkt $P$ auf der zweiten Geraden zu bestimmen, setzen wir z.B. $x = 0$ in die Gleichung der zweiten Geraden ein und erhalten $-1 \cdot 0 + \frac{3}{2}\,y = -1$ mit der Lösung $y = -\frac{2}{3}$ und damit $P(0; \frac{2}{3})$. Somit erhalten wir für den Abstand der beiden Geraden:

$$|d| = \left| \dfrac{2}{\sqrt{13}} \cdot 0 + \dfrac{-3}{\sqrt{13}} \cdot (-\tfrac{2}{3}) + \dfrac{5}{\sqrt{13}} \right| = \dfrac{7}{\sqrt{13}}.$$

**d)** Die beiden Geraden fallen zusammen, denn die zweite Gleichung geht durch Multiplikation mit dem Faktor $-2$ aus der ersten hervor.

(Wir bemerken das wie folgt: Wenn wir die zweite Gleichung nach $x$ auflösen und das Ergebnis $x = -2y + 8$ in die erste Gleichung einsetzen, so erhalten wir eine Identität, d.h., die linke Seite wird ebenfalls gleich 0, denn es gilt $x - 2y - 8 = -2y + 8 + 2y - 8 = 0$.)

**7.12** Als Punktrichtungsform für $g_1$ erhalten wir $y - 2 = 3(x - 1)$.

**7.13** Es gilt $\tan\psi = \dfrac{0,5 - 2}{1 + 0,5 \cdot 2} = -0,75$ und dann $\psi \approx 143,1°$.

**7.14** In der Formel (7.3) setzen wir $m_1 = 4$ als Anstieg der Geraden $g$ und als Schnittwinkel $\psi_1 = 45°$ bzw. $\psi_2 = -45°$. Für $\psi_1$ folgt $\tan 45° = 1$ und dann aus (7.3): $1 = \dfrac{m_2 - 4}{1 + 4m_2}$. Wir lösen nach $m_2$ auf und erhalten für den Anstieg der gesuchten Geraden $h_1$:  $m_2 = -\dfrac{5}{3}$.

Aus der Punktrichtungsform der Geradengleichung folgt nun $y - 3 = -\dfrac{5}{3}\,(x - 1)$ und dann $h_1$ :  $5x + 3y - 14 = 0$. Für $\psi_2$ folgt $\tan(-45°) = -1$.

Wie oben erhalten wir jetzt $m_2 = \dfrac{3}{5}$ und dann $h_2$ :  $-3x + 5y - 12 = 0$.

**7.15** $3x - 4y = 5$ und $3x - 4y = -15$.

**7.16** Für den Anstieg von $g_2$ erhalten wir aus der Bedingung für Orthogonalität

$m_2 = -\dfrac{1}{m_1} = -\dfrac{1}{-\frac{2}{3}} = \dfrac{3}{2}$. Aus der Punktrichtungsform der Geradengleichung

folgt nun $y - 1 = \frac{3}{2}\,(x - 1)$ und dann $y = \frac{3}{2}x - \frac{1}{2}$.

**7.17 a)** Wir berechnen die Koordinaten des Eckpunktes $A = g_1 \cap g_2$, indem wir das lineare Gleichungssystem

$$\begin{cases} 6x & -y & = & 26 \\ 5x & +6y & = & 8 \end{cases}$$

lösen. Als Lösung finden wir: $x = 4$, $y = -2$. Somit folgt $A(4; -2)$. Analog erhalten wir für $B = g_1 \cap g_3$: $B(5; 4)$ und für $C = g_2 \cap g_3$: $C(-2; 3)$.

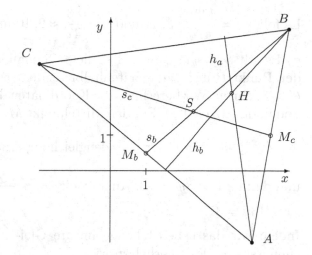

**b)** Es gilt: $a = |\overline{BC}| = \sqrt{(-2-5)^2 + (3-4)^2} = \sqrt{50} \approx 7,07$ LE,

$b = |\overline{AC}| = \sqrt{(-2-4)^2 + (3-(-2))^2} = \sqrt{61} \approx 7,81$ LE,

$c = |\overline{AB}| = \sqrt{(5-4)^2 + (4-(-2))^2} = \sqrt{37} \approx 6,08$ LE.

**c)** Für die Anstiege der Geraden $g_j$ (j=1,2,3) gilt: $m_1 = 6$, $m_2 = -\dfrac{5}{6}$ und $m_3 = \dfrac{1}{7}$. Für $\alpha = \angle(g_1, g_2)$ folgt $\tan\alpha = \dfrac{m_2 - m_1}{1 + m_1 m_2} = \dfrac{41}{24}$ und dann

$\alpha = \arctan\left(\dfrac{41}{24}\right) \approx 59,66°$. Für $\beta = \angle(g_3, g_1)$ und $\gamma = \angle(g_2, g_3)$ erhalten wir:

$\tan\beta = \dfrac{m_1 - m_3}{1 + m_1 m_3} = \dfrac{41}{13}$, $\tan\gamma = \dfrac{m_3 - m_2}{1 + m_2 m_3} = \dfrac{41}{37}$, woraus dann $\beta \approx 72,41°$

und $\gamma \approx 47,94°$ folgen.

**d)** Es gilt $H = h_a \cap h_b$, wobei $h_a$ die Höhe auf der Seite $a = \overline{BC}$ durch den Punkt $A$ und $h_b$ die Höhe auf der Seite $b = \overline{AC}$ durch den Punkt $B$ bezeichnen. Aus der Bedingung für Orthogonalität erhalten wir für den Anstieg der Höhe $h_a$: $m_a = -\dfrac{1}{m_3} = -7$, denn $h_a$ muss ja orthogonal auf $g_3$ stehen. Aus der Punktrichtungsform der Geradengleichung erhalten wir die Gleichung für die Höhe $h_a$ : $y - (-2) = -7\,(x - 4)$, woraus $7x + y = 26$ folgt. Analog erhalten wir die Gleichung für die Höhe $h_b$ : $y - 4 = \dfrac{6}{5}\,(x - 5)$ und dann $-\dfrac{6}{5}x + y = -2$.

Die Koordinaten des Höhenschnittpunktes $H = h_a \cap h_b$ erhalten wir als Lösung des nebenstehenden linearen Gleichungssystems.

$$\begin{cases} 7x & + & y & = & 26 \\ -\dfrac{6}{5}x & + & y & = & -2 \end{cases}$$

Es folgt $x = \dfrac{140}{41} \approx 3,41$ und $y = \dfrac{86}{41} \approx 2,10$ und damit $H(3,41; 2,10)$.

**e)** Es gilt $S = s_b \cap s_c$, wobei $s_b$ die Seitenhalbierende der Seite $b = \overline{AC}$ durch den Punkt $B$ und $s_c$ die Seitenhalbierende der Seite $c = \overline{AB}$ durch den Punkt $C$ bezeichnet. Wir berechnen die Koordinaten des Mittelpunktes $M_b$ der Seite $b$ und finden $M_b(1; 0,5)$. Für den Mittelpunkt $M_c$ der Seite $c$ folgt $M_c(4,5; 1)$. Aus der Zweipunkteform der Geradengleichung erhalten wir $s_b$ : $\dfrac{y-4}{x-5} = \dfrac{0,5-4}{1-5}$

und dann $-7x + 8y = -3$. Analog folgt $s_c$ : $\dfrac{y-3}{x-(-2)} = \dfrac{1-3}{4,5-(-2)}$ und dann $4x + 13y = 31$.

Indem wir das nebenstehende lineare Gleichungssystem lösen, erhalten wir: $\qquad \begin{cases} -7x + 8y = -3 \\ 4x + 13y = 31 \end{cases}$

$x = \dfrac{7}{3} \approx 2,33$, $y = \dfrac{5}{3} \approx 1,67$ und dann $S(2,33; 1,67)$.

**f)** Da $U$ der Schnittpunkt der Mittelsenkrechten des gegebenen Dreiecks ist, betrachten wir die Mittelsenkrechten $k_b$ und $k_c$, wobei $k_b$ senkrecht auf der Seite $b$ steht und durch den Punkt $M_b$ läuft ($k_c$ ist analog erklärt). Wie in d) erhalten wir $k_b$ : $y - 0,5 = \frac{6}{5}(x-1)$ und $k_c$ : $y - 1 = -\frac{1}{6}(x - 4,5)$. Für den Schnittpunkt $U = k_b \cap k_c$ erhalten wir dann $U(\frac{147}{82}; \frac{119}{82})$.

**g)** Wir betrachten die Vektoren $\overrightarrow{HS} = \begin{pmatrix} \frac{7}{3} - \frac{140}{41} \\ \frac{5}{3} - \frac{86}{41} \end{pmatrix} = -\dfrac{1}{123} \begin{pmatrix} 133 \\ 53 \end{pmatrix}$ und

$\overrightarrow{HU} = \begin{pmatrix} \frac{147}{82} - \frac{140}{41} \\ \frac{119}{82} - \frac{86}{41} \end{pmatrix} = -\dfrac{1}{82} \begin{pmatrix} 133 \\ 53 \end{pmatrix}$, woraus $\overrightarrow{HU} = \dfrac{123}{82} \overrightarrow{HS}$ folgt. Somit

gilt, dass die Punkte $H, S, U$ auf einer Geraden $g$ liegen.

**h)** Wir berechnen $\overrightarrow{SU} = \overrightarrow{HU} - \overrightarrow{HS} = (\frac{123}{82} - 1)\overrightarrow{HS} = \frac{1}{2}\overrightarrow{HS}$. Hiermit gilt $|\overrightarrow{HS}| : |\overrightarrow{SU}| = |\overrightarrow{HS}| : (\frac{1}{2}|\overrightarrow{HS}|) = 2$.

*Bemerkung:* Die Eigenschaft $|\overrightarrow{HS}| : |\overrightarrow{SU}| = 2$ gilt immer für die Eulersche Gerade.

**7.18 c)** *1. Schritt:* Berechnung des Befestigungspunktes $Q$ des Halteseils an der Fahnenstange.
Die kartesische Form der Geradengleichung der Geraden $g_1$ durch die Punkte $O$ und $A(4; 3)$ (Fahnenstange) ist gegeben durch: $y = \frac{3}{4}x$. Die Geradengleichung für die Gerade $g_2$, die senkrecht auf $g_1$ und durch den Punkt $C(0; 2,5)$ geht (Halteseil), ist somit $y = -\frac{4}{3}x + 2,5$.

Wir berechnen nun den Schnittpunkt $Q = g_1 \cap g_2$ der beiden Geraden, indem wir das nebenstehende lineare Gleichungssystem lösen und die eindeutig bestimmte Lösung $Q(1, 2; 0, 9)$ finden.

$$\begin{cases} y - \dfrac{3}{4}x = 0 \\ y + \dfrac{4}{3}x = 2,5 \end{cases}$$

2. *Schritt:* Berechnen der Zugkraft im Halteseil.

Für die Zugkraft erhalten wir $\vec{F} = \lambda \begin{pmatrix} 0 - 1,2 \\ 2,5 - 0,9 \\ 0 \end{pmatrix} = \lambda \begin{pmatrix} -1,2 \\ 1,6 \\ 0 \end{pmatrix}$ mit noch

zu bestimmendem $\lambda \in \mathbb{R}$. Hierzu berechnen wir das Drehmoment

$\overrightarrow{OQ} \times \vec{F} = \lambda \begin{pmatrix} 1,2 \\ 0,9 \\ 0 \end{pmatrix} \times \begin{pmatrix} -1,2 \\ 1,6 \\ 0 \end{pmatrix} = \begin{pmatrix} 0 \\ 0 \\ 3\lambda \end{pmatrix}$. Da die Summe aller Drehmo-

mente gleich 0 sein muss, folgt (siehe 2. Schritt der Lösung von Aufgabe 6.20 a)) $-24 - 40 + 3\lambda = 0$ mit der Lösung $\lambda = 21,\overline{3}$. Für den gesuchten Betrag der Zugkraft folgt somit $|\vec{F}| = 21,\overline{3} \cdot \sqrt{(-1,2)^2 + 1,6^2} = 42,\overline{6}$ kp.

**d)** Wir betrachten den Befestigungspunkt $Q_s(s, \dfrac{3}{4}s)$ des Halteseils an der Fahnenstange mit einem Parameter $s$ (die $x$-Koordinate des Befestigungspunktes), der die Bedingung $0 \leq s \leq 4$ erfüllt. Für den Vektor der Zugkraft und das

Drehmoment erhalten wir: $\vec{F} = \lambda \begin{pmatrix} -s \\ 2,5 - 0,75\,s \\ 0 \end{pmatrix}$ und

$\overrightarrow{OQ_s} \times \vec{F} = \lambda \begin{pmatrix} s \\ 0,75\,s \\ 0 \end{pmatrix} \times \begin{pmatrix} -s \\ 2,5 - 0,75\,s \\ 0 \end{pmatrix} = \begin{pmatrix} 0 \\ 0 \\ 2,5\,\lambda s \end{pmatrix}.$

Da die Summe aller Drehmomente gleich 0 sein muss, erhalten wir wie oben $-24 - 40 + 2,5\,\lambda s = 0$ mit der Lösung $\lambda = \dfrac{64}{2,5\,s}$. Wir sehen anhand der letzten Gleichung, dass $\lambda$ dann den kleinsten Wert hat, wenn $s$ den größten Wert annimmt, d.h. $s = 4$. Somit ist der Betrag der Zugkraft minimal, wenn das Halteseil im Punkt $A$ befestigt wird.

**7.19** Mit $c = 2$, $d = 1$, $r = 5$, $x_1 = 5$ und $y_1 = -3$ erhalten wir für die Tangente die Gleichung $(x - 2)(5 - 2) + (y - 1)(-3 - 1) = 25$ oder $3(x - 2) - 4(y - 1) = 25$, aus welcher sich die kartesische Normalform $y = \dfrac{3}{4}x - \dfrac{27}{4}$ ergibt.

Für die Normale erhalten wir die Gleichung $y - (-3) = \dfrac{-3 - 1}{5 - 2}(x - 5)$ und damit $y = -\dfrac{4}{3}x + \dfrac{11}{3}$.

**7.20** Mit Hilfe der *Methode der quadratischen Ergänzung* formen wir die gegebene Gleichung um: $(x^2 - 4x + 4) - 4 + (y^2 - 2y + 1) - 1 - 20 = 0$ und erhalten dann $(x - 2)^2 + (y - 1)^2 = 25$. Somit wird durch die gegebene Gleichung ein Kreis mit dem Mittelpunkt $M(2; 1)$ und dem Radius $r = \sqrt{25} = 5$ beschrieben.

**7.21 a)** Als Kreisgleichung erhalten wir: $\mathcal{K} : \quad (x - 1)^2 + (y - 2)^2 = 4$. Für $c = 1$, $d = 2$, $\xi = 5$ und $\eta = 6$ erhalten wir die Gleichung der Polaren $p: \quad (x - 1)(5 - 1) + (y - 2)(6 - 2) = 2^2$ und damit $4(x - 1) + 4(y - 2) = 4$ oder $x + y = 4$.

**b)** Um $P_j = p \cap \mathcal{K}$ zu berechnen, lösen wir das nebenstehende nichtlineare Gleichungssystem: $\begin{cases} x + y &= 4 \\ (x - 1)^2 + (y - 2)^2 &= 4 \end{cases}$

Aus der ersten Gleichung erhalten wir $x = 4 - y$, was wir in die zweite Gleichung einsetzen: $((4 - y) - 1)^2 + (y - 2)^2 = 4$. Aus dieser Gleichung erhalten wir die quadratische Gleichung $y^2 - 5y + 4{,}5 = 0$ mit den beiden Lösungen:

$y_1 = \dfrac{5 + \sqrt{7}}{2}$ und $y_2 = \dfrac{5 - \sqrt{7}}{2}$. Damit erhalten wir die Berührungspunkte $P_1 \left( \dfrac{3 - \sqrt{7}}{2} ; \dfrac{5 + \sqrt{7}}{2} \right)$ und $P_2 \left( \dfrac{3 + \sqrt{7}}{2} ; \dfrac{5 - \sqrt{7}}{2} \right)$.

**c)** Aus der Zweipunkteform für die Geradengleichung erhalten wir:

$$t_1 : \quad \frac{y - \dfrac{5 + \sqrt{7}}{2}}{x - \dfrac{3 - \sqrt{7}}{2}} = \frac{6 - \dfrac{5 + \sqrt{7}}{2}}{5 - \dfrac{3 - \sqrt{7}}{2}} \qquad\qquad t_2 : \quad \frac{y - \dfrac{5 - \sqrt{7}}{2}}{x - \dfrac{3 + \sqrt{7}}{2}} = \frac{6 - \dfrac{5 - \sqrt{7}}{2}}{5 - \dfrac{3 + \sqrt{7}}{2}}$$

Um die Gleichung für $t_1$ in die kartesische Normalform überzuführen, vereinfachen wir zunächst die rechte Seite: $\dfrac{6 - \dfrac{5 + \sqrt{7}}{2}}{5 - \dfrac{3 - \sqrt{7}}{2}} = \dfrac{4 - \sqrt{7}}{3}$. Es folgt dann

$\dfrac{2y - (5 + \sqrt{7})}{2x - (3 - \sqrt{7})} = \dfrac{4 - \sqrt{7}}{3}$, woraus wir $t_1 : y = \dfrac{4 - \sqrt{7}}{3} x + \dfrac{5\sqrt{7} - 2}{3}$ erhalten.

Analog formen wir die obige Zweipunkteform von $t_2$ um:

$\dfrac{2y - (5 - \sqrt{7})}{2x - (3 + \sqrt{7})} = \dfrac{4 + \sqrt{7}}{3}$, woraus dann $t_2 : y = \dfrac{4 + \sqrt{7}}{3} x - \dfrac{2 + 5\sqrt{7}}{3}$ folgt.

**7.22** $t_1 : \quad y = 2x - 1$ und $t_2 : \quad y = \dfrac{1}{2} x + \dfrac{7}{2}$.

**7.23** Da $a > b$ gilt und die Ellipse in Mittelpunktslage ist, liegen die beiden

Brennpunkte auf der $x$-Achse und wir setzen deshalb $F_1(x; 0)$, $F_2(-x; 0)$ mit noch zu bestimmendem $x$. Wir wenden jetzt den Satz des Pythagoras auf das Dreieck $\Delta M F_1 T_1$ an und erhalten $|\overline{MF_1}|^2 + |\overline{MT_1}|^2 = |\overline{F_1T_1}|^2$, woraus dann $x^2 + b^2 = a^2$ folgt. Aus der letzten Gleichung erhalten wir $x = \pm\sqrt{a^2 - b^2}$. Somit gilt $F_1(\sqrt{a^2 - b^2}; 0)$ und $F_2(-\sqrt{a^2 - b^2}; 0)$.

**7.24 a)** $F_1(\sqrt{7}; 0)$, $F_2(-\sqrt{7}; 0)$.     **b)** $F_1(0; \sqrt{7})$, $F_2(0; -\sqrt{7})$.

**c)** $F_1(2; 6)$, $F_2(2; 0)$.     **d)** $F_1(5; 3)$, $F_2(-1; 3)$.

**7.25**    $\dfrac{x^2}{25} + \dfrac{y^2}{9} = 1$.      **7.26**    $\dfrac{(x - 4)^2}{25} + \dfrac{(y - 3)^2}{9} = 1$.

**7.27** Wir betrachten die Gerade $y = c$ mit $c > 0$, welche parallel zur $x$-Achse ist, und berechnen die Schnittpunkte $P_1$, $P_2$ mit der gegebenen Ellipse, indem wir $y = c$ in die Ellipsengleichung $\dfrac{x^2}{a^2} + \dfrac{y^2}{b^2} = 1$ einsetzen. Es folgt

$x_{1,2} = \pm\sqrt{1 - \dfrac{c^2}{b^2}} \cdot a$. Da ja $P_1$, $P_2$ Ecken eines Quadrates sind, muss $x_{1,2} = \pm c$

gelten, woraus $\sqrt{1 - \dfrac{c^2}{b^2}} \cdot a = c$ folgt. Die letzte Gleichung lösen wir nach $c$

auf und erhalten: $c = \dfrac{ab}{\sqrt{a^2 + b^2}}$. Für die gesuchte Fläche des einbeschriebenen

Quadrates folgt somit: $A = 4c^2 = \dfrac{4a^2 b^2}{a^2 + b^2}$.

**7.28** Aus $\dfrac{x^2}{a^2} + \dfrac{y^2}{b^2} = \dfrac{a^2 \cos^2 t}{a^2} + \dfrac{b^2 \sin^2 t}{b^2} = \cos^2 t + \sin^2 t = 1$ für alle $0 \le t < 2\pi$

folgt, dass die Punkte $P(x; y)$ der betrachteten Ellipsengleichung genügen und somit auf dieser Ellipse liegen.

**7.29 a)** $S_{1,2}(\pm 5; 0)$, $F_{1,2}(\pm\sqrt{25 + 9}; 0) = F_{1,2}(\pm\sqrt{34}; 0)$,

Asymptoten: $y = \pm\dfrac{3}{5} x$.

**b)** $S_{1,2}(0; \pm 5)$, $F_{1,2}(0; \pm\sqrt{34})$, Asymptoten: $y = \pm\dfrac{5}{3} x$.

**c)** $S_{1,2}(\pm 3; 0)$, $F_{1,2}(\pm\sqrt{34}; 0)$, Asymptoten: $y = \pm\dfrac{5}{3} x$.

**d)** $S_{1,2}(0; \pm 3)$, $F_{1,2}(0; \pm\sqrt{34})$, Asymptoten: $y = \pm\dfrac{3}{5} x$.

**7.30 a)** *1. Schritt:* Bestimmen der Gleichungen der Asymptoten.

Die gegebene Gleichung formen wir um in: $\dfrac{x^2}{36} - \dfrac{y^2}{16} = 1$, woraus wir $a = 6$ und

$b = 4$ erhalten. Somit lauten die Asymptotengleichungen $y = \pm\frac{2}{3}x$.

*2. Schritt:* Schnittwinkel $\psi$ zwischen den Asymptoten bestimmen.

Wenn $\alpha$ den Schnittwinkel zwischen der Asymptoten $y = \frac{2}{3}x$ und der $x$-Achse

bezeichnet, so folgt $\tan\alpha = \frac{2}{3}$ und dann $\psi = 2\alpha = 2\arctan\frac{2}{3} \approx 2 \cdot 67,38°$.

Wenn wir $1° = 60'$ (1 Grad sind 60 Sekunden) verwenden, so folgt

$0,38° = \frac{38 \cdot 60}{100} = 22,8'$ und damit $\psi \approx 67°23'$.

**b)** *1. Schritt:* Aus der gegebenen Gleichung erhalten wir $\frac{y^2}{225} - \frac{x^2}{64} = 1$. Die

betrachtete Hyperbel schneidet die $y$-Achse in $y_{1,2} = \pm 15$, (was sofort aus der Hyperbelgleichung folgt, wenn $x = 0$ eingesetzt wird). Die Hyperbel ist somit entlang der $y$-Achse nach oben und unten geöffnet.

*2. Schritt:* Wir setzen $m_1 = -\frac{15}{8}$ und $m_2 = \frac{15}{8}$ in Formel (7.3) und erhalten

$\tan\psi = \frac{240}{161}$, woraus $\psi \approx 56,14°$ folgt.

**c)** *1. Schritt:* Durch Bilden der quadratischen Ergänzung erhalten wir aus der Ausgangsgleichung: $(2x + 8)^2 - 64 - (2y - 5)^2 + 25 = 25$ und dann:

$\frac{(x+4)^2}{16} - \frac{(y-2,5)^2}{16} = 1$. Der Mittelpunkt der Hyperbel ist somit $M(-4; 2,5)$

und die Gleichungen der Asymptoten sind $y - 2,5 = \pm(x + 4)$.

*2. Schritt:* Es folgt $\psi = 90°$.

**d)** *1. Schritt:* Aus der Ausgangsgleichung erhalten wir: $\frac{(x-2)^2}{16} - \frac{(y+3)^2}{9} = 1$.

Der Mittelpunkt der Hyperbel ist somit $M(2; -3)$ und die Gleichungen der

Asymptoten sind $y + 3 = \pm\frac{3}{4}(x - 2)$.

*2. Schritt:* Es folgt $\psi = 2\alpha = 2\arctan 0,75 \approx 73,74°$.

**7.31** $\frac{x^2}{144} - \frac{y^2}{36} = 1$.

**7.32** *1. Schritt:* Bestimmen der Gleichungen für die Asymptoten $h_1$ und $h_2$.
Wir formen die Ausgangsgleichung mittels der Methode der quadratischen Ergänzung äquivalent um in: $(3x - 6)^2 - 36 - (4y + 16)^2 + 16^2 = 364$. Aus der letzten Gleichung erhalten wir $9(x - 2)^2 - 16(y + 4)^2 = 144$ und dann

$\frac{(x-2)^2}{16} - \frac{(y+4)^2}{9} = 1$, woraus wir den Mittelpunkt der Hyperbel $M(2; -4)$

und die Asymptotengleichungen $y + 4 = \pm \dfrac{3}{4}(x - 2)$ erhalten. Aus der letzten Beziehung erhalten wir für die beiden Asymptoten: $h_1 : \ -3x + 4y + 22 = 0$ und $h_2 : -3x - 4y - 10 = 0$

*2. Schritt:* Abstandsberechnung.

Wir formen die Gleichungen für $h_1$ und $h_2$ in die Hesseschen Normalformen um, indem wir diese Gleichungen durch $\sqrt{3^2 + 4^2} = 5$ dividieren. Um den Abstand des Punktes $P(3; 2)$ von $h_1$ und $h_2$ zu berechnen, setzen wir die Koordinaten von $P$ in die Hesseschen Normalformen ein und erhalten:

$$
\begin{aligned}
|d_1| &= |\tfrac{1}{5}(-3 \cdot 3 + 4 \cdot 2 + 22)| = \frac{21}{5} = 4,2 \\
|d_2| &= |\tfrac{1}{5}(-3 \cdot 3 - 4 \cdot 2 - 10)| = |-\frac{27}{5}| = 5,4.
\end{aligned}
$$

**7.33** Die gesuchte Gleichung ist von der Gestalt $y^2 = 2px$. Da die Koordinaten des Punktes $P_0$ diese Gleichung erfüllen müssen, setzen wir diese in die Parabelgleichung ein: $2^2 = 2p \cdot 1$ und berechnen daraus den Parameter $p = 2$. Somit lautet die gesuchte Parabelgleichung $y^2 = 4x$. Es folgt weiterhin $F(1; 0)$ und $l : \ x = -1$.

**7.34** Die gesuchte Parabelgleichung ist von der Gestalt $(x - 2)^2 = -2p(y - 3)$ mit einem noch zu berechnenden Parameter $p > 0$. Wir setzen die Koordinaten von $P_0(1; 2)$ in die Parabelgleichung ein: $(1 - 2)^2 = -2p(2 - 3)$, erhalten daraus $1 = 2p$ und dann $p = \frac{1}{2}$. Somit lautet die gesuchte Parabelgleichung: $(x - 2)^2 = -y + 3$. Für den Brennpunkt gilt $F(2; 2,75)$ und für die Leitlinie $l : \ y = 3,25$.

**7.35** Um die Kegelschnitte zu klassifizieren, formen wir zunächst die gegebenen Gleichungen mit Hilfe der Methode der quadratischen Ergänzung um und können dann aus den oben gegebenen Übersichten die Koordinaten bzw. Gleichungen der charakteristischen geometrischen Objekte ablesen.

**a)**

$$
\begin{aligned}
x^2 - y^2 + 2(x - y) - 2 &= 0 \\
x^2 + 2x - y^2 - 2y - 2 &= 0 \\
x^2 + 2x + 1 - 1 - y^2 - 2y - 1 + 1 - 2 &= 0 \quad (7.23) \\
(x + 1)^2 - 1 - (y^2 + 1)^2 + 1 - 2 &= 0 \quad (7.24) \\
(x + 1)^2 - (y + 1)^2 &= 2 \\
\frac{(x + 1)^2}{2} - \frac{(y + 1)^2}{2} &= 1
\end{aligned}
$$

In Gleichung (7.23) haben wir zweimal 1 addiert und gleich wieder subtrahiert (wodurch wir keinen Fehler verursacht haben), um dann mit Hilfe der binomischen Formeln in Gleichung (7.24) die linearen Glieder in $x$ und $y$ (das sind $2x$ und $-2y$) zu beseitigen. Aus der letzten Gleichung folgt, dass es sich um eine Hyperbel mit dem Mittelpunkt $M(-1;-1)$ und $a = \sqrt{2}$, $b = \sqrt{2}$ handelt. Für die Scheitel- und Brennpunkte ergibt sich: $S_{1,2}(-1\pm\sqrt{2},-1)$, $F_{1,2}(-1\pm2;-1)$, d.h. $F_1(1;-1)$, $F_2(-3;-1)$, denn es gilt $e = \sqrt{a^2+b^2} = \sqrt{2+2} = 2$. Die Asymptoten werden durch $y - 1 = \pm(x - 1)$ gegeben.

**b)**
$$
\begin{aligned}
0 &= 6x - y^2 - 4y - 16 \\
6x &= y^2 + 4y + 4 - 4 + 16 \\
6x &= (y+2)^2 - 4 + 16 \\
6x - 12 &= (y+2)^2 \\
6(x-2) &= (y+2)^2
\end{aligned}
$$

Aus der letzten Gleichung ersehen wir, dass es sich um eine nach rechts geöffnete Parabel mit dem Parameter $p = 3$ handelt. Für den Scheitel- und Brennpunkt folgt somit $S(2;-2)$ und $F(3,5;-2)$. Die Leitlinie wird durch $l:\quad x = 0,5$ gegeben.

**c)**
$$
\begin{aligned}
x^2 + y^2 - 8x + 2y &= -13 \\
x^2 - 8x + 16 - 16 + y^2 + 2y + 1 - 1 &= -13 \\
(x-4)^2 - 16 + (y+1)^2 - 1 &= -13 \\
(x-4)^2 + (y+1)^2 &= 4
\end{aligned}
$$

Aus der letzten Gleichung ersehen wir, dass es sich um einen Kreis mit dem Mittelpunkt $M(4;-1)$ und dem Radius $r = \sqrt{4} = 2$ handelt.

**7.36** Nach dem Satz des Pythagoras erhalten wir: $d = \sqrt{3^2 + 2^2 + 1^2} = \sqrt{14}$.

**7.37** $d = \sqrt{(1-6)^2 + (2-5)^2 + (3-4)^2} = \sqrt{35}$.

**7.38 a)** $\dfrac{x}{4} = \dfrac{y-1}{2} = \dfrac{z-2}{3}$. **b)** $z - 3 = 0$, $\dfrac{x-2}{1} = \dfrac{y-1}{2}$.

**c)** $y = 0$, $z = 0$ (das ist die $x$-Achse).

**7.39** 1. Lösung. *1. Schritt:* Aus der Formel (7.7) erhalten wir die Gleichung der Geraden

$$
g:\ \vec{x} = \overrightarrow{OP_1} + \lambda\overrightarrow{P_1P_2} = \begin{pmatrix} -1 \\ 8 \\ 6 \end{pmatrix} + \lambda \begin{pmatrix} 12 \\ -9 \\ -15 \end{pmatrix},\ \lambda \in \mathbb{R}.
$$

*2. Schritt:* Wir überprüfen nun, ob es einen Parameter $\lambda$ gibt, so dass die obige

Geradengleichung die Ortsvektoren $\overrightarrow{OP_3}$, $\overrightarrow{OP_4}$ bzw. $\overrightarrow{OP_5}$ beschreiben. Aus

$$\overrightarrow{OP_3} = \begin{pmatrix} 1 \\ 2 \\ 3 \end{pmatrix} = \begin{pmatrix} -1 \\ 8 \\ 6 \end{pmatrix} + \lambda \begin{pmatrix} 12 \\ -9 \\ -15 \end{pmatrix}$$

erhalten wir das nebenstehende lineare Gleichungssystem mit der Unbekannten $\lambda$, welches keine Lösung besitzt, da es einen Widerspruch enthält, denn aus der ersten Gleichung folgt $\lambda = \frac{1}{6}$ und aus der zweiten $\lambda = \frac{2}{3}$.

$$\begin{aligned} -1 + 12\lambda &= 1 \\ 8 - 9\lambda &= 2 \\ 6 - 15\lambda &= 3 \end{aligned}$$

Somit liegt $P_3$ nicht auf $g$. Analog folgt, dass $P_4$ ebenfalls nicht auf $g$ liegt.

Für $P_5$ erhalten wir das nebenstehende lineare Gleichungssystem mit der Lösung $\lambda = 2$, woraus folgt, dass $P_5$ auf $g$ liegt.

$$\begin{aligned} -1 + 12\lambda &= 23 \\ 8 - 9\lambda &= -10 \\ 6 - 15\lambda &= -24 \end{aligned}$$

2. Lösung. Wir betrachten die Vektoren $\overrightarrow{P_1P_2}$, $\overrightarrow{P_1P_5}$ und berechnen $\overrightarrow{P_1P_2} \times \overrightarrow{P_1P_5} = \vec{o}$, woraus folgt, dass die Vektoren $\overrightarrow{P_1P_2}$, $\overrightarrow{P_1P_5}$ parallel oder antiparallel sind. Somit liegt $P_5$ auf der Geraden $g$. Analog folgt aus $\overrightarrow{P_1P_2} \times \overrightarrow{P_1P_3} \neq \vec{o}$ und $\overrightarrow{P_1P_2} \times \overrightarrow{P_1P_4} \neq \vec{o}$, dass $P_3$ und $P_4$ nicht auf $g$ liegen.

**7.40 a)** Für die $(x, y)$-Ebene gilt $z = 0$. Somit erhalten wir aus der gegebenen Geradengleichung für die $z$-Komponente die Gleichung: $0 = 3 + 6\lambda$, woraus $\lambda = -\frac{1}{2}$ folgt. Für $\lambda = -\frac{1}{2}$ erhalten wir aus der Geradengleichung den Ortsvektor $\begin{pmatrix} -1 \\ -1 \\ 0 \end{pmatrix}$ des Schnittpunktes von $g$ mit der $(x, y)$-Ebene.

**b)** Analog zu a) folgt $\begin{pmatrix} 0 \\ 0,5 \\ 1,5 \end{pmatrix}$ als Ortsvektor des Schnittpunktes von $g$ mit der $y, z$-Ebene.

**7.41** Es gilt $\vec{x}_3 - \vec{x}_1 = \begin{pmatrix} 3 - 2 \\ 1 - (-3) \\ 5 - 4 \end{pmatrix} = \begin{pmatrix} 1 \\ 4 \\ 1 \end{pmatrix}$ und dann

$(\vec{x}_3 - \vec{x}_1) \times \vec{a} = \begin{pmatrix} 52 \\ -9 \\ -16 \end{pmatrix}$. Nach Formel (7.9) folgt nun das Ergebnis:

$$d = \frac{|(\vec{x}_3 - \vec{x}_1) \times \vec{a}|}{|\vec{a}|} = \frac{\sqrt{52^2 + (-9)^2 + (-16)^2}}{\sqrt{3^2 + (-2)^2 + 12^2}} = \frac{\sqrt{3041}}{13} \approx 4,24 \text{ LE.}$$

**7.42 a)** 1. Lösung. *1. Schritt:* Parameterform der Geradengleichung für $g$. Es gilt:

$$\vec{x} = \overrightarrow{OP_1} + \lambda\left(\overrightarrow{OP_2} - \overrightarrow{OP_1}\right) = \begin{pmatrix} 1 \\ 2 \\ -1 \end{pmatrix} + \lambda\left[\begin{pmatrix} 3 \\ -1 \\ 2 \end{pmatrix} - \begin{pmatrix} 1 \\ 2 \\ -1 \end{pmatrix}\right]$$

$$= \begin{pmatrix} 1 \\ 2 \\ -1 \end{pmatrix} + \lambda\begin{pmatrix} 2 \\ -3 \\ 3 \end{pmatrix}$$

*2. Schritt:* Koordinaten des Lotfußpunktes $Q$.

Wir bestimmen den Parameter $\lambda$ in der Vektorform der Geradengleichung von $g$ so, dass der Vektor $\vec{x}$ senkrecht auf dem Richtungsvektor $\vec{a}$ der Geraden $g$ steht, d.h., es muss $\langle\vec{x}\,|\,\vec{a}\rangle = 0$ gelten. Es folgt also

$$0 = \langle\vec{x}\,|\,\vec{a}\rangle = \left\langle\begin{pmatrix} 1 \\ 2 \\ -1 \end{pmatrix} + \lambda\begin{pmatrix} 2 \\ -3 \\ 3 \end{pmatrix}\,\middle|\,\begin{pmatrix} 2 \\ -3 \\ 3 \end{pmatrix}\right\rangle$$

$$= 2(1 + 2\lambda) - 3(2 - 3\lambda) + 3(-1 + 3\lambda) = -7 + 22\lambda,$$

woraus $\lambda = \dfrac{7}{22}$ folgt. Wir setzen $\lambda = \dfrac{7}{22}$ in die Parameterform der Geraden-gleichung von $g$ ein und erhalten den Ortsvektor für den Fußpunkt $Q$ des Lotes bezüglich des Koordinatenursprungs $O$:

$$\overrightarrow{OQ} = \begin{pmatrix} 1 \\ 2 \\ -1 \end{pmatrix} + \frac{7}{22}\begin{pmatrix} 2 \\ -3 \\ 3 \end{pmatrix} = \begin{pmatrix} \dfrac{18}{11} \\ \dfrac{23}{22} \\ -\dfrac{1}{22} \end{pmatrix}$$

*3. Schritt:* Abstand $d = |\overrightarrow{P_3Q}| = |\overrightarrow{OQ}|$.

Es gilt $d = \sqrt{\dfrac{36^2 + 23^2 + (-1)^2}{22^2}} = \dfrac{\sqrt{1826}}{22} \approx 1,94$ LE.

2. Lösung: Wir betrachten das Dreieck $\Delta\,OP_1P_2$ mit den Seiten $a = |\overline{P_1P_2}| = \sqrt{2^2 + (-3)^2 + (-1)^2} = \sqrt{22}$, $b = |\overline{OP_1}| = \sqrt{1^2 + 2^2 + (-1)^2} = \sqrt{6}$,

$c = |\overline{OP_2}| = \sqrt{3^2 + (-1)^2 + 2^2} = \sqrt{14}$ und berechnen die Dreiecksfläche nach der Formel $F_\Delta = \sqrt{s(s-a)(s-b)(s-c)}$, wobei $s = \frac{1}{2}(a + b + c) = \frac{1}{2}(\sqrt{22} + \sqrt{6} + \sqrt{14})$ den halben Umfang des Dreiecks bezeichnet. Es folgt

$$F_\Delta = \frac{1}{4}\sqrt{s(-\sqrt{22}+\sqrt{6}+\sqrt{14})(\sqrt{22}-\sqrt{6}+\sqrt{14})(\sqrt{22}+\sqrt{6}-\sqrt{14})} =$$
$$= \frac{1}{2}\sqrt{83}.$$

Andererseits gilt $F_\Delta = \frac{1}{2}ah_a$, wobei $h_a$ die Höhe im Dreieck $\Delta\,OP_1P_2$ auf die Seite $\overline{P_1P_2}$ bezeichnet. Es folgt nun $h_a = \frac{2F_\Delta}{a} = \frac{\sqrt{83}}{\sqrt{22}} \approx 1,94$. Somit folgt für den gesuchten Abstand $|d| = h_a \approx 1,94$ LE.

**b)** Im 2. Schritt gilt jetzt: $\left\langle \vec{x} - \overrightarrow{OP_3} \mid \vec{a} \right\rangle = 0$. Wir berechnen damit

$$0 = \left\langle \begin{pmatrix} 0 \\ 0 \\ -4 \end{pmatrix} + \lambda \begin{pmatrix} 2 \\ -3 \\ 3 \end{pmatrix} \middle| \begin{pmatrix} 2 \\ -3 \\ 3 \end{pmatrix} \right\rangle$$
$$= 2 \cdot 2\lambda - 3 \cdot (-3\lambda) + 3(-4+3\lambda) = -12 + 22\lambda,$$

woraus $\lambda = \frac{6}{11}$ folgt. Wir setzen $\lambda = \frac{6}{11}$ in die Parameterform der Geradengleichung von $g$ ein und erhalten den Ortsvektor für den Fußpunkt $Q$ des Lotes bezüglich des Koordinatenursprungs $O$:

$$\overrightarrow{OQ} = \begin{pmatrix} 1 \\ 2 \\ -1 \end{pmatrix} + \frac{6}{11}\begin{pmatrix} 2 \\ -3 \\ 3 \end{pmatrix} = \begin{pmatrix} \dfrac{23}{11} \\[2mm] \dfrac{4}{11} \\[2mm] \dfrac{7}{11} \end{pmatrix}$$

*3. Schritt:* Es folgt $d = |\overline{P_3Q}| = \sqrt{\left(\frac{23}{11}-1\right)^2 + \left(\frac{4}{11}-2\right)^2 + \left(\frac{7}{11}-3\right)^2} = 2\sqrt{\frac{26}{11}} \approx 3,075$ LE.

**7.43** Wir wenden die Folgerung zur Formel (7.14) an und berechnen deshalb:

1.) $\quad \vec{a} \times \vec{b} = \begin{pmatrix} -2 \\ 9 \\ -9 \end{pmatrix} \times \begin{pmatrix} -5 \\ -2,5 \\ 12,5 \end{pmatrix} = \begin{pmatrix} 90 \\ 70 \\ 50 \end{pmatrix},$

2.) $\quad \langle \vec{x}_1 - \vec{x}_2 \mid \vec{a} \times \vec{b}\rangle = \left\langle \begin{pmatrix} 0 \\ -5 \\ 7 \end{pmatrix} \middle| \begin{pmatrix} 90 \\ 70 \\ 50 \end{pmatrix} \right\rangle = 0 \cdot 90 - 5 \cdot 70 + 7 \cdot 50 = 0,$

woraus wir folgern, dass sich die beiden Geraden $g_1$ und $g_2$ in genau einem Punkt $S$ schneiden.

**7.44 a)** Aus $\begin{pmatrix} 4 \\ 2 \\ -1 \end{pmatrix} \times \begin{pmatrix} 2 \\ -1 \\ 3 \end{pmatrix} = \begin{pmatrix} 5 \\ -14 \\ -8 \end{pmatrix} \neq \vec{o}$ folgt, dass $g_1$ und $g_2$

weder zusammenfallen noch parallel sind. Es gilt weiterhin:

$< \vec{x}_2 - \vec{x}_1 \mid \vec{a} \times \vec{b} >= -1 \cdot 5 + 3 \cdot (-14) - 1 \cdot (-8) = -39$ und

$|\vec{a} \times \vec{b}| = \sqrt{5^2 + 14^2 + 8^2} = \sqrt{285}$. Somit sind die Geraden $g_1$ und $g_2$ windschief

und haben den Abstand $|d| = \dfrac{39}{\sqrt{285}} \approx 2,31$ LE.

b) Die Geraden $g_1, g_2$ schneiden sich in genau einem Punkt $S$, dessen Koordinaten sich aus dem nebenstehenden linearen Gleichungssystem mit der
Lösung $\lambda = \dfrac{1}{3}$ , $\mu = -\dfrac{7}{6}$ ergeben, woraus

$$
\begin{aligned}
3 + 2\lambda &= -1 - 4\mu \\
-1 + 4\lambda &= 5 + 4\mu \\
2 + 3\lambda &= 10 + 6\mu
\end{aligned}
$$

$$
\begin{pmatrix} 3 \\ -1 \\ 2 \end{pmatrix} + \frac{1}{3} \begin{pmatrix} 2 \\ 4 \\ 3 \end{pmatrix} = \begin{pmatrix} \dfrac{11}{3} \\ \dfrac{1}{3} \\ \dfrac{3}{3} \end{pmatrix} \quad \text{und damit } S\left(\frac{11}{3}; \frac{1}{3}; 3\right) \text{ folgen.}
$$

c) Die Geraden fallen zusammen.

**7.45 a)** *1. Schritt:* Aufstellen der Hesseschen Normalform für $E_1$.
Hierfür wird die gegebene Ebenengleichung durch $\sqrt{2^2 + 1^2 + 3^2} = \sqrt{14}$ dividiert, so dass wir

$$
\frac{1}{\sqrt{14}}(2x + y + 3z - 4) = 0 \tag{7.25}
$$

erhalten.
*2. Schritt:* Berechnen des Abstandes. Wir setzen die Koordinaten $(1; 2; 3)$ von
$P$ in die linke Seite von (7.25) ein und erhalten das Ergebnis

$$
|d| = \left| \frac{1}{\sqrt{14}}(2 \cdot 1 + 2 + 3 \cdot 3 - 4) \right| = \frac{9}{\sqrt{14}}. \qquad \textbf{b)}\ d = 3.
$$

**7.46 a)** *1. Schritt:* Parameterform.
Wir bestimmen zunächst zwei Vektoren, die in der Ebene $E$ liegen:

$$
\vec{b} = \overrightarrow{OP_1} - \overrightarrow{OP_3} = \begin{pmatrix} 2 - 1 \\ 5 - 1 \\ -3 - 1 \end{pmatrix} = \begin{pmatrix} 1 \\ 4 \\ -4 \end{pmatrix},
$$

$$
\vec{c} = \overrightarrow{OP_2} - \overrightarrow{OP_3} = \begin{pmatrix} 7 - 1 \\ 2 - 1 \\ 1 - 1 \end{pmatrix} = \begin{pmatrix} 6 \\ 1 \\ 0 \end{pmatrix}.
$$

Hieraus erhalten wir die Parameterform der Ebenengleichung:

$$E: \quad \vec{x} = \begin{pmatrix} 1 \\ 1 \\ 1 \end{pmatrix} + \lambda \begin{pmatrix} 1 \\ 4 \\ -4 \end{pmatrix} + \mu \begin{pmatrix} 6 \\ 1 \\ 0 \end{pmatrix}, \quad \lambda, \mu \in \mathbb{R}.$$

*2. Schritt:* Skalarform der Ebenengleichung.

Mit Hilfe des Vektorproduktes (siehe Abschn. 6.3) bestimmen wir einen Vektor $\vec{a}$, der senkrecht auf der Ebene $E$ steht: $\vec{a} = \vec{b} \times \vec{c} = \begin{pmatrix} 4 \\ -24 \\ -23 \end{pmatrix}$. Somit gilt die Skalarform $E: 4x - 24y - 23z + D = 0$, wobei wir das Absolutglied $D$ berechnen, indem wir die Koordinaten eines Punktes der Ebene $E$ (wir nehmen $P_3$) in die letzte Gleichung einsetzen: $4 \cdot 1 - 24 \cdot 1 - 23 \cdot 1 + D = 0$, woraus dann $D = 43$ folgt. Somit erhalten wir die Skalarform $E: 4x - 24y - 23z + 43 = 0$.

*3. Schritt:* Hessesche Normalform.

Wir berechnen die Länge $|\vec{a}| = \sqrt{4^2 + 24^2 + 23^2} = \sqrt{1121}$ und erhalten damit die Hessesche Normalform: $E: \dfrac{1}{\sqrt{1121}}(4x - 24y - 23z + 43) = 0$.

**b)** Wir setzen die Koordinaten von $P_4$ in die linke Seite der Hesseschen Normalform ein und erhalten damit für den Abstand von $P_4$ zur Ebene $E$:

$$|d| = \left| \frac{4 \cdot 3 - 24 \cdot 2 - 23 \cdot 1 + 43}{\sqrt{1121}} \right| = \frac{16}{\sqrt{1121}} \approx 0,4749 \text{ LE}.$$

**7.47** *1. Schritt:* Schnittpunkte der Ebenen $E$ mit den Koordinatenachsen.

Wir betrachten zunächst die Schnittgerade mit der $(x, y)$-Ebene, für welche $z = 0$ gilt. In die Gleichung der Schnittgerade $2x + 3y = 6$ setzen wir $x = 0$ und erhalten $y = 2$ als Lösung. Somit ergibt sich der Schnittpunkt $S_y(0; 2; 0)$ der Ebene $E$ mit der $y$-Achse. Wenn wir $y = 0$ in die obige Geradengleichung einsetzen, erhalten wir $x = 3$ als Lösung und damit den Schnittpunkt $S_x(3; 0; 0)$ von $E$ mit der $x$-Achse.

Um den fehlenden Schnittpunkt mit der $z$-Achse zu bestimmen, betrachten wir die Schnittgerade $x + 2z = 3$ mit der $(x, z)$-Ebene und setzen $x = 0$ in diese ein. Hieraus folgt $z = 1,5$ und damit der Schnittpunkt $S_z(0; 0; 1,5)$ von $E$ mit der $z$-Achse.

*2. Schritt:* Aufstellen der Skalarform der Ebenengleichung.

Als Achsenabschnittsform der Ebenengleichung für $E$ erhalten wir:

$\dfrac{x}{3} + \dfrac{y}{2} + \dfrac{z}{1,5} = 1$, woraus sich die Skalarform $2x + 3y + 4z = 6$ ergibt.

**7.48 a)** *1. Schritt:* Zwei linear unabhängige Vektoren $\vec{c}, \vec{b}$ in der Ebenene $E$.

Aus den gegebenen Geradengleichungen folgt, dass der Vektor $\vec{c} = \begin{pmatrix} 1 \\ 0 \\ -1 \end{pmatrix}$

in der Ebene $E$ liegt. Wenn wir $\lambda = 0$ bzw. $\mu = 0$ in die Geradengleichungen für $g_1$ bzw. $g_2$ einsetzen, so erhalten wir die Punkte $P_1(-2; 5; 2) \in g_1$ bzw.

$P_2(2; -4; 2) \in g_2$. Es folgt nun, dass der Vektor $\vec{b} = \overrightarrow{P_1 P_2} = \begin{pmatrix} 4 \\ -9 \\ 0 \end{pmatrix}$ ebenfalls

in $E$ liegt.

*2. Schritt:* Skalarform der Ebenengleichung für $E$.

Wir betrachten den Vektor $\vec{a} = \vec{c} \times \vec{b} = \begin{pmatrix} -9 \\ -4 \\ -9 \end{pmatrix}$, welcher orthogonal sowohl

auf $\vec{c}$ als auch auf $\vec{b}$ steht. Hieraus folgt die Ebenengleichung
$E : -9x - 4y - 9z - D = 0$, wobei wir die Konstante $D$ bestimmen, indem wir einen Punkt $P \in E$ der Ebene $E$ in die Gleichung einsetzen. Wir wählen $P_1(-2; 5; 2)$ und erhalten $-9 \cdot (-2) - 4 \cdot 5 - 9 \cdot 2 - D = 0$, woraus $D = -20$ folgt. Damit folgt eine Skalarform der Ebenengleichung $E : -9x - 4y - 9z + 20 = 0$.

**b)** Wir bestimmen die Hessesche Normalform der Ebenengleichung, indem wir die in a) erhaltene Ebenengleichung durch $\sqrt{(-9)^2 + (-4)^2 + (-9)^2} = \sqrt{178}$ dividieren. Um den Abstand des Punktes $Q$ von $E$ zu bestimmen, setzen wir die Koordinaten von $Q$ in die Hessesche Normalform ein und erhalten:

$$d = \left| \frac{1}{\sqrt{178}} (-9 \cdot 3 - 4 \cdot (-2) - 9 \cdot 6 + 20) \right| = \left| \frac{-53}{\sqrt{178}} \right| \approx 3,97 \text{ LE.}$$

**c)** *1. Schritt:* Koordinaten von $P_2$ bestimmen. Aus der gegebenen Geradengleichung für $g_1$ erhalten wir für die $x$-Koordinate: $-1 = -2 + \lambda \cdot 1$. Hieraus folgt $\lambda = 1$. Wir setzen $\lambda = 1$ in die Geradengleichung von $g_1$ ein und erhalten daraus die restlichen Koordinaten von $P_2(-1; 5; 1)$.

*2. Schritt:* Parameterform der Geradengleichung für $g_3$.

Ein Richtungsvektor $\vec{d}$ der Geraden $g_3$ muss sowohl senkrecht auf dem Rich-

tungsvektor $\vec{e} = \begin{pmatrix} 1 \\ 0 \\ -1 \end{pmatrix}$ von $g_1$ als auch senkrecht auf $\vec{a}$ (siehe 2. Schritt

von a)) stehen, denn $g_3$ soll ja in der Ebene $E$ liegen. Damit erhalten wir:

$\vec{d} = \vec{e} \times \vec{a} = \begin{pmatrix} -4 \\ 18 \\ -4 \end{pmatrix}$. Hieraus erhalten wir zusammen mit dem 1. Schritt die

Parameterform

$$g_3 : \vec{x} = \overrightarrow{0P_2} + \nu \vec{d} = \begin{pmatrix} -1 \\ 5 \\ 1 \end{pmatrix} + \nu \begin{pmatrix} -4 \\ 18 \\ -4 \end{pmatrix}, \nu \in \mathbb{R}.$$

**d)** Die Koordinaten des Schnittpunktes $S = g_2 \cap g_3$ berechnen wir, indem wir die Parameterdarstellungen von $g_2$ und $g_3$ gleichsetzen. Daraus erhalten wir für die einzelnen Komponenten das nebenstehende lineare Gleichungssystem mit den Unbekannten $\mu, \nu$.

$$\begin{aligned} 2 + \mu &= -1 - 4\nu \\ -4 &= 5 + 18\nu \\ 2 - \mu &= 1 - 4\nu \end{aligned}$$

Als Lösung erhalten wir $\nu = -0,5$ und $\mu = -1$. Wenn wir $\mu = -1$ in die Geradengleichung von $g_2$ einsetzen, so erhalten wir die Koordinaten des Schnittpunktes $S(1; -4; 3)$. (Wenn wir $\nu = -0,5$ in die Geradengleichung von $g_3$ einsetzen, so erhalten wir wir das gleiche Ergebnis, nämlich $S(1; -4; 3)$.)

**7.49 a)** Aus der Geradengleichung erhalten wir für die Koordinaten $x = 1 + 2\lambda$, $y = 3 + 2\lambda$, $z = -2 - \lambda$, was wir in die Ebenengleichung von $E$ einsetzen: $2(1 + 2\lambda) - 3(3 + 2\lambda) - (-2 - \lambda) = -1$. Aus der letzten Gleichung erhalten wir als Lösung $\lambda = -4$. Wir setzen $\lambda = -4$ in die Geradengleichung ein und erhalten die Koordinaten des Durchstoßpunktes $S(-7; -5; 2)$.

**b)** Eine auf $E$ senkrecht stehende Gerade $h$ wird gegeben durch

$$h : \vec{x} = \begin{pmatrix} -7 \\ -5 \\ 2 \end{pmatrix} + \lambda \begin{pmatrix} 2 \\ -3 \\ -1 \end{pmatrix}, \lambda \in \mathbb{R}. \text{ Aus der Formel (6.8) folgt:}$$

$$\cos \beta = \left| \frac{2 \cdot 2 - 3 \cdot 2 + (-1) \cdot (-1)}{\sqrt{2^2 + (-3)^2 + (-1)^2} \sqrt{2^2 + 2^2 + (-1)^2}} \right| = \left| \frac{-1}{3\sqrt{14}} \right| = \frac{1}{3\sqrt{14}},$$

wobei wir auf der rechten Seite von $\cos \beta$ in der obigen Gleichung den Betrag gebildet haben, damit $0° \leq \beta \leq 90°$ gilt. Es folgt dann $\beta \approx 84,89°$ und $\alpha = 90° - \beta \approx 5,11°$.

**7.50** In den Bezeichnungen der vorangegangenen Aufg. 7.49 gilt:

$$\cos \beta = \left| \frac{2 \cdot (-2) + 3 \cdot 5 + 4 \cdot 1}{\sqrt{2^2 + 3^2 + 4^2} \sqrt{(-2)^2 + 5^2 + 1^2}} \right| = \frac{15}{\sqrt{870}}, \text{ woraus } \beta \approx 59,43° \text{ folgt.}$$

Für den gesuchten Schnittwinkel $\alpha$ gilt $\alpha = 90° - \beta = 30,57°$.

**7.51** *1. Schritt:* Bestimmen der Parameterform der Geradengleichung für die Gerade $g$, die durch $P_1$ geht und senkrecht auf $E$ steht.

Aus der Skalarform der Ebenengleichung lesen wir den auf $E$ senkrecht stehenden Vektor $\vec{a} = \begin{pmatrix} 1 \\ -3 \\ 5 \end{pmatrix}$ ab. Somit gilt $g : \vec{x} = \begin{pmatrix} 2 \\ 3 \\ 4 \end{pmatrix} + \lambda \begin{pmatrix} 1 \\ -3 \\ 5 \end{pmatrix}$,

$\lambda \in \mathbb{R}$.

*2. Schritt:* Berechnen des Parameters $\lambda$ in der Geradengleichung von $g$ für den Durchstoßpunkt $P_0 = g \cap E$.

Aus der Geradengleichung für $g$ folgt: $x = 2 + \lambda$, $y = 3 - 3\lambda$, $z = 4 + 5\lambda$, was wir in die Skalarform der gegebenen Ebenengleichung einsetzen:

$(2 + \lambda) - 3(3 - 3\lambda) + 5(4 + 5\lambda) = -22$. Aus der letzten Gleichung folgt $\lambda = -1$.

*3. Schritt:* Berechnen der Koordinaten des gesuchten Spiegelpunktes $P_2$.

Wenn wir in die im 1. Schritt berechnete Parameterform der Geradengleichung für $g$ den Parameter $\lambda = 0$ einsetzen, so erhalten wir den Punkt $P_1$. Wenn wir $\lambda = -1$ einsetzen, so folgt aus dem 2. Schritt, dass wir den Durchstoßpunkt $P_0 = g \cap E$ erhalten. Somit erhalten wir den Spiegelpunkt $P_2$, wenn wir $\lambda = -2$

in die Geradengleichung von $g$ einsetzen: $\begin{pmatrix} 2 \\ 3 \\ 4 \end{pmatrix} - 2 \begin{pmatrix} 1 \\ -3 \\ 5 \end{pmatrix} = \begin{pmatrix} 0 \\ 9 \\ -6 \end{pmatrix}$.

Damit folgt $P_2(0; 9; -6)$.

**7.52** Aus Formel (7.22) erhalten wir

$$\cos \alpha = \frac{A_1 A_2 + B_1 B_2 + C_1 C_2}{\sqrt{A_1^2 + B_1^2 + C_1^2} \, \sqrt{A_2^2 + B_2^2 + C_2^2}}$$

$$= \frac{2 \cdot 3 + 1 \cdot 6 + (-2) \cdot (-2)}{\sqrt{2^2 + 1^2 + (-2)^2} \cdot \sqrt{3^2 + 6^2 + (-2)^2}} = \frac{16}{21},$$

woraus $\alpha = \arccos \dfrac{16}{21} \approx 40,37°$ folgt.

**7.53** Wir lösen das nebenstehende lineare Gleichungssystem und finden als Lösung: $\qquad \begin{cases} 2x - y + 3z = 1 \\ \phantom{2}x + y - z = 2 \end{cases}$

$z = t$, $y = 1 + \dfrac{5}{3} t$, $x = 1 - \dfrac{2}{3} t$ mit dem Parameter $t \in \mathbb{R}$. Hieraus folgt die

Geradengleichung $g : \vec{x} = \begin{pmatrix} 1 \\ 1 \\ 0 \end{pmatrix} + \lambda \begin{pmatrix} -2 \\ 5 \\ 3 \end{pmatrix}$, $\lambda \in \mathbb{R}$, wobei wir $\lambda = \dfrac{t}{3}$

gesetzt haben.

# Kapitel 8

# Matrizen und Determinanten

## 8.1 Begriff der Matrix

**Matrizen vom Typ $(m, n)$**

Eine *Matrix* $A$ ist ein rechteckiges Schema von $m \cdot n$ *Elementen*[1], die in $m$ Zeilen und $n$ Spalten angeordnet sind:

$$
A = \begin{pmatrix}
a_{11} & a_{12} & a_{13} & \cdots & a_{1n} \\
a_{21} & a_{22} & a_{23} & \cdots & a_{2n} \\
\vdots & \vdots & \vdots & \ddots & \vdots \\
a_{m1} & a_{m2} & a_{m3} & \cdots & a_{mn}
\end{pmatrix}
\begin{matrix}
\leftarrow \text{1. Zeile} \\
\leftarrow \text{2. Zeile} \\
\\
\leftarrow \text{m-te Zeile}
\end{matrix}
\tag{8.1}
$$

$$
\begin{matrix}
\uparrow & \uparrow & \uparrow & & \uparrow \\
\text{1.} & \text{2.} & \text{3.} & & n\text{-te Spalte}
\end{matrix}
$$

wobei $m, n \in \mathbb{N}$ gilt. Die Position eines Elementes $a_{ij}$ innerhalb des Schemas wird durch einen Doppelindex gekennzeichnet, wobei der erste Index (in unserem Beispiel ist der erste Index $i$) **immer** die Zeilennummer und der zweite die Spaltennummer angibt. So steht z.B. das Element $a_{23}$ am Kreuzungspunkt der 2. Zeile mit der 3. Spalte. Anstelle von (8.1) wird oft auch

$$
A = (a_{ij})_{\substack{i = 1, 2, \cdots, m \\ j = 1, 2, \cdots, n}} = (a_{ij})
$$

---

[1]Die Elemente $a_{ij}$ einer Matrix $A$ sind beliebige mathematische Objekte, z.B. reelle Zahlen, komplexe Zahlen, Vektoren, Funktionen usw. Im Folgenden werden wir aber immer $a_{ij} \in \mathbb{R}$ betrachten.

geschrieben, d.h., es wird das allgemeine Element $a_{ij}$ der Matrix $A$ angegeben. Ferner werden die Elemente $a_{ii}$ (d.h., der Zeilenindex ist gleich dem Spaltenindex) als *Hauptdiagonalelemente* bezeichnet. Die Menge aller Hauptdiagonalelemente bezeichnen wir als *Hauptdiagonale* von $A$.

Wenn eine Matrix $A$ aus $m$ Zeilen und $n$ Spalten besteht, so sagen wir, dass die Matrix $A$ vom *Typ* $(m, n)$ ist und schreiben dafür kurz:

Typ $(A) = (m, n)$.

Wenn für eine Matrix $m = n$ gilt (d.h., die Anzahl der Zeilen ist gleich der Anzahl der Spalten), dann wird diese Matrix *quadratisch* genannt, oder genauer: *quadratische n-reihige* Matrix. Wenn eine Matrix $Z$ nur aus einer Zeile besteht, d.h., es gilt Typ $(Z) = (1, n)$, dann wird $Z$ als *Zeilenmatrix* bezeichnet. Ferner wird eine Matrix $S$, die nur aus einer Spalte besteht (d.h., es gilt Typ $(S) = (m, 1)$), eine *Spaltenmatrix* genannt. Wegen der Analogie zu den Vektoren werden Spaltenmatrizen auch als *Spaltenvektoren* und Zeilenmatrizen als *Zeilenvektoren* bezeichnet (s. Abschn. 6.2). Wir verwenden dann auch die Bezeichnung aus der Vektorrechnung, z.B. $\vec{s}$ für einen Spaltenvektor.

Aus der Matrix $A$ vom Typ $(m, n)$ entsteht durch Vertauschen der Zeilen und Spalten die *transponierte* Matrix, wobei bei dem Vertauschen die Reihenfolge der Zeilen und Spalten unverändert bleibt, d.h., die 1. Zeile von $A$ wird zur 1. Spalte der transponierten Matrix usw. Die transponierte Matrix wird mit $A^T$ bezeichnet und es gilt, dass die transponierte Matrix $A^T$ vom Typ $(n, m)$ ist (d.h., die Anzahl der Zeilen wird mit der Anzahl der Spalten vertauscht). Anschaulich erhalten wir die transponierte Matrix $A^T$, indem wir die Matrix $A$ an ihrer Hauptdiagonale spiegeln.

Wenn wir die transponierte Matrix $A^T$ nochmals transponieren (d.h., es werden nochmals die Zeilen und Spalten vertauscht), so erhalten wir die Matrix $A$, von der wir ausgegangen sind. Als Formel wird das ausgedrückt durch:

$$\boxed{A^{TT} = A}$$

Die Elemente einer Matrix sind meist Zahlen, zuweilen aber auch andere mathematische Objekte, z.B. Vektoren, Polynome oder selbst wieder Matrizen. Wenn alle Elemente einer Matrix reelle Zahlen sind, so wird diese als *reelle* Matrix bezeichnet. Im Folgenden werden wir uns auf reelle Matrizen beschränken.

**Beispiel.** Wir betrachten die Matrix $A = (a_{ij}) = \begin{pmatrix} 1 & 0 & 3 \\ 2 & 6 & 7 \end{pmatrix}$ mit

Typ $(A) = (2, 3)$. Die Hauptdiagonalelemente von $A$ sind $a_{11} = 1, a_{22} = 6$. Weiterhin gilt z.B. $a_{23} = 7$.

Für die transponierte Matrix folgt $A^T = \begin{pmatrix} 1 & 2 \\ 0 & 6 \\ 3 & 7 \end{pmatrix}$ und Typ $(A^T) = (3, 2)$.

**Aufg. 8.1** Bestimmen Sie im obigen Beispiel die Elemente $a_{12}, a_{13}, a_{21}$ und die Hauptdiagonalelemente von $A^T$.

**Aufg. 8.2** Warum stimmen die Hauptdiagonalelemente einer beliebig gegebenen Matrix $A$ mit den Hauptdiagonalelementen von $A^T$ überein?

# 8.2  Matrizenalgebra

Da (reelle) Matrizen rechteckige Schemata reeller Zahlen sind, bei denen die Anordnung der einzelnen Elemente entscheidend ist, sind die uns vom Rechnen mit reellen Zahlen bekannten algebraischen Operationen der Addition und Multiplikation nicht ohne zusätzliche Betrachtungen auf die Matizenrechnung übertragbar. Es ist deshalb notwendig, die einzelnen Verknüpfungen von Matrizen sorgfältig zu definieren und den Gültigkeitsbereich der einzelnen Definitionen exakt abzugrenzen.

### Gleichheit von Matrizen

Zwei Matrizen $A = (a_{ij})_{\substack{i=1,2,\cdots,m \\ j=1,2,\cdots,n}}$ und $B = (b_{k\ell})_{\substack{k=1,2,\cdots,r \\ \ell=1,2,\cdots,s}}$ sind genau dann *gleich*, wenn sie:

    1.) vom gleichen Typ sind (d.h., es gilt $m = r$ und $n = s$) und

    2.) in allen entsprechenden Elemente übereinstimmen

        (d.h., es gilt $a_{ij} = b_{ij}$ für alle Indizes $i = 1, 2, \ldots, m$ und $j = 1, 2, \ldots, n$).

Wenn die Matrizen $A$ und $B$ gleich sind, so schreiben wir $A = B$.

### Addition und Subtraktion von Matrizen

Es können nur Matrizen vom *gleichen* Typ addiert bzw. subtrahiert werden. Wir definieren:

> Zwei Matrizen $A = (a_{ij})$ und $B = (b_{ij})$ vom *gleichen* Typ werden addiert bzw. subtrahiert, indem die einander entsprechenden Elemente addiert bzw. subtrahiert werden, d.h., es gilt $A + B = (a_{ij} + b_{ij})$ bzw. $A - B = (a_{ij} - b_{ij})$.

Für die Matrizenaddition gelten die folgenden Gesetze, wobei $A$, $B$, $C$ Matrizen vom gleichen Typ sind:

| Kommutativgesetz | $A + B = B + A$ |
|---|---|
| Assoziativgesetz | $(A + B) + C = A + (B + C) = A + B + C$ |

Für die Transponierte der Summe von zwei Matrizen gilt die folgende Formel:

$$\boxed{(A + B)^T = A^T + B^T} \tag{8.2}$$

Wenn zwei gleiche Matrizen subtrahiert werden, so erhalten wir eine Matrix, deren sämtliche Elemente 0 sind. Eine solche Matrix wird als *Nullmatrix O* bezeichnet. Es gilt also:

$$O = A - A. \tag{8.3}$$

Die Nullmatrix $O$ spielt die gleiche Rolle wie die Zahl 0 beim Rechnen mit reellen Zahlen. Für Matrizen $A$, $B$ und die Nullmatrix $O$, die alle vom gleichen Typ sind, gelten die folgenden beiden Eigenschaften:
(1) Aus $A - B = O$ folgt $A = B$.
(2) Es gilt $A \pm O = A$.

### Multiplikation einer Matrix mit einem Skalar

> Eine Matrix $A = (a_{ij})$ wird mit einem Skalar $\lambda \in \mathbb{R}$ multipliziert, indem **jedes** Element der Matrix mit $\lambda$ multipliziert wird.

Es gilt also:

$$\lambda A = (\lambda a_{ij}) \tag{8.4}$$

Wir wollen noch anmerken, dass in (8.4) keine Voraussetzungen an den Typ der Matrix $A$ gemacht werden mussten.

Für Matrizen $A$ und $B$, die vom gleichen Typ sind, und skalaren Größen $\lambda, \mu \in \mathbb{R}$ gelten die folgenden Gesetze:

| Kommutativgesetz | $\lambda A = A \lambda$ | |
| --- | --- | --- |
| Assoziativgesetz | $\lambda(\mu A) = (\lambda\mu)A = \lambda\mu A$ | |
| Distributivgesetze | 1.) $(\lambda + \mu)A = \lambda A + \mu A$ | |
| | 2.) $\lambda(A + B) = \lambda A + \lambda B$ | |

Wir vereinbaren weiterhin, die Matrix $(-1)A$ durch $-A$ zu bezeichnen. Für zwei Matrizen $A$, $B$, die vom gleichen Typ sind, kann dann die Subtraktion $A - B$ dieser Matrizen auf die Addition und Multiplikation mit dem Skalar $(-1)$ gemäß der folgenden Formel zurückgeführt werden:

$$A - B = A + (-1)B = A + (-B).$$

Für quadratische Matrizen erklären wir die beiden Eigenschaften:

Eine quadratische Matrix $A$ heißt:

    1.) *symmetrisch*, wenn $A = A^T$ gilt;

    2.) *schiefsymmetrisch*, wenn $A = -A^T$ gilt.

**Aufg. 8.3** Es seien die Matrizen $A = \begin{pmatrix} 1 & 3 & 2 \\ 0 & 4 & 6 \end{pmatrix}$ und $B = \begin{pmatrix} 8 & 3 & 0 \\ 4 & 6 & 1 \end{pmatrix}$

gegeben. Berechnen Sie: a) $3B$ b) $A + 3B$, c) $2A - B$, d) $2A - 3B$.

**Aufg. 8.4** Beweisen Sie die Aussage: Wenn eine beliebige Matrix $A$, die Typ $(A) = (m, n)$ erfüllt, mit dem Skalar $\lambda = 0$ multipliziert wird, so erhalten wir die Nullmatrix $O$ vom Typ $(m, n)$, d.h. $0 \cdot A = O$.

**Aufg. 8.5** Beweisen Sie, dass sich jede quadratische Matrix $A$ in eine Summe aus einer symmetrischen und einer schiefsymmetrischen Matrix zerlegen lässt.

*Hinweis:* Betrachten Sie die Zerlegung $A = \dfrac{1}{2}\left(A + A^T\right) + \dfrac{1}{2}\left(A - A^T\right)$.

**Multiplikation von Matrizen**

Das *Produkt AB* zweier Matrizen $A$ und $B$ **lässt sich nur bilden**, wenn die Spaltenanzahl des linken Faktors $A$ gleich der Zeilenanzahl des rechten Faktors $B$ ist. Wenn also $A$ eine Matrix vom Typ $(m, n)$ ist, dann **muss** $B$ eine Matrix vom Typ $(n, p)$ sein, und das Produkt $AB$ ist dann eine Matrix $C = (c_{\mu\lambda})$ vom Typ $(m, p)$. Hierbei berechnen sich die Elemente $c_{\mu\lambda}$ der Produktmatrix $C = AB$ als Skalarprodukt der $\mu$-ten Zeile des linken Faktors $A$ mit der $\lambda$-ten Spalte des rechten Faktors $B$, d.h.:

$$c_{\mu\lambda} = \sum_{\nu=1}^{n} a_{\mu\nu} b_{\nu\lambda} = a_{\mu 1} b_{1\lambda} + a_{\mu 2} b_{2\lambda} + \ldots + a_{\mu n} b_{n\lambda} \tag{8.5}$$

(wobei $m, n, p \in \mathbb{N}$ gilt).

    Für die Ausführung der Matrizenmultiplikation $C = AB$ bietet das im Folgenden beschriebene *Falksche Schema* eine bessere Übersicht.

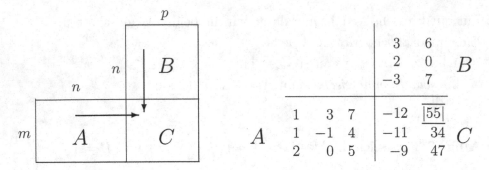

Für das **Beispiel** $A = \begin{pmatrix} 1 & 3 & 7 \\ 1 & -1 & 4 \\ 2 & 0 & 5 \end{pmatrix}$ und $B = \begin{pmatrix} 3 & 6 \\ 2 & 0 \\ -3 & 7 \end{pmatrix}$ erläutern wir

das Falksche Schema. Es folgt

$$C = AB = \begin{pmatrix} 1 & 3 & 7 \\ 1 & -1 & 4 \\ 2 & 0 & 5 \end{pmatrix} \begin{pmatrix} 3 & 6 \\ 2 & 0 \\ -3 & 7 \end{pmatrix} = \begin{pmatrix} -12 & 55 \\ -11 & 34 \\ -9 & 47 \end{pmatrix}.$$

So z.B. ergibt sich das eingerahmte Element $c_{12} = 55$ der Matrix $C = AB$ gemäß Formel (8.5) aus $1 \cdot 6 + 3 \cdot 0 + 7 \cdot 7 = 55$, d.h., wir haben die 1. Zeile der Matrix $A$ skalar mit der 2. Spalte der Matrix $B$ multipliziert. Als Merkregel für die Matrizenmultiplikation notieren wir:

> Zeile mal Spalte

**Aufg. 8.6** Berechnen Sie das Matrizenprodukt $C = AB$ für:

a) $A = \begin{pmatrix} 5 & 2 & 1 \\ 3 & 0 & 1 \end{pmatrix}$, $B = \begin{pmatrix} 1 & 3 & 0 \\ 1 & 1 & 4 \\ 2 & 0 & 0 \end{pmatrix}$; b) $A = \begin{pmatrix} 5 & 2 & 1 \end{pmatrix}$, $B = \begin{pmatrix} 1 \\ 3 \\ 2 \end{pmatrix}$;

c) $A = \begin{pmatrix} 2 & 1 & 0 & 5 \\ 3 & -8 & 4 & 7 \\ 6 & 0 & 2 & 1 \end{pmatrix}$, $B = \begin{pmatrix} 7 & 0 & 1 \\ -3 & 6 & 4 \\ 0 & -2 & -3 \\ 6 & 0 & -1 \end{pmatrix}$.

## Eigenschaften der Matrizenmultiplikation

### 1.) Nichtkommutativität

Die Matrizenmultiplikation ist **nicht kommutativ**, d.h., die Reihenfolge der zu multiplizierenden Matrizen darf **nicht vertauscht** werden.

*Erläuterung:* Damit für zwei gegebene Matrizen $A$ und $B$ das Matrizenprodukt $AB$ gebildet werden kann, muss Typ $(A) = (m, n)$ und Typ $(B) = (n, p)$ gelten (d.h., die Spaltenanzahl der links stehenden Matrix $A$ muss gleich der Zeilenanzahl der rechts stehenden Matrix $B$ sein). Wenn wir nun das Produkt $BA$, in welchem die Reihenfolge der zu multiplizierenden Matrizen vertauscht worden ist, bilden wollen, so ist folgendes zu beachten:

a) Im allgemeinen Fall existiert das Matrizenprodukt $BA$ nicht, denn es muss ja die Spaltenanzahl von $B$ mit der Zeilenanzahl von $A$ übereinstimmen, was $p = m$ in der obigen Bezeichnung bedeutet.

b) Wir betrachten jetzt speziell zwei Matrizen $A$ und $B$, für welche Typ $(A) = (m, n)$ und Typ $(B) = (n, m)$ gilt. Jetzt existieren die beiden Produkte $AB$ und $BA$. Wenn jedoch $m \neq n$ gilt, so folgt sofort $AB \neq BA$, denn es gilt ja Typ $(AB) = (m, m)$, Typ $(BA) = (n, n)$ und somit Typ $(AB) \neq$ Typ $(BA)$.

c) Wir betrachten jetzt speziell zwei quadratische Matrizen $A, B$ mit der gleichen Zeilenanzahl $m$, d.h., Typ $(A) = (m, m)$ und Typ $(B) = (m, m)$. In diesem Fall existieren die Produktmatrizen $AB$ und $BA$, und sie sind außerdem vom gleichen Typ, d.h., Typ $(AB) =$ Typ $(BA) = (m, m)$. Im allgemeinen Fall gilt aber auch jetzt $AB \neq BA$.

Für den sehr speziellen Fall, dass $AB = BA$ gilt, führen wir die folgende Bezeichnung ein:

> Zwei quadratische Matrizen $A, B$ heißen *kommutatives Matrizenpaar*, wenn $AB = BA$ gilt.

Wir betrachten die *n-reihige Einheitsmatrix*:

$$
E_n = \begin{pmatrix}
1 & 0 & 0 & \cdots & 0 \\
0 & 1 & 0 & \cdots & 0 \\
0 & 0 & 1 & \cdots & 0 \\
\vdots & \vdots & \vdots & \ddots & \vdots \\
0 & 0 & 0 & \cdots & 1
\end{pmatrix}
\tag{8.6}
$$

Jedes Element der Hauptdiagonale von $E_n$ ist 1 und alle anderen Elemente sind 0. Für jede $n$-reihige quadratische Matrix $A$ gilt damit die Matrizengleichung

$$
AE_n = E_nA = A.
\tag{8.7}
$$

*Bemerkungen:* a) Zum Beweis von Formel (8.7) siehe Aufg. 8.8.

b) Aus der Formel (8.7) ersehen wir, dass die Einheitsmatrix $E_n$ die gleiche Rolle wie die Zahl 1 bei der Multiplikation reeller Zahlen spielt, denn es gilt ja $1 \cdot a = a \cdot 1 = a$ für jede reelle Zahl $a$.

## 2.) Assoziativgesetz der Matrizenmultiplikation

*Voraussetzung:* Für drei gegebene Matrizen $A, B, C$ sei Typ $(A) = (m, n)$,
Typ $(B) = (n, p)$ und Typ $(C) = (p, q)$ erfüllt.
Unter dieser Voraussetzung sind die beiden Matrizenprodukte $AB$ und $BC$
erklärt. Es gilt dann das:

> Assoziativgesetz: $A(BC) = (AB)C = ABC$

*Erläuterung:* Wenn unter der oben gegebenen Voraussetzung das Produkt von
drei Matrizen $A$, $B$, $C$ zu bilden ist, so besagt das obige Assoziativgesetz, dass
es gleichgültig ist, ob wir

1.) zuerst das Matrizenprodukt $BC$ berechnen und dann das Ergebnis von
   links mit $A$ multiplizieren und somit $A(BC)$ erhalten oder aber
2.) zuerst das Matrizenprodukt $AB$ berechnen und dann das Ergebnis von
   rechts mit der Matrix $C$ multiplizieren und somit $(AB)C$ erhalten.

Wir können deshalb die Klammern weglassen und einfach $ABC$ schreiben.

## 3.) Distributivgesetze

Addition und Multiplikation von Matrizen hängen über die folgenden Distributivgesetze zusammen.
*Voraussetzung 1:* Es seien drei Matrizen $A$, $B$, $C$ gegeben, so dass
   Typ $(A)=$Typ $(B) = (m, n)$ und Typ $(C) = (n, p)$ gilt.
Unter der obigen Voraussetzung sind die Matrizen $A + B$, $AC$, $BC$ und
$(A + B)C$ erklärt. Es gilt dann:

> 1. Distributivgesetz: $(A + B)C = AC + BC$

*Voraussetzung 2:* Es seien drei Matrizen $A$, $B$, $D$ gegeben, so dass
   Typ $(A)=$Typ $(B) = (m, n)$ und Typ $(D) = (p, m)$ gilt.
Unter der obigen Voraussetzung sind die Matrizen $A + B$, $DA$, $DB$ und
$D(A + B)$ erklärt. Es gilt dann:

> 2. Distributivgesetz: $D(A + B) = DA + DB$

## 4.) Transponieren eines Matrizenproduktes

*Voraussetzung:* Es seien zwei Matrizen $A$, $B$ gegeben, so dass Typ $(A) = (m, n)$
und Typ $(B) = (n, p)$ gilt.
Das Matrizenprodukt $AB$ ist dann erklärt, und es gilt die Formel:

> $(AB)^T = B^T A^T$

$$(8.8)$$

**Aufg. 8.7** Bestimmen Sie zur Matrix $A = \begin{pmatrix} 1 & 3 \\ 0 & 1 \end{pmatrix}$ alle Matrizen $B$, so dass die Matrizen $A, B$ ein kommutatives Matrizenpaar bilden.

**Aufg. 8.8** Beweisen Sie die Formel (8.7). (*Hinweis:* Betrachten Sie eine allgemeine Matrix $A$ wie in (8.1) mit $m = n$ und die Matrix $E_n$ von (8.6). Berechnen Sie damit $AE_n$ und $E_nA$ mit Hilfe des Falkschen Schemas.)

**Aufg. 8.9** Es seien Matrizen $A$, $B$, $C$, $D$ gegeben, wobei Typ $A = (3, 2)$ und Typ $D = (3, 4)$ gilt. Von welchem Typ müssen die Matrizen $B$ und $C$ sein, damit der Ausdruck $AB - 2(C + D)$ definiert ist?

**Aufg. 8.10** Für $A = \begin{pmatrix} 2 & -1 \\ -3 & 2 \end{pmatrix}$, $B = \begin{pmatrix} -2 & 4 \\ 3 & -1 \end{pmatrix}$, $C = \begin{pmatrix} 3 & 2 \\ 5 & 3 \end{pmatrix}$ ist die Matrix $ABC$ zu berechnen.

**Aufg. 8.11** Berechnen Sie a) $AB$, b) $A^T B^T$ und c) $B^T A^T$ für die Matrizen

$$A = \begin{pmatrix} 1 & -2 & 3 & -2 & 1 \\ -3 & 2 & -1 & 2 & -3 \\ 1 & 1 & 1 & 1 & 1 \end{pmatrix}, \quad B = \begin{pmatrix} 1 & 1 & 5 & 3 \\ 2 & 2 & 4 & 2 \\ 3 & 3 & 3 & 1 \\ 2 & 4 & 2 & 2 \\ 1 & 5 & 1 & 3 \end{pmatrix}.$$

## 8.3 Vektoren im $\mathbb{R}^n$

Im Kapitel 6 hatten wir Vektoren im zwei- und dreidimensionalem Raum betrachtet. Wenn wir die Komponentendarstellung dieser Vektoren verwenden, so können wir die Vektorrechnung auf Vektoren des $n$-dimensionalen Raumes $\mathbb{R}^n$ mit beliebigem $n \in \mathbb{N}$ verallgemeinern.

**Algebraische Operationen für Vektoren des $\mathbb{R}^n$**

Für $n$-reihige Spaltenvektoren $\vec{a} = \begin{pmatrix} a_1 \\ \vdots \\ a_n \end{pmatrix}, \vec{b} = \begin{pmatrix} b_1 \\ \vdots \\ b_n \end{pmatrix}$ werden die Vektoraddition und die Multiplikation mit Skalaren $\lambda \in \mathbb{R}$ (s. Abschn. 6.2) mit Hilfe der oben gegebenen algebraischen Operationen zwischen Matrizen

$$\vec{a} + \vec{b} = \begin{pmatrix} a_1 + b_1 \\ \vdots \\ a_n + b_n \end{pmatrix}, \quad \lambda \vec{a} = \lambda \begin{pmatrix} a_1 \\ \vdots \\ a_n \end{pmatrix} = \begin{pmatrix} \lambda a_1 \\ \vdots \\ \lambda a_n \end{pmatrix}$$

verallgemeinert. Als Verallgemeinerung des Skalarproduktes erhalten wir

$$\langle \vec{a}|\vec{b}\rangle = \sum_{i=1}^{n} a_i b_i = \vec{a}^T \vec{b} \qquad (8.9)$$

wobei $\vec{a}^T \vec{b}$ das Matrizenprodukt des Zeilenvektors $\vec{a}^T$ mit dem Spaltenvektor $\vec{b}$ ist. Für die *Länge eines Vektors* $\vec{a}$ erhalten wir dann

$$|\vec{a}| = \sqrt{\vec{a}^T \vec{a}}$$

Ein Vektor mit der Länge 1 heißt *Einheitsvektor* oder *normierter Vektor*. Für jeden Vektor $\vec{a} \neq \vec{o}$ ist $\frac{1}{|\vec{a}|}\vec{a}$ ein normierter Vektor mit der gleichen Richtung wie $\vec{a}$. $\frac{1}{|\vec{a}|}\vec{a}$ wird als der zu $\vec{a}$ gehörende normierte Vektor bezeichnet.

Die Orthogonalität zweier Vektoren des $\mathbb{R}^n$ erklären wir durch:

> Zwei Vektoren $\vec{a}, \vec{b}$ sind genau dann orthogonal (Bezeichnung: $\vec{a} \perp \vec{b}$), wenn $\langle \vec{a}|\vec{b}\rangle = \vec{a}^T \vec{b} = 0$ gilt.

**Aufg. 8.12** Bestimmen Sie den zu $\vec{a} = (1, 2, 3, 2\sqrt{3})^T$ gehörenden normierten Vektor[2].

**Aufg. 8.13** Bestimmen Sie die Menge $L$ der zu $\vec{a} = (1, 1, 1, 1)^T$ orthogonalen Vektoren des $\mathbb{R}^4$.

## Orthonormalsysteme und Orthonormalbasen für Vektoren des $\mathbb{R}^n$

Eine Menge von Vektoren $S = \{\vec{a_1}, \ldots, \vec{a_m}\}$ des $\mathbb{R}^n$ heißt *Orthonormalsystem*, wenn die Vektoren aus $S$ normiert und paarweise orthogonal sind, d.h. es gilt

$$\langle \vec{a_i}|\vec{a_j}\rangle = \vec{a_i}^T \vec{a_j} = \begin{cases} 1 & \text{für} \quad i = j \\ 0 & \text{für} \quad i \neq j \end{cases} \; ; i, j = 1, 2, \ldots, m. \qquad (8.10)$$

Wenn außerdem $m = n$ gilt, so wird $S$ als *Orthonormalbasis* (für die Vektoren des $\mathbb{R}^n$) bezeichnet, denn jeder Vektor $\vec{x}$ des $\mathbb{R}^n$ lässt sich eindeutig aus den Vektoren aus $S$ linear kombinieren, d.h., zu $\vec{x}$ existieren eindeutig bestimmte Skalare $\alpha_1, \ldots, \alpha_m \in \mathbb{R}$ mit

$$\vec{x} = \alpha_1 \vec{a_1} + \alpha_2 \vec{a_2} + \ldots + \alpha_n \vec{a_n}.$$

---

[2]Wir schreiben den Spaltenvektor $\vec{a}$ als Transponierten eines Zeilenvektors, um „Platz zu sparen".

## Schmidtsches Orthonormalisierungsverfahren

Wie im Abschn.6.1, Linearkombinationen und lineare Abhängigkeit, heißen Vektoren $\{\vec{a_1}, \ldots, \vec{a_m}\}$ linear unabhängig, wenn zwischen ihnen nur die triviale Nullrelation besteht. Wir betrachten dann die lineare Hülle

$$M = \mathcal{L}\{\vec{a_1}, \ldots, \vec{a_m}\} = \left\{ \vec{x} = \sum_{i=1}^{m} \lambda_i \vec{a_i} \mid \lambda_i \in \mathbb{R} \right\},$$

wobei die Vektoren aus $A = \{\vec{a_1}, \ldots, \vec{a_m}\}$ linear unabhängig seien. Wir konstruieren neue Vektoren $\{\vec{b_1}, \ldots, \vec{b_m}\}$ durch

$$\boxed{\vec{b_1} = \vec{a_1}, \ \vec{b_k} = \vec{a_k} - \sum_{i=1}^{k-1} \frac{\langle \vec{a_k} | \vec{b_i} \rangle}{\langle \vec{b_i} | \vec{b_i} \rangle} \vec{b_i}, k = 2, \ldots, m.} \tag{8.11}$$

Dann ist $B = \left\{ \frac{1}{|\vec{b_1}|} \vec{b_1}, \ldots, \frac{1}{|\vec{b_m}|} \vec{b_m} \right\}$ eine Orthonormalbasis für den Vektorteilraum[3] $M = \mathcal{L}\{\vec{a_1}, \ldots, \vec{a_m}\}$, d.h., zu jedem Vektor $\vec{x} \in M$ existieren eindeutig bestimmte Skalare $\alpha_i \in \mathbb{R}$ mit $\vec{x} = \sum_{i=1}^{m} \alpha_i \left( \frac{1}{|\vec{b_i}|} \vec{b_i} \right)$.

Die obige Konstruktion der Normalbasis $B$ aus dem System linear unabhängiger Vektoren $A$ wird als Schmidtsches[4] Orthonormalisierungsverfahren bezeichnet.

**Aufg. 8.14** Für die linear unabhängigen Vektoren $\vec{a_1} = (-1, 2, 3, 0)^T$, $\vec{a_2} = (0, 1, 2, 1)^T$, $\vec{a_3} = (2, -1, -1, 1)^T$ des $\mathbb{R}^4$ wird $M = \mathcal{L}\{\vec{a_1}, \vec{a_2}, \vec{a_3}\}$ betrachtet. Bestimmen Sie eine Orthonormalbasis für $M$.

# 8.4 Determinante einer quadratischen Matrix

In diesem und im nächsten Abschnitt beschäftigen wir uns ausschließlich mit quadratischen Matrizen. Wir definieren jetzt den Begriff der Determinante, welcher von zentraler Bedeutung in der Mathematik ist.

## Bezeichnung

Jeder $n$-reihigen quadratischen Matrix $A = (a_{ij})$ mit reellen Elementen $a_{ij}$ läßt sich auf eindeutige Weise eine reelle Zahl, die als Determinante $D$ der Matrix

---

[3] $M$ ist ein Vektorteilraum, denn mit $\vec{x}, \vec{y} \in M$ gilt i) $\vec{x} + \vec{y} \in M$ und ii) $\alpha \vec{x} \in M$ für alle $\alpha \in \mathbb{R}$.

[4] benannt nach Erhard Schmidt (1876-1959), deutscher Mathematiker.

$A$ bezeichnet wird, zuordnen. Für die Determinante $D$ verwenden wir folgende Schreibweisen:

$$D = \det(A) = \begin{vmatrix} a_{11} & a_{12} & a_{13} & \cdots & a_{1n} \\ a_{21} & a_{22} & a_{23} & \cdots & a_{2n} \\ a_{31} & a_{32} & a_{33} & \cdots & a_{3n} \\ \vdots & \vdots & \vdots & \ddots & \vdots \\ a_{n1} & a_{n2} & a_{n3} & \cdots & a_{nn} \end{vmatrix} \qquad (8.12)$$

*Bemerkungen:* a) Wir wollen darauf hinweisen, dass eine Determinante immer mit senkrechten Strichen wie in (8.12)bezeichnet wird. Eine Matrix wird hingegen mit runden Klammern beschrieben.

b) Wenn wir die Determinante einer $n$-reihigen quadratischen Matrix betrachten, so wird diese Determinante auch als $n$-reihige Determinante bezeichnet.

c) Der Begriff der Determinante wird auch für quadratische Matrizen, deren Elemente komplexe Zahlen oder andere mathematische Objekte sind, erklärt. Hierauf gehen wir aber nicht ein, da wir ausschließlich reelle Matrizen betrachten.

## Unterdeterminanten und Adjunkten

Bevor wir zur Berechnung von Determinanten kommen, betrachten wir zunächst eine wichtige Eigenschaft der Determinanten.

Für die in (8.12) gegebene $n$-reihige Determinante $D$ bezeichnen wir als *Unterdeterminante* des Elementes $a_{ij}$ diejenige $(n-1)$-reihige Determinante, die aus der gegebenen Determinante $D$ durch Streichen der $i$-ten Zeile und der $j$-ten Spalte hervorgeht (das Element $a_{ij}$ steht am Kreuzungspunkt der gestrichenen Zeile und Spalte!). Hiermit erklären wir die *Adjunkte $A_{ij}$* des Elementes $a_{ij}$, welche gleich der mit dem Faktor $(-1)^{i+j}$ versehenen Unterdeterminante von $a_{ij}$ ist.

*Bemerkung:* Die Vorzeichen der Adjunkten lassen sich einfach mit der „Schachbrettregel" festlegen. Hierbei schreiben wir in die linke obere Ecke ein „+"-Zeichen und dann abwechselnd „−"-Zeichen und „+"-Zeichen, so dass das nebenstehende Schachbrettmuster entsteht. Aus diesem können wir dann dasVorzeichen für jede Adjunkte ablesen.

$$\begin{vmatrix} + & - & + & \cdots \\ - & + & - & \cdots \\ + & - & + & \cdots \\ \vdots & \vdots & \vdots & \ddots \end{vmatrix}$$

Wenn wir z.B. die Adjunkte $A_{23}$ bestimmen wollen, so ist diese gleich der Unterdeterminante zum Element $a_{23}$ versehen mit einem " − "-Zeichen, denn am Kreuzungspunkt der 2. Zeile mit der 3. Spalte steht ein " − "-Zeichen.

## Laplacescher Entwicklungssatz[5]

Für die in (8.12) gegebene $n$-reihige Determinante $D$ gilt:
a) Entwicklung von $D$ nach der $i$-ten Zeile:

$$D = \sum_{\nu=1}^{n} a_{i\nu} A_{i\nu} = a_{i1} A_{i1} + a_{i2} A_{i2} + a_{i3} A_{i3} + \cdots + a_{in} A_{in} \qquad (8.13)$$

b) Entwicklung von $D$ nach der $j$-ten Spalte:

$$D = \sum_{\mu=1}^{n} a_{\mu j} A_{\mu j} = a_{1j} A_{1j} + a_{2j} A_{2j} + a_{3j} A_{3j} + \cdots + a_{nj} A_{nj} \qquad (8.14)$$

*Bemerkungen:* a) Die Formel (8.13) besagt, dass der Wert einer Determinante $D$ gleich der Summe der Produkte aller Elemente einer fest gewählten Zeile (in der obigen Formel ist es die $i$-te Zeile) mit ihren Adjunkten ist. Der Wert der Determinante ist hierbei unabhängig von der gewählten Zeile.
b) Analog zu a) besagt die Formel (8.14), dass der Wert von $D$ auch als Summe der Produkte aller Elemente einer fest gewählten Spalte mit ihren Adjunkten gegeben wird.

Wir wollen nochmals betonen, dass wir immer den gleichen Wert für $D$ erhalten, egal nach welcher Zeile oder Spalte wir die Determinante $D$ entwickeln.

## Rekursive Definition der Determinante

Wir beginnen mit der Definition von zweireihigen Determinanten und setzen:

$$\begin{vmatrix} a_{11} & a_{12} \\ a_{21} & a_{22} \end{vmatrix} = a_{11} a_{22} - a_{12} a_{21} \qquad (8.15)$$

Als *Merkregel* für **zweireihige** Determinanten notieren wir für (8.15):

> Produkt der Hauptdiagonalelemente **minus** Produkt der Nebendiagonalelemente.

Um allgemein eine $n$-reihige Determinante berechnen zu können, wenden wir das Prinzip der „schrittweisen Erniedrigung der Reihenanzahl" an, welches auf dem oben gegebenen Laplaceschen Entwicklungssatz beruht. Mit Hilfe dieses Entwicklungssatzes wird eine $n$-reihige Determinante auf eine Summe von $(n-1)$-reihigen Determinanten zurückgeführt. Diese $(n-1)$-reihigen Determinanten werden dann in einem 2. Schritt auf eine Summe von $(n-2)$-reihigen

---

[5]benannt nach Pierre-Simon Laplace, französischer Mathematiker, Physiker und Astronom, 1749 - 1827

Determinanten zurückgeführt. Diese schrittweise Erniedrigung der Reihenanzahl wird solange ausgeführt, bis schließlich nur noch zweireihige Determinanten, welche in der Formel (8.15) gegeben worden sind, auftreten. Damit kann dann die Determinante berechnet werden.

*Bemerkung:* Die Determinante einer $n$-reihigen quadratischen Matrix kann auch durch die Leibnizsche Determinantendefinition beschrieben werden, worauf wir hier aber nicht näher eingehen.

**Aufg. 8.15** Berechnen Sie: a) $\begin{vmatrix} 2 & 3 & 4 \\ 1 & 6 & 2 \\ 5 & 1 & 9 \end{vmatrix}$, b) $\begin{vmatrix} 2 & 3 & 4 \\ 1 & 0 & 0 \\ 5 & 1 & 9 \end{vmatrix}$ (*Hinweis:* Entwickeln Sie nach der 2. Zeile!).

**Aufg. 8.16** Für Vektoren $\vec{a} = \begin{pmatrix} a_1 \\ a_2 \\ a_3 \end{pmatrix}$, $\vec{b} = \begin{pmatrix} b_1 \\ b_2 \\ b_3 \end{pmatrix}$, $\vec{c} = \begin{pmatrix} c_1 \\ c_2 \\ c_3 \end{pmatrix}$ betrachten wir $\vec{a} \times \vec{b} = \begin{vmatrix} \vec{e}_1 & a_1 & b_1 \\ \vec{e}_2 & a_2 & b_2 \\ \vec{e}_3 & a_3 & b_3 \end{vmatrix}$ und $[\vec{a}, \vec{b}, \vec{c}] = \begin{vmatrix} a_1 & b_1 & c_1 \\ a_2 & b_2 & c_2 \\ a_3 & b_3 & c_3 \end{vmatrix}$. Entwickeln Sie die beiden Determinanten jeweils nach der ersten Spalte und vergleichen Sie Ihr Ergebnis mit der im Abschn. 6, Vektor- und Spatprodukt in Koordinatendarstellung (unmittelbar nach Formel (6.10)) angegebenen Lösung.

## Eigenschaften von Determinanten

Wir betrachten die Determinante $D = \det(A)$ einer quadratischen Matrix $A$. Es gilt dann:

| | |
|---|---|
| $\det(A) = 0$, falls | 1.) eine Zeile von $A$ aus lauter Nullen besteht oder |
| | 2.) zwei Zeilen von $A$ einander gleich sind oder |
| | 3.) eine Zeile von $A$ eine Linearkombination aus anderen Zeilen von $A$ ist. |

Für die Berechnung von Determinanten sind die folgenden Eigenschaften von besonderem Interesse:

| 1.) | Die Determinante $D = \det(A)$ ändert ihren Wert nicht, wenn das Vielfache einer Zeile von $A$ zu einer anderen Zeile addiert wird. |
|-----|-----|
| 2.) | Wenn zwei Zeilen der Matrix $A$ vertauscht werden, so ändert die Determinante $D = \det(A)$ ihr Vorzeichen. |
| 3.) | Es gilt $D = \det(A) = \det(A^T)$. |

*Bemerkungen:* a) Aus der Eigenschaft 3.) folgt, dass eine Determinante $D = \det(A)$ ihren Wert nicht ändert, wenn in der Matrix $A$ sich entsprechende Zeilen und Spalten vertauscht werden. Somit gelten alle oben gegebenen Eigenschaften, welche für Zeilen formuliert worden sind, auch für Spalten. Wir erhalten also wahre Aussagen, wenn wir in den oben gegebenen beiden Übersichten immer das Wort „Zeile" durch „Spalte" ersetzen.

b) Um eine Determinante mit Hilfe des Laplaceschen Entwicklungssatzes zu berechnen, ist es vorteilhaft, in derjenigen Zeile bzw. Spalte, nach welcher die Determinante entwickelt werden soll, möglichst viele Nullen mit Hilfe der oben gegebenen Eigenschaften 1.) und 2.) zu erzeugen. (Siehe Aufg. 8.15 b).)

Eine weitere für die Berechnung von Determinanten wichtige Eigenschaft ist das Herausziehen eines allen Elementen einer Zeile (bzw. Spalte) gemeinsamen Faktors $\lambda \in \mathbb{R}$:

$$
\begin{vmatrix}
a_{11} & a_{12} & a_{13} & \cdots & a_{1n} \\
a_{21} & a_{22} & a_{23} & \cdots & a_{2n} \\
a_{31} & a_{32} & a_{33} & \cdots & a_{3n} \\
\cdots & \cdots & \cdots & \cdots & \cdots \\
\lambda a_{i1} & \lambda a_{i2} & \lambda a_{i3} & \cdots & \lambda a_{in} \\
\cdots & \cdots & \cdots & \cdots & \cdots \\
a_{n1} & a_{n2} & a_{n3} & \cdots & a_{nn}
\end{vmatrix}
= \lambda \cdot
\begin{vmatrix}
a_{11} & a_{12} & a_{13} & \cdots & a_{1n} \\
a_{21} & a_{22} & a_{23} & \cdots & a_{2n} \\
a_{31} & a_{32} & a_{33} & \cdots & a_{3n} \\
\cdots & \cdots & \cdots & \cdots & \cdots \\
a_{i1} & a_{i2} & a_{i3} & \cdots & a_{in} \\
\cdots & \cdots & \cdots & \cdots & \cdots \\
a_{n1} & a_{n2} & a_{n3} & \cdots & a_{nn}
\end{vmatrix}
\qquad (8.16)
$$

*Bemerkungen:* a) In Gleichung (8.16) wurde der allen Elementen der $i$-ten Zeile gemeinsame Faktor $\lambda$ aus der Determinante herausgezogen und vor die Determinante geschrieben. Es ist hierbei egal, aus welcher Zeile oder Spalte der gemeinsame Faktor herausgezogen wird.

b) Wir wollen besonders darauf hinweisen, das sich die Formel (8.16) wesentlich von der analogen Formel (8.4) der Matrizenrechnung unterscheidet. Es gilt also, dass eine Determinante mit einem Faktor $\lambda \in \mathbb{R}$ multipliziert wird, indem wir alle Elemente **einer Zeile** mit $\lambda$ multiplizieren (es können aber auch alle Elemente **einer Spalte** mit $\lambda$ multipliziert werden). Wenn wir hingegen aber eine Matrix $A$ mit einem skalaren Faktor $\lambda \in \mathbb{R}$ multiplizieren, so werden **alle Elemente** der Matrix $A$ mit $\lambda$ multipliziert.

Für eine $n$-reihige quadratische Matrix $A$ gilt somit:

$$\det(\lambda A) = \lambda^n \det(A).$$

**Aufg. 8.17** Berechnen Sie die folgenden Determinanten:

a) $\begin{vmatrix} 1 & -2 & -6 & 4 \\ -3 & 1 & 2 & -5 \\ 4 & 0 & -4 & 3 \\ 6 & 0 & 1 & 8 \end{vmatrix}$ , b) $\begin{vmatrix} 18 & 0 & 0 & -8 \\ 7 & 5 & 2 & 2 \\ 3 & -7 & 9 & 0 \\ 24 & 4 & 20 & 6 \end{vmatrix}$ , c) $\begin{vmatrix} \frac{3}{2} & -\frac{9}{2} & -\frac{3}{2} & -3 \\ \frac{5}{3} & \frac{8}{3} & \frac{2}{3} & \frac{7}{3} \\ \frac{4}{3} & -\frac{5}{3} & -1 & -\frac{2}{3} \\ 7 & -8 & -4 & -5 \end{vmatrix}$ ,

d) $\begin{vmatrix} 2 & 9 & 9 & 4 \\ 2 & -3 & 12 & 8 \\ 4 & 8 & 3 & -5 \\ 1 & 2 & 6 & 4 \end{vmatrix}$ .

(*Hinweis zu* c): Um das Rechnen mit Brüchen zu vermeiden, ziehen Sie gemeinsame Faktoren aus den ersten drei Zeilen gemäß Formel (8.16) vor die Determinante.)

**Aufg. 8.18** Warum sind die folgenden Determinanten gleich 0 ?

a) $\begin{vmatrix} 2 & 9 & 9 & 4 & 1 \\ 0 & 2 & -3 & 12 & 8 \\ 4 & 8 & 3 & -1 & -5 \\ 1 & 2 & -2 & 6 & 4 \\ 5 & 10 & 1 & 5 & -1 \end{vmatrix}$ , b) $\begin{vmatrix} -3 & -12 & -1 & -25 & -11 \\ 0 & 2 & -3 & 12 & 8 \\ 3 & 8 & 7 & 1 & -5 \\ 1 & 2 & -2 & 6 & 4 \\ 5 & 7 & 1 & -5 & -1 \end{vmatrix}$ .

Für zwei quadratische Matrizen $A, B$ vom gleichen Typ berechnet sich die Determinante des Matrizenproduktes nach dem *Multiplikationssatz*

$$\boxed{\det(AB) = \det(A) \cdot \det(B)} \tag{8.17}$$

**Der Rang einer Matrix**

Gegeben sei eine $(m, n)$-Matrix $A = \begin{pmatrix} a_{11} & a_{12} & \cdots & a_{1n} \\ \cdots\cdots\cdots\cdots\cdots\cdots \\ a_{m1} & a_{m2} & \cdots & a_{mn} \end{pmatrix}$ .

Es werden nun Zeilen und Spalten von $A$ gestrichen, so dass eine quadratische Matrix $\tilde{A}$ entsteht. Dann wird die Determinante $\det(\tilde{A})$ jeder so gebildeten Matrix $\tilde{A}$ als *Unterdeterminante* von $A$ bezeichnet. Als *Rang* der Matrix $A$ wird die maximale Zeilenanzahl aller von Null verschiedenen Unterdeterminanten $\det(\tilde{A} \neq 0)$ definiert.

Den Rang der Matrix $A$ können wir mit Hilfe des folgenden Algorithmus bestimmen. Wenn alle $a_{ij} = 0$ sind dann setzen wir Rang($A$)=0. Anderenfalls können wir durch geeignetes Vertauschen von Zeilen bzw. Spalten sowie durch Addition des Vielfachen einer Zeile zu einer anderen Zeile immer eine nebenstehende Trapezgestalt erreichen, wobei alle $\alpha_{jj} \neq 0$ sind, $j = 1, 2, \ldots r$.

$$\begin{pmatrix} \alpha_{11} & \alpha_{12} & & & \cdots & \alpha_{1n} \\ 0 & \alpha_{22} & & & \cdots & \alpha_{2n} \\ \vdots & & \ddots & & & \vdots \\ 0 & \cdots & 0 & \alpha_{rr} & \cdots & \alpha_{rn} \\ 0 & \cdots & 0 & 0 & \cdots & 0 \\ \cdots & \cdots & \cdots & \cdots & \cdots & \cdots \\ 0 & \cdots & 0 & 0 & \cdots & 0 \end{pmatrix}$$

Da sich bei dem oben beschriebenen Algorithmus die Beträge der Unterdeterminanten nicht ändern, ist die $r$-reihige Unterdeterminante in der linken oberen Ecke von maximaler Zeilenanzahl, woraus sofort Rang($A$)=$r$ folgt. Für die Rangbestimmung bietet sich dann das in Abschn. 5.3 (Das Rangkriterium) beschriebene Rechenschema an.

**Aufg. 8.19** Bestimmen Sie in Abhängigkeit vom Parameter $a$ den Rang der nebenstehenden Matrix A.

$$\begin{pmatrix} 0 & 2 & 2 & -1 & 2 \\ 2 & 2 & a+1 & -1 & 4 \\ -1 & -2 & -4 & 1 & -3 \\ -5 & 2 & 1 & -4 & -3 \end{pmatrix}$$

## 8.5   Inverse Matrix

### Definition der inversen Matrix $A^{-1}$

Wir betrachten eine $n$-reihige *quadratische* Matrix $A$ und führen die folgenden Bezeichnungen ein:

$$A \text{ heißt} \begin{cases} regulär, \text{ wenn } \det(A) \neq 0 \text{ gilt} \\ singulär, \text{ wenn } \det(A) = 0 \text{ gilt} \end{cases}$$

Mit $A^{-1}$ bezeichnen wir die zu $A$ *inverse Matrix*, die durch die Matrizengleichungen

$$AA^{-1} = A^{-1}A = E_n \qquad (8.18)$$

charakterisiert ist, wobei $E_n$ die $n$-reihige Einheitsmatrix bezeichnet (s. Formel (8.6)).

*Bemerkungen:* a) Da $A$ eine $n$-reihige quadratische Matrix ist, muss $A^{-1}$ ebenfalls eine $n$-reihige quadratische Matrix sein, um die Matrizenmultiplikationen in (8.18) ausführen zu können.

b) $A$ und $A^{-1}$ sind ein kommutatives Matrizenpaar (s. vor Formel (8.6)).
Zur Existenz der inversen Matrix gilt:

$A^{-1}$ existiert genau dann, wenn $A$ regulär ist.

Für zweireihige reguläre Matrizen berechnet sich die inverse Matrix nach der
Formel:

$$\begin{pmatrix} a & b \\ c & d \end{pmatrix}^{-1} = \frac{1}{ad - bc} \begin{pmatrix} d & -b \\ -c & a \end{pmatrix}$$

(8.19)

**Aufg. 8.20** Berechnen Sie $A^{-1}$ für $A = \begin{pmatrix} 1 & 3 \\ 2 & 1 \end{pmatrix}$.

**Aufg. 8.21** Bestätigen Sie die Formel (8.19), indem Sie die beiden Matrizenprodukte $AA^{-1}$ und $A^{-1}A$ berechnen und dann Formel (8.18) anwenden.

### Eigenschaften der inversen Matrix

Wenn $A$ eine reguläre quadratische Matrix ist, so gilt:

| | |
|---|---|
| 1.) | Die zu $A$ inverse Matrix $A^{-1}$ ist eindeutig bestimmt. |
| 2.) | $(A^{-1})^{-1} = A$, d.h., die Inverse der inversen Matrix von $A$ ist wieder die Matrix $A$. |
| 3.) | $(A^T)^{-1} = (A^{-1})^T$, d.h., die Inverse der transponierten Matrix $A^T$ ist gleich der transponierten Matrix von der Inversen $A^{-1}$. |

Wenn $A$ und $B$ zwei reguläre quadratische Matrizen vom gleichen Typ sind,
so gilt:

$$(AB)^{-1} = B^{-1}A^{-1}$$

(8.20)

d.h., die inverse Matrix der Produktmatrix $AB$ ist gleich dem Produkt aus den
inversen Matrizen $B^{-1}$ und $A^{-1}$, wobei zu beachten ist, dass die Reihenfolge
der Matrizen vertauscht worden ist.

### Berechnung der inversen Matrix mittels Gaußschem Algorithmus

Das im Folgenden beschriebene Verfahren zur Berechnung der inversen Matrix $A^{-1}$ einer gegebenen regulären $n$-reihigen quadratischen Matrix $A$ beruht
auf dem Lösen von $n$ linearen Gleichungssystemen. Wir behandeln deshalb zunächst, wie ein lineares Gleichungssystem mit Hilfe von Matrizen beschrieben

werden kann. Für eine gegebene $n$-reihige quadratische Matrix $A = (a_{ij})$ und

einen Spaltenvektor $\vec{b} = \begin{pmatrix} b_1 \\ b_2 \\ \vdots \\ b_n \end{pmatrix}$ ist ein Spaltenvektor $\vec{x} = \begin{pmatrix} x_1 \\ x_2 \\ \vdots \\ x_n \end{pmatrix}$ gesucht,

so dass die Matrizengleichung $A\vec{x} = \vec{b}$ gilt. Diese Matrizengleichung lautet ausführlich:

$$A\vec{x} = \begin{pmatrix} a_{11} & a_{12} & a_{13} & \cdots & a_{1n} \\ a_{21} & a_{22} & a_{23} & \cdots & a_{2n} \\ a_{31} & a_{32} & a_{33} & \cdots & a_{3n} \\ \vdots & \vdots & \vdots & \ddots & \vdots \\ a_{n1} & a_{n2} & a_{n3} & \cdots & a_{nn} \end{pmatrix} \cdot \begin{pmatrix} x_1 \\ x_2 \\ x_3 \\ \vdots \\ x_n \end{pmatrix}$$

$$= \begin{pmatrix} a_{11}x_1 + a_{12}x_2 + a_{13}x_3 + \cdots + a_{1n}x_n \\ a_{21}x_1 + a_{22}x_2 + a_{23}x_3 + \cdots + a_{2n}x_n \\ a_{31}x_1 + a_{32}x_2 + a_{33}x_3 + \cdots + a_{3n}x_n \\ \vdots \\ a_{n1}x_1 + a_{n2}x_2 + a_{n3}x_3 + \cdots + a_{nn}x_n \end{pmatrix} \overset{(*)}{=} \begin{pmatrix} b_1 \\ b_2 \\ b_3 \\ \vdots \\ b_n \end{pmatrix} \qquad (8.21)$$

Die Matrizengleichung (*) in (8.21) ist gleichbedeutend mit dem nebenstehenden linearen Gleichungssystem, denn die sich entsprechenden Elemente der beiden Spaltenmatrizen links und rechts vom Gleichheitszeichen $\overset{(*)}{=}$ müssen übereinstimmen (s. Abschn. 8.2, Gleichheit von Matrizen).

$$a_{11}x_1 + a_{12}x_2 + a_{13}x_3 + \cdots + a_{1n}x_n = b_1$$
$$a_{21}x_1 + a_{22}x_2 + a_{23}x_3 + \cdots + a_{2n}x_n = b_2$$
$$a_{31}x_1 + a_{32}x_2 + a_{33}x_3 + \cdots + a_{3n}x_n = b_3$$
$$\cdots \quad \cdots \quad \cdots \quad \cdots \quad \cdots \quad .$$
$$a_{n1}x_1 + a_{n2}x_2 + a_{n3}x_3 + \cdots + a_{nn}x_n = b_n$$

Für jede Lösung dieses Gleichungssystems ist dann die Matrizengleichung (8.21) erfüllt.

Wir erläutern jetzt wie zu einer regulären $n$-reihigen Matrix $A = (a_{ij})$ die inverse Matrix $A^{-1} = (x_{ij})$ berechnet werden kann. Hierzu erklären wir die

$n$-Spaltenmatrizen $\vec{x}_1 = \begin{pmatrix} x_{11} \\ x_{21} \\ \vdots \\ x_{n1} \end{pmatrix}$, $\vec{x}_2 = \begin{pmatrix} x_{12} \\ x_{22} \\ \vdots \\ x_{n2} \end{pmatrix}$, ..., $\vec{x}_n = \begin{pmatrix} x_{1n} \\ x_{2n} \\ \vdots \\ x_{nn} \end{pmatrix}$, so dass dann für die gesuchte Matrix

$$A^{-1} = \begin{pmatrix} x_{11} & x_{12} & \cdots & x_{1n} \\ x_{21} & x_{22} & \cdots & x_{2n} \\ \vdots & \vdots & \ddots & \vdots \\ x_{n1} & x_{n2} & \cdots & x_{nn} \end{pmatrix} \overset{(+)}{=} (\vec{x}_1, \vec{x}_2, \cdots, \vec{x}_n) \tag{8.22}$$

gilt, wobei die Gleichung (+) so zu verstehen ist, dass für $\vec{x}_j$ einfach die oben gegebenen Spaltenvektoren einzusetzen sind, $j = 1, 2, \ldots, n$. Analog zu (8.22) schreiben wir ebenfalls die $n$-reihige Einheitsmatrix als

$$E_n = (\vec{e}_1, \vec{e}_2, \ldots, \vec{e}_n), \tag{8.23}$$

wobei $\vec{e}_1 = \begin{pmatrix} 1 \\ 0 \\ \vdots \\ 0 \end{pmatrix}, \vec{e}_2 = \begin{pmatrix} 0 \\ 1 \\ \vdots \\ 0 \end{pmatrix}, \ldots, \vec{e}_n = \begin{pmatrix} 0 \\ 0 \\ \vdots \\ 1 \end{pmatrix}$ gesetzt worden ist. Wir

betrachten nun die Gleichung $AA^{-1} = E_n$, durch welche die inverse Matrix bestimmt ist (s. Gleichung (8.18)), und setzen in diese Matrizengleichung die in (8.22) und (8.23) gegebenen Darstellungen für $A^{-1}$ und $E_n$ ein, wodurch wir die $n$ Matrizengleichungen

$$A\vec{x}_1 = \vec{e}_1, \ A\vec{x}_2 = \vec{e}_2, \ \ldots, A\vec{x}_n = \vec{e}_n, \tag{8.24}$$

erhalten. Um die $n$ Spaltenvektoren $\vec{x}_1, \vec{x}_2, \ldots, \vec{x}_n$ zu bestimmen, müssen wir gemäß den Betrachtungen nach (8.21) $n$ lineare Gleichungssysteme lösen. Diese $n$ Gleichungssysteme unterscheiden sich nur durch die rechten Seiten $\vec{e}_1, \vec{e}_2, \ldots, \vec{e}_n$, denn die Koeffizienten vor den Unbekannten sind ja immer die gleichen, nämlich durch die Matrix $A = (a_{ij})$ gegeben. Das im Folgenden beschriebene Rechenschema zur Berechnung der inversen Matrix $A^{-1}$ beruht auf der gleichzeitigen Lösung dieser $n$ Gleichungssysteme.

## Das Rechenschema

Als *Ausgangsschema* schreiben wir links die Elemente der zu invertierenden Matrix $A = (a_{ij})$ und rechts die Einheitsmatrix $E_n$.

$$\left.\begin{array}{cccc} a_{11} & a_{12} & \cdots & a_{1n} \\ a_{21} & a_{22} & \cdots & a_{2n} \\ \vdots & \vdots & \ddots & \vdots \\ a_{n1} & a_{n2} & \cdots & a_{nn} \end{array}\right| \begin{array}{cccc} 1 & 0 & \cdots & 0 \\ 0 & 1 & \cdots & 0 \\ \vdots & \vdots & \ddots & \vdots \\ 0 & 0 & \cdots & 1 \end{array}$$

Die erlaubten *Umformungsregeln* sind:

| 1.) | Addition des $\lambda$-fachen einer Zeile zu einer anderen Zeile mit $\lambda \in \mathbb{R}$ |
|-----|-----------------------------------------------------------------------------------------------|
| 2.) | Multiplikation aller Elemente einer Zeile mit einem Faktor $0 \neq \mu \in \mathbb{R}$ |
| 3.) | Vertauschen von zwei Zeilen |

Das Ziel der Umformung des Ausgangsschemas besteht darin dass die Einheitsmatrix $E_n$ links steht, d.h., an der Stelle, an welcher sich die Elemente von $A$ im Ausgangsschema befanden.

$$\left(\begin{array}{cccc|cccc} 1 & 0 & \cdots & 0 & x_{11} & x_{12} & \cdots & x_{1n} \\ 0 & 1 & \cdots & 0 & x_{21} & x_{22} & \cdots & x_{2n} \\ \vdots & \vdots & \ddots & \vdots & \vdots & \vdots & \ddots & \vdots \\ 0 & 0 & \cdots & 1 & x_{n1} & x_{n2} & \cdots & x_{nn} \end{array}\right)$$

Wir können dann rechts von der Einheitsmatrix die Koeffizienten der inversen Matrix ablesen, d.h., es gilt $A^{-1} = (x_{ij})$.

*Bemerkungen:* a) Wenn die zu invertierende Matrix $A$ singulär ist und somit $A^{-1}$ nicht existiert, dann bricht das oben beschriebene Verfahren damit ab, dass auf der linken Seite des Schemas in einer Zeile oder Spalte nur Nullen stehen. Es ist dann nicht möglich, die Einheitsmatrix $E_n$ auf der linken Seite des Schemas zu erhalten.

b) Auf der rechten Seite des Ausgangsschemas stehen die rechten Seiten der $n$ linearen Gleichungssysteme (8.24). Auf der linken Seite des Ausgangsschemas haben wir die Koeffizienten $a_{ij}$ dieser Gleichungssysteme notiert und dabei verwendet, dass die Koeffizienten dieser Gleichungssysteme übereinstimmen. Durch Anwenden der oben gegebenen Umformungsregeln ändern sich die Lösungsmengen dieser Gleichungssysteme nicht. Im Endschema, wenn die Einheitsmatrix $E_n$ auf der linken Seite steht, können wir die $n$ Lösungen $\vec{x}_1, \vec{x}_2, \ldots,$ $\vec{x}_n$ dieser Gleichungssysteme in den Spalten auf der rechten Seite ablesen. So ist z.B. die erste Spalte auf der rechten Seite des Endschemas der Lösungsvektor $\vec{x}_1$ des zu $A\vec{x} = \vec{e}_1$ gehörenden Gleichungssystems.

c) In dem obigen Rechenschema haben wir die Matrix $A^{-1}$ so berechnet, dass $AA^{-1} = E_n$ gilt. Es ist dann immer auch die Matrizengleichung $A^{-1}A = E_n$ erfüllt.

d) Zur praktischen Berechnung der inversen Matrix $A^{-1}$ gibt es weitere Verfahren wie z.B. das Austauschverfahren, worauf wir hier aber nicht eingehen.

**Beispiel:** Gegeben sei die Matrix $A = \begin{pmatrix} 1 & 0 & 1 \\ 2 & 2 & 1 \\ 0 & 2 & 1 \end{pmatrix}$. Bestimmen Sie die inverse Matrix $A^{-1}$:

| 1 | 0 | 1 | 1 | 0 | 0 | $\mid\cdot(-2)_{\downarrow+}$ | |
| 2 | 2 | 1 | 0 | 1 | 0 | $\mid$ | |
| 0 | 2 | 1 | 0 | 0 | 1 | | |
| 1 | 0 | 1 | 1 | 0 | 0 | | |
| 0 | 2 | −1 | −2 | 1 | 0 | $\mid\cdot(-1)_{\downarrow+}$ | |
| 0 | 2 | 1 | 0 | 0 | 1 | $\mid$ | |
| 1 | 0 | 1 | 1 | 0 | 0 | $\mid$ | |
| 0 | 2 | −1 | −2 | 1 | 0 | | |
| 0 | 0 | 2 | 2 | −1 | 1 | $\mid\cdot(-0,5)^{\uparrow+}$ | $\mid\cdot(0,5)^{\uparrow+}$ |
| 1 | 0 | 0 | 0 | 0,5 | −0,5 | | |
| 0 | 2 | 0 | −1 | 0,5 | 0,5 | $\mid\cdot0,5$ | |
| 0 | 0 | 2 | 2 | −1 | 1 | $\mid\cdot0,5$ | |
| 1 | 0 | 0 | 0 | 0,5 | −0,5 | | |
| 0 | 1 | 0 | −0,5 | 0,25 | 0,25 | | |
| 0 | 0 | 1 | 1 | −0,5 | 0,5 | | |

Aus dem letzten Schema erhalten wir $A^{-1} = \begin{pmatrix} 0 & 0,5 & -0,5 \\ -0,5 & 0,25 & 0,25 \\ 1 & -0,5 & 0,5 \end{pmatrix}$.

**Aufg. 8.22** Machen Sie die Probe für das obige Beispiel, indem Sie zeigen, das $AA^{-1} = E_3$ gilt.

**Aufg. 8.23** Berechnen Sie die inverse Matrix zur Matrix:

a) $A = \begin{pmatrix} 3 & 2 & 1 \\ 1 & 0 & 2 \\ 4 & 1 & 3 \end{pmatrix}$,   b) $B = \begin{pmatrix} 1 & 2 & 3 \\ 3 & 4 & -1 \\ 4 & 6 & 2 \end{pmatrix}$,   c) $C = \begin{pmatrix} 2 & 1 & 1 \\ 3 & 2 & 1 \\ 1 & 2 & 0 \end{pmatrix}$,

d) $D = \begin{pmatrix} 0 & 0,5 & -0,5 \\ -0,5 & 0,25 & 0,25 \\ 1 & -0,5 & 0,5 \end{pmatrix}$,   e) $F = \begin{pmatrix} 3 & -2 & 0 & -1 \\ 0 & 2 & 2 & 1 \\ 1 & -2 & -3 & -2 \\ 0 & 1 & 2 & 1 \end{pmatrix}$.

## Orthogonale Matrizen

Für die Betrachtungen in Abschn. 8.7 sind orthogonale Matrizen von zentraler Bedeutung.

> Eine reguläre Matrix $V$ heißt *orthogonal*, wenn $V^T = V^{-1}$ gilt.

**Aufg. 8.24** Beweisen Sie:

a) Wenn $V, W$ orthogonale Matrizen vom gleichen Typ sind, dann sind $VW$ und $V^{-1}$ ebenfalls orthogonal.

b) Für eine orthogonale Matrix $V$ gilt $\det(V) = \pm 1$.

c) Die Matrx $\begin{pmatrix} \cos\varphi & -\sin\varphi \\ \sin\varphi & \cos\varphi \end{pmatrix}$ mit einem Parameter $\varphi \in [0, 2\pi)$ ist orthogonal.

Für die Anwendungen ist die folgende Eigenschaft orthogonaler Matrizen von Bedeutung.

> Eine Matrix $V$ ist orthogonal genau dann, wenn die Spaltenvektoren (bzw. Zeilenvektoren) ein Orthonormalsystem bilden.

**Aufg. 8.25** Beweisen Sie die obige Eigenschaft orthogonaler Matrizen.

Wenn für eine orthogonale Matrix $V$ zusätzlich $\det(V) = +1$ gilt, so bilden die Spaltenvektoren (bzw. Zeilenvektoren) ein *orthonormales Rechtssystem*.

Wir wollen anmerken, dass falls für eine orthogonale Matrix $W$ gilt $\det(W) = -1$, wir durch das Vertauschen zweier Spalten eine orthogonale Matrix $\widetilde{W}$ mit $\det(\widetilde{W}) = +1$ erhalten, und die Spalten von $\widetilde{W}$ bilden dann ein orthonormales Rechtssystem.

# 8.6 Lineare Matrizengleichungen

## Problemstellung

Eine *Matrizengleichung* ist eine Gleichung, in der Matrizen auftreten und die Elemente einer unbekannten Matrix $X$ gesucht werden. Wir beschränken uns auf *lineare* Matrizengleichungen, d.h., die zu bestimmende Matrix $X$ tritt nur in der ersten Potenz auf (und nicht etwa z.B. als $X^2 = X \cdot X$). Unsere Aufgabe besteht dann darin, die Matrizengleichung nach der zu bestimmenden Matrix $X$ aufzulösen, wobei wir die in den Abschnitten 8.2, 8.5 eingeführten Matrizenoperationen anwenden.

Da die einzelnen Matrizenoperationen aber nur unter bestimmten Voraussetzungen an den Typ der betreffenden Matrizen erklärt sind (s. Aufg. 8.9) und außerdem die Matrizenmultiplikation nicht kommutativ ist, gibt es wesentliche Unterschiede zwischen dem Auflösen von Matrizengleichungen und dem im Abschn. 1.2 besprochenen Auflösen von linearen Gleichungen im Bereich der reellen Zahlen.

## Die drei Grundgleichungen

Es seien $A$ und $B$ reguläre $n$-reihige quadratische Matrizen, so dass die inversen Matrizen $A^{-1}$ und $B^{-1}$ existieren. Wir betrachten dann die folgenden drei Matrizengleichungen, die nach den Matrizen $X_1$, $X_2$, $X_3$ aufzulösen sind. Die Matrizen $C, D, F$, die auf den rechten Seiten dieser Gleichungen stehen, müssen dabei jeweils die folgenden Voraussetzungen an ihren Typ erfüllen, wobei $n, p, q \in \mathbb{N}$ gilt.

|       | Voraussetzung          | Matrizengleichung | Lösung              |
|-------|------------------------|-------------------|---------------------|
| 1.)   | $\mathrm{Typ}\,(C) = (n, p)$ | $AX_1 = C$        | $X_1 = A^{-1}C$     |
| 2.)   | $\mathrm{Typ}\,(D) = (q, n)$ | $X_2A = D$        | $X_2 = DA^{-1}$     |
| 3.)   | $\mathrm{Typ}\,(F) = (n, n)$ | $AX_3B = F$       | $X_3 = A^{-1}FB^{-1}$ |

*Erläuterungen:* a) Um die Matrizengleichung $AX_1 = C$ nach $X_1$ aufzulösen, multiplizieren wir diese Gleichung von **links** mit der Matrix $A^{-1}$ und erhalten:

$$A^{-1}(AX_1) = A^{-1}C. \tag{8.25}$$

Für die linke Seite von (8.25) gilt

$$A^{-1}(AX_1) \overset{(*)}{=} (A^{-1}A)X_1 \overset{(**)}{=} E_nX_1 \overset{(+)}{=} X_1,$$

woraus zusammen mit (8.25) die Lösung $X_1 = A^{-1}C$ folgt. ((*) folgt aus dem Assoziativgesetz der Matrizenmultiplikation, (**) aus Formel (8.18) und (+) aus Formel (8.7).)

b) Durch Multiplikation mit $A^{-1}$ von **rechts** wird die zweite Matrizengleichung $X_2A = D$ gelöst.

c) Die dritte Matrizengleichung $AX_3B = F$ wird gelöst, indem diese von **links** mit $A^{-1}$ und von **rechts** mit $B^{-1}$ multipliziert wird:

$$A^{-1}(AX_3B)B^{-1} = A^{-1}FB^{-1} \tag{8.26}$$

Für die linke Seite von (8.26) berechnen wir wie oben in a):

$$A^{-1}(AX_3B)B^{-1} = (A^{-1}A)X_3(BB^{-1}) = (E_nX_3)E_n = X_3E_n = X_3$$

Hieraus folgt zusammen mit (8.26) die Lösung $X_3 = A^{-1}FB^{-1}$.

**Aufg. 8.26** Bestimmen Sie $X_1$ und $X_2$ aus den Matrizengleichungen $AX_1 = C$

und $X_2A = C$, wobei $A = \begin{pmatrix} 3 & 2 & 1 \\ 1 & 0 & 2 \\ 4 & 1 & 3 \end{pmatrix}$, $C = \begin{pmatrix} 5 & 0 & 0 \\ 3 & 7 & 0 \\ 10 & 15 & 5 \end{pmatrix}$ gegeben sind.

**Aufg. 8.27** Aus $\begin{pmatrix} 2 & 1 \\ 3 & 2 \end{pmatrix} X \begin{pmatrix} -3 & 2 \\ 5 & -3 \end{pmatrix} = \begin{pmatrix} -2 & 4 \\ 3 & -1 \end{pmatrix}$ ist die Matrix $X$ zu berechnen.

### Weitere Matrizengleichungen

Wir betrachten jetzt weitere Matrizengleichungen, die sich auf eine der oben gelösten drei Matrizengleichungen zurückführen lassen. Hierbei müssen die im Abschn. 8.2 gegebenen Rechengesetze der Matrizenrechnung befolgt werden.

**1.) Die gesuchte Matrix $X$ ist Rechtsfaktor**
Es seien $A, B$ $n$-reihige quadratische Matrizen mit der Eigenschaft, dass die Matrix $A - B$ regulär ist. Ferner seien $C_1, D_1$ zwei Matrizen mit

Typ $(C_1) = $ Typ $(D_1) = (n, p), \quad n, p \in \mathbb{N}$.

Wir betrachten dann die Matrizengleichung:

$$AX + C_1 = BX + D_1 \tag{8.27}$$

Auf beiden Seiten der Gleichung (8.27) subtrahieren wir die beiden Matrizen $BX$ und $C_1$, so dass wir die Matrizengleichung $AX - BX = D_1 - C_1$ erhalten. Auf der linken Seite dieser Matrizengleichung klammern wir mit Hilfe des 1. Distributivgesetzes der Matrizenmultiplikation (s. Abschn. 8.2) die Matrix $X$ nach **rechts** aus und erhalten:

$$(A - B)X = D_1 - C_1 \tag{8.28}$$

Da die Matrix $A - B$ nach Voraussetzung regulär ist, existiert die inverse Matrix $(A - B)^{-1}$. Wir multiplizieren die Gleichung (8.28) von **links** mit der Matrix $(A - B)^{-1}$ und erhalten die Lösung $X = (A - B)^{-1}(D_1 - C_1)$.

Als Spezialfall von (8.27) betrachten wir die Matrizengleichung

$$AX + C_1 = \lambda X + D_1, \tag{8.29}$$

wobei die Matrizen $A$, $C_1$ und $D_1$ die oben gegebenen Voraussetzungen erfüllen, $\lambda \in \mathbb{R}$ gilt und außerdem die Matrix $A - \lambda E_n$ regulär ist.

Analog zu oben formen wir (8.29) um in: $AX - \lambda X = D_1 - C_1$. Um die linke Seite der letzten Gleichung umzuformen, bemerken wir zunächst, dass

$$\lambda X - \lambda (E_n X) = (\lambda E_n)X$$

gilt. Damit folgt nun: $AX - \lambda X = AX - (\lambda E_n)X = (A - \lambda E_n)X$. Da $(A - \lambda E_n)$ nach Voraussetzung regulär ist und somit $(A - \lambda E_n)^{-1}$ existiert, erhalten wir $X = (A - \lambda E_n)^{-1}(D_1 - C_1)$ als Lösung von (8.29).

**2.) Die gesuchte Matrix $X$ ist Linksfaktor**

Es seien wie unter 1.) $A, B$ $n$-reihige quadratische Matrizen mit der Eigenschaft, dass die Matrix $A - B$ regulär ist. Ferner seien $C_2$, $D_2$ zwei Matrizen mit Typ $(C_2) = $ Typ $(D_2) = (q, n)$, $n, q \in \mathbb{N}$. Wir betrachten dann die Matrizengleichung:

$$X A + C_2 = X B + D_2 \tag{8.30}$$

Durch analoge Umformungen wie unter 1.) erhalten wir als Lösung von (8.30):
$X = (D_2 - C_2)(A - B)^{-1}$.

**3.) Die gesuchte Matrix $X$ ist mittlerer Faktor**

Es seien jetzt $A_1, A_2, B, C_3, D_3$ $n$-reihige quadratische Matrizen. Außerdem seien die beiden Matrizen $A_1 - A_2$ und $B$ regulär. Wir betrachten dann die Matrizengleichung:

$$A_1 X B + C_3 = A_2 X B + D_3 \tag{8.31}$$

Durch analoge Umformungen wie unter 1.) erhalten wir als Lösung von (8.31):
$X = (A_1 - A_2)^{-1} (D_3 - C_3) B^{-1}$.

**Aufg. 8.28** Berechnen Sie die Matrix $X$ aus den folgenden Matrizengleichungen, wenn alle dazu erforderlichen Voraussetzungen erfüllt sind:
a) $AXB + 2AX = C$,   b) $2(B + X) + BX = (A - B)X + 5X$,
c) $2(A + X) - XB = X(B + A) - 2X$.

**Aufg. 8.29** Aus $\begin{pmatrix} 1 & 1 \\ 2 & 3 \end{pmatrix} X \begin{pmatrix} 1 & 2 \\ 3 & 5 \end{pmatrix} - 2 \begin{pmatrix} 1 & 1 \\ 0 & 2 \end{pmatrix} = \begin{pmatrix} 0 & 0 \\ 0 & -1 \end{pmatrix}$ ist die

Matrix $X$ zu berechnen.

# 8.7   Eigenwerte und Eigenvektoren

### Die Begriffe Eigenwert und Eigenvektor

Im folgenden bezeichne $A$ eine n-reihige quadratische Matrix, Typ$(A) = (n, n)$. Jeder $n$-reihige Spaltenvektor $\vec{x} \neq \vec{o}$ (Nullvektor), Typ$(\vec{x}) = (n, 1)$, welcher der *Eigenwertgleichung*

$$\boxed{A\vec{x} = \lambda \vec{x}} \tag{8.32}$$

mit einer geeignet gewählten Zahl $\lambda$ genügt, heißt *Eigenvektor* von $A$ und $\lambda$ heißt der zum Eigenvektor $\vec{x}$ gehörende *Eigenwert* [6].

---

[6]Im Allgemeinen sind die Eigenwerte komplexe Zahlen. Wir werden uns aber auf solche Matrizen beschränken, die nur reelle Eigenwerte besitzen.

Um (8.32) zu lösen, betrachten wir die äquivalenten Gleichungssysteme

$$A\vec{x} - \lambda\vec{x} = \vec{o}$$
$$(A - \lambda E)\vec{x} = \vec{o}, \tag{8.33}$$

wobei (8.33) ein homogenes Gleichungssystem bestehend aus $n$ linearen Gleichungen mit den $n$ unbekannten $(x_1, x_2, \ldots, x_n) = x^t$ ist. Um eine nichttriviale Lösung $\vec{x} \neq \vec{o}$ zu erhalten muss

$$\boxed{\det(A - \lambda E) = 0} \tag{8.34}$$

gelten, denn anderenfalls würde die inverse Matrix $B^{-1} = (A - \lambda E)^{-1}$ existieren (s. Abschn. 8.5) und damit würde aus (8.33)

$$\vec{x} = B^{-1}(A - \lambda E)\vec{x} = B^{-1}\vec{o} = \vec{o}$$

ein Widerspruch zur Voraussetzung $\vec{x} \neq \vec{o}$ folgen. Die Gleichung (8.34) *charakteristische Gleichung* der Matrix $A$ und ihre Lösungen sind die Eigenwerte von $A$.

Wenn $\lambda_i$ ein spezieller Eigenwert von $A$ ist, so sind die nichttrivialen Lösungen des homogenen linearen Gleichungssystems $(A - \lambda_i E)\vec{x} = \vec{o}$ die zum Eigenwert $\lambda_i$ gehörenden Eigenvektoren. Die Lösungsmenge $L_i$ dieses Gleichungssystems wird auch als *Eigenraum* von $A$ zum Eigenwert $\lambda_i$ bezeichnet. Jeder Vektor $\vec{x} \neq \vec{o}$ des Eigenraumes $L_i$ ist ein Eigenvektor zum Eigenwert $\lambda_i$.

**Beispiel:** Es sind die Eigenwerte und zugehörigen Eigenräume der Matrix $A = \begin{pmatrix} 3 & -2 \\ -4 & 1 \end{pmatrix}$ zu bestimmen.

*1. Schritt:* Es werden alle Eigenwerte $\lambda_i$ bestimmt, indem die charakteristische Gleichung (8.34) gelöst wird. Aus

$$\det(A - \lambda E) = \begin{vmatrix} 3 - \lambda & -2 \\ -4 & 1 - \lambda \end{vmatrix} = \lambda^2 - 4\lambda - 2 = 0$$

erhalten wir die Lösungen $\lambda_1 = 5, \lambda_2 = -1$.

*2. Schritt:* Bestimmen der Eigenräume. Um den Eigenraum zum Eigenwert $\underline{\lambda_1 = 5}$ zu bestimmen, lösen wir das homogene lineare Gleichungssystem

$$(A - 5E)\vec{x} = \vec{o}$$
$$\begin{pmatrix} -2 & -2 \\ -4 & -4 \end{pmatrix}\begin{pmatrix} x_1 \\ x_2 \end{pmatrix} = \begin{pmatrix} 0 \\ 0 \end{pmatrix}, \qquad \begin{cases} -2x_1 - 2x_2 = 0 \\ -4x_1 - 4x_5 = 0 \end{cases}$$

und erhalten die Lösung $L_1 = \{t\begin{pmatrix} -1 \\ 1 \end{pmatrix} \mid t \in \mathbb{R}\}$.

Analog folgt für $\underline{\lambda_2 = -1}$ das homogene lineare Gleichungssystem:

$$(A + E)\vec{x} = \vec{o} \qquad\qquad \text{mit der Lösung}$$

$$\begin{pmatrix} 4 & -2 \\ -4 & 2 \end{pmatrix} \begin{pmatrix} x_1 \\ x_2 \end{pmatrix} = \begin{pmatrix} 0 \\ 0 \end{pmatrix} \qquad L_2 = \{ t \begin{pmatrix} 1 \\ 2 \end{pmatrix} \mid t \in \mathbb{R} \}.$$

## Wichtige Sätze über Eigenwerte und Eigenvektoren

### 1.) Anzahl der Eigenwerte

Im Folgenden bezeichne $A$ eine $n$-reihige quadratische Matrix. Für die Matrix $A$ ist die linke Seite der charakteristischen Gleichung (8.34) ein Ploynom vom Grad $n$, mit der Unbekannten $\lambda$, denn es gilt

$$\det (A - \lambda E) = \lambda^n + a_{n-1}\lambda^{n-1} + \ldots a_1\lambda + a_0$$

mit Koeffizient $a_i \in \mathbb{R}$, $i = 0, 1, \ldots, n - 1$. Das Polynom $p(\lambda) = \lambda^n + a_{n-1}\lambda^{n-1} + \ldots a_1\lambda + a_0$ wird als *charakteristisches Polynom* der Matrix $A$ bezeichnet.

Wir erhalten nun alle Eigenwerte von $A$, indem wir alle Nullstellen des charakteristischen Polynoms $p(\lambda)$ bestimmen. Nach dem *Fundamentalsatz der Algebra* besitzt ein Polynom $n$-ten Grades genau $n$ Nullstellen im Zahlbereich der komplexen Zahlen $\mathbb{C}$, wobei die Nullstellen entsprechend ihrer Vielfachheit gezählt werden. Somit besitzt eine $n$-reihige quadratische Matrix genau $n$ Eigenwerte $\lambda_1, \lambda_2, \ldots, \lambda_n$.

**Aufg. 8.30** Bestimmen Sie alle Eigenwerte von $A = \begin{pmatrix} 1 & -1 & 2 \\ 0 & 0 & 0 \\ 0 & 0 & 1 \end{pmatrix}$.

### 2.) Notwendige Eigenschaften der Eigenwerte

Wenn $\lambda_1, \lambda_2, \ldots, \lambda_n$ Die Eigenwerte der Matrix $A$ sind, so gilt

$$\det(A) = \lambda_1 \cdot \lambda_2 \cdot \ldots \cdot \lambda_n , \tag{8.35}$$

$$\text{Spur}(A) = \lambda_1 + \lambda_2 + \ldots + \lambda_n , \tag{8.36}$$

wobei die Summe der Hauptdiagonalelemente einer Matrix $A = (a_{ij})^n_{i,j=1}$ als *Spur* von $A$ bezeichnet wird. Es gilt also $\text{Spur}(A) = a_{11} + a_{22} + \ldots a_{nn}$.

*Bemerkungen:* a) Die Gleichungen (8.35), (8.36) können als notwendiges Kriterium für die Richtigkeit der Berechnung der Eigenwerte einer Matrix verwendet werden.

b) Aus (8.35) folgt, dass eine Matrix $A$ genau dann singulär ist (d.h., es gilt $\det(A) = 0$), wenn sie mindestens einen Eigenwert $\lambda = 0$ besitzt.

## Eigenwerte und Eigenvektoren symmetrischer Matrizen

Für den Spezialfall symmetrischer Matrizen gilt der wichtige

> **Satz 1.** Für eine $n$-reihige symmetrische Matrix $A$ gilt
>
> a) alle Eigenwerte von $A$ sind reell,
>
> b) die Eigenvektoren zu verschiedenen Eigenwerten sind orthogonal.

*Beweis von b):* Es seien $\lambda_1, \lambda_2$ zwei Eigenwerte von $A$ mit $\lambda_1 \neq \lambda_2$ und $\vec{x}_i$ Eigenvektoren zum Eigenwert $\lambda_i$, d.h., es gilt $a\vec{x}_i = \lambda_i \vec{x}_1, i = 1, 2$. Mit Hilfe der Rechenregeln der Matrizenmultiplikation (s. Abschn.8.2 ) folgt nun

$$\lambda_1(\vec{x}_1^T \vec{x}_2) = (\lambda_1 \vec{x}_1)^T \vec{x}_2 = (A\vec{x}_1)^T \vec{x}_2 = \vec{x}_1^T A^T \vec{x}_2 \overset{(*)}{=} \vec{x}_1^T (A\vec{x}_2) = \lambda_2(\vec{x}_1^T \vec{x}_2),$$

woraus wegen $\lambda_1 \neq \lambda_2$ notwendigerweise $\vec{x}_1^T \vec{x}_2 = 0$ folgt. Für das Skalarprodukt der Vektoren $\vec{x}_1, \vec{x}_2$ folgt nach (8.9) somit

$$\langle \vec{x}_1 | \vec{x}_2 \rangle = \vec{x}_1^T \vec{x}_2 = 0,$$

woraus die Orthogonalität der Vektoren $\vec{x}_1, \vec{x}_2$ folgt (s. Abschn.8.2, Vektoren im $\mathbb{R}^n$). ((*) gilt, da nach Voraussetzung $A = A^T$ ist.)    *q.e.d.* [7]

## Diagonalisieren symmetrischer Matrizen

Für eine beliebige $n$-reihige Matrix $A$ besteht das *Diagonalisierungsproblem* darin, eine invertierbare Matrix $C$ zu finden, so dass die Matrix $D = C^{-1}AC$ eine *Diagonalmatrix* ist, d.h., alle Elemente von $D$, die nicht auf der Hauptdiagonale von $D$ liegen, sind notwendigerweise gleich Null. Wenn $A$ nun speziell eine symmetrische Matrix ist, so gilt der wichtige

> **Satz 2.** Zu jeder symmetrischen Matrix $A$ existiert eine orthogonale Matrix $V$, so dass $D = V^{-1}AV = V^T AV$ eine Diagonalmatrix ist.

*Beweis:* Zu $A$ wird eine orthogonale Matrix $V$ konstruiert, so dass die Behauptung des Satzes gilt. Nach dem vorangegangenen Satz 1 sind alle $n$ Eigenwerte reell

---

[7] Abkürzung für quod erat demonstrantum (lat.= „was zu beweisen war"); zeigt das Ende eines mathematischen Beweises an.

*1. Fall:* Wir betrachten zunächst den Fall, dass alle Eigenwerte $\lambda_1, \ldots, \lambda_n$ paarweise verschieden sind. Die zugehörigen Eigenvektoren $\vec{x_1}, \ldots, \vec{x_n}$ sind dann paarweise orthogonal und es gilt

$$A\vec{x_i} = \lambda_i \vec{x_i}, \tag{8.37}$$

wobei o.B.d.A.[8] $|\vec{x_i}| = 1$, $i = 1, 2, \ldots, n$, gelte. Wenn wir die Diagonalmatrix

$$D = \begin{pmatrix} \lambda_1 & 0 & \ldots & 0 \\ 0 & \lambda_2 & \ldots & 0 \\ \vdots & \vdots & \ddots & \vdots \\ 0 & 0 & \ldots & \lambda \end{pmatrix} \text{ und die Matrix } V = (\vec{x_1}, \ldots, \vec{x_n}), \text{ die aus den}$$

Spaltenvektoren $\vec{x_i}$ besteht, betrachten, so können wir die $n$ Gleichungen (8.37) zu der Matrizengleichung $AV = VD$ zusammenfassen. Hieraus folgt $D = V^{-1}AV$. Da die Eigenvektoren ein Orthonormalsystem bilden, ist V orthogonal (s. Abschn.8.5 ‚Orthogonale Matrizen, und es gilt $V^{-1} = V^T$, wobei die Behauptung von Satz 2 gilt.

*2. Fall:* Es treten Eigenwerte mit Vielfachheit größer Eins auf. O.B.d.A. besitze der Eigenwert $\lambda_1$ die Vielfachheit $m$, d.h., es gilt $\lambda_1 = \lambda_2 = \ldots = \lambda_m$, $m \leq n$. Der zugehörige Eigenraum $L_1$ ist dann eine $m$-parametrige Lösungsschar des homogenen linearen Gleichungssystems $(A - \lambda_1 E)\vec{x} = \vec{o}$. Nach dem Schmidtschen Orthonormalisierungsverfahren (s. Formel (8.11)) konstruieren wir eine Orthonormalbasis $\{\vec{x_1}, \ldots, \vec{x_m}\}$ von $L_1$. Für die Eigenwerte $\lambda_1 = \lambda_2 = \ldots = \lambda_m$ wird dann $\vec{x_1}, \ldots, \vec{x_m}$ in $V$ eingesetzt. Der weitere Beweis ist dann analog zum 1. Fall.   q.e.d.

**Aufg. 8.31** Diagonalisieren Sie die folgenden Matrizen und geben Sie die zugehörigen orthogonalen Matrizen an.

a) $\begin{pmatrix} 2 & -1 & 2 \\ -1 & 2 & -2 \\ 2 & -2 & 5 \end{pmatrix}$,   b) $\begin{pmatrix} 11 & -6 & 2 \\ -6 & 10 & -4 \\ 2 & -4 & 6 \end{pmatrix}$.

---

[8]ohne Beschränkung der Allgemeinheit

# 8.8 Kurven zweiter Ordnung in der Ebene

Als Anwendung der im Abschn. 8.7 behandelten Eigenwerttheorie wollen wir in diesem Abschnitt die allgemeine Gleichung zweiten Grades

$$\alpha x_1^2 + \beta x_1 x_2 + \gamma x_2^2 + \delta x_1 + \varepsilon x_2 + \varrho = 0 \quad \text{mit } \alpha, \beta, \gamma, \delta, \varepsilon, \varrho \in \mathbb{R}, \quad (8.38)$$

betrachten.[9]

## Koordinatentransformationen

Koordinatentransformationen sind das zentrale Hilfsmittel, um die durch (8.38) gegebenen geometrischen Objekte zu beschreiben und zu klassifizieren.

Wir betrachten in diesem Abschnitt ausschließlich *kartesische rechtsorientierte Koordinatensysteme* $K(O, \{\vec{e_1}, \vec{e_2}\})$ *in der Ebene*, wobei $O$ den *Koordinatenursprung* und $\vec{e_1}, \vec{e_2}$ die *Basisvektoren* bezeichnen, für die gilt:

| | |
|---|---|
| 1) | die Basisvektoren $\vec{e_1}, \vec{e_2}$ stehen senkrecht aufeinander, |
| 2) | es gilt $|\vec{e_1}| = |\vec{e_2}|$, d.h., auf beiden Achsen wird die gleiche Längeneinheit gewählt, |
| 3) | die $x_2$-Achse geht aus der $x_1$-Achse durch eine Drehung von $90°$ um den Koordinatenursprung $O$ als Drehzentrum im *mathematisch positiven Drehsinn*, d.h., entgegen dem Uhrzeigersinn, hervor. |

In der nebenstehenden Abbildung ist der Punkt $P$ im Koordinatensystem $K(O, \{\vec{e_1}, \vec{e_2}\})$ mit den $x$-Koordinaten $x_1 = 1,3$ und $x_2 = 1,4$ dargestellt.

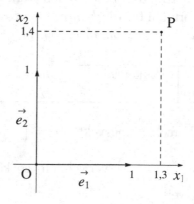

---

[9]Im Unterschied zu Gleichung (7.4) tritt jetzt auch der gemischt quadratische Terme $\beta x_1 x_2$ auf.

Ein und dasselbe geometrische Gebilde (z.B. ein Punkt $P$ oder eine Ellipse $\mathcal{E}$) können in zwei verschiedenen Koordinatensystemen $K_1(O_1, \{\vec{e_1}, \vec{e_2}\})$, $K_2(O_2, \{\vec{f_1}, \vec{f_2}\})$ beschrieben werden. Wir wollen nun für zwei wichtige Spezialfälle untersuchen, wie sich die Koordinaten eines gegebenen geometrischen Gebildes beim Übergang von einem Koordinatensystem zu einem anderen umrechnen.

### 1) Parallelverschiebung des Koordinatensystems

Wir betrachten jetzt die beiden Koordinatensysteme $K_1(O_1, \{\vec{e_1}, \vec{e_2}\})$ und $K_2(O_2, \{\vec{e_1}, \vec{e_2}\})$, d.h., die einander entsprechenden Koordinatenachsen sind parallel und der Koordinatenursprung $O_2$ des Koordinatensystems $K_2$ geht durch Translation (Verschiebung) aus dem Koordinatenursprung $O_1$ des Koordinatensystems $K_1$ mit dem Verschiebungsvektor $\vec{p} = (a, b)^T$ hervor. $O_2$ hat dann die Koordinaten $x_1 = a$, $x_2 = b$ bezüglich des Koordinatensystems $K_1$.

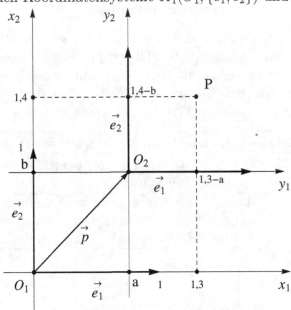

Ein gegebener Punkt $P$ kann nun sowohl durch seine $x$-Koordinaten als auch durch seine $y$-Koordinaten beschrieben werden. Aus der obigen Abbildung erhalten wir die Formeln für die *Koordinatentransformation bei Parallelverschiebung des Koordinatensystems in in den neuen Koordinatenursprung $O_2(a, b)$*:

$$
\begin{array}{|ll|}
\hline
x_1 = a + y_1 & \text{Umkehrung:} \quad y_1 = x_1 - a \\
x_2 = b + y_2 & \hphantom{\text{Umkehrung:} \quad} y_2 = x_2 - b \\
\hline
\end{array}
\qquad (8.39)
$$

Wenn wir den Verschiebungsvektor $\vec{p} = \begin{pmatrix} a \\ b \end{pmatrix}$ und die Koordinatenvektoren $\vec{x} = \begin{pmatrix} x_1 \\ x_2 \end{pmatrix}$, $\vec{y} = \begin{pmatrix} y_1 \\ y_2 \end{pmatrix}$ verwenden, so können wir die Formeln (8.39) in Matrizenschreibweise geben

$$\vec{x} = \vec{p} + \vec{y} \qquad \text{bzw.} \qquad \vec{y} = \vec{x} - \vec{p}. \qquad (8.40)$$

**Aufg. 8.32** Gegeben sei eine Gerade $g : x_2 = 2x_1 - 1$ in $x$-Koordinaten. Wie lautet die Gleichung von $g$ in $y$-Koordinaten, wobei das $y$-Koordinatensystem aus dem $x$-System durch Parallelverschiebung in den neuen Koordinatenursprung $O_2$ mit den $x$-Koordinaten $x_1 = 2$, $x_2 = 3$ entsteht.

## 2) Drehung des Koordinatensystems

Das $x$-System werde jetzt bei festgehaltenem Koordinatenursprung $O$ im mathematisch positiven Drehsinn um den Winkel $\varphi$ in das $y$-System gedreht. Der Punkt $P$ hat die Koordinaten $(x_1, x_2)$ bezüglich des $x$-Systems bzw. die Koordinaten $(y_1, y_2)$ bezüglich des $y$-Systems.

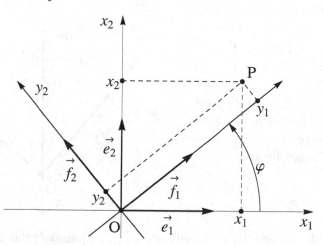

Es gilt dann die folgende Umrechnungsformel für die Koordinaten bei *Drehung des Koordinatensystems um den Drehwinkel $\varphi$ um den Koordinatenursprung $O$*

$$\begin{array}{|l|l|} \hline x_1 = y_1 \cos \varphi - y_2 \sin \varphi & \text{Umkehrung:} \quad y_1 = x_1 \cos \varphi + x_2 \sin \varphi \\ x_2 = y_1 \sin \varphi + y_2 \cos \varphi & \qquad\qquad\qquad\; y_2 = -x_1 \sin \varphi + x_2 \cos \varphi \\ \hline \end{array} \quad (8.41)$$

Wenn wir die durch $V = \begin{pmatrix} \cos \varphi & -\sin \varphi \\ \sin \varphi & \cos \varphi \end{pmatrix}$ gegebene *Drehmatrix* verwenden, so können wir (8.41) in Matrizenschreibweise

$$\boxed{\vec{x} = V\vec{y} \qquad \text{und} \qquad \vec{y} = V^T \vec{x}} \qquad (8.42)$$

geben, wobei $\vec{x}, \vec{y}$ die Koordinatenvektoren wie in (8.40) bezeichnen, und wegen der Orthogonalität gilt $V^{-1} = V^T$ (s. Aufg. 8.24c), 8.25). Es gilt außerdem $\det(V) = +1$, da das $y$-System ebenfalls rechtsorientiert ist.

**Aufg. 8.33** a) Welche Koordinaten hat der Punkt $P(2; 4)$ in einem um $\varphi = 30°$ im mathematisch positiven Sinn gedrehten Koordinatensystem um Koordinatenursprung $O$?

b) Beschreiben Sie die Gerade $g$ : $x_2 = x_1 + 1$ im $y$-System, welches aus dem gegebenen $x$-System durch Drehung um $\varphi = 45°$ im mathematisch positiven Sinn um den Koordinatenursprung $O$ hervorgeht.

Im Folgenden zeigen wir, wie die Drehmatrix $V$ ermittelt werden kann.

Es seien zwei kartesische rechtsorientierte Koordinatensysteme $K_1(O, \{\vec{e_1}, \vec{e_2}\})$ und $K_2(O, \{\vec{f_1}, \vec{f_2}\})$ mit dem gemeinsamen Koordinatenursprung $O$ gegeben. Außerdem gelte für die „neuen" Basisvektoren

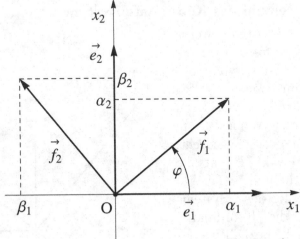

$$\vec{f_1} = \alpha_1 \vec{e_1} + \alpha_2 \vec{e_1}$$
$$\vec{f_2} = \beta_1 \vec{e_1} + \beta_2 \vec{e_1},$$

d.h., $\vec{f_1}$ hat die $x$-Koordinaten $\begin{pmatrix} \alpha_1 \\ \alpha_2 \end{pmatrix}$ und $\vec{f_2}$ hat die $x$-Koordinaten $\begin{pmatrix} \beta_1 \\ \beta_2 \end{pmatrix}$.

Wir betrachten nun die Matrix $A = \begin{pmatrix} \alpha_1 & \beta_1 \\ \alpha_2 & \beta_2 \end{pmatrix}$, d.h., die Spalten von $A$ sind die Koordinaten der „neuen" Basisvektoren $\vec{f_1}, \vec{f_2}$ bezüglich der „alten" Basis $K_1(O, \{\vec{e_1}, \vec{e_2}\})$. Es gilt dann:

> Der Übergang von $K_1(O, \{\vec{e_1}, \vec{e_2}\})$ zu $K_2(O, \{\vec{f_1}, \vec{f_2}\})$ ist eine Drehung des Koordinatensystems mit der Drehmatrix $V = A$.

**Aufg. 8.34** Beweisen Sie die obige Behauptung $V = A$.

## Matrizenschreibweise für Gleichungen zweiten Grades

Um die Matrizentheorie anwenden zu können, drücken wir (8.38) durch die äquivalente Matrizengleichung

$$\vec{x}^T A \vec{x} + \vec{b}^T \vec{x} + \varrho = 0 \tag{8.43}$$

aus, wobei $A = \begin{pmatrix} \alpha & \beta/2 \\ \beta/2 & \gamma \end{pmatrix}$, $\vec{b} = \begin{pmatrix} \delta \\ \epsilon \end{pmatrix}$, $\varrho \in \mathbb{R}$ und $\vec{x} = \begin{pmatrix} x_1 \\ x_2 \end{pmatrix}$ gilt. Offensichtlich ist $A = A^T$ erfüllt.

**Aufg. 8.35** Geben Sie $2x_1^2 + 6x_1 x_2 + 5x_2^2 + 8x_1 + x_2 + 10 = 0$ in Matrizenschreibweise an.

**Transformation der Gleichung zweiten Grades auf Normalform**

Die obige Gleichung (8.43) wird in zwei Schritten auf Normalform transformiert.

## 1. Schritt: Hauptachsentransformation

Das Ziel des 1. Schrittes besteht darin, durch eine geeignete Drehung des Koordinatensystems zu erreichen, dass der gemischt quadratische Term $\beta x_1 x_2$ entfällt.

Hierzu lösen wir das Eigenwertproblem für die Matrix $A$. Es seien $\lambda_i \in \mathbb{R}$ die Eigenwerte der Matrix $A$ mit den zugehörigen normierten Eigenvektoren $\vec{v}_i$, $i = 1, 2$. Wir wählen die Eigenvektoren so, dass die Matrix $V = (\vec{v_1}, \vec{v_2})$ eine orthogonale Matrix mit $\det(V) = +1$ ist, was immer möglich ist. Somit bilden die beiden Eigenvektoren $\vec{v_1}, \vec{v_2}$ ein orthonormales Rechtssystem.

Wir transformieren jetzt die gegebene Gleichung auf $y$-Koordinaten bezüglich des neuen Koordinatensystems $K_2(O, \{\vec{v_1}, \vec{v_2}\})$ unter Verwendung von (8.42)

$$
\begin{aligned}
0 &= \vec{x}^T A \vec{x} + \vec{b}^T \vec{c} + \varrho = (V\vec{y})^T A (V\vec{y}) + (V\vec{y}) + \varrho \\
&\overset{(*)}{=} \vec{y}^T (V^T A V) \vec{y} + \vec{b}^T (V\vec{y}) + \varrho \overset{(**)}{=} \vec{y}^T D \vec{y} + (V^T \vec{b})^T \vec{y} + \varrho
\end{aligned}
\tag{8.44}
$$

mit der Diagonalmatrix $D = V^T A V = \begin{pmatrix} \lambda_1 & 0 \\ 0 & \lambda_2 \end{pmatrix}$.

((*) folgt aus Formel(8.8), Abschn. 8.2, Eigenschaften der Matrizenmultiplikation, (**) folgt aus Satz 2, Abschn. 8.7, Diagonalisieren symmetrischer Matrizen.)

*Beispiel 1:* Für die Gleichung zweiten Grades

$$
41x_1^2 - 18x_1 x_2 + 41x_2^2 + 46x_1 + 146x_2 - 631 = 0
\tag{8.45}
$$

wollen wir die Hauptachsentransformation ausführen. In der Matrizenschreibweise (8.43) erhalten wir für (8.45)

$$
A = \begin{pmatrix} 41 & -9 \\ -9 & 41 \end{pmatrix}, \ \vec{b} = \begin{pmatrix} 46 \\ 146 \end{pmatrix}, \ \varrho = -631.
$$

Um das Eigenwertproblem für $A$ zu lösen, betrachten wir

$$
0 = \det (A - \lambda E) = \begin{vmatrix} 41 - \lambda & -9 \\ -8 & 41 - \lambda \end{vmatrix} = (41 - \lambda)^2 - 81
$$

mit den Lösungen $\lambda_1 = 32$, $\lambda_2 = 50$. Zu den beiden Eigenwerten bestimmen wir jeweils einen normierten Eigenvektor $\vec{v_1} = \frac{1}{\sqrt{2}} \begin{pmatrix} 1 \\ 1 \end{pmatrix}$ und $\vec{v_2} = \frac{1}{\sqrt{2}} \begin{pmatrix} -1 \\ 1 \end{pmatrix}$ (vgl. Aufg. 8.31). Die Matrix

$$V = (\vec{v_1}, \vec{v_2}) = \frac{1}{\sqrt{2}} \begin{pmatrix} 1 & -1 \\ 1 & 1 \end{pmatrix}$$

ist orthogonal, und es gilt det $(V) = +1$. (Falls wir eine orthogonale Matrix $V$ mit det $(V) = -1$ erhalten, so können wir die beiden Eigenwerte und damit die zugehörigen Eigenvektoren vertauschen, und für die zugehörige orthogonale Matrix $\tilde{V}$, bei der zwei Spalten vertauscht worden sind, gilt dann det $(\tilde{V}) = +1$.)

Es folgt nun $V^T A V = D = \begin{pmatrix} 32 & 0 \\ 0 & 50 \end{pmatrix}$

und $V^T \vec{b} = \frac{1}{\sqrt{2}} \begin{pmatrix} 1 & 1 \\ -1 & 1 \end{pmatrix} \begin{pmatrix} 46 \\ 146 \end{pmatrix} = \frac{1}{\sqrt{2}} \begin{pmatrix} 192 \\ 100 \end{pmatrix}$.

In $y$-Koordinaten erhalten wir damit für (8.45) die Gleichung

$$32y_1^2 + 50y_2^2 + \frac{192}{\sqrt{2}}y_1 + \frac{100}{\sqrt{2}}y_2 - 631 = 0. \tag{8.46}$$

## 2. Schritt: Parallelverschiebung des $(y_1, y_2)$-Koordinatensystems

Ziel dieses Schrittes ist, die linearen Terme, welche $y_1$ und $y_2$ enthalten, zu beseitigen. Das erreichen wir durch die Methode der quadratischen Ergänzung (s. Aufg. 7.20). Wir wollen jetzt den Verschiebungsvektor $\vec{p}$ berechnen, um die Formel (8.40) anzuwenden. Dazu betrachten wir zwei Fälle.
*1. Fall:* Beide Eigenwerte $\lambda_1, \lambda_2$ von $A$ sind verschieden von 0.
Wenn wir

$$\vec{c} = \begin{pmatrix} c_1 \\ c_2 \end{pmatrix} := V^T \vec{b} \tag{8.47}$$

setzen, so geht Gleichung (8.44) in

$$0 = \lambda_1 y_1^2 + \lambda_2 y_2^2 + c_1 y_1 + c_2 y_2 + \varrho \tag{8.48}$$

über. Die Methode der quadratischen Ergänzung liefert

$$\lambda_i y_i^2 + c_i y_i = \lambda_i \left( y_i + \frac{c_i}{2\lambda_i} \right)^2 - \frac{c_i^2}{4\lambda_i}. \tag{8.49}$$

Wenn wir

$$z_i = y_i + \frac{c_i}{2\lambda_i} \tag{8.50}$$

für $i = 1, 2$ setzen, so geht (8.48) in

$$
\begin{aligned}
0 &= \lambda_1 z_1^2 + \lambda_2 z_2^2 + \varrho - \frac{c_1^2}{4\lambda_1} - \frac{c_2^2}{4\lambda_2} \\
0 &= \lambda_1 z_1^2 + \lambda_2 z_2^2 + r
\end{aligned}
\tag{8.51}
$$

mit $r = \varrho - \frac{c_1^2}{4\lambda_1} - \frac{c_2^2}{4\lambda_2} \in \mathbb{R}$ über.

Die durch (8.50) beschriebene Koordinatentransformation wird durch eine Parallelverschiebung des im 1. Schritt erhaltenen Koordinatensystems $K_2(O, \{\vec{v_1}, \vec{v_2}\})$ in das neue Koordinatensystem $K_3(M, \{\vec{v_1}, \vec{v_2}\})$ mit dem verschobenen Koordinatenursprung $M(-\frac{c_1}{2\lambda_1}, -\frac{c_2}{2\lambda_2})$ erhalten, wobei die Koordinaten von $M$ bezüglich des $y$-Koordinatensystems gegeben sind.

Wir wollen noch $M$ bezüglich der $x$-Koordinaten berechnen. Dazu bezeichne im Folgenden $\vec{x}_M$ (bzw. $\vec{y}_M$ und $\vec{z}_M$ die Koordinaten des Punktes $M$ bezüglich des $x$-Koordinatensystems (bzw. des $y$- und des $z$-Koordinatensystems). Es gilt dann

$$\vec{o} = \vec{z}_M \overset{(8.40)}{=} \vec{y}_M - \vec{p} \overset{(8.42)}{=} V^T \vec{x}_M - \vec{p},$$

woraus $V^T \vec{x}_M = \vec{p}$ und

$$\vec{x}_M = V\vec{p} \tag{8.52}$$

folgen. Weiterhin gilt

$$\vec{p} = \begin{pmatrix} -\frac{c_1}{2\lambda_1} \\ -\frac{c_2}{2\lambda_2} \end{pmatrix} = -\frac{1}{2} \begin{pmatrix} \frac{1}{\lambda_1} & 0 \\ 0 & \frac{1}{\lambda_2} \end{pmatrix} \begin{pmatrix} c_1 \\ c_2 \end{pmatrix} \overset{(*)}{=} -\frac{1}{2} D^{-1} \vec{c}, \tag{8.53}$$

woraus sich

$$\vec{x}_M \overset{(8.52)}{=} V\vec{p} \overset{(8.53)}{=} -\frac{1}{2} V D^{-1} \vec{c} \overset{(8.47)}{=} -\frac{1}{2}(V D^{-1} V^T)\vec{b} \overset{(**)}{=} -\frac{1}{2} A^{-1} \vec{b}$$

berechnet, d.h., für die $x$-Koordinaten des Ursprungs $M$ des $z$-Koordinatensystems, in welchem die gegebenen Kurve in Hauptachsen- und Mittelpunktslage ist, gilt

$$\boxed{\vec{x}_M = -\tfrac{1}{2} A^{-1} \vec{b}} \tag{8.54}$$

(Bezüglich (*), (**) siehe die folgende Aufgabe.)

**Aufg. 8.36** Beweise Sie: a) Für eine Diagonalmatrix $D$ gilt $D^{-1} = \begin{pmatrix} \frac{1}{\lambda_1} & 0 \\ 0 & \frac{1}{\lambda_2} \end{pmatrix}$.

b) Aus $D = V^T A V$ folgt die Gleichung $A^{-1} = V D^{-1} V^T$.

*2. Fall:* Genau ein Eigenwert ist gleich 0. O.B.d.A.[10] sei $\lambda_2 = 0$.
Falls $\underline{c_2 \neq 0}$ gilt, so erhalten wir aus (8.48), (8.49)

$$
\begin{aligned}
0 &= \lambda_1 y_1^2 + c_1 y_1 + c_2 y_2 + \varrho \\
0 &= \lambda_1 \left( y_1 + \frac{c_1}{2\lambda_1} \right)^2 + c_2 y_2 + \varrho - \frac{c_1^2}{4\lambda_1} \\
0 &= \lambda_1 z_1^2 + c_2 z_2
\end{aligned}
\tag{8.55}
$$

mit $z_1 = y_1 + \frac{c_1}{2\lambda_1}$, $z_2 = y_2 + \frac{r}{c_2}$ und $r = \varrho - \frac{c_1^2}{4\lambda_1}$. Diese Koordinatentransformation wird durch eine Parallelverschiebung des im 1. Schritt erhaltenen Koordinatensystems $K_2(O, \{\vec{v_1}, \vec{v_2}\})$ in das neue Koordinatensystem $K_3(S, \{\vec{v_1}, \vec{v_2}\})$ mit dem verschobenen Koordinatenursprung $S(-\frac{c_1}{2\lambda_1}, -\frac{r}{c_2})$ in $y$-Koordinaten erhalten. Für die $x$-Koordinaten $\vec{x}_S$ von $S$ erhalten wir mit dem Verschiebungsvektor
$p = \begin{pmatrix} -\frac{c_1}{2\lambda_1} \\ -\frac{r}{c_2} \end{pmatrix}$: $\vec{o} = \vec{z}_S \overset{(8.40)}{=} \vec{y}_S - \vec{p} \overset{(8.42)}{=} V^T \vec{x}_S - \vec{p}$ und dann

$$
\boxed{\vec{x}_S = V\vec{p} = -\frac{c_1}{2\lambda_1}\vec{v_1} - \frac{r}{c_2}\vec{v_2}}
\tag{8.56}
$$

Falls $\underline{c_2 = 0}$ gilt, so folgt analog zu oben aus (8.48), (8.49)

$$
\begin{aligned}
0 &= \lambda_1 y_1^2 + c_1 y_1 + \varrho \\
0 &= \lambda_1 \left( y_1 + \frac{c_1}{2\lambda_1} \right)^2 + \varrho - \frac{c_1^2}{4\lambda_1} \\
0 &= \lambda_1 z_1^2 + r
\end{aligned}
\tag{8.57}
$$

mit $z_1 = y_1 + \frac{c_1}{2\lambda_1}$, $z_2 = y_2$ und $r = \varrho - \frac{c_1^2}{4\lambda_1}$.
*Fortsetzung von Beispiel 1:* Aus (8.48), (8.51) und

$$
r = \varrho - \frac{c_1^2}{4\lambda_1} - \frac{c_2^2}{4\lambda_2} = -631 - \frac{\frac{192^2}{2}}{4 \cdot 32} - \frac{\frac{100^2}{2}}{4 \cdot 50} = -631 - 144 - 25 = -800
$$

erhalten wir

$$
32z_1^2 + 50z_2^2 - 800 = 0.
\tag{8.58}
$$

---

[10]Abkürzung für „ohne Beschränkung der Allgemeinheit".

Durch äquivalente Umformung erhalten wir aus (8.58) die Gleichung

$$\frac{z_1^2}{25} + \frac{z_2^2}{16} = 1, \tag{8.59}$$

die eine Ellipse mit den Halbachsen $a = 5$, $b = 4$ und dem Mittelpunkt $(0,0)$ im $z$-Koordinatensystem beschreibt (s. Abschn. 7.2, Ellipsen). Für den Verschiebungsvektor $\vec{p}$ der Parallelverschiebung erhalten wir

$$\vec{p} = \left(-\frac{c_1}{2\lambda_1}, -\frac{c_2}{2\lambda_2}\right)^T = \frac{1}{\sqrt{2}}\left(-\frac{192}{2\cdot32}, -\frac{100}{2\cdot50}\right)^T = -\frac{1}{\sqrt{2}}(3,1)^T \text{ in } y\text{-Koordinaten. Für}$$

die $x$-Koordinaten des Koordinatenursprungs des $z$-Systems erhalten wir unter Verwendung von (8.54)

$$\begin{aligned}
\vec{x}_M &= -\frac{1}{2}\begin{pmatrix} 41 & -9 \\ -9 & 41 \end{pmatrix}^{-1}\begin{pmatrix} 46 \\ 146 \end{pmatrix} \\
&= -\frac{1}{2}\cdot\frac{1}{1600}\begin{pmatrix} 41 & 9 \\ 9 & 41 \end{pmatrix}\begin{pmatrix} 46 \\ 146 \end{pmatrix} = -\begin{pmatrix} 1 \\ 2 \end{pmatrix}.
\end{aligned}$$

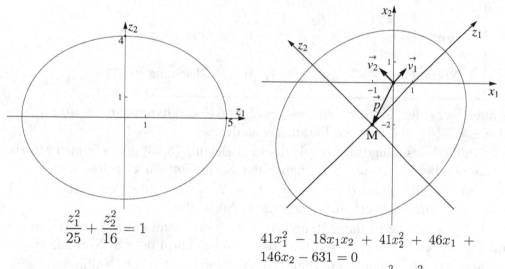

$$\frac{z_1^2}{25} + \frac{z_2^2}{16} = 1$$

$$41x_1^2 - 18x_1x_2 + 41x_2^2 + 46x_1 + 146x_2 - 631 = 0$$

In den obigen beiden Abbildungen sind zunächst die durch $\frac{z_1^2}{25} + \frac{z_2^2}{16} = 1$ gegebene Ellipse im $(z_1, z_2)$-Koordinatensystem skizziert und dann in der zweiten Abbildung das $(z_1, z_2)$-Koordinatensystem $K(M, (\vec{v_1}, \vec{v_2}))$ im $(x_1, x_2)$-Koordinatensystem eingezeichnet. Danach wird die in der ersten Abbildung gegebene Ellipse in das $(z_1, z_2)$-Koordinatensystem der zweiten Abbildung eingezeichnet, wodurch die zu $41x_1^2 - 18x_1x_2 + 41x_2^2 + 46x_1 + 146x_2 - 631 = 0$ gehörige Kurve im $(x_1, x_2)$-Koordinatensystem entsteht.

**Aufg. 8.37** Skizzieren Sie die durch die folgenden Gleichungen gegebenen Kurven im $(x_1, x_2)$-Koordinatensystem:

a) $-5x_1^2 + 6x_1x_2 + 3x_2^2 + x_1 + 3x_2 - \frac{3}{8} = 0$,   b) $x_1^2 - 2x_1x_2 + x_2^2 - 3x_1 + x_2 + 2 = 0$,

c) $3x_1^2 - 4x_1x_2 - 2x_1 + 4x_2 - 5 = 0$,   d) $x_1^2 + x_2^2 - 2x_1x_2 - 10x_1 - 6x_2 + 25 = 0$.

## Klassifikation der Kurven 2. Ordnung des $\mathbb{R}^2$

Abschließend wollen wir alle möglichen Normalformen, die in Abhängigkeit von den in Gleichung (8.43)

$$\vec{x}^T A \vec{x} + \vec{b}^T \vec{x} + \varrho = 0$$

auftretenden Größen $A, \vec{b}$ und $\varrho$ auftreten können, zusammenstellen.

Aus den obigen Betrachtungen erhalten wir die folgenden drei *Normalformen der Kurven zweiter Ordnung* im $\mathbb{R}^2$:

| | | |
|---|---|---|
| 1. Normalform: | $\dfrac{z_1^2}{a^2} \pm \dfrac{z_2^2}{b^2} + \beta = 0$, | s. Gleichung (8.51) |
| 2. Normalform: | $\dfrac{z_1^2}{a^2} + cz_2 = 0$, | s. Gleichung (8.55) |
| 3. Normalform: | $\dfrac{z_1^2}{a^2} + \beta = 0$, | s. Gleichung (8.57) |

wobei $z_1, z_2$ die Koordinaten des gewählten Koordinatensystems und $a, b > 0, c \in \mathbb{R} \setminus \{0\}$, $\beta \in \mathbb{R}$ reelle Parameter sind.

Anhand des Ranges Rang $(A)$ der in Gleichung (8.43) auftretenden Matrix $A$ können bereits Aussagen bezüglich der Normalformen getroffen werden.

*1. Fall:* Es gilt genau dann Rang $(A) = 2$, wenn beide Eigenwerte von $A$ ungleich 0 sind. Wir erhalten dann die 1. Normalform.

*2. Fall:* Es gilt genau dann Rang $(A) = 1$, wenn genau ein Eigenwerte von $A$ ungleich 0 sind. Wir erhalten dann die 2. Normalform oder 3. Normalform.

*3. Fall:* Es gilt genau dann Rang $(A) = 0$, wenn $A = O$ (Nullmatrix) gilt. In diesem Fall treten keine quadratischen Glieder auf, und die Gleichung beschreibt eine Gerade in der Ebene.

In Abhängigkeit von den obigen reellen Parametern gibt es die folgenden zehn verschiedene Typen von Kurven zweiter Ordnung im $\mathbb{R}^2$, wobei zwei von ihnen leere Mengen sind, d.h., die zugehörigen Gleichungen besitzen im Bereich der reellen Zahlen keine Lösungen. Mit reellen Parametern $a, b > 0$, $\alpha, \beta, \gamma \in \mathbb{R}$ erhalten wir:

| Normalform | Kurventyp | Bild | Rang $(A)$ |
|---|---|---|---|
| $\dfrac{z_1^2}{a^2} + \dfrac{z_2^2}{b^2} - 1 = 0$ | Ellipse (mit den Halbachsen $a, b$) | | 2 |
| $\dfrac{z_1^2}{a^2} - \dfrac{z_2^2}{b^2} - 1 = 0$ | Hyperbel (mit den Halbachsen $a, b$) | | 2 |
| $\dfrac{z_1^2}{a^2} + \dfrac{z_2^2}{b^2} + 1 = 0$ | leere Menge | | 2 |
| $\dfrac{z_1^2}{a^2} + \dfrac{z_2^2}{b^2} = 0$ | Punkt $(0,0)$ | | 2 |
| $\dfrac{z_1^2}{a^2} - \dfrac{z_2^2}{b^2} = 0$ | zwei sich schneidende Geraden $z_2 = \pm\dfrac{b}{a} z_1$ | | 2 |
| $z_1^2 - \gamma z_2 = 0$ | Parabel | | 1 |
| $z_1^2 - a^2 = 0$ | zwei parallele Geraden $z_1 = \pm a$ | | 1 |

*Fortsetzung:*

| Normalform | Kurventyp | Bild | Rang $(A)$ |
|---|---|---|---|
| $z_1^2 + a^2 = 0$ | leere Menge | | 1 |
| $z_1^2 = 0$ | Doppelgerade ($z_2$-Achse) | | 1 |
| $\alpha z_1 + \beta z_2 + \gamma = 0$ | allgemeine Gerade | | 0 |

# 8.9 Lösungen der Aufgaben aus Kapitel 8

**8.1** $a_{12} = 0$, $a_{13} = 3$, $a_{21} = 2$. Die Hauptdiagonale von $A^T$ stimmt mit der von $A$ überein und wurde im Beispiel schon angegeben.

**8.2** Beim Transponieren (d.h. Vertauschen von Zeilen und Spalten) einer Matrix bleiben die Elemente $a_{ii}$, die am Kreuzungspunkt von Zeilen und Spalten mit gleichem Index stehen, unverändert. Somit stimmt die Hauptdiagonale von $A^T$ mit der von $A$ überein.

**8.3 a)** $3B = \begin{pmatrix} 24 & 9 & 0 \\ 12 & 18 & 3 \end{pmatrix}$. **b)** $A + 3B = \begin{pmatrix} 25 & 12 & 2 \\ 12 & 22 & 9 \end{pmatrix}$.

**c)** $2A - B = \begin{pmatrix} -6 & 3 & 4 \\ -4 & 2 & 11 \end{pmatrix}$. **d)** $2A - 3B = \begin{pmatrix} -22 & -3 & 4 \\ -12 & -10 & 9 \end{pmatrix}$.

**8.4** Die zu zeigende Behauptung folgt aus:

$$0 \cdot A = (1 - 1)A \overset{(*)}{=} 1 \cdot A - 1 \cdot A = A - A \overset{(**)}{=} O,$$

wobei die Gleichung (*) aus dem 1. Distributivgesetz folgt, und (**) aus der Gleichung (8.3).

**8.5** Es muss noch gezeigt werden, dass die Matrix $\frac{1}{2}(A + A^T)$ symmetrisch und die Matrix $\frac{1}{2}(A - A^T)$ schiefsymmetrisch ist. Aus

$$\left(\frac{1}{2}(A + A^T)\right)^T = \frac{1}{2}\left((A + A^T)\right)^T \overset{(*)}{=} \frac{1}{2}(A^T + A^{TT}) \overset{(**)}{=} \frac{1}{2}(A + A^T)$$

folgt, dass die Matrix $\frac{1}{2}(A + A^T)$ symmetrisch ist. Hierbei ergibt sich die Gleichung (*) aus Formel (8.2), und in der Gleichung (**) wurden $A^{TT} = A$ und das Kommutativgesetz der Matrizenaddition verwendet. Analog folgt die Schiefsymmetrie der Matrix $\frac{1}{2}(A - A^T)$ aus

$$\left(\frac{1}{2}(A - A^T)\right)^T = \frac{1}{2}\left((A - A^T)\right)^T = \frac{1}{2}(A^T - A^{TT}) = \frac{1}{2}(A^T - A)$$

$$= -\frac{1}{2}(A - A^T).$$

**8.6 a)** $C = \begin{pmatrix} 9 & 17 & 8 \\ 5 & 9 & 0 \end{pmatrix}$. **b)** $C = (13) = 13$. **c)** $C = \begin{pmatrix} 41 & 6 & 1 \\ 87 & -56 & -48 \\ 48 & -4 & -1 \end{pmatrix}$.

**8.7** Mit $B = \begin{pmatrix} b_{11} & b_{12} \\ b_{21} & b_{22} \end{pmatrix}$ berechnen wir $AB = \begin{pmatrix} b_{11} + 3b_{21} & b_{12} + 3b_{22} \\ b_{21} & b_{22} \end{pmatrix}$

und $BA = \begin{pmatrix} b_{11} & 3b_{11} + b_{12} \\ b_{21} & 3b_{21} + b_{22} \end{pmatrix}$.

Aus $AB = BA$ erhalten wir das nebenstehende lineare Gleichungssystem mit den Unbekannten $b_{11}, b_{12}, b_{21}, b_{22}$. Als Lösung finden wir $b_{11} = \lambda$, $b_{12} = \mu$, $b_{21} = 0$, $b_{22} = \lambda$ mit den Parametern $\lambda, \mu \in \mathbb{R}$. Somit bilden für jedes Paar reeller Parameter $\lambda, \mu$ die Matrizen $A$ und $B = \begin{pmatrix} \lambda & \mu \\ 0 & \lambda \end{pmatrix}$ ein kommutatives Paar.

$$b_{11} + 3b_{21} = b_{11}$$
$$b_{12} + 3b_{22} = 3b_{11} + b_{12}$$
$$b_{21} = b_{21}$$
$$b_{22} = 3b_{21} + b_{22}$$

**8.9** Damit die Summe $C + D$ erklärt ist, muss Typ $(C) = $ Typ $(D) = (3,4)$ gelten. Es gilt dann Typ $(2(C + D)) = (3,4)$. Um $AB - 2(C + D)$ bilden zu können, muss somit Typ $(AB) = (3,4)$ gelten. Da Typ $(A) = (3,2)$ gegeben ist, folgt Typ $(B) = (2,4)$.

**8.10** Es gilt $ABC = (AB)C = \begin{pmatrix} -7 & 9 \\ 12 & -14 \end{pmatrix} \begin{pmatrix} 3 & 2 \\ 5 & 3 \end{pmatrix} = \begin{pmatrix} 24 & 13 \\ -34 & -18 \end{pmatrix}$.

**8.11 a)** Es gilt: $AB = \begin{pmatrix} 3 & 3 & 3 & 1 \\ -1 & -9 & -9 & -11 \\ 9 & 15 & 15 & 11 \end{pmatrix}$.

**b)** Es gilt Typ $(A^T) = (5,3)$, Typ $(B^T) = (4,5)$ und $A^T B^T$ existiert nicht, denn $3 \neq 4$.

c) $B^T A^T \overset{(*)}{=} (AB)^T = \begin{pmatrix} 3 & 3 & 3 & 1 \\ -1 & -9 & -9 & -11 \\ 9 & 15 & 15 & 11 \end{pmatrix}^T = \begin{pmatrix} 3 & -1 & 9 \\ 3 & -9 & 15 \\ 3 & -9 & 15 \\ 1 & -11 & 11 \end{pmatrix}$,

wobei (*) aus Formel (8.8) folgt.

**8.12** Aus $|\vec{a}| = \sqrt{1^2 + 2^2 + 3^3 + (2\sqrt{3})^2} = \sqrt{36} = 6$ erhalten wir
$\frac{1}{|\vec{a}|}\vec{a} = (\frac{1}{6}, \frac{1}{3}, \frac{1}{2}, \frac{1}{3}\sqrt{3})^T$.

**8.13** Wir betrachten $\langle \vec{a}|\vec{x} \rangle = \vec{a}^T\vec{x} = x_1 + x_2 + x_3 + x_4 = 0$ mit $\vec{x} = (x_1, \ldots, x_4)^T$.
Es folgt (s. Abschn. 5.2, Rückwärtssubstitution) mit $x_2 = s, x_3 = t, x_4 = u$
($s, t, u \in \mathbb{R}$ sind freie Parameter) die dreiparametrige Lösungsmenge

$$L = \left\{ \vec{x} = \begin{pmatrix} x_1 \\ x_2 \\ x_3 \\ x_4 \end{pmatrix} = s \begin{pmatrix} -1 \\ 1 \\ 0 \\ 0 \end{pmatrix} + t \begin{pmatrix} -1 \\ 0 \\ 1 \\ 0 \end{pmatrix} + u \begin{pmatrix} -1 \\ 0 \\ 0 \\ 1 \end{pmatrix} \mid s, t, u \in \mathbb{R} \right\}.$$

($L$ ist ein dreidimensionaler Teilraum.)

**8.14** Nach dem Schmidtschen Orthonormalisierungsverfahren erhalten wir
$\vec{b_1} = (-1, 2, 3, 0)^T$, $\vec{b_2} = (0, 1, 2, 1)^T - \frac{4}{7}(-1, 2, 3, 0)^T = \frac{4}{7}(4, -1, 2, 7)^T$,
$\vec{b_3} = (2, -1, -1, 1)^T - \frac{1}{5}(4, -1, 2, 7)^T + \frac{1}{2}(-1, 2, 3, 0)^T = \frac{1}{10}(7, 2, 1, -4)^T$.
Durch Normieren erhalten wir eine Orthonormalbasis
$B = \left\{ \frac{1}{\sqrt{14}}(-1, 2, 3, 0)^T, \frac{1}{\sqrt{70}}(4, -1, 2, 7)^T, \frac{1}{\sqrt{70}}(7, 2, 1, -4)^T \right\}$ von $M$.

**8.15 a)** Wir entwickeln nach der 1. Zeile und wenden dann Formel (8.15) an:

$$\begin{vmatrix} 2 & 3 & 4 \\ 1 & 6 & 2 \\ 5 & 1 & 9 \end{vmatrix} = 2 \cdot \begin{vmatrix} 6 & 2 \\ 1 & 9 \end{vmatrix} - 3 \cdot \begin{vmatrix} 1 & 2 \\ 5 & 9 \end{vmatrix} + 4 \cdot \begin{vmatrix} 1 & 6 \\ 5 & 1 \end{vmatrix}$$

$$= 2(6 \cdot 9 - 2 \cdot 1) - 3(1 \cdot 9 - 2 \cdot 5) + 4(1 \cdot 1 - 6 \cdot 5) = -9.$$

**b)** $\begin{vmatrix} 2 & 3 & 4 \\ 1 & 0 & 0 \\ 5 & 1 & 9 \end{vmatrix} = -1 \cdot \begin{vmatrix} 3 & 4 \\ 1 & 9 \end{vmatrix} + 0 + 0 = -(3 \cdot 9 - 4 \cdot 1) = -23.$

**8.17 a)** Wir addieren das 2-fache der zweiten Zeile zur ersten Zeile der gegebenen Determinante, wodurch sich der Wert der Determinante nicht verändert, und erhalten:

$$\begin{vmatrix} -5 & 0 & -2 & -6 \\ -3 & 1 & 2 & -5 \\ 4 & 0 & -4 & 3 \\ 6 & 0 & 1 & 8 \end{vmatrix} \overset{(*)}{=} 1 \cdot \begin{vmatrix} -5 & -2 & -6 \\ 4 & -4 & 3 \\ 6 & 1 & 8 \end{vmatrix} + 0 \overset{(**)}{=} \begin{vmatrix} 7 & 0 & 10 \\ 28 & 0 & 35 \\ 6 & 1 & 8 \end{vmatrix}$$

$$\overset{(+)}{=} (-1) \cdot \begin{vmatrix} 7 & 10 \\ 28 & 35 \end{vmatrix} \overset{(++)}{=} -(7 \cdot 35 - 10 \cdot 28) = 35.$$

(*): Wir entwickeln die vierreihige Determinante nach der zweiten Spalte mit Hilfe des Laplaceschen Entwicklungssatzes. Da in der zweiten Spalte nur das Element $a_{22} = 1$ verschieden von 0 ist, erhalten wir nur einen von 0 verschiedenen Summanden.

(**): Wir addieren das 2-fache der dritten Zeile zur ersten Zeile und dann das 4-fache der dritten Zeile zur zweiten Zeile, wodurch sich der Wert der Determinante nicht verändert, und erhalten:

(+): Wir entwickeln nach der zweiten Spalte. Das Vorzeichen vor $a_{32} = 1$ ergibt sich aus der Schachbrettregel.

(++): Die zweireihige Determinante berechnet sich nach Formel (8.15).

**b)** Wir addieren das 4-fache der zweiten Zeile zur ersten Zeile und dann das $(-3)$-fache der zweiten Zeile zur vierten Zeile und erhalten:

$$\begin{vmatrix} 46 & 20 & 8 & 0 \\ 7 & 5 & 2 & 2 \\ 3 & -7 & 9 & 0 \\ 3 & -11 & 14 & 0 \end{vmatrix} \overset{(*)}{=} 2 \cdot \begin{vmatrix} 46 & 20 & 8 \\ 3 & -7 & 9 \\ 3 & -11 & 14 \end{vmatrix} + 0$$

$$\overset{(**)}{=} 2 \cdot \left[ 46 \cdot \begin{vmatrix} -7 & 9 \\ -11 & 14 \end{vmatrix} - 3 \cdot \begin{vmatrix} 20 & 8 \\ -11 & 14 \end{vmatrix} + 3 \cdot \begin{vmatrix} 20 & 8 \\ -7 & 9 \end{vmatrix} \right]$$

$$\overset{(+)}{=} 2 \cdot [46 \cdot 1 - 3 \cdot 368 + 3 \cdot 236] = -700.$$

(*): Wir entwickeln die vierreihige Determinante nach der vierten Spalte mit Hilfe des Laplaceschen Entwicklungssatzes.

(**): Wir entwickeln nach der ersten Spalte.

(+): Die zweireihigen Determinanten berechnen wir nach Formel (8.15).

**c)** Um das Rechnen mit Brüchen zu vermeiden, klammern wir aus der 1. Zeile den gemeinsamen Faktor $\frac{1}{2}$ aus und schreiben diesen vor die Determinante.

Dann klammern wir aus der 2. Zeile den gemeinsamen Faktor $\frac{1}{3}$ aus und schreiben diesen ebenfalls vor die Determinante. Schließlich klammern wir aus der 3. Zeile abermals den gemeinsamen Faktor $\frac{1}{3}$ aus und schreiben diesen auch vor die Determinante. Somit erhalten wir für die zu berechnende Determinante:

$$\frac{1}{2}\cdot\frac{1}{3}\cdot\frac{1}{3}\cdot\begin{vmatrix} 3 & -9 & -3 & -6 \\ 5 & -8 & -2 & -7 \\ 4 & -5 & -3 & -2 \\ 7 & -8 & -4 & -5 \end{vmatrix} \overset{(*)}{=} \frac{1}{18}\cdot\begin{vmatrix} 3 & 0 & 0 & 0 \\ 5 & 7 & 3 & 3 \\ 4 & 7 & 1 & 6 \\ 7 & 13 & 3 & 9 \end{vmatrix} \overset{(**)}{=} \frac{1}{18}\cdot 3\cdot\begin{vmatrix} 7 & 3 & 3 \\ 7 & 1 & 6 \\ 13 & 3 & 9 \end{vmatrix} \overset{(+)}{=}$$

$$\frac{1}{6}\cdot\begin{vmatrix} -14 & 0 & 15 \\ 7 & 1 & 6 \\ -8 & 0 & -9 \end{vmatrix} \overset{(++)}{=} \frac{1}{6}\cdot\begin{vmatrix} -14 & 15 \\ -8 & -9 \end{vmatrix} = \frac{1}{6}\cdot((-14)\cdot(-9)-(-15)\cdot(-8)) = 1.$$

(*): Wir addieren das 3-fache der 1. Spalte zur 2. Spalte. Dann addieren wir die 1. Spalte zur 3. Spalte. Schließlich addieren wir das 2-fache der 1. Spalte zur 4. Spalte. Hierbei ändert sich nicht der Wert der gesuchten Determinante.

(**): Wir entwickeln nach der 1. Zeile.

(+): Wir addieren das $(-3)$-fache der 2. Zeile sowohl zur 1. Zeile als auch zur 3. Zeile, wodurch sich der Wert der gesuchten Determinante nicht ändert.

(++): Wir entwickeln nach der 2. Spalte und wenden dann die Formel (8.15) an.

**d)** 147.

**8.18 a)** Wenn wir das $(-1)$-fache der dritten Zeile und das $(-1)$-fache der vierten Zeile zur fünften Zeile addieren, so erhalten wir für die fünfte Zeile eine Zeile, die nur Nullen enthält. Somit ist die Determinante gleich 0.

**b)** Wenn wir das 2-fache der zweiten Zeile und dritte Zeile zur ersten Zeile addieren, so erhalten wir für die erste Zeile eine Zeile, die nur aus Nullen besteht. Somit ist die Determinante gleich 0.

**8.19**

| | | | | | | |
|---|---|---|---|---|---|---|
| 0 | 2 | 2 | −1 | 2 | | ↑+   ↑+   ·4 ↓+ |
| 2 | 2 | $a+1$ | −1 | 4 | | |
| −1 | −2 | −4 | \|1\| | −3 | | |
| −5 | 2 | 1 | −4 | −3 | | |
| −1 | 0 | −2 | 0 | −1 | | |
| 1 | 0 | $a-3$ | 0 | 1 | | |
| −9 | \|−6\| | −15 | 0 | −15 | | |
| \|−1\| | 0 | −2 | 0 | −1 | | ↓+ |
| 1 | 0 | $a-3$ | 0 | 1 | | |
| 0 | 0 | \|$a-5$\| | 0 | 0 | | |

Aus der Anzahl der Pivotelemente, welche ungleich 0 sein müssen, erhalten wir

$$\text{Rang}(A) = \begin{cases} 3 & \text{für} \quad a=5 \\ 4 & \text{für} \quad a\neq 5 \end{cases}.$$

**8.20** $A^{-1} = -\dfrac{1}{5}\begin{pmatrix} 1 & -3 \\ -2 & 1 \end{pmatrix}$.

**8.23 a)** $A^{-1} = \begin{pmatrix} -0,4 & -1 & 0,8 \\ 1 & 1 & -1 \\ 0,2 & 1 & -0,4 \end{pmatrix}$.

**b)**

| 1 | 2 | 3 | 1 | 0 | 0 | $\downarrow(-3)$ | $\downarrow(-4)$ |
|---|---|---|---|---|---|---|---|
| 3 | 4 | -1 | 0 | 1 | 0 | | $\downarrow$ |
| 4 | 6 | 2 | 0 | 0 | 1 | | |
| 1 | 2 | 3 | 1 | 0 | 0 | | |
| 0 | -2 | -10 | -3 | 1 | 0 | $\downarrow(-1)$ | |
| 0 | -2 | -10 | -4 | 0 | 1 | | |
| 1 | 2 | 3 | 1 | 0 | 0 | | |
| 0 | -2 | -10 | -3 | 1 | 0 | | |
| 0 | 0 | 0 | 2 | -2 | 1 | | |

Zur Matrix $B$ existiert keine inverse Matrix, denn die dritte Zeile auf der linken Seite des letzten Schemas enthält nur Nullen (s. Bemerkung a) im obigen Unterabschnitt: Rechenschema).

**c)** $C^{-1} = \begin{pmatrix} -2 & 2 & -1 \\ 1 & -1 & 1 \\ 4 & -3 & 1 \end{pmatrix}$. **d)** $D^{-1} = \begin{pmatrix} 1 & 0 & 1 \\ 2 & 2 & 1 \\ 0 & 2 & 1 \end{pmatrix}$ folgt sofort aus dem Beispiel vor Aufg. 8.22 und der Eigenschaft $(A^{-1})^{-1} = A$.

**e)** $F^{-1} = \begin{pmatrix} 1 & 1 & -2 & -4 \\ 0 & 1 & 0 & -1 \\ -1 & -1 & 3 & 6 \\ 2 & 1 & -6 & -10 \end{pmatrix}$.

**8.24 a)** Es gilt $(VW)^T \overset{(*)}{=} W^T V^T \overset{(**)}{=} W^{-1} V^{-1} \overset{(+)}{=} (VW)^{-1}$, woraus die Orthogonalität der Matrix $VW$ per Definition folgt. ((*) folgt aus Formel 8.8. (**) gilt, da $V$, $W$ nach Voraussetzung orthogonal sind. (+) folgt aus Formel (8.20). Die zweite Behauptung von a) folgt aus $(V^{-1})^T = V^{TT} = V = (V^{-1})^{-1}$.

**b)** Aus $\det(V^T) = \det(V)$ und Formel (8.17) erhalten wir $(\det(V))^2 = \det(V^T) \cdot \det(V) = \det(V^T V) = \det(E) = 1$, woraus $\det(V)) = \pm 1$ folgt.

**c)** Aus $VV^T = \begin{pmatrix} \cos\varphi & -\sin\varphi \\ \sin\varphi & \cos\varphi \end{pmatrix}\begin{pmatrix} \cos\varphi & \sin\varphi \\ -\sin\varphi & \cos\varphi \end{pmatrix} = \begin{pmatrix} 1 & 0 \\ 0 & 1 \end{pmatrix}$ folgt $V^{-1} = V$ und damit die Orthogonalität von $V$.

**8.25** Es sei $V$ eine $n$-reihige quadratische Matrix, die aus den $n$ Spaltenvektoren $\vec{s_1}, \ldots, \vec{s_n}$ besteht. $V^T$ besteht dann aus den $n$ Zeilenvektoren $\vec{s_1}^T, \ldots, \vec{s_n}^T$.

Es folgt dann

$$E \stackrel{(*)}{=} V^T V = \begin{pmatrix} \vec{s_1}^T \\ \vec{s_2}^T \\ \vdots \\ \vec{s_n}^T \end{pmatrix} (\vec{s_1}s, \vec{s_2}, \ldots, \vec{s_n}) \stackrel{(**)}{=} \begin{pmatrix} \vec{s_1}^T \vec{s_1} & \vec{s_1}^T \vec{s_2} & \cdots & \vec{s_1}^T \vec{s_n} \\ \vec{s_2}^T \vec{s_1} & \vec{s_2}^T \vec{s_2} & \cdots & \vec{s_2}^T \vec{s_n} \\ \vdots & \vdots & & \vdots \\ \vec{s_n}^T \vec{s_1} & \vec{s_n}^T \vec{s_2} & \cdots & \vec{s_n}^T \vec{s_n} \end{pmatrix}$$

woraus sofort $\vec{s_i}^T \vec{s_j} = \begin{cases} 1 & \text{für} \quad i = j \\ 0 & \text{für} \quad i \neq j \end{cases}$ , $i, j = 1, 2, \ldots, n$, folgt. Nach (8.10)
bilden die Vektoren $\vec{s_1}, \ldots, \vec{s_n}$ ein Orthonormalsystem. Der Beweis für die Zeilenvektoren ist analog. ((*) gilt, da $V$ orthogonal ist. (**) gilt nach der Rechenregel „Zeile mal Spalte" für das Bilden des Matrizenproduktes.)

**8.26** *1. Schritt:* Berechnen von $A^{-1}$. Lösung: $A^{-1} = \begin{pmatrix} -0,4 & -1 & 0,8 \\ 1 & 1 & -1 \\ 0,2 & 1 & -0,4 \end{pmatrix}$.

*2. Schritt:* Berechnen von $X_1 = A^{-1}C$ und $X_2 = CA^{-1}$.

Lösung: $X_1 = \begin{pmatrix} 3 & 5 & 4 \\ -2 & -8 & -5 \\ 0 & 1 & -2 \end{pmatrix}$ und $X_2 = \begin{pmatrix} -2 & -5 & 4 \\ 5,8 & 4 & -4,6 \\ 12 & 10 & -9 \end{pmatrix}$.

**8.27** Es gilt:

$$X = \begin{pmatrix} 2 & 1 \\ 3 & 2 \end{pmatrix}^{-1} \begin{pmatrix} -2 & 4 \\ 3 & -1 \end{pmatrix} \begin{pmatrix} -3 & 2 \\ 5 & -3 \end{pmatrix}^{-1}$$

$$= \begin{pmatrix} 2 & -1 \\ -3 & 2 \end{pmatrix} \begin{pmatrix} -2 & 4 \\ 3 & -1 \end{pmatrix} \begin{pmatrix} 3 & 2 \\ 5 & 3 \end{pmatrix}$$

$$= \begin{pmatrix} -7 & 9 \\ 12 & -14 \end{pmatrix} \begin{pmatrix} 3 & 2 \\ 5 & 3 \end{pmatrix} = \begin{pmatrix} 24 & 13 \\ -34 & -18 \end{pmatrix}$$

wobei $\begin{pmatrix} 2 & 1 \\ 3 & 2 \end{pmatrix}^{-1} = \begin{pmatrix} 2 & -1 \\ -3 & 2 \end{pmatrix}$ und $\begin{pmatrix} -3 & 2 \\ 5 & -3 \end{pmatrix}^{-1} = \begin{pmatrix} 3 & 2 \\ 5 & 3 \end{pmatrix}$ nach

Formel (8.19) berechnet worden sind.

**8.28 a)** Wir formen die linke Seite der gegebenen Gleichung um:
$AXB + 2AX = AXB + AX(2E_n) = AX(B + 2E_n)$. Somit erhalten wir die zur
Ausgangsgleichung äquivalente Gleichung $AX(B + 2E_n) = C$ mit der Lösung
$X = A^{-1}C(B + 2E_n)^{-1}$.

**b)** Die Ausgangsgleichung wird äquivalent umgeformt in:
$2X + BX + BX - AX - 5X = -2B$, woraus $(-3E_n + 2B - A)X = -2B$ und dann die Lösung $X = -2(-3E_n + 2B - A)^{-1}B$ folgen.

**c)** Die Ausgangsgleichung wird äquivalent umgeformt in:
$2X - XB - XB - XA + 2X = -2A$, woraus $X(4E_n - 2B - A) = -2A$ und dann die Lösung $X = -2A(4E_n - 2B - A)^{-1}$ folgen.

**8.29**

$$X = \begin{pmatrix} 1 & 1 \\ 2 & 3 \end{pmatrix}^{-1} \left[ \begin{pmatrix} 0 & 0 \\ 0 & -1 \end{pmatrix} + 2 \begin{pmatrix} 1 & 1 \\ 0 & 2 \end{pmatrix} \right] \begin{pmatrix} 1 & 2 \\ 3 & 5 \end{pmatrix}^{-1}$$

$$= \begin{pmatrix} 3 & -1 \\ -2 & 1 \end{pmatrix} \begin{pmatrix} 2 & 2 \\ 0 & 3 \end{pmatrix} \begin{pmatrix} -5 & 2 \\ 3 & -1 \end{pmatrix}$$

$$= \begin{pmatrix} 6 & 3 \\ -4 & -1 \end{pmatrix} \begin{pmatrix} -5 & 2 \\ 3 & -1 \end{pmatrix} = \begin{pmatrix} -21 & 9 \\ 17 & -7 \end{pmatrix},$$

wobei $\begin{pmatrix} 1 & 1 \\ 2 & 3 \end{pmatrix}^{-1} = \begin{pmatrix} 3 & -1 \\ -2 & 1 \end{pmatrix}$ und $\begin{pmatrix} 1 & 2 \\ 3 & 5 \end{pmatrix}^{-1} = \begin{pmatrix} -5 & 2 \\ 3 & -1 \end{pmatrix}$ sind.

**8.30** Um das charakteristische Polynom

$$p(\lambda) = \det(A - \lambda E) = \begin{vmatrix} 1 - \lambda & -1 & 2 \\ 0 & -\lambda & 0 \\ 0 & 0 & 1 - \lambda \end{vmatrix}$$

zu berechnen, entwickeln wir die Determinante nach der zweiten Zeile und erhalten

$$p(\lambda) = -\lambda \begin{vmatrix} 1 - \lambda & 2 \\ 0 & 1 - \lambda \end{vmatrix} = -\lambda(1 - \lambda)^2.$$

Aus den Nullstellen von $p(\lambda)$ erhalten wir die Eigenwerte $\lambda_1 = 0$, $\lambda_2 = \lambda_3 = 1$.

**8.31 a)** *1. Schritt:* Berechnen der Eigenwerte. Wir berechnen das charakteristische Polynom:

$$\det(A - \lambda E) = \begin{vmatrix} 2 - \lambda & -1 & 2 \\ -1 & 2 - \lambda & -2 \\ 2 & -2 & 5 - \lambda \end{vmatrix} \stackrel{(*)}{=} \begin{vmatrix} 1 - \lambda & 1 - \lambda & 0 \\ -1 & 2 - \lambda & -2 \\ 2 & -2 & 5 - \lambda \end{vmatrix}$$

$$\stackrel{(**)}{=} -(-2) \begin{vmatrix} 1 - \lambda & 1 - \lambda \\ 2 & -2 \end{vmatrix} + (5 - \lambda) \begin{vmatrix} 1 - \lambda & 1 - \lambda \\ -1 & 2 - \lambda \end{vmatrix}$$

$$= 2(-2(1 - \lambda) - 2(1 - \lambda)) + (5 - \lambda)((1 - \lambda)(1 - \lambda)(2 - \lambda) + (1 - \lambda))$$

$$= -8(1 - \lambda) + (5 - \lambda)(1 - \lambda)(2 - \lambda + 1) = (1 - \lambda)(-8 + (5 - \lambda)(3 - \lambda))$$

$$= (1 - \lambda)(\lambda^2 - 8\lambda + 7)$$

und erhalten die Nullstellen $\lambda_1 = 1$ und $\lambda_{3,2} = 4 \pm \sqrt{16-7} = 4 \pm 3$. Damit erhalten wir die Eigenwerte $\lambda_1 = \lambda_2 = 1, \lambda_3 = 7$.

((*) folgt durch Addition der zweiten Zeile zur ersten. (**) folgt durch Entwickeln nach der dritten Spalte nach dem Laplaceschen Entwicklungssatz, s. Formel (8.14).)

2. *Schritt:* Aufstellen der zu den Eigenwerten gehörenden Eigenräume. Wir berechnen den Eigenraum $L_{1,2}$ zum zweifachen Eigenwert $\lambda_1 = \lambda_2 = 1$, indem wir das homogene lineare Gleichungssystem $(A + E)\vec{x} = \vec{o}$ lösen (s. Abschn. 5.2):

| $x_1$ | $x_2$ | $x_3$ | $\vec{o}$ | | | |
|---|---|---|---|---|---|---|
| $|1|$ | $-1$ | $2$ | $0$ | | $\downarrow +$ | $| \cdot (-2)$ |
| $-1$ | $1$ | $-2$ | $0$ | | | $\downarrow +$ |
| $2$ | $-2$ | $4$ | $0$ | | | |
| $0$ | $0$ | $0$ | $0$ | | | |
| $0$ | $0$ | $0$ | $0$ | | | |

Wir setzen $x_2 = s, x_3 = t$ und erhalten aus der einzigen Pivotzeile $x_1 = x_2 - 2x_3 = s - 2t$.

Damit erhalten wir den zweidimensionalen Eigenraum

$$L_{1,2} = \left\{ \vec{x} = s \begin{pmatrix} 1 \\ 1 \\ 0 \end{pmatrix} + t \begin{pmatrix} -2 \\ 0 \\ 1 \end{pmatrix} \mid s, t \in \mathbb{R} \right\}.$$

Um den Eigenraum zu $\lambda_3 = 7$ zu bestimmen, lösen wir $(A - 7E)\vec{x} = \vec{o}$:

| $x_1$ | $x_2$ | $x_3$ | $\vec{o}$ | | | |
|---|---|---|---|---|---|---|
| $-5$ | $-1$ | $|2|$ | $0$ | | | |
| $-1$ | $-5$ | $-2$ | $0$ | | $\downarrow +$ | $\downarrow +$ |
| $2$ | $-2$ | $-2$ | $0$ | | | |
| $-6$ | $-6$ | $0$ | $0$ | | | |
| $|-3|$ | $-3$ | $0$ | $0$ | $\cdot (-2)$ | $\uparrow +$ | |
| $0$ | $0$ | $0$ | $0$ | | | |

mit der Lösung $x_2 = s$,
$x_1 = -x_2 = -s$,
$x_3 = \frac{1}{2}(5x_1 + x_2) = -2s$.

Wir erhalten den eindimensionalen Eigenraum $L_3 = \left\{ s \begin{pmatrix} -1 \\ 1 \\ -2 \end{pmatrix} \mid s \in \mathbb{R} \right\}$

mit einem normierten Eigenvektor $\vec{x_3} = \frac{1}{\sqrt{6}} \begin{pmatrix} -1 \\ 1 \\ -2 \end{pmatrix}$.

3. *Schritt:* Berechnen einer zu den Eigenwerten gehörenden Orthonormalbasis $\{\vec{x_1}, \vec{x_2}, \vec{x_3}\}$. Nach dem Schmidtschen Orthonormalisierungsverfahren bestimmen wir zunächst eine Orthonormalbasis zu $L_{1,2}$:

$$\vec{x_1} = \frac{1}{\sqrt{2}} \begin{pmatrix} 1 \\ 1 \\ 0 \end{pmatrix}, \quad \vec{b_2} \overset{(+)}{=} \begin{pmatrix} -2 \\ 0 \\ 1 \end{pmatrix} - \frac{\langle (1,1,0)^T | (-2,0,1)^T \rangle}{\langle (1,1,0)^T | (1,1,0)^T \rangle} \begin{pmatrix} 1 \\ 1 \\ 0 \end{pmatrix} =$$

$$\begin{pmatrix} -2 \\ 0 \\ 1 \end{pmatrix} - \frac{-2}{2} \begin{pmatrix} 1 \\ 1 \\ 0 \end{pmatrix} = \begin{pmatrix} -1 \\ 1 \\ 1 \end{pmatrix} \text{ und } \vec{x_2} = \frac{1}{|\vec{b_2}|} \vec{b_2} = \frac{1}{\sqrt{3}} \begin{pmatrix} -1 \\ 1 \\ 1 \end{pmatrix}.$$

Hiermit erhalten wir die orthogonale Matrix

$$V = (\vec{x_1}, \vec{x_2}, \vec{x_3}) = \begin{pmatrix} \frac{1}{\sqrt{2}} & \frac{-1}{\sqrt{3}} & \frac{-1}{\sqrt{6}} \\ \frac{1}{\sqrt{2}} & \frac{1}{\sqrt{3}} & \frac{1}{\sqrt{6}} \\ 0 & \frac{1}{\sqrt{3}} & \frac{-2}{\sqrt{6}} \end{pmatrix} = \frac{1}{\sqrt{6}} \begin{pmatrix} \sqrt{3} & -\sqrt{2} & -1 \\ \sqrt{3} & \sqrt{2} & 1 \\ 0 & \sqrt{2} & -2 \end{pmatrix} \text{ und es gilt}$$

$$D = V^T A V = \begin{pmatrix} 1 & 0 & 0 \\ 0 & 1 & 0 \\ 0 & 0 & 7 \end{pmatrix}. \text{ Zur Bestätigung empfehlen wir}$$

$$V^T A V = \frac{1}{6} \left[ \begin{pmatrix} \sqrt{3} & \sqrt{3} & 0 \\ -\sqrt{2} & \sqrt{2} & \sqrt{2} \\ -1 & 1 & -2 \end{pmatrix} \begin{pmatrix} 2 & -1 & 2 \\ -1 & 2 & -2 \\ 2 & -2 & 5 \end{pmatrix} \right] \begin{pmatrix} \sqrt{3} & -\sqrt{2} & -1 \\ \sqrt{3} & \sqrt{2} & 1 \\ 0 & \sqrt{2} & -2 \end{pmatrix}$$

$$= \frac{1}{6} \begin{pmatrix} \sqrt{3} & \sqrt{3} & 0 \\ -\sqrt{2} & \sqrt{2} & \sqrt{2} \\ -7 & 7 & -14 \end{pmatrix} \begin{pmatrix} \sqrt{3} & -\sqrt{2} & -1 \\ \sqrt{3} & \sqrt{2} & 1 \\ 0 & \sqrt{2} & -2 \end{pmatrix} = \frac{1}{6} \begin{pmatrix} 6 & 0 & 0 \\ 0 & 6 & 0 \\ 0 & 0 & 42 \end{pmatrix} = D$$

nachzurechnen. ((+) folgt aus Formel (8.11).)

**b)** *1. Schritt:* Berechnen der Eigenwerte. Wir berechnen das charakteristische Polynom:

$$\det(A - \lambda E) = \begin{vmatrix} 11 - \lambda & -6 & 2 \\ -6 & 10 - \lambda & -4 \\ 2 & -4 & 6 - \lambda \end{vmatrix} \overset{(*)}{=} \begin{vmatrix} 11 - \lambda & -6 & 2 \\ 16 - \lambda & -2 - \lambda & 0 \\ 2 & -4 & 6 - \lambda \end{vmatrix}$$

$$\overset{(**)}{=} 2 \begin{vmatrix} 16 - 2\lambda & 2 - \lambda \\ 2 & -4 \end{vmatrix} + (6 - \lambda) \begin{vmatrix} 11 - \lambda & -6 \\ 18 - \lambda & -2 - \lambda \end{vmatrix}$$

$$2(-4(16 - 2\lambda) + 2(2 + \lambda)) + (6 - \lambda)((11 - \lambda)(-2 - \lambda) + 6(16 - 2\lambda))$$
$$= -20(6 - \lambda) + (6 - \lambda)(\lambda^2 - 21\lambda + 74) = (6 - \lambda)(\lambda^2 - 21\lambda + 54)$$

und erhalten die Nullstellen $\lambda_1 = 6$ und $\lambda_{2,3} = \frac{21}{2} \pm \sqrt{\left(\frac{21}{2}\right)^2 - 54} = \frac{21}{2} \pm \frac{15}{2}$. Damit erhalten wir die Eigenwerte $\lambda_1 = 6, \lambda_2 = 18, \lambda_3 = 3$.
((*) folgt durch Addition des Zweifachen der ersten Zeile zur zweiten. (**) folgt durch Entwickeln nach der dritten Spalte nach dem Laplaceschen Entwicklungssatz, s. Formel (8.14).)

*2. Schritt:* Berechnen der Eigenräume und eines normierten Eigenvektors. Um den Eigenraum zu $\lambda_1 = 6$ zu bestimmen, lösen wir $(A - 6E)\vec{x} = \vec{o}$:

| $x_1$ | $x_2$ | $x_3$ | $\vec{o}$ | | |
|-------|-------|-------|-----------|---|---|
| 5 | $-6$ | $\boxed{2}$ | 0 | $\mid \cdot 2$ | |
| $-6$ | 4 | $-4$ | 0 | $\mid$ | $\downarrow +$ |
| 2 | $-4$ | 0 | 0 | | |
| 4 | $-8$ | 0 | 0 | $\mid$ | |
| $\boxed{2}$ | $-4$ | 0 | 0 | $\mid \cdot (-2)$ | $\uparrow +$ |
| 0 | 0 | 0 | 0 | | |

mit der Lösung $x_2 = s$,
$x_1 = 2x_2 = 2s$,
$x_3 = \frac{1}{2}(-5x_1 + 6x_2) = -2s$.

Wir erhalten den eindimensionalen Eigenraum $L_1 = \left\{ s \begin{pmatrix} 2 \\ 1 \\ -2 \end{pmatrix} \mid s \in \mathbb{R} \right\}$ mit

einem normierten Eigenvektor $\vec{x_1} = \frac{1}{3} \begin{pmatrix} 2 \\ 1 \\ -2 \end{pmatrix}$.

Um den Eigenraum zu $\lambda_2 = 18$ zu bestimmen, lösen wir $(A - 18E)\vec{x} = \vec{o}$:

| $x_1$ | $x_2$ | $x_3$ | $\vec{o}$ | | | | |
|-------|-------|-------|-----------|---|---|---|---|
| $-7$ | $-6$ | $\boxed{2}$ | 0 | $\mid \cdot 2$ | $\downarrow +$ | $\mid \cdot 6$ | $\downarrow +$ |
| $-6$ | $-8$ | $-4$ | 0 | $\mid$ | | | |
| 2 | $-4$ | $-12$ | 0 | $\mid$ | | | |
| $-20$ | $\boxed{-20}$ | 0 | 0 | $\mid \cdot (-2)$ | $\downarrow +$ | | |
| $-40$ | $-40$ | 0 | 0 | $\mid$ | | | |
| 0 | 0 | 0 | 0 | | | | |

mit der Lösung
$x_1 = s$,
$x_2 = -s$,
$x_3 = \frac{1}{2}s$.

Wir erhalten den eindimensionalen Eigenraum $L_2 = \left\{ t \begin{pmatrix} 2 \\ -2 \\ 1 \end{pmatrix} \mid t \in \mathbb{R} \right\}$ mit

einem normierten Eigenvektor $\vec{x_2} = \frac{1}{3} \begin{pmatrix} 2 \\ -2 \\ 1 \end{pmatrix}$. Analog erhalten wir zu

$\lambda_3 = 3$ einen normierten Eigenvektor $\vec{x_3} = \frac{1}{3} \begin{pmatrix} 1 \\ 2 \\ 2 \end{pmatrix}$. Hiermit erhalten wir

die orthogonale Matrix $V = (\vec{x_1}, \vec{x_2}, \vec{x_3}) = \frac{1}{3} \begin{pmatrix} 2 & 2 & 1 \\ 1 & -2 & 2 \\ -2 & 1 & 2 \end{pmatrix}$ und es gilt

$$D = V^T A V = \begin{pmatrix} 6 & 0 & 0 \\ 0 & 18 & 0 \\ 0 & 0 & 3 \end{pmatrix}.$$

**8.32** Aus (8.39) folgt $3y_2 = 2(2 + y_1) - 1$, und dann $\underline{y_2 = 2y_1}$.

**8.33a)** Für $\varphi = 30°$ erhalten wir die Drehmatrix $V = \begin{pmatrix} \frac{1}{2}\sqrt{3} & -\frac{1}{2} \\ \frac{1}{2} & \frac{1}{2}\sqrt{3} \end{pmatrix}$, (s. Abschn. 2.3, Einführung der trigonometrischen Funktionen). Es folgt dann

$$\vec{y} = V^T\vec{x} = \begin{pmatrix} \frac{1}{2}\sqrt{3} & \frac{1}{2} \\ -\frac{1}{2} & \frac{1}{2}\sqrt{3} \end{pmatrix} \begin{pmatrix} 2 \\ 4 \end{pmatrix} = \begin{pmatrix} \sqrt{3} + 2 \\ -1 + 2\sqrt{3} \end{pmatrix}.$$

**b)** Mit der Drehmatrix $V = \begin{pmatrix} \frac{1}{2}\sqrt{2} & -\frac{1}{2}\sqrt{2} \\ \frac{1}{2}\sqrt{2} & \frac{1}{2}\sqrt{2} \end{pmatrix}$ erhalten wir

$$\vec{x} = \begin{pmatrix} x_1 \\ x_2 \end{pmatrix} = V\vec{y} = \begin{pmatrix} \frac{1}{2}\sqrt{2} & -\frac{1}{2}\sqrt{2} \\ \frac{1}{2}\sqrt{2} & \frac{1}{2}\sqrt{2} \end{pmatrix} \begin{pmatrix} y_1 \\ y_2 \end{pmatrix} = \begin{pmatrix} \frac{1}{2}\sqrt{2}y_1 - \frac{1}{2}\sqrt{2}y_2 \\ \frac{1}{2}\sqrt{2}y_1 + \frac{1}{2}\sqrt{2}y_2 \end{pmatrix}.$$

Wir ersetzen nun $x_1, x_2$ in $g : x_2 = x_1 + 1$ und erhalten
$(\frac{1}{2}\sqrt{2}y_1 + \frac{1}{2}\sqrt{2}y_2) = (\frac{1}{2}\sqrt{2}y_1 - \frac{1}{2}\sqrt{2}y_2) + 1$, und dann $y_2 = \frac{1}{2}\sqrt{2}$.

**8.34** Wegen $|\vec{f_1}| = 1$ folgt sofort aus der Definition der trigonometrischen Funktionen $\alpha_1 = \cos\varphi$, $\alpha_2 = \sin\varphi$, und damit $\vec{f_1} = \cos\varphi\vec{e_1} + \sin\varphi\vec{e_2}$. Da $\vec{f_2}$ aus $\vec{f_1}$ durch Drehung um $90°$ um $O$ hervorgeht, gilt $\vec{f_2} = \cos(\varphi + \frac{\pi}{2})\vec{e_1} + \sin(\varphi + \frac{\pi}{2})\vec{e_2}$. Hieraus erhalten mit Hilfe der Additionstheoreme der trigonometrischen Funktionen (s. Abschn. 2.3) $\beta_1 = \cos(\varphi + \frac{\pi}{2}) = \cos\varphi \cdot \cos\frac{\pi}{2} - \sin\varphi \cdot \sin\frac{\pi}{2} = -\sin\varphi$,
$\beta_2 = \sin(\varphi + \frac{\pi}{2}) = \sin\varphi \cdot \cos\frac{\pi}{2} + \cos\varphi \cdot \sin\frac{\pi}{2} = \cos\varphi$. Hieraus folgt die Behauptung $V = A$.

**8.35** Es gilt $A = \begin{pmatrix} 2 & 3 \\ 3 & 5 \end{pmatrix}$, $\vec{b} = \begin{pmatrix} 8 \\ 1 \end{pmatrix}$ und $\varrho = 10$.

**8.36 a)** folgt aus $\begin{pmatrix} \frac{1}{\lambda_1} & 0 \\ 0 & \frac{1}{\lambda_2} \end{pmatrix} \begin{pmatrix} \lambda_1 & 0 \\ 0 & \lambda_2 \end{pmatrix} = \begin{pmatrix} \lambda_1 & 0 \\ 0 & \lambda_2 \end{pmatrix} \begin{pmatrix} \frac{1}{\lambda_1} & 0 \\ 0 & \frac{1}{\lambda_2} \end{pmatrix} = E$.

**b)** Da $A = VDV^T$ gilt, folgt die Behauptung aus
$(VD^{-1}V^T)A = VD^{-1}(V^TV)DV^T = VD^{-1}DV^T = VV^T = E$,
wobei $V^TV = VV^T = E$ und $D^{-1}D = E$ verwendet worden ist.

**8.37 a)** Wir formen zunächst die gegebenen Gleichung in die Matrizenschreibweise (8.43) um und erhalten

$$\vec{x}^T A\vec{x} + \vec{b}^T\vec{x} + \varrho = 0 \text{ mit } A = \begin{pmatrix} -5 & 3 \\ 3 & 3 \end{pmatrix}, \vec{b} = \begin{pmatrix} 1 \\ 1 \end{pmatrix}, \varrho = -\frac{3}{8}.$$

*1. Schritt:* Hauptachsentransformation. Wir lösen das Eigenwertproblem für die Matrix $A$ und erhalten die Eigenwerte $\lambda_1 = 4$, $\lambda_2 = -6$ mit den zugehörigen normierten Eigenvektoren $\vec{v_1} = \frac{1}{\sqrt{10}}\begin{pmatrix} 1 \\ 3 \end{pmatrix}$, $\vec{v_2} = \frac{1}{\sqrt{10}}\begin{pmatrix} -3 \\ 1 \end{pmatrix}$. Wir betrachten die orthogonale Matrix $V = (\vec{v_1}, \vec{v_2})$, die $det(V) = 1$ erfüllt. Es folgt

$$D = V^T A V = \begin{pmatrix} 4 & 0 \\ 0 & -6 \end{pmatrix}, \quad \vec{c} = V^T \vec{b} = \frac{1}{\sqrt{10}} \begin{pmatrix} 1 & 3 \\ -3 & 1 \end{pmatrix} \begin{pmatrix} 1 \\ 3 \end{pmatrix} = \begin{pmatrix} \sqrt{10} \\ 0 \end{pmatrix}.$$

Somit lautet die gesuchte Kurve in $y$-Koordinaten

$$4y_1^2 - 6y_2^2 + \sqrt{10}y_1 - \frac{3}{8} = 0. \tag{8.60}$$

*2. Schritt:* Parallelverschiebung des $(y_1, y_2)$-Koordinatensystems. Mittels der Methode der quadratischen Ergänzung erhalten wir aus (8.60) mittels Gleichung (8.51)

$$4z_1^2 - 6z_2^2 - 1 = 0, \tag{8.61}$$

wobei sich das Absolutglied aus $r = -\frac{3}{8} - \frac{10}{4 \cdot 4} - \frac{0}{4 \cdot (-6)} = -1$ ergibt.

*3. Schritt:* Skizzen. Aus (8.61) erhalten wir durch äquivalente Umformungen

$$\frac{z_1^2}{\left(\frac{1}{2}\right)^2} - \frac{z_2^2}{\left(\frac{1}{\sqrt{6}}\right)^2} = 1, \tag{8.62}$$

woraus folgt, dass (8.62) eine Hyperbel im $(z_1, z_2)$-Koodinatensystem mit den Halbachsen $a = \frac{1}{2}$, $b = \frac{1}{\sqrt{6}}$, den Scheitelpunkten $S_1 = (\frac{1}{2}, 0)$, $S_2 = (-\frac{1}{2}, 0)$ und den Asymptoten $z_2 = \pm \frac{b}{a} z_1 = \pm \frac{1}{3}\sqrt{6}z_1$ beschreibt (s. Abschn. 7, Hyperbeln). Für die $x$-Koordinaten des des Ursprungs des $(z_1, z_2)$-Koordinatensystems erhalten wir gemäß Gleichung (8.54)

$$\begin{aligned} \vec{x}_M &= -\frac{1}{2} A^{-1} \vec{b} = -\frac{1}{2}\left(-\frac{1}{24}\right) \begin{pmatrix} 3 & -3 \\ -3 & -5 \end{pmatrix} \begin{pmatrix} 1 \\ 3 \end{pmatrix} = \frac{1}{48}\begin{pmatrix} -6 \\ -18 \end{pmatrix} \\ &= -\begin{pmatrix} 0,125 \\ 0,375 \end{pmatrix}. \end{aligned}$$

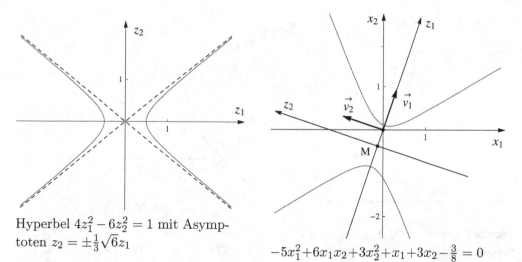

Hyperbel $4z_1^2 - 6z_2^2 = 1$ mit Asymptoten $z_2 = \pm\frac{1}{3}\sqrt{6}z_1$

$-5x_1^2 + 6x_1x_2 + 3x_2^2 + x_1 + 3x_2 - \frac{3}{8} = 0$

**b)** In Matrizenschreibweise $\vec{x}^T A\vec{x} + \vec{b}^T\vec{x} + \varrho = 0$ folgt

$$A = \begin{pmatrix} 1 & -1 \\ -1 & 1 \end{pmatrix}, \vec{b} = \begin{pmatrix} -3 \\ 1 \end{pmatrix}, \varrho = 2.$$

*1. Schritt:* Hauptachsentransformation. Als Lösung des zugehörigen Eigenwertproblems für die Matrix $A$ und erhalten die Eigenwerte $\lambda_1 = 2$, $\lambda_2 = 0$ mit den zugehörigen normierten Eigenvektoren $\vec{v}_1 = \frac{1}{\sqrt{2}}\begin{pmatrix} 1 \\ -1 \end{pmatrix}$, $\vec{v}_2 = \frac{1}{\sqrt{2}}\begin{pmatrix} 1 \\ 1 \end{pmatrix}$.

Für die orthogonale Matrix $V = (\vec{v}_1, \vec{v}_2)$ gilt $det(V) = 1$. Aus

$$D = V^T A V = \begin{pmatrix} 2 & 0 \\ 0 & 0 \end{pmatrix}, \vec{c} = V^T\vec{b} = \frac{1}{\sqrt{2}}\begin{pmatrix} 1 & -1 \\ 1 & 1 \end{pmatrix}\begin{pmatrix} -3 \\ 1 \end{pmatrix} = \begin{pmatrix} -2\sqrt{2} \\ -\sqrt{2} \end{pmatrix}$$

erhalten wir die gesuchte Kurve in $y$-Koordinaten

$$2y_1^2 - 2\sqrt{2}y_1 - \sqrt{2}y_2 + 2 = 0. \tag{8.63}$$

*2. Schritt:* Parallelverschiebung des Koordinatensystems. Da $\lambda_2 = 0$ gilt, erhalten wir aus (8.55) mit $z_1 = y_1 + \frac{c_1}{2\lambda_1} = y_1 - \frac{1}{2}\sqrt{2}$, $r = \varrho - \frac{c_1^2}{4\lambda_1} = 1$ und $z_2 = y_2 + \frac{r}{c_2} = y_2 - \frac{1}{\sqrt{2}}$ die Gleichung der Parabel

$$2z_1^2 - \sqrt{2}z_2 = 0. \tag{8.64}$$

im $z$-Koordinatensystem $K_3(S, \{\vec{v}_1, \vec{v}_2\})$, wobei nach (8.56) die $x$-Koordinaten von $S$ durch

$$\vec{x}_S = \frac{1}{\sqrt{2}}\begin{pmatrix} 1 & 1 \\ -1 & 1 \end{pmatrix}\begin{pmatrix} \frac{2\sqrt{2}}{2\cdot2} \\ \frac{1}{\sqrt{2}} \end{pmatrix} = \begin{pmatrix} 1 & 1 \\ -1 & 1 \end{pmatrix}\begin{pmatrix} 1/2 \\ 1/2 \end{pmatrix} = \begin{pmatrix} 1 \\ 0 \end{pmatrix} \tag{8.65}$$

gegeben sind.

*3. Schritt:* Skizzen.

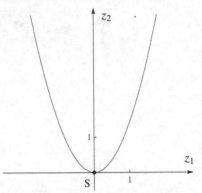

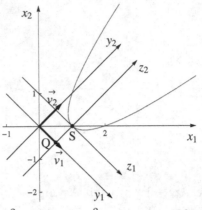

Parabel $2z_1^2 - \sqrt{2}z_2 + 1 = 0$ mit
Scheitel $S(0,0)$

$x_1^2 - 2x_1x_2 + x_2^2 - 3x_1 + x_2 + 2 = 0$

In der ersten Abbildung ist die durch (8.64) beschriebene Parabel im $z$-Koordinatensystem skizziert (s. Abschn. 7, Parabeln). In der zweiten Abbildung werden zunächst die beiden Eigenvektoren $\vec{v_1}, \vec{v_2}$, welche die $y_1$- und $y_2$-Koordinatenachsen bestimmen, eingezeichnet. Das $z$-Koordinatensystem entsteht aus dem $y$-Koordinatensystem durch Parallelverschiebung in den Punkt $S(1,0)$, dessen Koordinaten in (8.65) berechnet wurden. Dann wird die Parabel aus der ersten Abbildung in das so erhaltene $z$-Koordinatensystem eingezeichnet.

c) Analog zu a) erhalten wir: $A = \begin{pmatrix} 3 & -2 \\ -2 & 0 \end{pmatrix}$, $\vec{b} = \begin{pmatrix} -2 \\ 4 \end{pmatrix}$, $\varrho = -5$.

*1. Schritt:* Das Eigenwertproblem für die Matrix $A$ hat die Lösung $\lambda_1 = 4$, $\lambda_2 = -1$ mit den zugehörigen normierten Eigenvektoren $\vec{v_1} = \dfrac{1}{\sqrt{5}}\begin{pmatrix} 2 \\ -1 \end{pmatrix}$, $\vec{v_2} = \dfrac{1}{\sqrt{5}}\begin{pmatrix} 1 \\ 2 \end{pmatrix}$. Mit der orthogonale Matrix $V = (\vec{v_1}, \vec{v_2})$, die $det(V) = 1$ erfüllt, erhalten wir $\vec{c} = V^T\vec{b} = \dfrac{1}{\sqrt{5}}\begin{pmatrix} 2 & -1 \\ 1 & 2 \end{pmatrix}\begin{pmatrix} -2 \\ 4 \end{pmatrix} = \dfrac{1}{\sqrt{5}}\begin{pmatrix} -8 \\ 6 \end{pmatrix}$.

Somit lautet die gesuchte Kurve in $y$-Koordinaten

$$4y_1^2 - y_2^2 - \frac{8}{\sqrt{5}}y_1 + \frac{6}{\sqrt{5}}y_2 - 5 = 0 \qquad\qquad (8.66)$$

*2. Schritt:* Aus (8.66) erhalten wir mittels Gleichung (8.51)

$$4z_1^2 - z_2^2 - 4 = 0\,, \qquad\qquad (8.67)$$

wobei sich das Absolutglied aus $r = -5 - \frac{64}{5\cdot4\cdot4} - \frac{36}{5\cdot4\cdot(-1)} = -4$ ergibt. Aus (8.67) erhalten wir durch äquivalente Umformungen $z_1^2 - \dfrac{z_2^2}{4} = 1$, wodurch eine Hyperbel mit den Halbachsen $a = 1$, $b = 2$ im $z$-Koordinatensystem beschrieben wird. Die zugehörigen Asymptoten sind durch $z_2 = 2z_1$ gegeben. Für die Koordinaten des Mittelpunktes in $x$-Koordinaten erhalten wir

$$\vec{x}_M = -\frac{1}{2}A^{-1}\vec{b} = \frac{1}{2} \cdot \frac{1}{4} \begin{pmatrix} 0 & 2 \\ 2 & 3 \end{pmatrix} \begin{pmatrix} -2 \\ 8 \end{pmatrix} = \begin{pmatrix} 1 \\ 1 \end{pmatrix}.$$

*3.Schritt:* Skizzen.

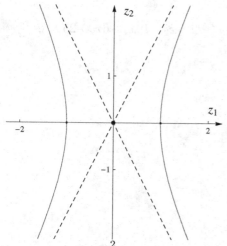

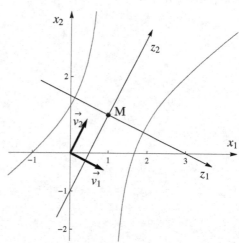

Hyperbel $z_1^2 - \dfrac{z_2^2}{4} = 1$ mit Mittelpunkt $M(0,0)$ und Asymptoten $z_2 = \pm 2z_1$

$3x_1^2 - 4x_1x_2 - 2x_1 + 4x_2 - 5 = 0$

**d)** *1. Schritt:* Wie in b) erhalten wir $A = \begin{pmatrix} 1 & -1 \\ -1 & 1 \end{pmatrix}$, $\vec{b} = \begin{pmatrix} -10 \\ -6 \end{pmatrix}$, $\varrho = 25$ mit der Lösung des zugehörigen Eigenwertproblems $\lambda_1 = 2$, $\lambda_2 = 0$ mit den zugehörigen normierten Eigenvektoren $\vec{v}_1 = \dfrac{1}{\sqrt{2}} \begin{pmatrix} 1 \\ -1 \end{pmatrix}$, $\vec{v}_2 = \dfrac{1}{\sqrt{2}} \begin{pmatrix} 1 \\ 1 \end{pmatrix}$.

Es folgt weiter $\vec{c} = V^T\vec{b} = \dfrac{1}{\sqrt{2}} \begin{pmatrix} 1 & -1 \\ 1 & 1 \end{pmatrix} \begin{pmatrix} 10 \\ -6 \end{pmatrix} = -\dfrac{4}{\sqrt{2}} \begin{pmatrix} 1 \\ 4 \end{pmatrix}$.

*2. Schritt:* Mit $r = \varrho - \dfrac{c_1^2}{4\lambda_1} = 25 - \dfrac{16}{2 \cdot 4 \cdot 2} = 24$ und $\vec{p} = \frac{1}{2}\sqrt{2} \begin{pmatrix} 1 \\ 3 \end{pmatrix}$ erhalten wir $2z_1^2 - 8\sqrt{2}z_2 = 0$ bzw. $z_2 = \frac{1}{8}\sqrt{2}z_1^2$, wodurch eine Parabel mit Scheitelpunkt $S(0,0)$ beschrieben wird.

*3.Schritt:* Skizzen.

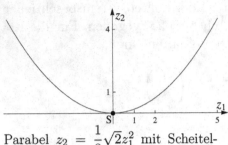

Parabel $z_2 = \dfrac{1}{8}\sqrt{2}z_1^2$ mit Scheitel-
punktpunkt $S(0,0)$

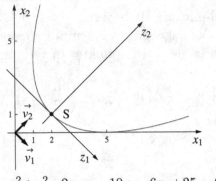

$$x_1^2 + x_2^2 - 2x_1x_2 - 10x_1 - 6x_2 + 25 = 0$$

# Index

...nted in the United States

by Bookmasters

Printed in the United States
By Bookmasters